Heinz Dorias

Gefährliche Güter

Eigenschaften, Handhabung, Lagerung
und Beförderung

Ein Lehrbuch

Mit 107 zum Teil farbigen Abbildungen und 100 Tabellen

Springer-Verlag Berlin Heidelberg GmbH 1984

Dr. Heinz Dorias
Hauptstraße 1, D-2850 Bremerhaven-Weddewarden

ISBN 978-3-662-07397-1

CIP-Kurztitelaufnahme der Deutschen Bibliothek
Dorias, Heinz: Gefährliche Güter : Eigenschaften, Handhabung, Lagerung u. Beförderung ;
e. Lehrbuch / Heinz Dorias.
ISBN 978-3-662-07397-1   ISBN 978-3-662-07396-4 (eBook)
DOI 10.1007/978-3-662-07396-4

Satz und Bindearbeiten: G. Appl, 8853 Wemding. Druck: aprinta, 8853 Wemding
2152/3140-543210

Vorwort

Eine Reihe von Beiträgen in Fachzeitschriften, und zahlreiche Leserzuschriften mit der Aufforderung zu deren Zusammenfassung, führten zu diesem Buch. Durch eine grundlegende Behandlung der Eigenschaften der Gefahrgüter, der Transportverhältnisse und der Regelungen incl. Gesetzgebung soll dem steigenden Beförderungsvolumen insbesondere hinsichtlich der Sicherheitsbedürfnisse Rechnung getragen werden.
Staat und gewerbliche Wirtschaft bemühen sich seit Jahrzehnten um die Verhütung von Unfällen. Bereits 1831 erließ Preußen die „Rheinschiff-Fahrts-Acte", die den sicheren Transport gefährlicher Güter regeln sollte. Seit 1887 gibt es in Deutschland ein Unfallversicherungsgesetz, das die soziale Sicherheit der arbeitenden Bevölkerung nach einem Unfall gewährleistet. Die auf der Grundlage dieses Gesetzes als Selbstverwaltungsorgane arbeitenden Berufsgenossenschaften können, gemeinsam mit der gewerblichen Wirtschaft und der Gewerbeaufsicht, eine erfolgreiche Entwicklung der Arbeitssicherheit vorweisen. Interessant ist dabei ein Vergleich zwischen der chemischen Industrie und dem Transportgewerbe. Im Bereich der für den Verkehrs- und Transportsektor verantwortlichen Berufsgenossenschaften ereignen sich weit mehr Unfälle, als in dem der Berufsgenossenschaft der chemischen Industrie.
Die Berufsgenossenschaft der chemischen Industrie liegt hinsichtlich Unfällen bei 35 gewerblichen Berufsgenossenschaften erst an 29. Stelle (Stand: 1980 und 1981), während die Binnenschiffahrts-Berufsgenossenschaft an 16. bzw. 19., die Berufsgenossenschaft für Fahrzeughaltungen an 21. bzw. 22., die Berufsgenossenschaft der Straßen-, U-Bahnen und Eisenbahnen an 26. bzw. 25. und die See-Berufsgenossenschaft an 30. bzw. 29. Stelle liegen. Seit einigen Jahren hat die Fleischerei-Berufsgenossenschaft die weitaus höchste Unfallhäufigkeit in der gewerblichen Wirtschaft, gefolgt von den Bau-Berufsgenossenschaften. Einen Überblick gibt folgende Tabelle.
Das bedeutet, daß im Bereich der chemischen Industrie gerade wegen des häufigen Umgangs mit gefährlichen Stoffen eine *besonders vorbildliche Sicherheitstechnik* betrieben wird. Dazu gehören die einschlägigen Richtlinien, Vorschriften und nicht zuletzt Schulungen.
Wenn man bedenkt, daß allein in der Bundesrepublik Deutschland mit einem jährlichen Transportvolumen (inclusive Transitverkehr) von 250 bis 300 Mio. t gefährlicher Güter zu rechnen ist, so ist es wohl verständlich, daß der Gesetzgeber diesen Fragen besondere Aufmerksamkeit widmet. Die Gefahr ist aber nicht auf den Transportunfall gefährlicher Güter beschränkt, auch der Umschlag solcher Stoffe bedarf großer Aufmerksamkeit. Der Umweltschutz darf nicht unerwähnt bleiben.
Es soll die Aufgabe dieses Buches sein, dem Leser einen allgemeinverständlichen Überblick über diese Gebiete und über die nationalen und

Häufigkeit der angezeigten Arbeitsunfälle je 1000 Vollarbeiter nach Gruppen der gewerblichen Berufsgenossenschaften in den Jahren 1977 bis 1981 (aus Unfallverhütungsbericht d. Bundesregierung v. 22.10. 82/Drucks. 9/204)

	1981	1980	1979	1978	1977
Gewerbliche Berufsgenossenschaften					
Insgesamt	69,6	76,4	76,9	75,0	76,1
I. Bergbau	141,3	139,8	142,5	149,8	153,0
II. Steine und Erden	106,7	120,2	119,7	111,3	116,4
III. Gas und Wasser	59,6	63,7	66,8	62,5	61,7
IV. Eisen und Metall	103,6	115,9	114,8	110,6	116,3
V. Elektrotechnik, Feinmechanik und Optik	32,3	35,0	36,0	37,0	38,3
VI. Chemie	47,8	54,5	60,4	58,7	60,0
VII. Holz und Schnitzstoffe	143,6	150,2	146,5	144,5	139,2
VIII. Papier und Druck	66,9	71,3	71,1	67,7	70,0
IX. Textil und Leder	45,1	50,4	47,4	46,3	45,4
X. Nahrungs- und Genußmittel	97,1	103,4	104,4	102,5	100,0
XI. Bau	144,4	155,1	153,0	149,6	146,7
XII. Handel, Geld- und Versicherungswesen; Dienstleistungen (ohne öffentliche Dienstleistungen)	37,4	40,8	41,9	40,4	40,0
XIII. Verkehr	73,8	81,5	85,0	82,3	83,3
XIV. Gesundheitsdienst	21,6	22,3	21,9	21,6	20,5

internationalen Regelungen zu geben. Wissenschaftliche und technische Grundlagen und Zusammenhänge werden an Beispielen erläutert.

Der Verfasser dankt den Herren Busch und Ridder vom Bundesministerium für Verkehr sowie den auf S. VII aufgeführten Institutionen, Firmen und Verlagen für Textauszüge, Bild- und graphische Unterlagen und besonders Herrn K. H. Wagner (Höchst AG) für kritische Durchsicht und hilfreiche Anregungen. Mein Dank gilt nicht zuletzt den Mitarbeitern des Springer-Verlages, insbesondere Herrn Dr. Boschke, für wertvolle Hinweise und die verständnisvolle Hilfe bei der Herstellung des Buches. Weiterhin danke ich Herrn Koch für die drucktechnische und äußere Gestaltung.

Bremerhaven-Weddewarden, im Januar 1984   *Heinz Dorias*

Quellennachweis

Die in runden Klammern stehenden *kursiven* Referenznummern sind an den entsprechenden Stellen im Text angegeben.

Bundesanstalt für Materialprüfung, Berlin *(1)*
Physikalisch-Technische Bundesanstalt, Braunschweig *(2)*
Deutsche Bundesbahn (Zentralamt Minden und Hauptverwaltung) *(3)*
Transportation Dangerous Goods Directorate (Canada) *(4)*
Department of Transport (USA) *(5)*
Berufsgenossenschaft der chemischen Industrie, Heidelberg *(6)*
TÜV Rheinland, Köln *(7)*
Verband der chemischen Industrie, Frankfurt *(8)*
Schweizerische Gesellschaft für chemische Industrie, Zürich *(9)*
Schweizer Feuerwehr-Verband *(10)*
Manufacturing Chemists' Association, Washington *(11)*
Chemical Industries Association, London *(12)*
European Council of Chemical Manufacturers Federations,
  Brüssel *(13)*
Binnenschiffahrts-Berufsgenossenschaft, Duisburg *(14)*
National Chemical Emergency Centre, Harwell Laboratories,
  Oxford *(15)*
Kommission Beförderung Gefährlicher Güter (E. V. O. und V. N. C. I.),
  s'-Gravenhage *(16)*
Höchst AG, Frankfurt *(17)*
Bayer AG, Leverkusen *(18)*
International Air Transport Association, Montreal *(19)*
Japan Air Lines, Tokio *(20)*
ecomed-Verlag, Landsberg (Lech) *(21)*
Storck-Verlag, Hamburg *(22)*
Dössel & Rademacher, Formularverlag, Hamburg *(23)*
HAPAG-Lloyd, Hamburg *(24)*
Transnuklear GmbH, Hanau *(25)*
Amersham-Buchler, Braunschweig *(26)*
Springer-Verlag, Heidelberg *(27)*
K. Ridder, Königswinter *(28)*
H.-J. Busch, Königswinter *(29)*
Hollemann-Wiberg (1976) Anorganische Chemie, 81.–90. Auflage.
  de Gruyter, Berlin *(30)*
British Railways *(31)*
International Civil Aviation Organisation *(32)*
Düperthal-Sicherheitstechnik, Karlstein *(33)*
Gebr. Friedrich, Salzgitter *(34)*
Thyssen Umformtechnik, Hausach *(35)*

Inhalt

Teil I

Eigenschaften und Erfahrungen

Einleitung

Was kann passieren?

Verpuffung in mit Taschenfeuerzeugen beladenem Container (*24*): Beim Öffnen eines auf dem Schiffsdeck gestauten Containers gab es eine Verpuffung mit Stichflamme und anschließendem Brand. Das Schiffspersonal war überrascht. Die Ladung bestand ja „nur" aus kleinen Feuerzeugen, deren Inhalt pro Feuerzeug nicht mehr als *6,5 g Butan* betrug. Nun hatte der Container ein Netto-Staumaß von ca. 9,77 m³ und war mit ca. 16 000 Feuerzeugen beladen, die ein Gewicht von 4,2 t ausmachten. Aber:
Bei 20 °C und 1 013 mbar werden nur 361,5 g Butan benötigt, um in dem Container ein explosives Gas-Luft-Gemisch zu bilden. Das ist der Inhalt von nur 56 Feuerzeugen!

Explosion auf Tankschiff (*22*): Nordöstlich der Kanarischen Inseln ereignete sich während Reinigungsarbeiten in einem „leeren" Tank eine Explosion. Ein Mann starb, als er durch die Explosion ins Wasser geschleudert wurde, auf dem sich ausgelaufenes Öl entzündete. Die übrigen 43 Besatzungsmitglieder wurden gerettet. Das Schiff sank eine Stunde nach der Explosion.

Tankwagen explodiert: Bei der Explosion eines mit Monomethylaminnitrat gefüllten Tankwagens auf einem Rangierbahnhof in Wenachee im US-Bundesstaat Washington kamen drei Menschen ums Leben; 70 Personen wurden verletzt. Über ein Dutzend Häuser wurden dem Erdboden gleichgemacht. Nach Angaben eines Feuerwehrsprechers wirkte das Transportgut „wie schwaches Dynamit".

Verpuffungen und Brände durch Schwefel führen jedes Jahr in allen Teilen der Welt zu schweren Schiffsunfällen. Ursache ist die Bildung explosibler Staub-Luft-Gemische, die sich bei Schwefel sehr leicht bilden. Zündquellen sind meist Entladungen von elektrostatisch aufgeladenem Schwefelstaub.

Brand beim Umfüllen von Gas (*22*): Beim Umfüllen von „Flüssiggas" (Propan) aus einem Tankwagen in eine stationäre Tankanlage kam es zu einem auf ca. 50 000 DM geschätzten Schaden. Der Fahrer eines 27 000-l-Tankaufliegers (Sattelschlepper) hatte sich nach dem Herstellen der Schlauchverbindung zu einem 100 m³ fassenden Flüssiggas-Tank in die Kabine des Fahrzeugs zurückgezogen. Während des Umschlagvorgangs kam der nicht durch Vorlegekeile gesicherte Tankzug unbemerkt ins Rollen. Der Verbin-

Abb. 1. Gefahrgutunfall auf der Autobahn *(28)*

dungsschlauch riß und das ausströmende Gas entzündete sich am laufenden Motor des Fahrzeugs.

Feuer und Giftgas auf der Autobahn (*28*): Bei einem Auffahrunfall auf der Autobahn im Raum Bonn rammte ein Tankwagen einen Lastzug, stürzte um und das auslaufende Essigsäureanhydrid wurde gezündet (siehe Abb. 1). Es bildeten sich ätzende, giftige Wolken, die bewohnte Gebiete bedrohten. 2 Verletzte und 19 Personen mit Vergiftungserscheinungen mußten ins Krankenhaus eingeliefert werden. Die Autobahn war beidseitig über 8 Stunden gesperrt.

1. Sicherheitstechnische Begriffe und Kennzahlen brennbarer Flüssigkeiten und Gase

Unfälle sind in unserem Alltag unvermeidlich. Schon 1831 und 1840 wurde eine „Allerhöchste Kabinetts-Ordre" des preußischen Königs Friedrich Wilhelm III. und entsprechende „Regulativs" der Regierung für die Verladung und Verschiffung von giftigen, ätzenden und brennbaren Stoffen in den Rheinprovinzen herausgegeben.

Laut Statistik ist nur ein Bruchteil aller Unfälle auf Brände und Explosionen zurückzuführen. Wenn eine Explosion eintritt, ist aber der Anteil an Todesopfern gegenüber anderen Unfallgeschehen meist unverhältnismäßig höher. Um einen Überblick zu erhalten, sind die *brennbaren Stoffe* zunächst zu ordnen. Charakteristische Kennzahlen dazu sind: Flammpunkt, Explosionsgrenzen und -bereiche, Zündtemperatur, Zündenergie, Dampfdruck und Siedepunkt. Ein Brand setzt die Anwesenheit von Sauerstoff bzw. Luft voraus. Viele Explosivstoffe enthalten aber bereits im Molekül den notwendigen Sauerstoff für ihren explosiven Zerfall. (Da Explosivstoffe bezüglich Handhabung, Verwendung und Beförderung eine besondere Klasse darstellen, werden sie in einem speziellen Kapitel behandelt.)

Die Bausteine aller Materie sind Atome oder deren Verbindungen, die Moleküle. Auf ihre Größen- und Gewichtsverhältnisse sei kurz eingegangen: Atome, wie Wasserstoff, Sauerstoff oder Chlor, haben ein bestimmtes relatives Gewicht, das auf das Reinelement ^{12}C (Kohlenstoff) bezogen wird: das *Atomgewicht*.

Das *Molekulargewicht* ist die Summe der einzelnen im Molekül enthaltenen Atomgewichte.

Jedes Molekulargewicht eines Stoffes in Gramm ausgedrückt enthält

$6{,}022 \cdot 10^{23}$ oder

602 200 000 000 000 000 000 000 Moleküle.

Dazu ein Beispiel: Würde man *1 ml Alkohol = 0,8 g* (Molekulargewicht = 46) im Meer auflösen und über sämtliche Weltmeere (1 370 Mio Kubikkilometer) verteilen, so würden sich in jedem Liter Meerwasser immer noch *8 Moleküle Alkohol* befinden!

Hexan (C_6H_{14}) besteht aus Kohlenstoff (C) mit dem Atomgewicht = 12 und Wasserstoff = 1. Sechs Kohlenstoffatome ergeben 72. Bei der Addition von 14 Wasserstoff-Atomen (= 14) erhält man 86, das Molekulargewicht von Hexan.

Kohlendioxid (CO_2) besteht aus 1 Kohlenstoff (C) = 12 und 2 Sauerstoff (O) = 2 × 16 = 32; das Molekulargewicht ist somit = 44.

Wasser (H_2O) hat demnach ein Molekulargewicht von 18.

Die Moleküle werden durch „wechselseitige Beziehungen" miteinander zusammengehalten, entgegengesetzt wirkt ihre mit steigender Temperatur wachsende Wärmebewegung, die sog. „Brownsche Bewegung" (s. Abb. 2).

Durch *Temperaturerhöhung* kann letztlich eine *Veränderung* des *Aggregatzustandes* eintreten, vom festen über den flüssigen in den gasförmigen Zustand. Bei einigen Stoffen wird der flüs-

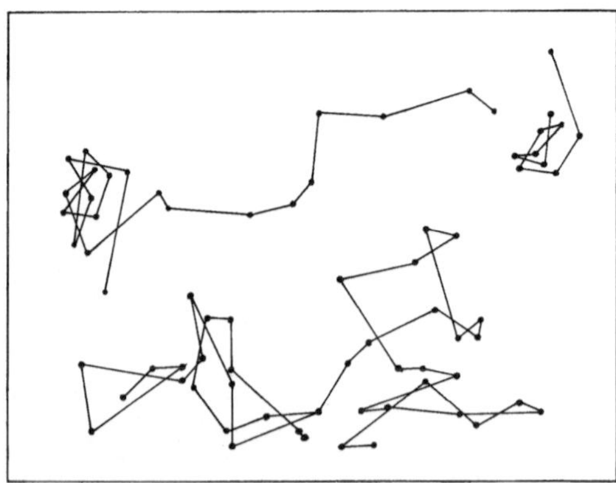

Abb. 2. Zickzackbahnen einzelner sehr kleiner suspendierter Teilchen infolge der Brownschen Molekularbewegung. Die durch · bezeichneten Punkte sind in gleichen Zeitabständen aufgenommen

sige Aggregatzustand übersprungen. Man bezeichnet das mit *Sublimation*.

Im *festen Aggregatzustand* haben Atome bzw. Moleküle geringe Beweglichkeit.

Im *flüssigen Aggregatzustand* sind die Moleküle durch ihre stärkere Wärmebewegung zwar leicht gegeneinander verschiebbar, hängen aber doch noch so stark zusaammen, daß die Flüssigkeit ein bestimmtes Volumen hat und eine Oberfläche mit einer stoffspezifischen „Oberflächenspannung" bildet.

Im *gasförmigen Aggregatzustand* überwiegt die Wärmebewegung die zwischenmolekularen Kräfte, so daß das Gas jedes ihm gebotene Volumen ganz ausfüllt.

Die Übergänge vom festen in den flüssigen und vom flüssigen in den gasförmigen Aggregatzustand – oder umgekehrt – sind für jeden Stoff spezifisch. Es sind dies der *Schmelz- und Erstarrungspunkt* (s. Tabelle 1) und der *Siede- und Verflüssigungspunkt* (s. Tabelle 2).

Tabelle 1. Schmelzpunkt (°C bei Normaldruck)

Wasserstoff	− 259	Schwefel	119
Sauerstoff	− 218	Zinn	232
Stickstoff	− 210	Wismut	271
Ethanol	− 114	Blei	327
Kohlendioxid	− 57	Silber	961
Quecksilber	− 39	Kupfer	1084
Wasser (Eis)	0	Eisen	1100
Paraffin	46		− 1600

Tabelle 2. Siedepunkt (°C bei Normaldruck)

Helium	− 269	Ether	35
Wasserstoff	− 253	Ethanol	78
Stickstoff	− 196	Wasser	100
Sauerstoff	− 183	Quecksilber	357
Kohlendioxid	− 79 subl.	Schwefel	444

Beim Schmelzen wird das Substanzvolumen meist größer (Paraffin, Phosphor, Schwefel u.a.), selten (Eis, Gußeisen u.a.) kleiner. Wasser dehnt sich z. B. beim Erstarren um ¹⁄₁₀ seines Volumens aus! Erhöhen des Druckes erhöht den *Schmelzpunkt* von Feststoffen, deren Volumen sich beim Schmelzen vergrößert. *Eine Erhöhung des Druckes begünstigt immer die Bildung des dem kleineren Volumen entsprechenden Aggregatzustandes.*

Ein Beispiel: Druckerhöhung auf Eis muß den Aggregatzustand mit dem kleineren Volumen geben, hier also Wasser! Eine belastete, um einen Eisblock gelegte Drahtschlinge (siehe Abb. 3) wandert deshalb durch den Block hindurch, ohne ihn zu zerschneiden: Infolge des Druckes findet an den Berührungsstellen eine Erniedrigung des Schmelzpunktes und daher bei 0 °C ein Schmelzen des Eises statt. Das Schmelzwasser weicht dem Drucke aus, gelangt unter den früheren Druck und wird wieder fest.

Noch größer ist der Einfluß, den der Druck auf das Verdampfen und Verflüssigen ausübt. Bei Siedepunkten gibt man deshalb den jeweiligen Druck an, im allgemeinen den normalen Luftdruck von 760 mm Quecksilbersäule oder nunmehr von 1013 mbar.

Der Siedepunkt: Im flüssigen Aggregatzustand besteht zwischen der Wärmebewegung der Moleküle und ihren Anziehungskräften ein Gleichgewicht, das von der Temperatur abhängt. Besonders energiereichen Molekülen gelingt der Übertritt in die Gasphase; energieärmere wandern wieder in die Flüssigphase zurück. Es entsteht ein temperaturabhängiges Gleichgewicht. Die in der Gasphase befindlichen Moleküle erzeugen dann den von der jeweiligen Temperatur abhängigen Gas- und *Dampfdruck*. Die Temperatur, bei der der vollständige Übergang aus dem flüssigen in den gasförmigen Zustand stattfindet, nennt man den *Siedepunkt*. Er liegt bei Wasser bei 100 °C.

Abbildung 4 zeigt das Zustandsdiagramm des Wassers. Längs der Kurve A befinden sich Flüssigkeit und Dampf im Gleichgewicht. Bei

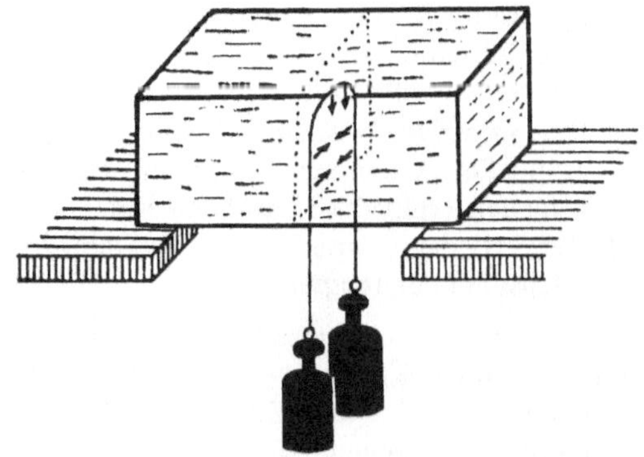

Abb. 3. Die Drahtschlinge wandert durch den Eisblock *(30)*

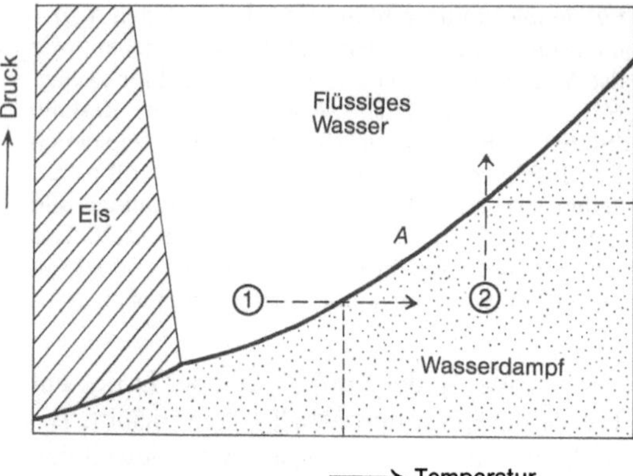

Abb. 4. Zustandsdiagramm des Wassers (nicht maßstäblich)

höheren Drücken und niedrigeren Temperaturen als den durch die Kurve angezeigten, ist nur die Flüssigkeit, bei niedrigeren Drücken und höheren Temperaturen nur der Dampf beständig.

Wird z.B. flüssiges Wasser von der Temperatur und dem Druck des Punktes *1* bei gleichbleibendem Druck erwärmt, so folgt man in Richtung des gestrichelten Pfeiles nach rechts und das Wasser beginnt bei der Temperatur des Schnittpunktes mit der Kurve *A* zu sieden. Während des Siedevorganges verändert sich die Temperatur nicht, da die zugeführte Wärme als Verdaampfungswärme verbraucht wird. Erst nach völliger Verdampfung tritt eine weitere Erwärmung ein, wobei sich der Pfeil *1* wieder von der Kurve *A* nach rechts entfernt.
Ähnlich verläuft die Kondensation des Wasserdampfes. Im Schnittpunkt des Pfeiles *2* mit der Kurve *A* wird wieder die Phase des flüssigen Wassers erreicht.

Folgende Regel ist zu beachten:

I. Ein Raum ist mit Dampf gesättigt, wenn trotz Vorhandensein von Flüssigkeit keine weitere Dampfbildung erfolgt.
II. Der *Sättigungsdruck* eines *Dampfes* ist der größte Druck, den der Dampf bei einer bestimmten Temperatur ausüben kann.
III. Der Sättigungsdruck eines Dampfes wächst mit der Temperatur.

Wasserdampf ist ein unsichtbares Gas. Die beim Sieden einer Flüssigkeit in der Luft entstehenden *Nebel* sind kein Dampf, sondern bestehen aus sehr kleinen Wassertröpfchen, die durch die Verflüssigung bzw. Kondensation des Wasserdampfes entstanden sind.

Auch Dämpfe brennbarer Flüssigkeiten können kondensieren und bilden dann oft nicht erkennbare kleinste Flüssigkeitströpfchen, sog. *Aerosole*. Mit Luftsauerstoff gemischt bedarf es nur noch einer Zündquelle, um eine Explosion mit verheerenden Folgen einzuleiten.
Nach Abb. 5 kann erst das Zusammentreffen dreier Komponenten des Dreiecks zu einer Verbrennung oder Explosion führen. Selbstverständlich muß der Sauerstoff in ausreichender Menge zur Verfügung stehen. Das wird beim Luftsauerstoff gewöhnlich der Fall sein. Das Wesentliche ist aber ein bestimmtes Mengenverhältnis und der Verteilungsgrad zwischen „Brennstoff" und Sauerstoff.

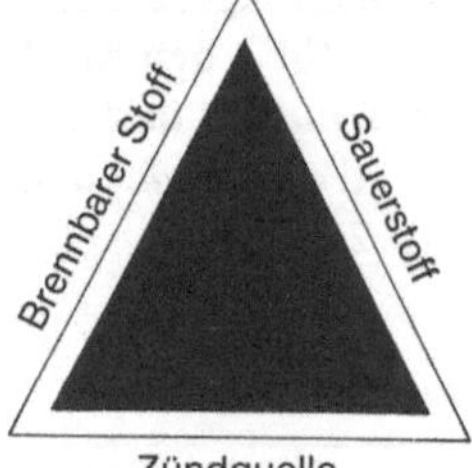

Abb. 5. Gefahrendreieck

Ein interessantes Beispiel ist die Verbrennung bzw. die Oxidation von Eisen. Hier soll von der normalen *Stahlwolle* die Rede sein, wie sie z.B. von der Hausfrau etwa zum Reinigen von Töpfen verwendet wird. Bereits wenn man die Stahlwolle-Teilchen etwas auseinanderzupft, damit für die Oxidationsreaktion ausreichend Luftsauerstoff verfügbar wird, kann Stahlwolle unter Feuererscheinung und hoher Temperaturentwicklung (s. Abb. 6 und 7) verbrennen! Mit Verbandswatte können ähnliche Experimente durchgeführt werden.
Es kommt also auf den *Verteilungsgrad* des brennbaren Stoffes an, der im gasförmigen Aggregatzustand, wie Propangas, gegenüber einem Holzklotz oder Kohlebrikett nahezu ideal ist. Feinverteilte brennbare feste Stoffe (Stäube) und feinverteilte brennbare flüssige Stoffe (Aerosole) sind daher stets brand- und explosionsgefährlich.
Die *relative Gasdichte gegenüber Luft* ist hinsichtlich eventueller Gefahren bei den Gasen und Dämpfen besonders wichtig. Nur wenige Gase sind „leichter" als Luft (siehe Tabelle 3).

Abb. 6. Zündung durch Cereisen-Funken *(1)*

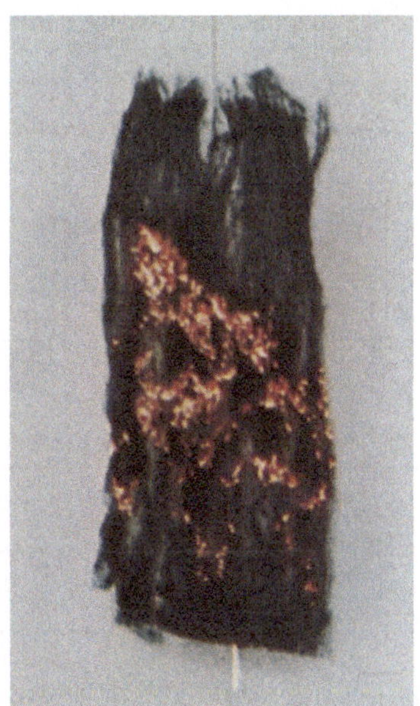

Abb. 7. Fortgeschrittenes Stadium des Stahlwolle-brandes *(1)*

Tabelle 3. Dichte und Siedepunkt von Gasen, „leichter" als Luft

Stoff	UN-Nr.	Formel	Mol-Gew.	Rel. Gasdichte (Luft = 1)	Siedepunkt (°C)
Wasserstoff	1966	H_2	2,016	0,069	− 252,87
Methan	1972	CH_4	16,04	0,554	− 161,5
Ammoniak	1005	NH_3	17,032	0,597	− 33,35
Cyanwasserstoff	1051	HCN	27,026	0,93	+ 25,7
Acetylen	1001	C_2H_2	26,04	0,906	− 83,6[a]
Ethylen	1962	C_2H_4	28,05	0,97	− 103,8
Kohlenmonoxid	1016	CO	28,01	0,967	− 191,5

[a] Sublimationspunkt bei 1 bar

Einige in den Tabellen 4 und 5 aufgeführten Gase und Dämpfe sind unter den Normalbedingungen (1013 mbar, 20 °C) „schwerer" als Luft und führen daher in Bodennähe leicht zu explosiblen Gas- oder Dampf-Luft-Gemischen. Sie können von ihrer Austrittsstelle zu weit entfernten Bereichen (bes. Keller, Gruben etc.) „kriechen" und dort bei unvorsichtigem Hantieren mit Zündquellen und nicht explosions-geschützten elektrischen Betriebsmitteln unerwartet zu Explosionen führen.

In der Technik werden die bei Explosionen freiwerdenden Energiemengen in den Verbrennungsmotoren ausgenutzt. Das Verhältnis zwischen dem brennbaren Stoff und dem Sauerstoff bzw. Luftsauerstoff muß in diesem Falle so geregelt sein, daß ein möglichst „zündwilliges" Gemisch entsteht. Es liegt in der Regel zwischen der Konzentration des stöchiometrischen[1] Gemisches und dessen eineinhalbfachen Wertes. Danach sind die entsprechenden Stoffmengen bei einer chemischen Umsetzung möglichst äquivalent.

Bei Hexan, hier auf Grund seiner Eigenschaften an Stelle einer Benzinfraktion genannt, sieht die Reaktionsgleichung wie folgt aus:

$$C_6H_{14} + 9\tfrac{1}{2}\,O_2 \rightarrow 6\,CO_2 + 7\,H_2O$$

Hexan   Luftsauerstoff   Kohlendioxid   Wasser

---

1 Chemisches Mengenverhältnis

Tabelle 4. Dichte und Siedepunkt von Gasen, „schwerer" als Luft (2)

Stoff	UN-Nr.	Formel	Mol-Gew.	Rel. Gasdichte (Luft = 1)	Siedepunkt (°C)
Ethan	1035	C_2H_6	30,07	1,04	−88,5
Propylen	1077	C_3H_6	42,08	1,45	−47,0
Propan	1978	C_3H_8	44,10	1,52	−44,5
Butadien	1010	C_4H_8	54,09	1,87	− 4,75
Butan	1011	C_4H_{10}	58,12	2,01	− 0,5
Vinylchlorid	1086	C_2H_3Cl	62,50	2,16	−13,9

Tabelle 5. Dichte und Siedepunkt brennbarer Dämpfe (2)

Stoff	UN-Nr.	Formel	Mol-Gew.	Rel. Gasdichte (Luft = 1)	Siedepunkt (°C)
Aceton	1089	H_3CCOCH_3	58,08	2,01	56,6
Acetaldehyd	1090	H_3CCHO	44,05	1,52	20,2
Ethylamin	1036	$H_3CH_2CNH_2$	45,08	1,56	16,6
Ethylenoxid	1040	C_2H_4O	44,05	1,52	10,7
Ameisensäuremethylester	1243	$HCOOCH_3$	60,05	2,07	31,5
Diethylether	1155	$H_5C_2OC_2H_5$	74,12	2,56	34,6
Brommethan	1062	H_3CBr	94,94	3,28	4,6

Der maximale Explosionsdruck kann bei Gasen, Dämpfen und Aerosolen im Mittel das Sieben- bis Achtfache des Anfangsdruckes, bei Stäuben das Zehnfache und bei Aluminiumstaub sogar das Elffache betragen.

Wenn das Verhältnis von Brennstoff zu Luftsauerstoff eine bestimmte Grenze überschreitet, so wird ein Gebiet erreicht, in dem der Luftsauerstoff nicht mehr ausreicht, um eine Explosion auszulösen. Die *obere Explosions- oder Zündgrenze* wird überschritten. Dieser Zustand ist nicht ungefährlich, denn schon eine kleine Luftdurchwirbelung kann das „fette Gemisch" verdünnen und das Mischungsverhältnis recht schnell wieder in den Explosions- bzw. Zündbereich bringen. Wenn umgekehrt der Anteil Brennstoff in der explosiblen Atmosphäre immer weiter zurückgeht, so wird die *untere Explosions- oder Zündgrenze* erreicht, das Gemisch wird dann „zu mager", um es zu zünden und eine Luftdurchwirbelung macht es nur noch ungefährlicher.

Die *unteren und oberen Explosionsgrenzen* (Zündgrenzen) sind der untere bzw. obere Grenzwert der Konzentration eines brennbaren Stoffes (Gase, Dämpfe, Nebel und/oder Stäube) in Luft, in dessen Gemisch sich nach dem Zünden eine von der Zündquelle unabhängige Flamme gerade nicht mehr selbstständig fortpflanzen kann.

Der *Explosionsbereich* (Zündbereich) ist der Konzentrationsbereich zwischen den Explosionsgrenzen.

Immer häufiger verwendet man die Bezeichnung „*Explosion*" als Oberbegriff für eine *Deflagration* und eine *Detonation*.

Eine *Deflagration* ist ein Vorgang, wie er oben für den Explosionsbereich beschrieben wurde und der in einer Geschwindigkeit bis zu einigen 100 m/sec abläuft, während eine *Detonation* eine durch den Explosivstoff erzeugte Flammenreaktion ist, die durch die sehr hohen Temperaturerhöhungen im Wellenkopf momentan eine überstarke Schallkompressionswelle auslöst, die sich durch den detonierenden Stoff hindurch fortpflanzt und Stoßwellengeschwindigkeiten bis zu einigen km/sec erreicht.

Die Tabelle 6 zeigt, daß für die Umsetzung von Hexan mit Luft der Explosionsbereich zwischen 1,2 und 7,4 Vol.-% Hexan liegt. Bei Benzinfraktionen haben wir Explosionsgrenzen zwischen 0,8 und 7,5 Vol.-%. Benzin kann nicht als Flüssigkeit (ein brennendes Streichholz erlischt beim Eintauchen in Benzin), aber leicht als Dampf entzündet werden!

Der *Flammpunkt* ist die niedrigste Temperatur, bei der sich aus der zu prüfenden Flüssigkeit

Tabelle 6. Sicherheitstechnische Kennzahlen brennbarer Gase und Dämpfe (*2*)

Stoff	Siedepunkt (°C)	Dampfdruck bei 20°C (mbar)	Flammpunkt (°C)	Expl.-Grenzen in Luft bei 20°C/1013 mbar		Zündtemperatur (°C)	Gefahrklasse (VbF)	Temperaturklasse (DIN 51794)
				untere (Vol.-%)	obere (Vol.-%)			
Acetaldehyd	20,8	1007	−38	4	57	140	B	T4
Aceton	56,2	223	−20	2,5	13	540	B	T1
Acetylen	−83,6	> 40 bar	< −40	2,4	100	305	−	T2
Ethanol	78,3	106	12	3,5	15	425	B	T2
Ethylenoxid	10,7	2,1 bar	< −40	2,6	100	440	−	T2
Anilin	184,4	0,4	76	1,2	11	630	AIII	T1
Benzin	40/60	400	< −20	1,3	7,5	280	AI	T3
Butadien	−4,4	2,5 bar	< −30	1,4	16,3	415	−	T2
Ethylacetat	77,0	92	− 4	2,1	11,5	460	AI	T1
Hexan	68,8	160	−22	1,2	7,4	240	AI	T3
Schwefelkohlenstoff	46,2	390	−30	1,0	60	95	AI	T6
o-Xylol	144,4	6,7	30	1,0	7,6	465	AII	T1

unter festgelegten Bedingungen (DIN 51755; DIN 51758; DIN 53213, Teil 1) Dämpfe in solcher Menge entwickeln, daß sie mit Luft über dem Flüssigkeitsspiegel ein entflammbares Gemisch ergeben (vgl. Tabelle 6).

Der Flammpunkt ist eine Kennzahl, die weltweit für Vorschriften, Verordnungen und internationale Vereinbarungen maßgebend ist; so für Lager-, Handhabungs- und Arbeitsbedingungen, aber auch für Beförderungs-Vorschriften.

Nach der *„Verordnung über brennbare Flüssigkeiten"* (VbF) und den *Gefahrgutverordnungen für die Beförderung gefährlicher Güter* sind brennbare Flüssigkeiten bei +35°C weder fest noch salbenförmig. Sie haben bei 50°C einen Dampfdruck von 3 bar oder weniger und werden wie folgt eingeteilt:

Gruppe A:

Brennbare Flüssigkeiten, die einen Flammpunkt von nicht über 100°C haben und die nicht die wasserlöslichen Eigenschaften der Gruppe B aufweisen, unterscheiden sich in

Gefahrenklasse I:
Flüssigkeiten mit einem Flammpunkt unter 21°C,

Gefahrenklasse II:
Flüssigkeiten mit einem Flammpunkt von 21°C bis 55°C,

Gefahrenklasse III:
Flüssigkeiten mit einem Flammpunkt von über 55°C bis 100°C.

Gruppe B:
Flüssigkeiten oder deren flüssige Bestandteile mit einem Flammpunkt unter 21°C, die sich bei 15°C in jedem beliebigen Verhältnis in Wasser lösen.

Die *Zündtemperatur:* Wenn bzgl. Flammpunkt und Explosionsbereich die Voraussetzungen für eine Verbrennung oder Explosion gegeben sind, bedarf es nur noch der Zündquelle. Was kann eine Zündquelle sein? Da kann es in der Praxis Überraschungen geben! In einem Betrieb tropfte aus einem undichten Rohrflansch Schwefelkohlenstoff auf eine Dampfleitung, deren Temperatur bei ca. 110°C lag. Sofort entstand eine Flamme, die zu einem Großbrand mit erheblichem Sachschaden führte. Die Ursache: Schwefelkohlenstoff hat die sehr niedrige *Zündtemperatur* von 95°C.

Als *Zündtemperatur* gilt die niedrigste Temperatur einer erhitzten Wand, an der das zündwilligste Gas-Luft- oder Dampf-Luft-Gemisch des betreffenden Stoffes bei Normaldruck (1013 mbar) gerade noch zur Verbrennung mit Flammenerscheinungen angeregt wird (DIN 51794).

Die Tabelle 7 zeigt die neue Einteilung, nach der die brennbaren Gase und Dämpfe nach ihren Zündtemperaturen und die Betriebsmittel nach der Oberflächentemperatur in Temperaturklassen angeordnet sind (DIN 57165/VDE-Bestimmung 0165).

In der Technik geht man von zwei Prinzipien

Tabelle 7. Temperaturklassen (*1, 2, 6*)

Temperatur-klasse	Bisherige Zündgruppe	Höchstzulässige Oberflächentemp. der Betriebsmittel (°C)	Zündtemperaturen der brennbaren Stoffe (°C)	Beispiele
T1	G1	450	über 450	Benzol, Propan
T2	G2	300	über 300	Acetylen, Ethanol
T3	G3	200	über 200	Benzin
T4	G4	135	über 135	Diethylether
T5	G5	100	über 100	–
T6	G6	85	über 85	Schwefelkohlenstoff

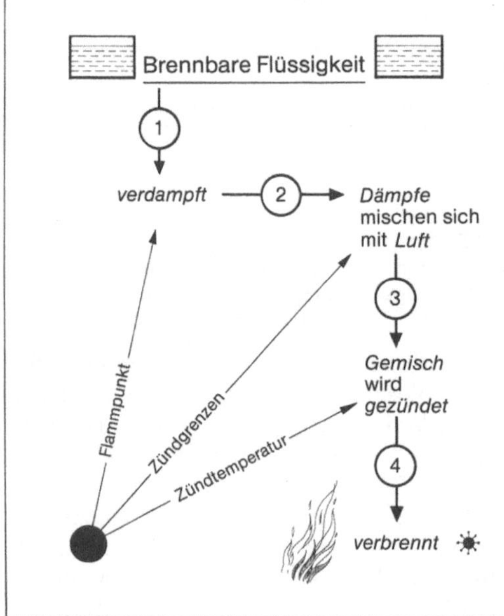

Abb. 8. Zusammenhang zwischen Flammpunkt, Zündbereich und Zündquelle

aus. Entweder wird das Eindringen der explosionsfähigen Gemische in das Betriebsmittel verhindert (Fremdbelüftung, Ölschalter etc.) oder man läßt dies zu und nimmt die Zündung und damit die Verpuffung, z. B. in einem elektrischen Aggregat, hin. In diesem Fall wird aber eine druckfeste Ausführung, auch *„druckfeste Kapselung"* genannt, verwendet. Erfahrungsgemäß wird bei einer derartigen Verpuffung oder Explosion nur eine Druckerhöhung von max. 10 bar erreicht. Wenn die druckfeste Kapselung das aushält und ein Aufreißen der Wandung und damit die Weitergabe der Explosionsenergie in die explosible Raumatmo-

sphäre mit Sicherheit ausgeschlossen ist, besteht keine Gefahr.

Zusammengefaßt: Für das Zünden einer brennbaren Flüssigkeit ist die Entwicklung einer Mindestmenge Dampf über ihrer Oberfläche *(Flammpunkt)* Voraussetzung. Der Dampf muß mit der Luft ein Gemisch bilden, das sich innerhalb der *Explosionsgrenzen,* also im *Zündbereich,* befindet. Den letzten Ausschlag gibt die *Zündtemperatur,* d. h. die Temperatur der Zündquelle (s. Abb. 8).

Als Zündquellen kommen in Frage: offene Flammen, glühende und heiße Oberflächen, Reib- und Schlagfunken, elektrische Anlagen, gasverdichtende Maschinen, exotherm reagierende chemische Stoffe (Polymerisation), Blitzschlag, Strahlenquellen, selbstentzündliche Stoffe und nicht zuletzt Gegenstände, die sich elektrostatisch aufladen.

Elektrostatische Aufladung

Man versteht unter *elektrostatischer Aufladung* die Ladungs-Trennung und -Sammlung, wie sie beim Versprühen von Flüssigkeiten, beim Strömen nichtleitender Flüssigkeiten durch elektrisch nicht leitende Rohre, bei der Bildung von Staubwolken, bei strömenden mit Staub beladenen Gasen, aber auch bei bewegten Folien, Treibriemen etc. entsteht.

Es werden dabei keine Elektronen erzeugt, sie werden nur von dem vorher elektrisch neutralen Körper getrennt. Dadurch entstehen hohe elektrische Spannungen, die, wenn sie nicht über ein Erdkabel o. ä. abfließen können, gefährliche Zündfunken auslösen. Dabei spielt, wie beim klassischen elektrischen Kondensator, die Kapazität des aufgeladenen Gegenstandes eine große Rolle. Sie ist nämlich der Zündenergie proportional. Der elektrische Ladungsausgleich ist dann in Form von Funkenentladungen die Zündquelle.

Die *Mindestzündenergie* ist bei elektrostatisch bedingten Zündungen die kleinstmögliche bei der Entladung eines aufgeladenen Kondensators verfügbare Gesamtenergie, die das zündwilligste Gemisch unter Normalbedingungen (20 °C, 1 013 mbar) gerade noch zu zünden vermag.

Die Zündenergie (E) ist also abhängig von der Ladungsansammlung auf elektrischen Leitern (Kapazität = C in pikoFarad (pF)), die zu sehr hohen Spannungen (V) führen können. Man kommt zu folgender Gleichung:

$$E = \frac{C}{2} \cdot V^2 \text{ (in Wattsekunden (Ws) oder}$$
$$\text{milliJoule (mJ)) } (10^{-3}\text{Ws} = 1 \text{ mJ})$$

Wenn ein Mensch mit nicht-leitfähigen Schuhsohlen auf einem Kunststoff-Fußboden läuft oder sich sitzend auf einem Sessel mit Kunststoffbezug hin und her bewegt, so kann er damit rechnen, daß er sich elektrisch auflädt. Bei einem drei- bis fünffachen Hinundherrutschen auf dem Sessel kann schon eine Spannung von 500 V und nach zwölf- bis fünfzehnmaligem Bewegen eine von ca. 2 000 V entstehen. Nun kommt die Ladungsmenge, die elektrische Kapazität (C), ins Spiel.

Die Kapazität eines Schraubenschlüssels liegt bei ca. 20 pF, eines Eimers bei 40–50 pF, eines Metallfasses bei 200–300 pF und eines Metallbehälters von mehreren Kubikmetern bei einigen tausend pF. Die Kapazität des Menschen beträgt etwa 100 pF. Also: Ein auf 500 V aufgeladener Mensch erzeugt eine Mindestzündenergie von 0,0125 mJ und bei 2 000 V von ca. 0,2 mJ. Sie genügt, um über einen ausgestreckten Zeigefinger einen Funken zu geben, der eine Explosion auslösen kann!

Welche explosiblen Gas-Luft- oder Dampf-Luft-Gemische so gezündet werden können, zeigt Tabelle 8. Danach kann ein Mensch mit einer elektrostatischen Aufladung von 500 V schon ein Schwefelkohlenstoffdampf-Luft-Gemisch, bei einer Aufladung von 2 000 V sogar Luftgemische mit Dämpfen von Benzol, Diethylether, Cyclopropan, Propylenoxid, Bu-

Tabelle 8. Mindestzündenergie bei zündwilligsten Gas/- oder Dampf/Luft-Gemischen (2, 6)

Stoff	Explosibles Gemisch bei 20 °C/1 013 mbar (Vol.-% in Luft)	Mindestzündenergie (mJ)
Methan	8,5	0,28
Propan	5,3	0,26
Butan	4,7	0,25
Hexan	3,8	0,24
Benzol	4,7	0,20
Diethylether	5,1	0,19
Propylenoxid	7,5	0,13
Butadien-1,3	5,2	0,13
Ethylenoxid	10,8	0,065
Acetylen	7,7	0,019
Wasserstoff	28	0,019
Schwefelkohlenstoff	7,8	0,009

tadien, Ethylenoxid, Acetylen oder Wasserdampf zünden!

Generell sind bei gleicher Zündenergie Zündfunken mit hoher Spannung und geringer Elektrizitätsmenge zündfähiger als die mit niedriger Spannung und großer Elektrizitätsmenge.

Besonders häufig entstehen Zündvorgänge durch eine Funkenentladung bei dem System

    aufgeladenes Metall zur Erde,
    aufgeladener Mensch zur Erde oder
    aufgeladenes Metall zum geerdeten
      Menschen.

In explosionsgefährdeten Bereichen dürfen sich daher keinesfalls Personen bewegen, die sich bis zu einer gefährlichen Spannung aufladen können. Eine Kontrolle des Ableitwiderstandes der dort beschäftigten Personen (unter 10^8 Ohm) wie auch des Fußbodens (unter 10^6 Ohm) ist empfehlenswert (s. Tabelle 9).

Folgende Schutzmaßnahmen werden empfohlen:

a) Verwendung leitfähiger Fußböden und leitfähiger Schuhe,
b) Aggregate, die äußerlich völlig nichtleitend (Schutzisolierung) oder völlig leitfähig, dann aber elektrisch zu erden sind,
c) Entladung von Nichtleitern, die sich elektrostatisch aufladen und in gefährlicher Nähe von metallischen Apparateteilen befinden, durch Ionisierung der Luftumgebung (Erhöhung der rel. Luftfeuchtigkeit über 65%, sog. Spitzenkämme oder Metallpinsel) und
d) beim Bewegen nichtleitender Flüssigkeiten in Rohrleitungen, Apparaturen, Behältern, Pumpen,

Tabelle 9. Widerstand von Fußbodenbelägen (Richtwerte) (6)

Material	Ableitwiderstand (Ohm)
PVC-Fließen und -Bahnen	$10^9 - 10^{11}$
PVC leitfähig (Sonderausführung)	$10^4 - 10^5$
Linoleum	$10^8 - 10^{12}$
„leitfähiger" Gummibelag	$10^4 - 10^6$
gebrannte Fliesen	$10^9 - 10^{12}$
Kunststeinfliesen	$10^4 - 10^8$
Normalbeton (3 cm dick)	10^7
leitfähiger Schaumbeton	10^4
Terrazzoplatten	$10^7 - 10^9$
Asphalt	10^{12}

[a] Nach Angaben der PTB, Institut Berlin

Emballagen, Schläuchen etc. diese miteinander und mit dem Erdpotential leitend verbinden.

Bei brennbaren *Stäuben* ist die Gefahr besonders groß, da der Staub zu den Gefahrstellen elektrischer Betriebsmittel „wandert". Sehr gefährlich sind auch Staubablagerungen auf strom-erwärmten Flächen, da hier zusätzlich ein Wärmestau berücksichtigt werden muß. Besondere Beachtung verdienen stromführende Leitungen, Maschinen, Transformatoren, Heizgeräte, Glühlampen etc.

Die Glimmtemperatur und Staubexplosionen

Parallel zur Zündtemperatur ist das Kriterium für die Zündwilligkeit, die Glimmtemperatur (s. Tabelle 10), zu beachten.

Die *Glimmtemperatur* ist die niedrigste Temperatur einer freiliegenden waagerechten heißen Fläche, bei der eine auf dieser Fläche liegende Staubschicht von 5 mm Dicke innerhalb einer gewissen Zeit – bis zu zwei Stunden – zur Entzündung kommt.

Oft liegt die Glimmtemperatur merklich niedriger – bis zu 200 °C – als die entsprechenden Zündtemperaturen (s. Tabelle 10).

Eine Staubexplosion ist also von vielen Kriterien abhängig. Besonders wichtig ist die Korngröße des Staubes. Ein größerer Anteil Grobkorn kann sogar eine Explosion unterdrücken. Ist aber ein Gemisch mit Korngrößen, wie in Tabelle 10 angegeben, vorhanden, bedarf es nur noch geeigneter Zündquellen. Schlagfunken, Entladungen aus elektrostatischen Aufladungen u. ä. besitzen meist nicht die ausreichende Mindestzündenergie. Viel gefährlicher sind Glimmbrände, die sehr oft zu einer räumlich begrenzten Primärexplosion führen. Der darauf folgende Druckstoß verursacht dann eine Turbulenz des in den Räumen abgelagerten Staubes (auf Rohrleitungen, Fensterbänken, Maschinen u. a.), also die innige Vermischung des Staubes mit der Luft. Darauf folgt die Zündung und nahezu ausnahmslos eine heftige Sekundärexplosion.

Sehr gefährlich sind industrielle Mahl- und Sichtprozesse mit Produkten, die zu explosionsgefährlichen Stäuben führen. Hier können nur konstruktive Maßnahmen, wie druckfeste oder druckstoßfeste Auslegung der Apparaturen oder die sog. Explosionsunterdrückung oder betriebstechnische Manipulationen, wie Inertisierung oder die Ausschaltung von Zünd-

Tabelle 10. Eigenschaften von Stäuben (1, 6)

Staub	Korngröße in µm max.	Glimmtemp. (°C)	Zündtemp. (°C)	Mind.-Zündenergie (mJ)	Untere Zündgrenze (g/m³)	Max. Expl.-druck: Überdruck (bar)
Aluminium, gefettet	50	230	400	50	25	6,3
Magnesium	50	340	470	80	20	5,1
Titan		290		10	45	6,1
Zirkonium	300	240	430	5	40	6,3
Phosphor, rot	150	305	360	0,2		
Gasflammkohle	50	225	580	40	35	3,2
Holzstaub	200	325	440	20	50	6,6
Reis, Filterstaub	500	270	420	40	45	6,5

quellen einen risikolosen Betriebsablauf sicherstellen.[2]

Um *Staubexplosionen in Betriebsräumen* zu verhindern, bedarf es für staubexplosions-gefährdete Bereiche spezieller elektrischer Betriebsmittel nach den VDE-Bestimmungen 0165 und betriebstechnischer Einrichtungen, durch die Staubablagerungen vermieden werden. Z. B. darf es keine waagerechten Flächen geben, nur Neigungen von mehr als 60° machen eine Staubablagerung unmöglich.

Die Oberflächentemperatur der Betriebsmittel muß

a) an waagerechten und bis zu 60° geneigten Flächen 75 °C unter der Glimmtemperatur liegen und

b) an senkrechten und über 60° geneigten Flächen soll sie auf max. ⅔ der Zündtemperatur begrenzt sein.

Zoneneinteilungen

Die *„Technischen Regeln für brennbare Flüssigkeiten"* (TRbF), Abschn. 4, gehen davon aus, daß es bestimmte räumliche Zonen unterschiedlichen Gefahrengrades gibt. Bezugnehmend auch auf die Publikation 76-10 der „Internationalen Elektrotechnischen Kommission" (IEC) (s. a. DIN 57 165/VDE 0165), werden explosionsgefährdete Bereiche nach der Wahrscheinlichkeit des Auftretens gefährlicher explosionsfähiger Atmosphäre in Zonen eingeteilt:

Für *brennbare Gase, Dämpfe und Nebel:*

Zone 0: Umfaßt Bereiche, in denen eine gefährliche explosionsfähige Atmosphäre ständig oder langzeitig vorhanden ist.

Zone 1: Umfaßt Bereiche, in denen damit zu rechnen ist, daß eine gefährliche explosionsfähige Atmosphäre gelegentlich auftritt.

Zone 2: Umfaßt Bereiche, in denen damit zu rechnen ist, daß eine gefährliche explosionsfähige Atmosphäre nur selten und dann auch nur kurzzeitig auftritt.

Für *brennbare Stäube:*

Zone 10: Umfaßt Bereiche, in denen eine gefährliche explosionsfähige Atmosphäre langzeitig oder häufig vorhanden ist.

---

2 Vgl. W. Bartknecht (1980) Explosionen. Springer, Berlin Heidelberg New York (*27*)

Zone 11: Umfaßt Bereiche, in denen damit zu rechnen ist, daß eine gefährliche explosionsfähige Atmosphäre gelegentlich durch Aufwirbeln abgelagerten Staubes kurzzeitig auftritt.

Diese Einteilung ist nicht nur für die Industrie, sondern auch für den Transportsektor sehr wichtig. Neben den besonderen Verhältnissen auf Schiffen verdient große Beachtung der Güterumschlag in Fabrikationsbereichen oder Großtanklagern, in denen mit dem Auftreten einer explosiblen Atmosphäre zu rechnen ist (z. B. wo Kraftfahrzeuge mit Benzin-(Otto)-Motoren eingesetzt werden). Arbeiten in entleerten, aber nicht gereinigten Tanks bedürfen einer analytischen Kontrolle und bestimmter Voraussetzungen, wie sie als „Schutzmaßnahmen beim Befahren von Behältern" als Durchführungsregel zum Abschnitt 1 der Unfallverhütungsvorschriften der Berufsgenossenschaft der chemischen Industrie festgelegt worden sind. Diese Vorsichtsmaßregeln sind auch für Tanks der See- und Binnenschiffe zu beachten.

Die im Fachausschuß „Chemie" der Berufsgenossenschaft der chemischen Industrie erarbeiteten „Explosionsschutz-Richtlinien" behandeln diese Fragen so umfassend, daß kaum eine Frage unberücksichtigt bleibt. Besonders wichtig ist die Auseinandersetzung mit dem sog. „Primären Explosionsschutz". Er wirft die Frage des „Sekundären Explosionsschutzes" auf und damit die moderne Auffassung des Schutzes gegen unerwartete Explosionen bzw. die Verhütung einer Bildung explosionsfähiger Gemische überhaupt. Es gilt z. B. dafür zu sorgen, daß durch eine gezielte Be- und Entlüftung verhindert wird, daß ein Brennstoffdampf-Luft-Gemisch im Explosionsbereich gar nicht erst entsteht.

Selbstverständlich können obige Ausführungen nur als einführender Leitfaden in das große Gebiet der Explosionsgefahren und des Explosionsschutzes angesehen werden. Dieser Sachbereich, mit dem sich die einschlägige Industrie, das Transportgewerbe, die Wissenschaft und auch die Institutionen der Arbeitssicherheit beschäftigen, ist wesentlich umfangreicher. Es sei nur auf das Gebiet der Explosionsklassen und auf die vielen speziellen Schutzmaßnahmen gegen Zündgefahren, wie flammendurchschlagssichere Armaturen oder Schutz gegen Explosions- und Detonationsdruck, hingewiesen.

2. Explosible Gas-Luft-Gemische

Die auf eine Flächeneinheit eines Behälters drückende Kraft eines Gases bezeichnet man als den Gasdruck = p. Wird dem Gas „thermische Energie" (Wärme) zugeführt, so erhöht sich die „kinetische Energie" (Bewegungsenergie) der Gasteilchen und bei einem konstanten Gefäßvolumen steigt entsprechend der auf die Wände ausgeübte Druck. Ein sog. „ideales Gas" gehorcht dabei der *allgemeinen Zustandsgleichung idealer Gase:*

$$p \cdot V = n \cdot R \cdot T$$

Druck Volumen Anzahl „allg. Temperader Gas- Gaskon- tur (K)
moleküle stante"

Nach dieser Gleichung läßt sich das Gasvolumen für ein Gramm-Mol oder ein kilo-Mol abhängig von den verschiedenen Drücken und Temperaturen berechnen:

$$V = \frac{n \cdot R \cdot T}{p},$$

wobei die Anzahl der Mole $(n) = 1$ und die allgemeine Gaskonstante (R) den Wert = 0,08206 haben. Daraus ergeben sich die verschiedenen in Tabelle 11 aufgeführten *Mol-Volumen* (vgl. DIN 1871, Febr. 1971) *für Gase:*
Lange Zeit hielt man Gase, wie Wasserstoff, Sauerstoff, Stickstoff, Kohlensäure (CO_2), für „permanente Gase", die auch bei sehr hohen Drücken (mehr als 3 000 bar) nicht zu verflüssigen wären. Andrews aber fand 1869 bei Versuchen zur Verflüssigung des Kohlendioxids, daß dieses Gas bei Temperaturen unter $+31\,°C$ durch Druck verflüssigt werden konnte, daß dies aber oberhalb $+31\,°C$ auch bei beliebig starkem Druck unmöglich war. Er bezeichnete deshalb diesen Wärmegrad als die *„kritische Temperatur"* des Kohlendioxids.

Die kritische Temperatur ist für uns leicht zu verstehen, wenn wir uns die Vorgänge beim Erhitzen einer Flüssigkeit vergegenwärtigen:
In einem geschlossenen Gefäß (s. Abb. 9) befinde sich eine Flüssigkeit unter ihrem eigenen Dampfdruck. Bei einer bestimmten Temperatur t_1 hat die *Flüssigkeit* eine bestimmte Flüssigkeits*dichte* d_{fl}, der *Dampf* eine bestimmte *Dichte* d_d. d_{fl} ist dabei größer als d_d. Erhöht man die Temperatur auf t_2, so verdampft ein Teil der Flüssigkeit, bis der höhere Dampfdruck, ent-

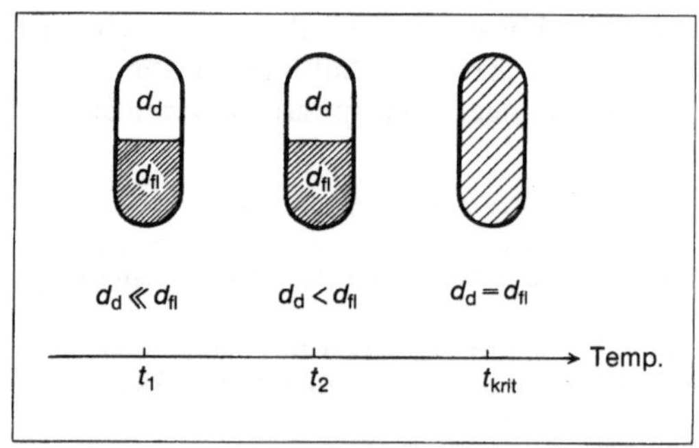

Abb. 9. Kritischer Zustand

Tabelle 11. Mol-Volumen für Gase

	907 (680)	933 (700)	960 (720)	987 (740)	1013 (760)	1040 (780)	mbar (Torr)
0 °C	25,05	24,34	23,66	23,02	22,41	21,84	m^3/kmol
10 °C	25,97	25,23	24,53	23,86	23,24	22,64	m^3/kmol
20 °C	26,89	26,12	25,39	24,71	24,06	23,44	m^3/kmol
30 °C	27,80	27,01	26,26	25,55	24,88	24,24	m^3/kmol

sprechend dieser Temperatur, erreicht ist. Die Dampfdichte d_d wird damit größer, während d_{fl} abnimmt, da sich die Flüssigkeit mit steigender Temperatur ausdehnt. Bei weiterer Temperaturerhöhung nimmt d_d weiter zu, d_{fl} weiter ab, bis ein Punkt erreicht wird, bei dem $d_d = d_{fl}$ wird.

Bei dieser Temperatur haben *Flüssigkeit* und *Dampf* die *gleiche Dichte*, es besteht kein Dichteunterschied mehr. Die entsprechende Temperatur bezeichnet man als *kritische Temperatur*, die zugehörige Dichte als *kritische Dichte* und den entsprechenden Druck als *kritischen Druck.*

Beim *Wasserstoff* beträgt die *kritische Temperatur* $-239,9\,°C$ oder $33,3\,K$, der *kritische Druck* $12,96$ bar und die kritische Dichte $0,031\,g/cm^3$. Will man den Wasserstoff verflüssigen, so muß man eine Temperatur von $-239,9\,°C$ unterschreiten; benötigt wird dann nur noch ein Druck von $12,96$ bar.

Für *Sauerstoff* beträgt die *kritische Temperatur* $-118,8\,°C$, der kritische Druck $50,34$ bar und die *kritische Dichte* $0,430\,g/cm^3$.

Der Begriff der kritischen Daten lautet also:

Für jedes Gas und jeden Dampf gibt es eine kritische Temperatur, oberhalb welcher keine Verflüssigung durch Druck erfolgen kann.

Tabelle 12 gibt einen Überblick über Kenndaten verflüssigter Gase mit einer kritischen Temperatur von gleich oder höher als $70\,°C$:

Wie wichtig kritische Temperaturen und kritischer Druck für den Umgang mit brennbaren Gasen sind, zeigte ein *Großversuch* der Bundesanstalt für Materialprüfung (BAM) am 14.10. 1982: In Hinblick auf die Lagerung von unter Druck verflüssigten Gasen in Wohn- und Industrie-Gebieten, sollte der Einfluß eines Umgebungsfeuers auf das Flüssiggas bzw. den Lagertank untersucht werden.

Der Druckbehälter hatte ein Volumen von $5\,m^3$, der Prüfdruck betrug 24 bar. Er war mit 2500 l unter Druck verflüssigtem Pro-

Tabelle 12. Kenndaten verflüssigter Gase (*2*)

Gasbezeichnung	Siedetemperatur bei 1013 bar	Kritische Größen			Flüssigkeitsdichte im Sättigungszustand in kg/l						
		Temperatur	Druck	Dichte	Dampfdruck in bar						
	(°C)	(°C)	(bar)	(kg/l)	−10 °C	10 °C	30 °C	40 °C	50 °C	60 °C	70 °C
Ethylenoxid	+10,5	195,8	71,9	0,314	0,915 0,4	0,893 1,0	0,87 2,1	0,86 2,9	0,84 4,0	0,83 5,4	0,81 7,1
Ammoniak	−33,4	132,4	113,0	0,235	0,652 2,9	0,625 6,2	0,61 11,7	0,58 15,6	0,56 20,3	0,54 26,2	0,52 33,1
Butadien	− 4,5	152	43,2	0,245	0,657 0,8	0,633 1,8	0,61 3,2	0,59 4,3	0,58 5,7	0,57 7,3	0,55 9,2
Butan	− 0,5	152,0	37,9	0,225	0,612 0,7	0,590 1,5	0,57 2,8	0,56 3,7	0,54 4,9	0,53 6,3	0,52 7,9
Chlor	−34,05	144	79,0	0,567	1,497 2,6	1,439 5,0	1,38 8,8	1,34 11,3	1,31 14,3	1,28 17,8	1,24 21,9
Dimethylether	−24,8	126,9	53,7	0,271	0,713 1,8	0,682 3,7	0,65 6,9	0,63 8,9	0,61 11,4	0,59 14,5	0,57 18,1
Propan	−44,5	96,8	42,6	0,226	0,542 3,4	0,515 6,4	0,48 10,8	0,47 13,7	0,45 17,2	0,43 21,2	0,40 25,8
Phosgen	+ 7,4	182,3	57,2	0,52	1,442 0,5	1,395 1,1	1,35 2,2	1,32 3,0	1,30 4,0	1,27 5,3	1,25 6,9
Propylen	−47,7	91,0	46,2	0,247	0,561 4,3	0,531 7,7	0,50 13,1	0,48 16,6	0,46 20,7	0,43 25,2	0,40 30,4
Vinylchlorid	−13,9	156,5	55,9	0,37	0,964 1,2	0,929 2,5	0,90 4,5	0,87 6,0	0,85 7,8	0,83 10,1	0,81 12,7

Tabelle 13. Kritische Temperatur und kritischer Druck (*1, 2*)

	Siedepunkt (°C)	Kritische Temperatur (°C)	Kritischer Druck (bar)
Wasserstoff	−252,8	−239,9	12,96
Sauerstoff	−183,0	−118,8	50,34
Luft	−192,0	−140,7	38,89
Stickstoff	−195,8	−147,1	33,93
Kohlendioxid	− 78,5 (subl.)	+ 31,3	73,84
Argon	−185,8	−120,0	50,65
Helium	−268,98	−267,9	2,28
Methan	−161,7	− 82,5	47,81
Ethylen	−103,9	+ 9,5	53,08
Acetylen	− 84,0	+ 37,0	68,88
Propan	− 44,5	+ 96,8	42,6
Chlor	− 34,05	+144,0	79,0
n-Butan	− 0,5	+152,1	37,9
Ammoniak	− 33,4	+132,4	113,0
Diethylether	+ 34,6	+194,0	37,17
Ethylalkohol	+ 78,3	+243,0	76,98
Benzol	+ 80,1	+288,0	47,61
Wasser	+100,0	+374,2	220,53

pan = 1,19 t gefüllt. Um und in ihm waren 19 Temperatur- und zwei Druck-Meßstellen installiert. Nicht direkt unter dem Tank, aber um ihn herum waren mit Dieselöl gefüllte ca. 15 cm hohe und 50 cm breite Metallwannen angeordnet. Nach dem Entzünden des Dieselöls stieg die Temp. der Tankwand nach 3 min auf 400 °C und der Innendruck auf 10 bar. Nach ca. 6 min trat das auf 15 bar eingestellte Sicherheitsventil in Funktion. Das ausströmende Gas wurde sofort gezündet und fackelte mit einer sich immer vergrößernden über 10 m hohen Flamme ab. Nach 8 min bestand ein Innendruck von 20 und nach 9 min von 23,4 bar. Die Temperatur der Behälterwand hatte sich nicht wesentlich verändert. Nach 11 min barst der Tank unter Bildung eines weit über 100 m hohen Explosionspilzes. Ein Klöpperboden flog ca. 150 m weit, der andere mit großer Gewalt gegen den Beobachtungsbunker, wobei er sich stark verformte. Die Klöpperböden hatten sich gleichmäßig rings herum ca. 2 cm über der Schweißnaht vom Tank gelöst. Die zylindrische Tankwand war auseinandergerissen und leicht in den Erdboden gedrückt worden. Das unter Druck verflüssigte Propan hatte seine kritische Temperatur von 96,8 °C erreicht und war sofort gasförmig geworden. Damit hatte sich sein Volumen von 2500 l schlagartig um das 259fache auf 649000 l ausgedehnt! Da-

mit war der Berstdruck des Druckbehälters um das Vielfache überschritten worden.

Aufschlußreich in diesem Zusammenhang sind Vergleiche der kritischen Temperaturen und kritischen Drücke verschiedener Gase und Flüssigkeiten, wie sie in Tabelle 13 aufgeführt sind. Diese „kritischen" Kennzahlen sind besonders wichtig, wenn in der Industrie Gase unter Druck verflüssigt und in diesem Zustand gelagert, befördert oder verwendet werden. Das Wissen um diese Zahlenwerte ist aber auch die Voraussetzung für eine moderne Technologie der Gasverflüssigung. Durch eine „Tiefkühlung" des Gases unter seine Verflüssigungstemperatur kann man es in diesem Aggregatzustand praktisch drucklos lagern und befördern. Das wird ermöglicht durch moderne Isolierverfahren zwischen den beiden Tankwänden eines Zweihüllenbehälters. Dieser Tank braucht keinem hohen Druck zu widerstehen und bringt demnach für den Transport eine wesentliche Gewichtseinsparung. Für die Rentabilität eines Transportfahrzeuges ist das wichtig. Aber auch sicherheitstechnisch ist ein Gewinn zu verzeichnen: Beim Defektwerden eines derartigen Tanks besteht keine Berstgefahr und wegen der hohen negativen Verdampfungswärme eines tiefgekühlten verflüssigten Gases ist die Verdampfungsgeschwindigkeit relativ gering. Entsprechende Behältertypen wer-

Tabelle 14. Gase-Umrechnungstabelle

	Siede- temperatur bei 1013 mbar (°C)	Verdamp- fungswär- me bei 1013 mbar (kJ/kg)	m^3 Gas bei 15 °C und 1 bar	Verflüssigtes Gas bei 1 bar (Liter)	Ver- flüssigtes Gas (kg)
Sauerstoff	−183,0	213	1,0 0,854 0,748	1,171 1,0 0,876	1,337 1,142 1,0
Stickstoff	−195,8	199	1,0 0,691 0,855	1,448 1,0 1,238	1,170 0,808 1,0
Argon	−185,8	160,8	1,0 0,836 0,599	1,196 1,0 0,717	1,669 1,395 1,0
Helium	−268,98	20,4	1,0 0,749 5,988	1,336 1,0 8,00	0,167 0,125 1,0
Kohlendioxid	− 78,5 subl.	571,1	1,0 0,541	− −	1,849 1,0
Wasserstoff	−252,8	454,3	1,0 0,842 11,9	1,187 1,0 14,1	0,0841 0,0708 1,0
Methan	−161,7	510,2	1,0 0,633 1,490	1,579 1,0 2,353	0,671 0,425 1,0
Propan	− 44,5	462,0	1,0 0,533	− −	1,875 1,0

den sowohl als Lagertanks, wie für Straßentankfahrzeuge, Eisenbahnkesselwagen und Gas-Tankschiffe, eingesetzt.

Tabelle 14 gibt einen Überblick über die Gewichts- und Volumenverhältnisse eines Gases im gasförmigen und flüssigen Aggregatzustand und Aufschluß über spezifische Verdampfungswärmen.

Die nationalen und internationalen Verkehrs- bzw. Beförderungsbestimmungen unterscheiden

1. *verdichtete Gase,* deren kritische Temperatur unter − 10 °C liegt,
2. *verflüssigte Gase,* deren kritische Temperatur gleich oder höher als − 10 °C ist,
   a) *verflüssigte Gase* mit einer kritischen Temperatur von gleich oder höher als 70 °C,
   b) *verflüssigte Gase* mit einer kritischen Temperatur von gleich oder über − 10 °C, aber unter 70 °C,
3. *tiefgekühlte verflüssigte Gase,*
4. *unter Druck gelöste Gase.*

Auf Grund ihrer physikalischen und chemischen Eigenschaften sind die Gase weiter unterteilt in:
a) nicht brennbar;
   at) nicht brennbar, giftig;
b) brennbar;
   bt) brennbar, giftig;
c) chemisch instabil;
   ct) chemisch instabil, giftig.

Falls nicht anders bezeichnet, gelten die chemisch instabilen Stoffe als brennbar.

Die Beispiele in der Tabelle 15 sollen diese Einteilung erläutern:

Bei Betrachtung der „kritischen" Eigenschaften der Gase sieht man, daß oberhalb 40 °C die ersten elf in der Tabelle 13 aufgeführten Gase nicht zu verflüssigen wären!

Wenn z. B. Ethylen unterhalb der kritischen Temperatur von + 9,5 °C und unter einem

Tabelle 15. Einteilung der Gase der Klasse 2

Gase	Verdichtet, kritische Temperatur unter −10 °C	Unter Druck verflüssigt kritische Temperatur		Tiefgekühlt verflüssigt	Unter Druck gelöst
		≧ 70 °C	≧ −10° bis < 70 °C		
Nicht brennbar	Argon Helium Sauerstoff	Bromchlor-difluormethan	Kohlendioxid Xenon	Argon, Helium, Kohlendioxid, Xenon	
Nicht brennbar, giftig	Bortrifluorid, Fluor	Ammoniak Chlor Phosgen	Chlorwasser-stoff		in Wasser gelöstes Ammoniak
Brennbar	Methan, Wasserstoff	Butan Propan	Ethan Ethylen	Ethan, Methan, Ethylen	Acetylen
Brennbar, giftig	Kohlen-monoxid	Methylamin Ethylchlorid	Phosphor-wasserstoff		
Chem. instab.		Butadien-1,3	Vinylfluorid		
Chem. instab. giftig	Stickstoffoxid	Ethylenoxid Dicyan	Diboran		

Druck von mehr als 53,1 bar in den verflüssigten Zustand übergeführt und in einem für einen Druck von beispielsweise 25 bar konstruierten Behälter gelagert oder befördert würde, dann aber einer Temperatur von ca. 40 °C ausgesetzt wäre, so würde es in den gasförmigen Zustand übergehen und den Behälter auseinanderbersten lassen.

Betrachten wir einige typische Unfälle:

1. Behälter-Überprüfung (*6*): Es war notwendig, einen 1 000 m³ großen liegenden zylindrischen Behälter, der mit Flüssiggas (Propan) gefüllt gewesen war, einer inneren Prüfung auf Spannungsrißkorrosion zu unterziehen. Der Meister bekam den Auftrag, den Behälter mit Wasser zu spülen. Der Kessel mußte vollkommen mit Wasser gefüllt werden, um das Gas restlos zu verdrängen. Anschließend war er wieder zu entleeren, so daß er sich mit normaler Luft füllen konnte.

Die Spülung wurde an einem Montag begonnen. Angeblich war der Behälter bis zum Überlaufen gefüllt und wieder entleert worden. Die anschließende Gasanalyse ergab aber ein explosibles Gas-Luft-Gemisch. So wurde am Dienstag noch einmal gespült. Diese Arbeit dauerte bis zum Mittwoch. Danach stellte man wieder ein explosibles Gas-Luft-Gemisch fest. Um den Arbeitsablauf zu beschleunigen, stieg ein Mann ein und spritzte den Behälter drei Stunden mit Wasser aus; dann ließ man den Kessel austrocknen.

Am vierten Tag gegen Mittag stieg ein Schlosser ein und bereitete mittels Stahlbürste und Schmirgelscheibe die zur Untersuchung vorgesehenen Stellen vor.

Anschließend stieg der Prüfer in den Behälter ein. Er führte das Prüfgerät und eine Kabellampe (beide hatten eine Spannung von 220 V und waren in nicht explosionsgeschützter Ausführung) mit sich. Nach wenigen Augenblicken ereignete sich eine starke Verpuffung, wobei eine Stichflamme aus dem Mannlochdeckel herausschlug. Der Prüfer erlitt lebensgefährliche Verletzungen, an denen er sechs Tage später starb.

Die Untersuchung ergab, daß der Meister die Füllung und die Entleerung des Behälters mit Wasser beschleunigen wollte und einmal nur zur Hälfte und das zweite Mal nur zu 80 bis 90% gefüllt hatte. Die dreistündigen Ausspritzarbeiten waren in ihrer Wirkung vollkommen belanglos.

Bei der ersten mit ca. 500 m³ Wasser waren nur 500 m³ Propangas verdrängt worden. Die zweite Füllung mit ca. 900 m³ Wasser ließ im Behälter 100 m³ Gas zurück, das danach aber immer noch 50 m³ Propan enthalten mußte! Nach dem Entleeren des Wassers kamen 900 m³ Luft dazu. Nach der Durchmischung hatte man nunmehr ein explosibles Gas-Luft-Gemisch mit ca. 5 Volumen-% Propan und damit die günstigsten Zündbedingungen. Der Prüfer im Behälter brauchte die Handlampe nur noch einzuschalten, um einen Zündfunken zu erzeugen, der dann die Verpuffung auslöste.

2. Explosionen auf Riesentankern: Auf der Rückreise zu den Ölhäfen sind die großen Tanks der Öltanker leer. Demzufolge ragen die Schiffe weit über die Wasseroberfläche heraus. Bei schlechten Wetterbedingungen wird die Schiffslage dabei relativ instabil. Aus diesem Grund befüllt man die leeren Tanks mit Seewasser. Aber auch zu Reinigungszwecken wird Wasser in die Tanks gepumpt. Das geschieht unter hohem Druck durch großdimensionierte Rohrleitungen. Dabei versprüht viel Wasser und teilt sich in unzählige kleine Tröpfchen auf, die sich bei diesem Vorgang elektrostatisch aufladen.

Ein ähnlicher Effekt ist bei der Gewitterbildung zu beobachten. Bei warmen Wetter entsteht eine hohe Luftfeuchtigkeit, der Wasserdampf entweicht in die Atmosphäre mit ihren tieferen Temperaturen und kondensiert dort zu kleinen Wassertröpfchen. Diese laden sich dabei elektrostatisch auf und bilden Wolken. Es können bei diesem Vorgang elektrische Feldstärken bis zu 400 000 V/m entstehen. Die Entladungsspannungen liegen oft zwischen 30 bis 400 Mio Volt, eine Zündenergie, die bei jedem Gewitter beobachtet werden kann.

Bei den geschilderten Arbeitsvorgängen beim Befüllen der leeren Schiffstanks mit Wasser entstehen ähnliche elektrische Aufladungen der Wassertröpfchen, die ebenfalls zu Entladungen neigen.

Nun sind im Erdöl niedermolekulare Paraffine wie Methan, Ethan, Propan, Butan, enthalten, die unter Normalbedingungen gasförmig sind. Schon bei der Erdölgewinnung versucht man diese Gase in Separatoren anzutrennen. Da das aber nicht voll erreichbar ist, bleiben im Erdöl immer noch Gasanteile zurück. Ein Teil davon entgast während des Seetransportes zum Bestimmungshafen und bleibt auch nach dem Ölumschlag in den leeren Tanks zurück!

Bei einem 10 000 m³-Tank zum Beispiel werden für die erwähnten Gase zur Bildung eines explosiblen Gas-Luft-Gemisches und damit zur Erreichung der unteren Zündgrenze im Durchschnitt nur ca. 300 m³ Gas (z. B. Ethan) benötigt. Wenn bei einer Transportmenge von ca. 9 750 m³ Erdöl im Tank nur ca. 390 kg = 0,005 % zurückbleiben und entgasen, so entwickeln sich weit über 300 m³ Gas, damit entsteht die explosible Atmosphäre und die große Gefahr durch eine Zündung ist gegeben.

Eine sichtbare Maßnahme zur Vermeidung einer explosiblen Atmosphäre in den Ladetanks ist die *Inertisierung* durch die vor allen Kohlendioxid und Stickstoff enthaltenen Abgase der Schiffsmaschinen (*2*). Die Tabelle 16 zeigt eine Übersicht über die Grenzwerte für die Inertisierung brennbarer Gase und Dämpfe bei 20 °C und 1 bar Druck.

Eine Recherche des „Department of Trade" des United Kingdom und Untersuchungen der IMCO[1] führten zu einer Unfallstatistik über Tankerunfälle (1968–1975). Die Ursache „Feuer und Explosionen" machte ca. 30 % aus. Aus einem Referat des Geschäftsführers der See-BG (Febr. 1981) ist zu entnehmen, daß bei 144 Schiffsuntergängen in den Jahren 1968–1980 177 Tote zu beklagen waren.

3. Explosionen auf einem Binnentankschiff (*2*): Als in einem Raffineriehafen ein brennendes Tankmotorschiff an die Bordwand eines anderen getrieben wur-

---

1 Seit Mai 1982 „IMO" (International Maritime Organisation)

Tabelle 16. Inertisierungsgrenzwerte (20 °C, 1 013 mbar)

Brennbare Gase oder Dämpfe	Noch zulässiger Sauerstoffgehalt (Vol.-%) in Brennstoff-Luft-Inertgas-Gemisch bei Inertisierung mit	
	Stickstoff	Kohlendioxid
	Max. Sauerstoffgehalt (Vol.-%)	Max. Sauerstoffgehalt (Vol.-%)
Benzol	11,2	13,9
Butadien	10,4	13,0
Butan	12,1	14,5
Ethylen	10,0	11,7
Kohlenmonoxid	5,4	5,4
Methan	12,1	14,6
Propan	11,8	14,2
Benzin	ca. 11,8	ca. 14,5
Wasserstoff	5,0	5,1

de, das mit von Benzin entleerten, aber noch mit explosiblen Benzindampf-Luft-Gemisch gefüllten Tanks am Kai lag, brauchten dessen Tankwände nur noch rotglühend werden (über 750 °C, s. Zündtemp. Tabelle 6), um die Explosionen und damit das Aufreißen der Tankwände auszulösen (s. Abb. 10).

Es gibt zu dieser Problematik ein einfaches Experiment, das jeder mit einiger Vorsicht relativ gefahrlos durchführen kann: Man füllt ein Becherglas oder einen kleinen Topf mit Benzin, schüttet ihn aus, füllt den Topf mit Wasser und entleert wieder, wiederholt das noch einmal und behält trotzdem in ihm, – wegen der Adhäsion kleiner Benzintröpfchen an der Gefäßwand und durch ihren allmählichen Übergang in Dampfform –, immer noch ein explosibles Benzindampf-Luft-Gemisch zurück, das mit einer Flamme gezündet werden kann.

Der Explosionsbereich einer normalen Benzinfraktion liegt zwischen 0,8 und 7,5 Vol.-% in Luft, demzufolge benötigt man nur ca. 5 mg Benzintröpfchen, um 1,28 ml Benzindampf zu entwickeln, der den Inhalt eines 100 ml großen Becherglases in eine explosible Atmosphäre verwandeln kann. So genügen 1 g Benzin für das Volumen eines Wassereimers oder einige Gramm, um in einem Pkw-Benzintank ein explosibles Gemisch zu entwickeln.

Die Beispiele zeigen, wie wichtig die Beachtung einschlägiger Sicherheitsvorschriften ist. Wenn in Behältnissen mit Zündquellen hantiert oder wenn Feuerarbeiten, wie Schweißen, durchgeführt werden müssen, so sind die Behälter von Rückständen zu befreien, gründlich auszuspülen und *völlig* mit Wasser, Dampf, Stickstoff oder Kohlensäure anzufüllen. Die

Abb. 10. Explosion auf einem Binnentankschiff *(14)*

Arbeiten dürfen nur von sachkundigen, erfahrenen Personen unter Beachtung größter Vorsicht ausgeführt werden. Können die Gefäße während der Dauer der Arbeit nicht gefüllt gehalten werden, sind keine Feuerarbeiten möglich (s. a. Unfallverhütungsvorschrift „Allgemeine Vorschriften" (VBG 1).

Da eine in einem Behälter befindliche explosible Atmosphäre auch *von außen* durch eine zur Rotglut gebrachte Behälterwand zur Zündung gebracht werden kann, muß auf eventuelle Zündgefahren in der näheren Umgebung geachtet werden.

Wenn man einen Behälter bis zum Überlaufen mit Wasser füllt, so ist es bei Flüssiggasen möglich, das Gas und damit die Brennstoffkomponente zu entfernen und die Sicherheit zu gewährleisten.

Niemals sollten Arbeiten unter unbekannten Raumverhältnissen aufgenommen werden. Erst die Feststellung einer einwandfreien Luftzusammensetzung kann den nächsten Arbeitsgang einleiten. Auf dem Markt ist eine große Zahl geeigneter, vielseitig verwendbarer Geräte für manuelle, aber auch automatische Messungen der Luftzusammensetzung, vorhanden.

3. Feuer und Explosionen mit „Raumwirkung"

Wir wollen uns hier mit einer speziellen Eigenschaft brennbarer Gase beschäftigen, nämlich der Bildung gefährlicher „Raumwolken", einer *explosiblen Atmosphäre* und deren Abdrift (Wegtreiben). Bei Zündung einer abgedrifteten „Raumwolke" kann noch in einer relativ großen Entfernung enormer Personen- und Sachschaden eintreten, während die Umgebung der Entstehungsstelle „harmlos" davonkommen kann. Wie Unaufmerksamkeit, Zufälle oder technische und organisatorische Unzulänglichkeiten blitzschnell zu katastrophalen Folgen führen können, sei an Beispielen belegt. Sie zeigen, wie wenig über Naturgesetze nachgedacht wird, wie Unkenntnis und Verharmlosung irreversible Situationen schaffen können.
Tabelle 17 führt die entsprechenden Eigenschaften der brennbaren Gase und Flüssigkeiten auf.

1. Verdampfter Dimethylether: Am 28. Juli 1948 ereignete sich auf dem Gelände eines deutschen Chemieunternehmens eine Explosion. Wegen Überfüllung war ein Kesselwagen mit einem Inhalt von ca. 16 t = 24 m³ Dimethylether undicht geworden. Da Dimethylether (wie Propan) ein unter Druck verflüssigtes Gas ist, verdampfte er schnell und bildete ein explosionsfähiges Gas-Luft-Gemisch, das durch eine Zündquelle im Werk gezündet wurde. Die dabei entstehende Druckwelle hatte verheerende Wirkungen. Neben weitreichenden Gebäudeschäden, die denen mehrerer konzentrierter Bombenangriffe des letzten Weltkrieges nicht nachstanden, wurden 300 Personen getötet und 1 200 zum Teil schwer verletzt.
Beim Verdampfen von ca. ⅓ der 16 t Dimethylether hatte sich bei der herrschenden relativ hohen Temperatur von über 30 °C ein explosibles Gas-Luft-Gemisch von ca. 130 000 m³ bilden können.

2. Explosion eines Aerosol-Luft-Gemisches: Am 1. Juni 1974 ereignete sich in Großbritannien nahe des Ortes Flixborough in einer der modernsten chemischen Fabriken eines der schwersten Explosionsunglücke in diesem Land. Glücklicherweise befanden sich von ca. 300 Beschäftigten nur noch 70 in der Fabrik. 28 Menschen kamen ums Leben und über 100 wurden verletzt. Aus den Ortschaften im Umkreis von 10 km wurden die Bewohner für 24 Stunden evakuiert, da man nicht wußte, ob die Brandwolken nicht auch giftige Gase enthielten. Noch im Umkreis von 6 km waren die Fensterscheiben zersplittert, 1 821 Häuser wurden z. T. schwer beschädigt.
Die Fabrik produzierte Caprolactam, den Ausgangsstoff für die Herstellung von Polyamiden (Perlon). Rohstoffe für die Umsetzung waren u. a. Cyclohexan und Ammoniak. Die Produktion erfolgte in einem teilweise kontinuierlichen System in einer Reihe von

Tabelle 17. Physikalische Eigenschaften von Gasen und Flüssigkeiten

	Siedepunkt (°C)	Rel. Gasdichte (Luft = 1)	Dampfdruck bei 20 °C	Expl.-Grenzen in Luft Vol.-Konz. in %		Flammpunkt (°C)	Zündtemperatur (°C)
				untere	obere		
Propylen	− 47,7	1,49	13,4 bar	2,0	11,1	< − 20	455
Propan	− 44,5	1,56	8,5 bar	2,1	9,5	< − 20	470
Chlor	− 34,05	2,45	6,9 bar	−	−	−	−
Dimethylether	− 24,5	1,59	5,3 bar	2,5	22,5	< − 20	350
Vinylchlorid	− 13,9	2,16	3,4 bar	3,8	31,0	< − 20	415
Butan	− 1,0	2,05	2,1 bar	1,5	8,5	< − 20	365
Cyclohexan	+ 80,8	2,91	104 mbar	1,2	8,3	− 18	260
Toluol	+ 110,8	3,18	7,3 mbar	1,2	7,0	+ 6	535
Styrol	+ 145,8	3,60	29 mbar	1,1	8,0	+ 32	490

Abb. 11. Zugentgleisung in Missisauga *(4)*

Durchlaufreaktoren. Dabei wurde bei einem Druck von 8,8 bar und 155 °C Cyclohexan zu Cyclohexanon oxidiert. Die Reaktionstemperatur lag um ca. 75 °C über dem Siedepunkt des Cyclohexans (Kp = 80,8 °C)! Das Reaktorsystem war so eingerichtet, daß man *ohne* Absperreinrichtungen auskommen konnte (die im Reaktionsgemisch feinst verteilten Katalysatorteilchen hätten die in die Rohrleitungen eingesetzten Absperrorgane, wie Schieber oder Ventile, durch Zusetzen in ihrem Wirkungsmechanismus blockieren können). ·

Am Unglückstag war ein Reaktor wegen Materialschaden außer Betrieb genommen worden. Die rechts und links daneben befindlichen Reaktoren wurden mit einer improvisierten aber technisch ungeeigneten Leitung von 500 mm Durchmesser (by-pass) kurzgeschlossen. Durch Scherkräfte entstand in dieser Leitung plötzlich ein Riß, letztlich eine Öffnung von mehr als 400 mm Durchmesser. Aus dieser Öffnung können sich nach Meinung der Fachleute 20 bis 50 t Cyclohexan (keine Absperrvorrichtungen!, Flüssigkeit weit über dem Siedepunkt erwärmt und unter einem Druck von 8,8 bar) entspannt haben.

Da sich der Cyclohexan-Dampf an der kühlen Luft kondensierte und damit als Aerosol feinstverteilt in der Luft befand, konnte sich eine gefährliche Raumwolke bilden, die irgendwo eine Zündquelle fand und damit die Katastrophe auslöste. Laut regierungsamtlicher Untersuchung konnte die Gewalt der Explosion nur geschätzt werden: äquivalent 15–45 t TNT. Es entstand eine so starke Druckwelle, daß auf einem Areal von 300 × 300 Meter alles zerstört wurde. Dort stehende Personenkraftwagen waren durch die von oben wirkende Druckwelle so stark zusammengedrückt, daß nur noch die Radfelgen herausragten!

3. Zugentgleisungen in Missisauga und anschließende Großevakuierung *(4)*: Am 10. Nov. 1979, kurz vor Mitternacht, entgleiste ein Güterzug der Canadian Pacific Railway im Zentrum von Missisauga (Toronto). Der Unfall wurde auf ein überhitztes Achslager eines Propan-Tankwagens zurückgeführt. Das dabei entstehende Feuer, genährt durch weitere Explosionen und freiwerdendes Gas, bildete eine riesige, den Himmel erhellende Feuersäule. Die Evakuierung von ca. 240000 Einwohnern des Ortes wurde notwendig.

24 Waggons waren entgleist, darunter 22 Tankwagen, von denen 11 verflüssigtes Propan beförderten. Von den anderen transportierten drei Styrol, vier Ätznatron, drei Toluol, einer Chlor und zwei geschlossene Waggons enthielten Isoliermaterial. Zehn Kesselwagen mit Propan sowie die mit Styrol und Toluol zerbarsten und brannten aus, einer mit Propan blieb unbeschädigt. Der Tankwagen mit tiefgekühlt verflüssigtem Chlor wurde leck, so daß das giftige Gas entweichen konnte. Die Situation zeigt Abb. 11.

Die Explosionen hatten die Unfalltrümmer bis 1,6 km weit verstreut; Fenster im Umkreis von 0,8 km zerbarsten und sekundäre Feuer brachen in Schuppen nahe den Gleisen aus, darunter auch im städtischen Bauhof.

Das entweichende Chlor-Gas wurde mit dem brennenden Propan-Gas, dessen Flammen hoch in den Himmel ragten, emporgerissen. In dem ca. 50 Stunden dauernden Feuersturm und in weiteren ca. 45 Stunden bis zum Verschluß des über 1 m² großen Lecks entwichen von den ursprünglich 90 t tiefgekühlt verflüssigten Chlors ca. 70 t! Danach konnten *immer noch 20 t Chlor umgepumpt* werden! Dabei hatte sich an der Innenwand des Tankwagens eine 30 cm dicke Eisschicht gebildet! Unerwartet war das *tiefgekühlt verflüssigte* Chlor zu *keinem* Zeitpunkt eine Gefahr auch für die nächste Umgebung gewesen.

4. Verflüssigtes Propangas im Straßenverkehr *(5)*: Am 29. April 1975 mußte der Fahrer eines in der Nähe von Eagle Pass, Texas, fahrenden Tank-Sattelzuges einem vor ihm fahrenden Kraftfahrzeug plötzlich ausweichen und seine Geschwindigkeit so sehr herabsetzen, daß sich der Tank-Sattelauflieger vom Zugfahrzeug trennte. An einer Betonwand riß die Tankwand auf und verflüssigtes LPG (liquefied petroleum gas = verflüssigtes Propangas und Homologe) lief aus und verdampfte. Es bildete sich eine explosible Atmosphäre, die auch ihre Zündquelle fand. Durch die Explosion und das anschließende Feuer wurden 16 Personen, darunter der Fahrer des Sattelzuges, getötet, 51 Menschen, die sich in der Nähe befanden, erlitten Verbrennungen; ein Gebäude und 51 Kraftfahrzeuge wurden zerstört.

5. Gastankwagen explodiert – Campingplatz in Flammen: Am 11. Juli 1978 (12 Uhr) war in einer Raffinerie bei Tarragona (Spanien) die Beladung eines Straßentankfahrzeuges mit verflüssigtem Propylen beendet. Dabei war der Tank (Volumen 44 416 l) *maximal* befüllt worden. An der Befüllungsanlage fehlten Durchflußmeßgeräte, automatische Absperrventile sowie eine Überfüllsicherung. Man stellte gegen 12.30 Uhr, als das Fahrzeug am Raffinerieausgang gewogen wurde, ein *überhöhtes Ladegewicht* (23 470 kg) fest. Der zulässige Füllungsgrad für reines Propylen beträgt nach RID/ADR 0,43 kg/l. Dementsprechend hätte das Ladegewicht keineswegs 19 099 kg überschreiten dürfen. Aus dem eingefüllten Nettogewicht von 23 470 kg kann geschlossen werden, daß das Flüssiggas eine Temperatur von ca. 12 °C hatte. Damit errechnet sich eine Dichte von 23 470/44 416 = 0,53 kg/l. Die Überfüllung muß daher ca. 4 300 kg = 23 % betragen haben.

Dennoch verließ das Fahrzeug gegen 12.35 Uhr bei einer Mittagstemperatur von fast 40 °C die Raffinerie. Während der Durchfahrt durch den Ort San Carlos de la Rápita erhöhte der Fahrer plötzlich stark seine Geschwindigkeit: Am Tank zeigte sich auf einmal eine sich immer mehr vergrößernde Nebelfahne (verdampfendes Gas hat eine negative Wärmetönung, kühlt dabei seine engere Umgebung ab, läßt die Luftfeuchtigkeit kondensieren, und die dabei gebildeten Wassertröpfchen sind die Ursache der Nebelbildung).

Auf einmal bog der Tankwagen scharf nach links ab und raste in die Umzäunung des Campingplatzes „Los Alfaques". Die Ereignisse überschlugen sich. Zunächst bemerkte man einen glühenden Feuerball, der sich blitzschnell durch das Campinggelände wälzte und am Meer scheinbar zum Stillstand kam. Im Bereich dieser Hitzewelle von weit über 1 000 °C gab es keinen Schutz. 215 Urlauber kamen ums Leben und 67 erlitten z. T. schwere Verbrennungen. Ein Tankteil flog etwa 500 m und der andere ca. 150 m weit.

Durch die sofortige Zündung wurde die Bildung einer explosiblen Atmosphäre bzw. Raumwolke verhindert. In der kurzen Zeit konnten nur geringe Mengen Flüssiggas verdampfen. Das Flüssiggas brannte demzufolge nur in der Außenzone dieser Wolke, wo

es Kontakt zum Luftsauerstoff hatte, explosionsmäßig ab.

Der Weg und die Geschwindigkeit des Feuerballs war durch die zuletzt eingeschlagene Richtung und durch die Geschwindigkeit des Fahrzeugs bestimmt. Dadurch wälzte er sich wie auf einer Straße über den Platz. – Das Gebiet beiderseits dieses Katastrophenweges, Menschen, Campingfahrzeuge, Zelte etc., blieben weitgehend verschont.

6. Propangaswolke driftet ab: Anfang Febr. 1973 wollte der Fahrer eines mit 19 t = 32,4 m³ verflüssigten Propangas beladenen Tankwagens in der kleinen nordfranzösischen Stadt Saint-Amand-lex-Eaux einem Radfahrer ausweichen, wobei das Fahrzeug umkippte. Es kam halb auf einem kleinen Pkw zu liegen, dessen Insassen, eine Frau und zwei Kinder, eingeklemmt wurden. Bei diesem Unfall riß der Tank auf, so daß das unter Druck verflüssigte Propangas herausfließen und zu einem Teil schnell verdampfen konnte. Bei dem zu der Zeit herrschenden starken Windes vermischte sich das Gas schnell mit der Luft und bildete eine explosible Atmosphäre, d. h. aus 6 t = 10 m³ Flüssiggas 3 250 m³ Gas und daraus mit Luft eine Raumwolke von mehr als 150 000 m³.

Genau nach Vorschrift (Stoff-Merkblätter für Maßnahmen nach Unfällen beim Transport gefährlicher Güter; s. a. Teil II, Kap. 16) leitete der Fahrer sofort umfangreiche Warn- und Absperrmaßnahmen ein. Dies verhinderte zwar nicht die Explosion, die alarmierte Feuerwehr konnte aber den daraus resultierenden Brand erfolgreich bekämpfen. Neben 9 Toten und 40 Verletzten gab es 40 völlig zerstörte Häuser und mehr als 100 Obdachlose.

Abb. 12. Blick auf die Zerstörungen in Saint-Amand-les-Eaux

Die Abb. 12 zeigt den zerstörten Ortskern. Bemerkenswert ist, daß sich die Zerstörung nicht gleichmäßig um den Explosionsherd herum entwickelt hat, sondern nur nach einer Seite hin. Während die wenige Meter neben dem zerstörten Tankwagen befindliche Häuserreihe völlig unversehrt ist, sind in größerer Entfernung liegende Gebäude total zerstört worden. Die Ursache ist im Wind zu suchen, der die Gaswolke in diese Richtung stark verschoben hatte.

7. Kugeltanklager im Feuer: Am 4. Jan. 1966, gegen 6.30 Uhr, versuchten 3 Beschäftigte der Raffinerie in Feyzin bei Lyon routinemäßig aus einem mit Propan gefüllten Kugeltank (1 200 m³ Inhalt; 14 m Durchmesser) eine Probe zu nehmen. Zu diesem Zweck mußten 2 Hähne, die sich an einem Stutzen des unteren Mannlochdeckels befanden, nach einer speziellen Betriebsanweisung geöffnet werden. Damit wollte man sicherstellen, daß nur kleine Mengen verflüssigtes Gas austreten konnten. Bei der Entspannung größerer Mengen besteht die Gefahr einer zu starken Abkühlung und damit Vereisung der Hähne. Da am fraglichen Tage (Tankinhalt: 10 °C, Luft: 5–10 °C) zuerst kein Produkt austrat, manipulierte man mit den Hähnen in verschiedener Reihenfolge, um schließlich bei geöffnetem zweiten Hahn den ersten mit einem Ruck aufzudrehen. Die Folge war, daß das Propan mit einem heftigen Strahl herausschoß. Damit *vereisten beide Hähne* und konnten nicht mehr geschlossen werden.

Das entweichende Flüssiggas verdampfte, wodurch sofort eine große sichtbare Gaswolke entstand, die sich in zunächst wenigen Metern Richtung Autobahn ausbreitete. Die alarmierte Polizei sperrte die Autobahn und anliegende Straßen. Die Feuerwehr versuchte vergeblich die Ventile zu schließen. Gegen 7.15 Uhr wurde die Gaswolke aus unbekannter Ursache gezündet.

Es hatte sich ein nur wenig durchmischtes Gas-Luft-Gemisch in Form einer Raumwolke gebildet (sehr geringe Luftbewegung). So ereignete sich keine Explosion, sondern es entstand an der Gaswolke nur eine Feuerfront, die auf den Propangastank zulief und das ausströmende Gas zündete. Die Geschwindigkeit der Feuerwand war so langsam, daß Personen ihr gefahrlos ausweichen konnten!

Während die benachbarten Kugeltanks mittels ihrer Berieselungsanlagen und mit Wasserwerfern der Feuerwehr gekühlt wurden, wagte man das nicht bei dem betroffenen Tank. Durch das Auftreffen des kalten Wasserstrahls auf die heiße Tankwand befürchtete man eine Versprödung des Stahls und in der Folge Spannungsrisse und damit ein Freiwerden des Tankinhalts. Eine weitere Annahme war, daß sich durch die negative Wärmetönung beim Verdampfen und Entspannen des Flüssiggases im Tank ein ungefährliches Gleichgewicht einstellen und die Situation gefahrlos zu Ende gebracht werden könnte.

Als sich aber gegen 7.45 Uhr das Sicherheitsventil des betroffenen Kugeltanks öffnete, wurde das ausströmende Propangas ca. 20 m über der Kugel gezündet.

Die entstehende Stichflamme erreichte eine Höhe von mehr als 60 m.

Die sich nun oberhalb des Kugeltanks entwickelnde Hitze war so stark, daß wahrscheinlich die kritische Temperatur des Propans überschritten wurde, das verflüssigte Gas in den gasförmigen Aggregatzustand überging und der dabei entstehende große Druck den Tank aufriß. Das geschah gegen 8.50 Uhr. Danach breitete sich schlagartig eine große Propangas-Wolke aus, die sofort zündete. Auch in diesem Fall war die Gaswolke mit Luft nur wenig vermischt, so daß wieder keine echte Explosion folgte. Trotzdem war die Druckwelle so stark, daß noch in 200 m Entfernung Personen umgeworfen wurden und Bruchstücke des Tanks bis zu 250 m weit flogen. Ein 60 t schweres Bruchstück traf dabei Benzin- und Dieselölleitungen. Die auslaufenden brennbaren Flüssigkeiten ließen ein riesiges Flammenmeer entstehen, das 48 Stunden brannte.

Ein zweites Bruchstück von ca. 40 t riß einen Butan-Kugeltank (2 000 m³ Inhalt; 15,5 m Durchmesser) auf und warf ihn um. Dabei entstand eine mehrere hundert m hohe Stichflamme. Nunmehr hatte sich eine derartige Hitze entwickelt, daß Personen in 150 m Entfernung noch schwere Verbrennungen erlitten. Bald war das sogar bei einer Distanz von 300 m der Fall. 16 Personen wurden getötet und ca. 90 Menschen erlitten z. T. schwere Verbrennungen. Fünf Einsatzfahrzeuge der Feuerwehr wurden zerstört.

Mit einem riesigen Feuerball und einer heftigen Druckwelle als Folge riß der nächste Kugeltank auf. Dasselbe erfolgte dann mit einem zylindrischen Butan-Tank. Auch zwei Heizöltanks (je 2 500 m³ Inhalt) brannten aus.

8. Geplatztes Schauglas verursacht eine Explosion: Am 12. Jan. 1964 ereignete sich gegen 18.15 Uhr in einer Vinylchlorid-Polymerisationsanlage in Attleboro (Massachusetts) eine schwere Explosion, die 7 Menschenleben forderte. Beim Aufheizen des Polymerisations-Reaktors auf 60 °C, wodurch sich ein Druck von ungefähr 10 bar einstellte, stellte man fest, daß das Schauglas undicht war. Der Bedienungsmann sah die Leckstelle und zog die 10 Bolzen der Flanschbefestigung fester an. Das geschah ungefähr um 18.45 Uhr.

Plötzlich ergoß sich ein Flüssigkeitsstrom aus dem Schauglas, traf den Bedienungsmann im Gesicht und warf ihn um. Sein Gesicht blutete wahrscheinlich durch Glassplitter der gerissenen Glasscheibe verursacht. Jetzt wurde sofort das normale Sicherheitsprogramm eingeleitet. Ein Arbeiter öffnete die Fenster der Polymerisationsanlage und ein anderer begann, den Reaktor über das Dach zu entspannen (die Entspannungsleitung mündet ungefähr 7,5 m über dem Dach der Anlage). Anscheinend wurde dann mit der Räumung des Gebäudes begonnen. Ungefähr 18.50 Uhr entzündete sich das explosible Vinylchlorid-Luft-Gemisch.

Als Folge der schweren Explosion fand man zwischen dem Polymerisationsgebäude und dem Laboratorium fünf Tote, ein Bedienungsmann wurde durch die Wand hinausgeschleudert und starb später. Der siebente Tote war der Bedienungsmann im Kesselhaus.

Große Beschädigungen und Zerstörungen entstanden an zahlreichen Betriebsgebäuden. Das Feuer brannte und schwelte bis zum 15. Januar.

Die geschilderten Unfälle zeigen, daß die Eigenschaften der brennbaren Gase, Dämpfe oder Aerosole, eine explosible Atmosphäre zu bilden, entscheidend sind. Entstehungsstelle, wie Betrieb, Transportverhältnisse oder Tanklagerbereiche, können einen unterschiedlichen Schadensverlauf ausmachen. Zusammenfassend soll darauf noch einmal eingegangen werden:

1. Im Betrieb (s. Beispiel 8) herrscht durch offenstehende Türen und Fenster oder durch eine Be- und Entlüftung immer eine Luftbewegung, die im ersten Moment die Bildung explosibler Gas-Luft-Gemische besonders begünstigt. Die Anwesenheit einer Zündquelle in diesem Stadium hat stets eine verheerende Explosion zur Folge. Kommt es aber nicht zur Zündung, so führt die betriebliche Luftumwälzung recht schnell zu einer Verdünnung der brennbaren Anteile des explosiblen Gemisches und nach Unterschreitung der unteren Explosionsgrenze zu einer Entspannung der gefährlichen Situation.

2. Bei der Beförderung und beim Lagern dieser gefährlichen Stoffe – also unter offenem Himmel in der freien Natur – spielen neben dem etwaigen Vorhandensein einer Zündquelle meteorologische und Landschafts- bzw. Gebäudeformationen eine große Rolle. Die Situation kann sich sehr verschiedenartig entwickeln:

a) Bei *Windstille* bzw. geringer Luftbewegung und kontinuierlichem Freiwerden großer Mengen Gas, wobei *kaum eine Vermischung der Gaswolke mit Luftsauerstoff* erfolgt, kann die Gaswolke nur an der Berührungsstelle mit dem Luftsauerstoff, also von außen nach innen abbrennen; es bildet sich eine langsam fortschreitende Flammenfront. Ein Fliehen der Menschen ist noch möglich!

b) Wenn bei *Windstille* bzw. geringer Luftbewegung und kontinuierlichem Freiwerden großer Mengen Gas *Zeit zur Bildung* einer explosiblen Atmosphäre (Raumwolke) gegeben ist, entstehen verheerende Druckwellen.

c) Bei *plötzlichem Freiwerden* großer Mengen brennbarer Gase oder Dämpfe können unabhängig von einer Luftbewegung bei einer sofortigen Zündung Personen- und Sachverluste meist nicht vermieden werden.

d) Bei *starkem Wind* bzw. erheblicher Luftbewegung, dadurch guter Vermischung des Gases mit der Luft und Zündung der explosiblen „Raumwolke", sind katastrophale Folgen noch in großer Entfernung unvermeidlich.

4. Unerwartete Ursachen von Feuer und Explosionen

Feuer und Explosionen werden hauptsächlich durch brennbare Gase, Stäube und Flüssigkeiten verursacht. Recht überraschend können aber auch andere Stoffe derartig gefährliche Reaktionen einleiten, unterhalten und katastrophale Folgen herbeiführen. Einige Beispiele sollen das demonstrieren:

1. Schwere Explosion in einem Sauerstoffwerk: Am 4.1. 1961 wurde in einer Dortmunder Sauerstoff-Gewinnungsanlage entdeckt, daß aus einer kleinen Öffnung des Fußbodens Qualm entwich. Kurz danach ereignete sich eine Explosion, durch die das gesamte Gebäude zerstört wurde. 14 Menschen kamen uns Leben. Die Anlage hatte einen mit verzinktem Eisenblech dicht abgedeckten, imprägnierten Holzfußboden. Im Laufe der Zeit saugte sich das Holz mit ausgelaufenem Sauerstoff voll. Es entstand dadurch ein in seiner Wirkung dem Dynamit vergleichbarer „Sprengstoff". So bedurfte es nur noch einer Zündquelle (Schweißarbeiten), um die gewaltige Explosion hervorzurufen.

2. Explosion in einem Düngemittel-Silo: In den frühen Morgenstunden des 21.9. 1921 ereignete sich eine der schwersten Explosionen, die die chemische Industrie je zu verzeichnen hatte. Ein großer Düngemittel-Silo eines Chemieunternehmens im Rhein-Neckar-Gebiet war der Ort der Katastrophe.
Ein Augenzeuge sah, wie am Silo eine hohe Flammensäule emporschoß, der sofort eine Explosion folgte, deren Druckwelle ihn niederwarf. Nach wenigen Sekunden folgte eine noch heftigere Explosion und dann breitete sich eine große Staub- und Feuerwolke, vermischt mit Ammoniak-Gas über der Fabrik und dem Ort aus. Alle benachbarten Kirchenuhren blieben um 7.33 Uhr stehen. Ein großer Schornstein wurde „umgeblasen". Die benachbarten Gebäude wurden zerstört und Maschinenteile bis in den Ort hineingeschleudert. 75% der Häuser der Ortschaft waren Ruinen oder unbewohnbar. An der Stelle des großen Silos war ein Krater von 135 m Länge, 90 m Breite und 30 m Tiefe entstanden, der sich langsam mit Wasser füllte (s. Abb. 13).
Die Explosion war noch im Umkreis von 40 km wahrnehmbar. Im 6 km entfernten Mannheim gab es

Abb. 13. Krater nach Explosion des Düngemittelsilos

Zerstörungen, 3 Personen wurden dabei getötet und 17 verletzt. Im 265 km entfernten München registrierte man Erschütterungen.

Die Zahl der Opfer war wegen des gerade stattfindenden Schichtwechsels besonders hoch: 586 Personen wurden getötet und 1952 verletzt.

Die Katastrophe war auf die Explosion eines Düngemittel-Lagers von 4500 t Ammonsulfatsalpeter zurückzuführen. Dieser ist nur wenig hygroskopisch, verbackt beim Lagern im Silo jedoch leicht und verhärtet dabei. Das ist auf die teilweise Nachbildung des Doppelsalzes Ammonsalpeter-Ammonsulfat zurückzuführen. Keines der Salze ist explosiv. Bis zu dem Unglück wurden im Silo mehr als 30000 Lockerungssprengungen durchgeführt, ohne daß man auch nur den Anschein einer Reaktionsfähigkeit dieser Salze beobachten konnte.

Wahrscheinlich ist das Unglück auf Ammonnitrat-Nester von einem Trocknungsversuch und durch eine für eine Detonationszündung ausreichende Verdämmung der Sprengkapsel zurückzuführen.

Ammonnitrat ist im Gegensatz zu Ammonsulfatsalpeter ein starkes Oxidationsmittel. Es hat explosive Eigenschaften und zersetzt sich besonders in Gegenwart oxidierbarer Substanzen recht lebhaft. Der Gehalt an z. B. organischen Stoffen, die Packungsdichte u. a. sind wichtige Parameter für das Aufschaukeln des Zersetzungsprozesses zu einer Explosion.

Weitere Katastrophen, wie die Explosion von Ammonsalpeter auf einem Schiff im Hafen von Brest und im Hafen von Texas City, weisen immer wieder auf die Gefährlichkeit dieses Stoffes und die Einhaltung der Transportbestimmungen inclusive Zusammenladeverbote hin. Im letzteren Fall war ein Brand auf dem Schiff, das 2300 t Ammonsalpeter geladen hatte, die Ursache für die folgenschwere Explosion.

3. Wasserstoffperoxid leitet eine Explosion ein (6): Zunächst harmlos erscheinende Transportgüter führen manchmal bei Nichteinhaltung der Beförderungsvorschriften zu chemischen Reaktionen, deren Ergebnis dann ein Feuer oder eine Explosion ist. Ein derartiger Stoff ist das Wasserstoffperoxid. Es sollte auf dem Anhänger eines Lastzuges befördert werden. 50 Kanister waren mit je 50 kg ca. *70%igem Wasserstoffperoxid* gefüllt. Das Kanistermaterial bestand aus Polyethylen. Jeder Kanister hatte einen Schraubverschluß und ein Ventil, welches das Entweichen des durch eine sehr langsam verlaufende Zersetzung entstehenden Sauerstoffs sicherstellt.

Während der Fahrt in einer Julinacht beobachtete der Fahrer, daß aus dem Anhänger Rauch herausquoll. Als kurz danach brennende Teile der Abdeckplane weggeschleudert wurden, weckte man den Transportführer, der das sofortige Anhalten auf dem Parkstreifen veranlaßte. Die Besatzung warnte sofort den beiderseitigen Autobahnverkehr. Kurz danach folgte eine Explosion. Eine Autobahnstreife der Polizei, einige km entfernt, sah am Horizont eine 30 bis 50 m hohe Feuersäule. In kurzen Abständen folgten weitere kleine Explosionen und Verpuffungen, wobei brennende Teile weggeschleudert wurden. Nach 15 min war alles vorüber. Die Reste des Anhängers zeigt Abb. 14.

Es stellte sich heraus, daß der Anhänger auch mit Motorblöcken, Getriebeteilen und Kupplungselementen für Pkws beladen war. Sie waren in Holzkisten verpackt. Bei der Reaktion von Wasserstoffoxid mit organischen Stoffen werden große Energien freigesetzt (Raketenantrieb). Hier waren die auf dem Anhänger befindlichen größeren Mengen Schmierfett und die ölverschmierten Autoersatzteile die Reaktionskomponenten. Als durch irgendeinen Umstand das Wasserstoffperoxid auslief, konnte die Reaktion starten.

Auch relativ geringere Wasserstoffperoxid-Konzentrationen können zu recht unerwarteten Überraschungen führen: Am späten Abend eines warmen Sommertages lieferte ein Lkw nach ca. 8 Stunden

Abb. 14. Reste des zerstörten Anhängers *(6)*

Fahrt 25 Kannen mit je 50 l 32%igem Wasserstoffperoxid an. Trotz der Stabilisierung des Produkts barst in der Nacht im Keller des Betriebsgebäudes eine Kanne, wodurch ein Beschäftigter verletzt wurde. Bei Kontrolle der übrigen Kannen wurde festgestellt, daß einige der Kannenverschlüsse leicht ankorrodiert waren und die dabei entstehenden Spuren von Eisenoxid-Teilchen eine langsame Zersetzung in Gang gesetzt hatten. Die Flüssigkeit sprudelte geradezu. Auch eine zusätzliche Stabilisierung half nicht. Darauf wurden die Kannen sofort auf eine für eine Werksstraße vorgesehene Kiesaufschüttung entleert. Wie groß war das Erstaunen, als sich kurz darauf in einem 30 bis 40 m entfernten Buschwald eine starke Rauchentwicklung bemerkbar machte. Mehr als 100 m^2 Wald wurden zerstört!

Wenn sich derartige Unfälle im Laderaum eines Schiffes ereignen, kann man nur noch fluten und damit eine weitgehende Verdünnung des Wasserstoffperoxids herbeiführen. Was wäre aber die Folge, wenn die relativ noch konzentrierte Lösung in der Bilge mit Öl und anderen organischen Stoffen (Holzspäne) reagiert? Nach dem *IMDG-Code* (International Maritime Dangerous Goods Code = Internationaler Seefahrt-Gefahrgut-Code) und der *Gefahrgutverordnung See* (GGVSee) ist das nicht möglich, denn nach den Bestimmungen der Klasse 5.1 dürfen wäßrige Lösungen mit einem Gehalt von über 40% Wasserstoffperoxid nur auf Deck gestaut und nur mit Frachtschiffen mit bis zu 25 Passagieren und auf keinem Passagierschiff befördert werden.

4. Freiwerdendes Calciumhypochlorit verursacht Schiffsverlust: Im ehemaligen IMCO-Code (jetzt IMDG-Code) gab es keine für Calciumhypochlorit speziellen Hinweise für Stauung und Zusammenladung. Es konnte in stabilen Eisenfässern auf und unter Deck gestaut werden; sowohl auf Fracht- wie auf Passagierschiffen. Nur in der ehemaligen deutschen Seefracht-Ordnung (SFO) (Klasse III c, Ziffer 4e) gab es unter Randnummer (Rn) 390 Hinweise über das Verladen und über spezielle Eigenschaften dieses Stoffes (Brandgefahr bei Kontakt mit organischen Stoffen, wie Mehl, Zucker, Holz, Kohle, Gewebe, Fasern).

Ein typisches Beispiel war der Brand an Bord eines Schiffes, der sich am 18.5. 1972 auf dem indischen Ozean ereignete. In einem Stauraum (Luke) hatte man neben Kraftfahrzeugen und Ersatzteilen in 300 Eisenfässern verpacktes Calciumhypochlorit, in 32 Fässern verpacktes organisches Farbstoffpulver

und in 750 Papiersäcken verpackten Polyvinylalkohol untergebracht. Die Stauanordnung erfolgte in drei Partien neben- und untereinander; bei intakter Verpackung und ungestörter Lagerung bestände keine Gefahr.

Nachdem das Schiff aber einige Tage bei hoher Dünung stark im Seegang rollte, entstand in dieser Luke nach einer Explosion ein Feuer, aus dem immer wieder hohe Stichflammen hervorschossen. Versuche, das Feuer mit Kohlensäure und Wasser zu bekämpfen, führten zu weiteren Explosionen. Der Brand breitete sich so schnell aus, daß die Besatzung das Schiff verlassen mußte.

Bei dem hohen Seegang war wahrscheinlich die Stauanordnung durcheinander geraten. Ein Teil der Fässer mit Calciumhypochlorit und Gebinde mit Farbstoffen und Polyvinylalkohol wurden beschädigt und die freiwerdenden Stoffe vermischten sich und reagierten miteinander.

Calcium ist ein starkes Oxidationsmittel, das sich an der Luft zersetzt:

$$2\,Ca(OCl)_2 \;\longrightarrow\; 2\,CaCl_2 + 2\,O_2$$

Mit Wasser reagiert es spontan:

$$2\,Ca(OCl)_2 + H_2O \;\longrightarrow\; 2\,Ca(OH)_2 + 4\,HCl + 2\,O_2$$

In der Technik benutzt man diese Umsetzung u. a. zur Herstellung von Bleichlösungen für Baumwolle, Papiere etc. oder als billiges Desinfektions- und Sterilisationsmittel (Abwasser, Wasser).

Mit Kohlendioxid (Kohlensäure) geht es folgende Reaktion ein:

$$2\,Ca(OCl)_2 + H_2O + CO_2$$
$$\longrightarrow\; CaCl_2 + CaCO_3 + 2\,HClO + O_2$$
$$2\,HClO \longrightarrow 2\,HCl + O_2$$

Bei all diesen Reaktionen entsteht Sauerstoff (O_2). Wie Wasserstoffperoxid ist also auch das Calciumhypochlorit in der Lage, den Sauerstoff zu liefern, der für eine Verbrennung oder einen explosionsartigen Umsatz erforderlich ist. Gegenüber Wasserstoffperoxid gibt es aber noch einen bemerkenswerten Unterschied: Das Löschen des Feuers mit Wasser oder Kohlensäure ist unmöglich und beschleunigt nur noch die Zersetzungsreaktion! Da sich eine derartige Umsetzung meist langsam und unbemerkt aufschaukelt, dann aber ganz überraschend zu einem spontanen Brand- oder sogar Explosionsausbruch führt, ist das Feuer sofort so umfangreich, daß man kaum noch etwas dagegen unternehmen kann.

5. Salpetersäure, Nitrate – Sprengstoffe und Atemgifte

Das unter Normalbedingungen flüssige Nitroglycerin ist so empfindlich, daß es schon bei Stoß oder Erschütterung detoniert. Trotzdem wird es auch heute noch zur Bekämpfung des Feuers von Ölquellen benötigt und befördert. Bei der explosiven Zersetzung von 1 kg Nitroglycerin werden schlagartig über 750 l Gas frei.

$$4\,C_3H_5(ONO_2)_3 \rightarrow 12\,CO_2 + 10\,H_2O + 6\,N_2 + O_2$$

Die entstehenden Temperaturen von über 3000 °C sorgen für die entsprechende Ausdehnung der Gaswolke und die Entwicklung einer Explosionswelle gewaltigen Ausmaßes.

Die „Bändigung" des Nitroglycerins war die epochemachende Entdeckung von Alfred Nobel. Nach einer Reihe folgenschwerer Unfälle transportierte man es in gefrorenem, also festen Zustand, in dem es weniger stoßempfindlich ist. Dann stellte Nobel fest, daß es von einem Stoff mit sehr großer Oberfläche, wie hochporöse Kieselsäure (damals benutzte man Diatomeenerde), aufgesaugt, handhabungssicherer wird. Die Entwicklung führte so zum Dynamit, das nur durch Initialzündung zur Detonation gebracht werden kann. Nobel fand aber auch, daß sich Nitroglycerin mit Nitrocellulose gelatinieren läßt und dabei einer der stärksten Sicherheitssprengstoffe, die sog. Sprenggelatine, entsteht.

Es sei erwähnt, daß Nitroglycerin durch die Haut resorbiert wird, eine Erweiterung der Blutgefäße verursacht, und wegen dieser Eigenschaft in geringen Dosen bei Gefäßspasmen, insbesondere Angina pectoris, als Medikament angewandt wird.

Mischt man Dynamit nichtexplosive Verdünnungsmittel (wie Steinsalz) zu, so wird die Brisanz so weit gesenkt, daß bei der Zündung des Sprengstoffes Grubengase oder Kohlenstaub nicht zur Entzündung kommen. Man nennt derartige Sprengstoffe, die im Bergbau eingesetzt werden, *Wettersprengstoffe*.

Nitrocellulose ist der Salpetersäureester der Cellulose, eines Stoffes, der zu den Naturstoffen, nämlich den Kohlehydraten, gehört. Cellulose ist chemisch ähnlich aufgebaut wie die verschiedenen Zuckerverbindungen, aber auch wie die Ascorbinsäure (Vitamin C). Sie entstehen in der Natur durch die sog. Photosynthese, in der die Pflanze mit Hilfe des Sonnenlichtes als Energieträger und des Blattgrüns als Katalysator aus dem Kohlendioxid der Luft und dem Wasser, das dem Boden entnommen wird, diese Stoffe aufbaut.
Baumwollfasern sind Cellulose in reiner Form. Aus dem Holz gewinnt man sie durch chemische Prozesse. „Zellstoff", Reyon, Vistra, Viskoseseide, Acetatseide oder Nitrocellulose sind die Namen dieser Erzeugnisse. Acetatseide oder Celluloseacetat ist der Essigsäureester und Nitrocellulose der Salpetersäureester der Cellulose.
Nitrocellulose mit einem Stickstoffgehalt von mehr als 12,6% wird im ADR[1] in die Klasse 1 a eingestuft. Liegt der Stickstoffgehalt unter 12,6%, so erfolgt die Eingruppierung in die Klasse 4.1. Unter der Bezeichnung „*Kollodium*" ist die Ether-Alkohol-Lösung der Nitrocellulose bekannt. Beim Verkneten von Kollodium mit Campher erhält man Cellulooid®, das ehemals in großer Menge als Rohstoff für Filme und Kunststoffe diente.
Wird Nitrocellulose in einem Lösemittelgemisch aus z.B. Äthylacetat, Toluol und Xylol gelöst, so entsteht der bekannte und auch heute noch kommerziell interessante „*Nitrolack*".

1. Nitrolack-Zersetzung kann tödlich sein (6): Ein in einer kleinen Lackfabrik Beschäftigter erhielt den

---

1 ADR = Accord Européen Relatif Au Transport International Des Marchandises Dangereuses Par Route (Europäisches Übereinkommen über die internationale Beförderung gefährlicher Güter auf der Straße)

Auftrag, eine Spritzkabine von anhaftenden Nitrolackresten zu säubern. Als Beleuchtung benutzte er eine alte Kabellampe mit ungeschützter Glühbirne. Während der Reinigungsarbeiten berührte die heiße Glühbirne die Kabinenwandung und brachte die anhaftenden Lackreste zum Schmelzen und als Nitro-Verbindung auch leicht zum Entzünden. Den entstandenen Brand konnte der Beschäftigte noch vor dem Eintreffen der Feuerwehr mit zwei Handfeuerlöschern löschen. Dabei hatte er allerdings unbemerkt die Brand- und Zersetzungsgase (u. a. nitrose Gase) eingeatmet. Nachts erwachte er plötzlich unter großer Atemnot, die sich immer mehr steigerte. Noch ehe der Arzt kam, starb er. Was war die Todesursache? Die während des Löschens eingeatmeten nitrosen Gase setzten sich mit der wäßrigen Flüssigkeit in der Lunge zur Salpetersäure um, die ein Lungenödem hervorrief.

Um die Ätzwirkung der Säure in der Lunge zu verstehen, muß kurz auf deren Physiologie eingegangen werden. Über die Lunge wird den Körperzellen Sauerstoff zugeführt, der für die Verbrennung der im Verdauungstrakt dafür vorbereiteten Nahrungsmittel notwendig ist. Die Lunge ist die „Grenzstation" zwischen der „flüssigen Phase" (Blutkreislauf) des Körpers und der gasförmigen Umwelt. Durch die Luftröhre, dann die großen Bronchien, schließlich durch die sich verzweigenden kleinen Bronchien und Bronchiolen, einem dem Baum ähnlichen verästelten System, wird die Luft einem Netzwerk aus Millionen von Luftsäckchen, den Alveolen, zugeführt. Letztere sind für den Gasaustausch, nicht aber für die Flüssigkeit durchlässige Membranen. Auf der anderen Seite kommt das Blut über die Lungenarterien in die Lunge und umfließt die Alveolen in feinen Kapillaren. Dabei findet der Gasaustausch statt, wobei das Blut Kohlendioxid aus dem in den Körperzellen stattfindenden Verbrennungsprozeß abgibt und wiederum Luft bzw. Sauerstoff aufnimmt.

Bei dem geschilderten Unfall hatte sich aus den nitrosen Gasen und dem wäßrigen Milieu in der Lunge langsam im Laufe von Stunden Salpetersäure gebildet und die Alveolen zerstört. Dadurch konnte Blutserum langsam in das Lungengewebe eindringen, die Lunge damit auffüllen und die Atmungsoberfläche mehr und mehr reduzieren. Der Mangel an Luftsau-

erstoff führte dann zum Tod. Dieser Vorgang des Eindringens seröser Flüssigkeit in die Lunge nennt man Lungenödem. Das Einatmen anderer ätzender Gase, wie Chlor, Fluorwasserstoff, Phosgen oder Dimethylsulfatdämpfe, führt zur selben Erscheinung.

Das Entstehen nitroser Gase kann auch andere Ursachen haben:

2. Hochkonzentrierte Salpetersäure: Ein Schrankenwärter bemerkte bei der Vorbeifahrt eines Güterzuges an einem Kesselwagen eine Rauchentwicklung. Sofort wurde der Zug auf einem nahegelegenen Bahnhof angehalten und der Kesselwagen sichergestellt. Die Untersuchung ergab, daß ein in der Mitte befindlicher Bodenflansch (Durchmesser 16 cm) undicht war. Aus ihm lief hochkonzentrierte Salpetersäure aus. Die Feuerwehr versuchte, den Flansch wieder festzuschrauben. Da aber die Gewindegänge der Schrauben und die Gewindelöcher durch die Säure angegriffen waren, scheiterte dies. Notdürftig, aber nur kurzzeitig, versuchte man mit Bohle und Wagenheber die Leckstelle soweit abzudichten, daß die Säure in Glasballons abgefüllt werden konnte. Auch das mußte bald abgebrochen werden, weil zuviel Säure daneben lief und sich am Erdboden mit organischen Stoffen umsetzte. Dadurch wurden große Mengen nitroser Gase entwickelt, die in westlicher Richtung über den benachbarten Ort zogen. Wegen akuter Vergiftungsgefahr mußten die Bewohner (ca. 700 Personen) noch während der Nacht evakuiert werden. Durch die umsichtige Katastrophenleitung konnte man Personenschaden vermeiden. Selbstverständlich benutzten die Einsatzkräfte von der Umgebungsluft unabhängige Atemschutzgeräte.

Die Untersuchung ergab, daß der Kessel aus Aluminium bestand, also einem geeigneten Werkstoff für das Ladegut „hochkonzentrierte Salpetersäure", RID[2], Klasse 8 und daß die amtlichen Prüftermine immer eingehalten worden waren. Wahrscheinlich bestand die Dichtung des Flansches aus einem für das Ladegut nicht beständigen Material oder das Gewinde in den Gewindelöchern war mit der Zeit schadhaft geworden, so daß der Anpreßdruck des Blindflansches abnahm und es dadurch zu Undichtigkeiten kam.

---

2 Reglement International Concernant Au Transport Des Marchandises. Dangereuses Par Chemin De Fer (Internationale Ordnung für die Beförderung gefährlicher Güter mit der Eisenbahn)

6. Explosive Stoffe und Gegenstände

Öffentliche Medien berichten oft über Unglücksfälle mit Feuer und Druckentwicklungen, wobei das Wort „Explosion" verwendet wird. Das geschieht sogar, wenn es sich um verflüssigte, nicht brennbare Gase, wie Helium, Chlor oder Kohlendioxid handelt, deren Tanks bei großer äußerer Hitzeeinwirkung wegen Volumenvergrößerung des Inhalts nur auseinanderbersten. Als 1980 über einen Brand in einem Münchener Universitätsinstitut berichtet wurde, zeigte der Reporter zwei Dewar-Behälter, in denen sich tiefgekühlt verflüssigtes Helium befand, und erklärte, „wenn die Feuerwehr die Helium-Behälter nicht im allerletzten Moment aus dem Feuer geholt hätte, wäre es zu einer fürchterlichen *Explosion* gekommen". – Helium ist aber *nicht brennbar,* es wäre nur verdampft und hätte im ersten Moment den für einen Brand notwendigen Sauerstoffgehalt der Luft so reduziert, daß eine feuerlöschende Wirkung das Ergebnis gewesen wäre!

Bevor auf wissenschaftliche Grundlagen der Explosivstoffe eingegangen wird, sollen einige Unfallberichte ihre spezielle Gefährlichkeit unterstreichen. Als erster Bericht soll die Explosionskatastrophe in Hannover-Linden geschildert werden. Dieses Unglück war ausschlaggebend für grundlegende internationale und nationale Regelungen (Gefahrgut-Kennzeichnungsnummern) für die Beförderung gefährlicher Güter.

1. Schwere Explosionskatastrophe durch Munitionswaggon: Explodierende Munition in einem brennenden Güterwagen verursachte am 22.6. 1969 auf dem Güterbahnhof in Hannover-Linden erhebliche Schäden. Zehn Menschen, Feuerwehrleute und ein Eisenbahner, waren die Opfer der Katastrophe. Sie wurden von der Explosion überrascht, als sie versuchten, sich dem brennenden Munitionswagen zu nähern, um ihn zu löschen. Nur die Besonnenheit und der selbstlose Einsatz des Eisenbahners Liedke hat eine noch größere Katastrophe verhindert. Er hatte sofort den qualmenden Waggon von vier anderen abgekuppelt, die ebenfalls mit Munition beladen waren. Der explodierte Waggon sprengte einen tiefen Krater in den Boden, riß Schienen und Schwellen heraus und schleuderte sie in die Gegend. Die Hälfte der 120 m langen Stückguthalle stürzte zusammen. An abgestellten Zügen entstanden schwere Schäden, ungezählte Fensterscheiben gingen zu Bruch.

2. Die „Bombay-Katastrophe" (*22*): Am 14.4. 1944 hatte der Frachter „Fort Stikine" (7 142 BRT) auf der Fahrt von England Bombay erreicht. Er war mit ca. 1 400 t Sprengstoff, anderen Kriegsgütern und Baumwolle beladen. Letztere war mit in die Luken gestaut worden, in denen Sprengstoff lag. Zu dieser Zeit war die Stauung von Baumwolle mit Sprengstoff zusammen in den einschlägigen Vorschriften nicht ausdrücklich verboten. Dazu waren noch, allerdings durch Planen (Persennige) getrennt, Ölfässer auf die Baumwolle gestaut worden. Die Baumwolle konnte dadurch ohne weiteres mit Öl verschmutzt werden. *Ölverschmutzte Baumwolle* neigt aber zur *Selbstentzündung!*[1]

Zuerst wurde wegen des üblen Geruchs Fischmehldünger entladen. Zwischen 12^{30} und 13^{30} brach dann ein Feuer aus und wurde wegen der Mittagspause zunächst nicht wahrgenommen. Als man es dann entdeckte, griff die Besatzung eines in der Nähe liegenden Löschfahrzeuges mit ihren Löschschläuchen ein, wurde aber einige Zeit durch die fliehenden Schauerleute gehindert. Erst nach etwa 2 Stunden wurde die große Gefahr erkannt. Als dann das Schiff versenkt werden sollte, stellte man fest, daß das wegen der sicheren Bauart dieses Schiffes in der Eile kaum möglich war. Als man es aus dem Hafen bringen wollte, verweigerte das der Kapitän. Statt nun Wasser in großen Mengen in die Luken einlaufen zu lassen, wurde versucht, nur die brennende Baumwolle mit Wassersprühstrahl zu löschen. Dadurch aber wurden die brennenden Ballen aufgeschwemmt und trieben an den Sprengstoff heran. Die sofortige Räumung der

---

1 Die Gefahr einer *Selbstentzündung* besteht, wenn der brennbare Stoff eine große Oberfläche hat, lokker aufgeschüttet oder gestapelt ist, somit Luftsauerstoff in den Hohlräumen eingeschlossen ist und eine hohe Wärmedämmung besteht, die verhindert, daß Wärme (entstanden durch eine langsam verlaufende Oxidation) nicht abgeleitet werden kann.

Umgebung und Schiffe von Menschen wurde unterlassen. Um 16^06 Uhr erfolgte die erste und eine halbe Stunde später die zweite Explosion; letztere war wesentlich stärker. Die Ursache war die Detonation der Sprengstoffe. Das Schiff wurde rotglühend und zerbarst dann unter Bildung einer großen Rauchwolke. Bruchstücke und Splitter hatten eine fürchterliche Wirkung. Das Heck eines 4000 BRT-Frachters wurde durch eine Welle 15 m hoch über ein Gebäude hinweg auf den Kai gehoben; der Bug lag noch im Wasser. 1250 Personen wurden getötet und mehrere Tausend verletzt. 15 Handelsschiffe wurden zerstört und viele andere beschädigt. Man benötigte 6 Monate, um über 800000 t Schutt wegzuräumen und den Hafen wieder arbeitsfähig zu machen.

Die Reaktion jedes organischen Stoffes läuft bei einem konzentrierten Sauerstoff-Angebot rasant ab. Eine Person, deren Kleidung sich mit Sauerstoffgas getränkt hat, steht beim Anzünden einer Zigarette sofort in Flammen. Als auf der Autobahn bei Aschaffenburg nach einem Unfall flüssiger Sauerstoff aus einem Tankwagen auslief, stand auf einmal auf der abschüssigen Strecke in einer Länge von ca. 100 m der Asphalt in Flammen! Während nach Zünden von feinkörniger Holzkohle in Anwesenheit von Luftsauerstoff nur ein Abbrennen erfolgt, explodiert mit flüssigem Sauerstoff getränkte Holzkohle heftig. Man benutzte diese Mischung wegen Rohstoffmangel im 1. Weltkrieg sogar als „Sprengstoff" im Erzbergbau. Sie wurde unter der Bezeichnung „Oxyliquit" bekannt.

„Sprengstoff" bedeutet aber auch, daß man mit einem Stoff etwas auseinander„sprengen" kann. Es wird z. B. in ein Gestein ein Loch gebohrt, der Sprengstoff hineingepreßt und das Loch danach wieder zugestopft, „verdämmt". Nach der Zündung entstehen nun Verbrennungsgase, die ein großes Volumen einnehmen und so das Gestein auseinander„sprengen". Explosionsreaktionen können in ihrer Druckwirkung oder noch präziser in ihrer *Explosionskraft* recht unterschiedliche Folgen haben.

Nach A. Haid (BAM) sind „explosionsfähige Stoffe Verbindungen, die infolge ihrer Zusammensetzung einen chemisch gebundenen Arbeitsvorrat enthalten, der durch thermische Einwirkung (Flamme, glühende Gegenstände), durch Detonationsstoß (Sprengkapsel, Detonator), durch mechanische Beanspruchung (Schlag, Reibung) oder durch eine andere Art der Auslösung in Form hochgespannter Gase frei gemacht werden kann, so daß eine plötzliche Druckwirkung hervorgerufen wird.

Die Einteilung dieser explosionsfähigen oder explosiven Stoffe ist aus Abb. 15 zu ersehen.

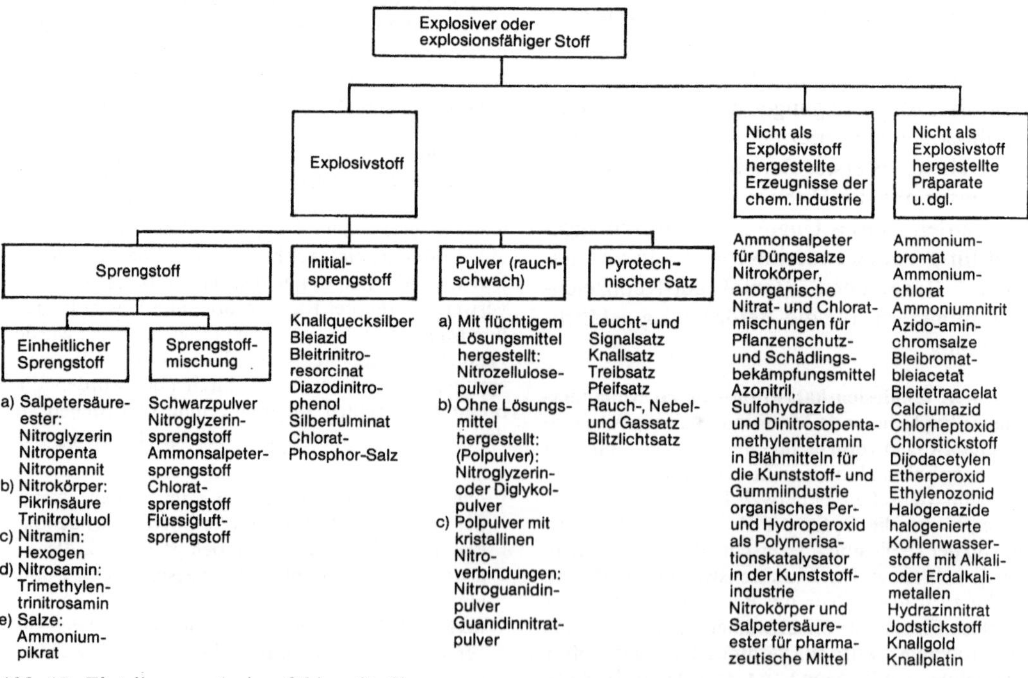

Abb. 15. Einteilung explosionsfähiger Stoffe

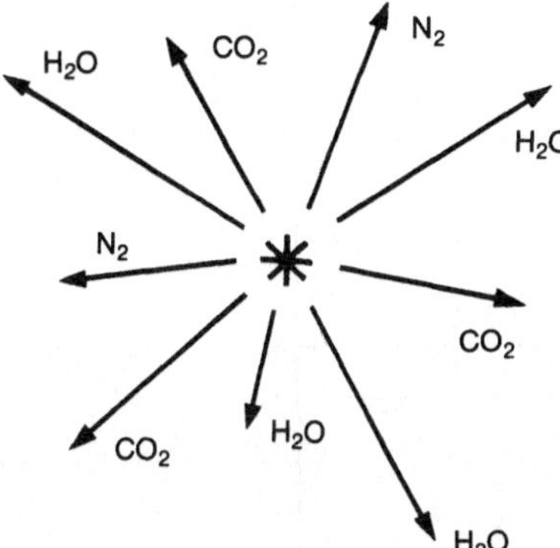

Abb. 16. Explosion von Nitroglycerin

In Abb. 15 fällt auf, daß die Stoffe überwiegend einer bestimmten chemischen Verbindungsgruppe angehören. Es sind im wesentlichen Ester der Salpetersäure (Nitro-Verbindungen, wie Nitroglycerin oder Nitroglykol). Andere Verbindungen sind die Chlorate, die Knallsäure (CNOH) und die Stickstoffwasserstoffsäure bzw. deren Salze. Abgesehen von den beiden zuletzt aufgeführten Verbindungsgruppen, deren hohe Schlag- und Hitzeempfindlichkeit mit auf eine spezielle Molekülkonfiguration und bei den Metallsalzen auf eine spezifische Kristallform zurückzuführen ist, basiert die Sprengstoffwirkung auf dem molekularen Einbau des notwendigen Sauerstoffs. Maßgebend ist, daß sogleich nach der Zündung der brennbare Teil des Moleküls durch den sofort verfügbaren und relativ locker gebundenen Sauerstoff oxidiert wird (s. Abb. 16).

Für den Umgang mit Sprengstoff ist die sog. Sauerstoff-Bilanz wichtig. Darunter versteht man die Sauerstoff-Menge (in Gew.-%), die zur vollständigen Umsetzung des Sprengstoffs

Tabelle 18. Sauerstoffwerte von Sprengstoffen und Sprengstoff-Komponenten

Substanz	Verfügbarer Sauerstoff (%)
Aluminium	− 89,0
Ammoniumchlorid	− 44,9
Ammoniumnitrat	+ 20,0
Ammoniumperchlorat	+ 34,0
Ammoniumpikrat	− 52,0
Bariumnitrat	+ 30,6
Dinitrobenzol	− 95,3
Dinitrotoluol	−114,4
Holzmehl, gereinigt	−137,0
Kaliumchlorat	+ 39,2
Kaliumnitrat	+ 39,6
Kohle	−266,7
Natriumchlorat	+ 45,0
Natriumnitrat	+ 47,0
Nitroglycerin	+ 3,5
Nitroguanidin	− 30,8
Nitrocellulose (Schießwolle)	− 28,6
Nitrocellulose (Collodiumwolle)	− 38,7
Pikrinsäure	− 45,4
Tetryl	− 47,4
Trinitrotoluol	− 74,0

noch zugegeben werden muß (negative Sauerstoff-Bilanz) oder die bei vollständiger Umsetzung noch frei ist (positive Sauerstoff-Bilanz). Gewerbliche Sprengstoffe müssen eine positive Sauerstoff-Bilanz aufweisen, damit in den Schwaden möglichst wenig giftige Gase, wie Kohlenmonoxid, vorkommen. Tabelle 18 gibt einen Überblick über Sauerstoff-Bilanzen (entnommen aus: Explosivstoffe. WASAG-Chemie AG, Essen, 1961).

Für einen Sprengstoff sind die folgenden physikalischen Kennzahlen charakteristisch:

Tabelle 19. Technische Daten wichtiger Sprengstoffe

Sprengstoff	Explosionswärme (kcal/kg)	Spezif. Energie (kg/cm^2)	Detonationsgeschw. (m/s)	Brisanzwert
1. Nitroglycerin	1485	13160	8000	168000
2. Sprenggelatine	1560	13400	7800	160000
3. 65%iges Gelatine-Dynamit	1280	9616	6500	95500
4. Ammonit 1	940	10135	4850	54000
5. Ammonit 5 (6% Al)	1240	11170	4600	58000
6. Chloratit 1	1250	7200	4950	55000
7. Wetter-Nobelit A	642	5160	5750	49300
8. Wetter-Detonit B	546	6160	3100	20000
9. Schwarzpulver	665	2800	400	1350

Tabelle 20. Prüfmethoden für Sprengstoffe (Auszug aus Untersuchungsbefund)

Sprengstoff	Bestandteile	in % nach Angabe	in % gefunden	Aussehen und Beschaffenheit	Lagerung bei 75 °C (verschlossene Wägegläschen)
Donarit 1	Ammoniumnitrat	80	79,8	Hellgelbes feinkörniges Pulver, etwas zusammenbackend. Dichte in der Patrone 1,0 g/cm³	Gewichtsverlust nach 2 Tagen 0,2%: keine nitrosen Gase
	Trinitrotoluol	12	12,1		
	Nitroglycerin	6	5,9		
	Holzmehl	2	2,2		

Verhalten:

beim Erhitzen im Wood'schen Metallbad	gegen Zündung durch Streichholz	gegen eine 10 mm hohe, 5 mm breite Gasflamme	beim Einwerfen in eine rotglühende Stahlschale (5 g)	eines mit dem Sprengstoff gefüllten Stahlblechkästchens im Holzfeuer	bei Erhitzen unter Einschluß in einer Stahlhülse mit einer Öffnung in der Düsenplatte von:
Bei 180 °C (rotbraune Dämpfe) 212 °C und 320 °C Zersetzung ohne Entzündung	5mal nicht entzündet	5mal nicht entzündet	Entzündet sich und brennt mit gleichmäßiger Flamme in 12 s, 14 s bzw. 10 s ab	Brennbeginn nach 64 s bis 78 s; Ende des Abbrandes nach 390 s bis 500 s; stark zischende Flamme; Kästchen allseitig aufgebeult	2,0 mm Ø: Explosion $t_1 = 16$ s $t_2 = 20$ s 2,5 mm Ø: keine Explosion

Empfindlichkeit unter einem Fallhammer (von 5 kg Masse bei einer Fallhöhe von cm); Empfindlichkeit gegen Reibung:

Zahl der Versuche	15	20	30	40	50	60	gegen Reibung
ohne Reaktion	6	4	3	1	0	–	bei 360 N Stiftbelastung keine Reaktion
mit Zersetzung	0	0	0	0	0	–	
mit Explosion	0	2	3	5	6	–	

1. die bei der Explosion freiwerdende Energie oder die *Explosionswärme*.
2. Der *Brisanzwert* nach KAST, der maximal erreichbare Druck, ein Maß für die zertrümmernde Kraft. Er ist abhängig von
   a) der *spezifischen Energie*, oder dem spezifischen Druck des Sprengstoffs,
   b) der *Ladedichte* (Sprengstoffgewicht pro Volumeneinheit),
   c) der *Detonationsgeschwindigkeit,* und von
3. der *Schlagempfindlichkeit*.

Zur Ermittlung dieser Kennzahlen (Tabelle 19) gibt es mehrere Methoden:

1. die experimentelle Ermittlung der *Explosionswärme* in einer kaloriemetrischen Bombe,
2. der *Brisanzwert* in der sog. Stauchapparatur nach Kast, in der ein Sprengkörper bestimmter Größe nach der Detonation einen kleinen Kupferzylinder staucht,
3. die Bestimmung der *Kraftentwicklung* durch z. B. Ausbauchen eines Bleiblocks nach Trauzl,
4. die Bestimmung der *Detonationsgeschwindigkeit* nach Dautriche in einem Stahlrohr, in dem in beiden Enden gefüllter Sprengstoff gezündet wird, so daß beide Detonationswellen gegeneinander zulaufen,
5. die Bestimmung der *Schlagempfindlichkeit* durch Ermittlung der Höhe, die erforderlich ist, um mit einem zu bestimmenden Gewicht eine kleine Probe der Substanz zur Explosionsentwicklung zu bringen.

In den Positionen 2–6 sind brisante Gesteinssprengstoffe und in 7 bis 8 sog. Wettersprengstoffe oder Sicherheitssprengstoffe aufgeführt. Letztere werden im Kohlenbergbau verwendet, weil sie schlagende Wetter nicht entzünden können.
Sprengstoff-Prüfmethoden sind über viele Jahrzehnte hinweg vor allen Dingen in der damaligen „Chemisch-Technischen Reichsanstalt" in Berlin entwickelt worden. Eine ihrer Nachfolger ist die „Bundesanstalt für Materialprüfung" in Berlin, die weiter am Ausbau dieser Methoden arbeitet. Sie prüft auch Sprengstoffe bezüglich ihrer Beförderungsmöglichkeiten und erstellt Gutachten für das „Zentral-Referat für Gefahrgut-Transport" des Bundesverkehrsministeriums.

Tabelle 21. Abnehmende Schlagempfindlichkeit

Nitroglycerin
Knallquecksilber (Quecksilber(II)-fulminat)
Nitropenta (Pentaerythrittetranitrat)
Tetryl (Tetranitromethylanilin)
Nitrocellulose
Bleiazid
Hexogen (Trimethylentrinitramin)
Pikrinsäure
TNT (Trinitrotoluol)
Ammonperchlorat
Dinitrobenzol

Tabelle 20 gibt einen Überblick über moderne Prüfmethoden der Bundesanstalt für Materialprüfung (BAM). Es ist ein Muster in der GGVS für die Übersendung eines Prüfergebnisses.
In Tabelle 21 sind Explosivstoffe aufgeführt, die durch abnehmende Schlagempfindlichkeit gekennzeichnet sind. Die Nitro-Verbindungen sind danach relativ schlagunempfindlich und gut zu handhaben. Sie sind vorzügliche „brisante" Sprengstoffe, während Bleiazid und besonders Knallquecksilber sehr schlagempfindlich sind. Letztere Eigenschaft ist ausschlaggebend für ihren Einsatz als Initial-Sprengstoffe, d. h. sie sind in Form von Zündhütchen die Auslöser für eine Detonation.
Diese Sprengstoffe werden meist als „explosive Stoffe und Gegenstände" (Klasse 1 a) oder als „mit explosiven Stoffen geladene Gegenstände" (Klasse 1 b) oder als „Zündwaren, Feuerwerkskörper und ähnliche Güter" (Klasse 1 c) befördert und vertrieben . Die Tabelle 22 gibt einen Überblick über diese Stoffgruppe.
Ausführlich und bezüglich ihrer Handhabungssicherheit werden die Explosivstoffe in der Munitions-Zerlege-Richtlinie der Berufsgenossenschaft der chemischen Industrie (6) besprochen (Auszug aus Richtlinie):

Explosivstoffe sind Sprengstoffe, Treibstoffe (z. B. Schießstoffe), Zündstoffe (Initiierstoffe), Anzündstoffe (nichtsprengkräftig) und pyrotechnische Sätze (pyrotechnische Stoffe).
Einteilung der Explosivstoffe nach Handhabungssicherheit: Die in der Munition vorhandenen Explosivstoffe werden nach ihrer Handhabungssicherheit in folgende Gruppen mit abnehmender Gefährlichkeit eingeordnet:

Gruppe I: Zündstoffe (Initiierstoffe), Anzündstoffe (nichtsprengkräftig) und Gegenstände (Zündmittel), die diese Stoffe enthalten (z. B. Sprengkapseln und

Tabelle 22. Explosive Gegenstände

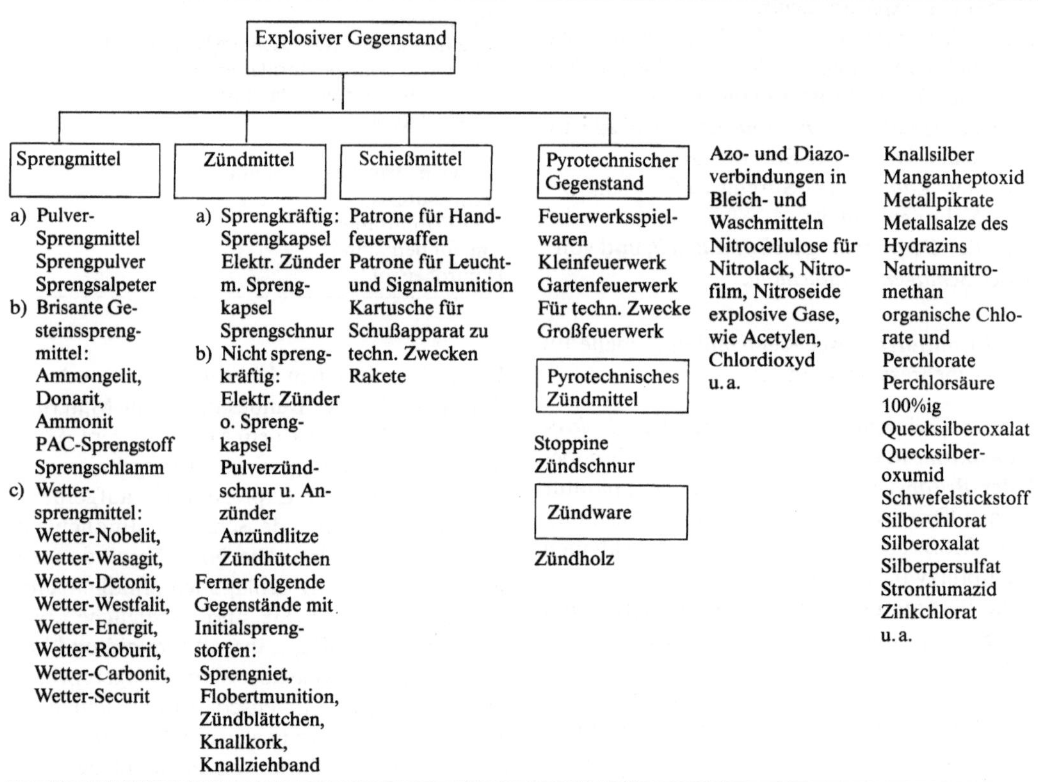

Detonatoren bzw. Zündhütchen und Treibladungs-anzünder). Dazu gehören Stoffe wie Bleiazid, Bleitri-nitroresorcinat, Knallquecksilber (als Initiierstoffe) und Tetrazen, nichtkorrodierende Sätze (z. B. Sin-oxidsätze) sowie Chloratsätze (als Anzündstoffe).

Gruppe II: Explosivstoffe mit großer thermischer und mechanischer Sensibilität. Dazu gehören Stoffe wie unphlegmatisierte Salpetersäureester und Nitro-verbindungen, wie PETN (Nitropenta), Hexogen, Oktogen, Leucht- und Lichtsätze, pyrotechnische Sätze der Gruppen 1–3[2], Schwarzpulver, trockene Nitrocellulose.

Gruppe III: Explosivstoffe mit mittlerer thermischer und mechanischer Sensibilität. Dazu gehören Stoffe wie Nitroverbindungen (z. B. Tetryl, Pikrinsäure, He-xanitrodiphenylamin), plegmatisierte Salpetersäu-reester, phlegmatisierte Nitroverbindungen oder PETN (Nitropenta) mit Wachs- oder plastifizieren-den Zusätzen über 5% oder Wasserzusatz über 15%, auch mit Aluminiumzusatz (Hexal); Sprengstoffge-mische aus Trinitrotoluol mit Hexogen (z. B. Compo-sition B, Hexolit, Hexotol), Trinitrotoluol mit PETN (z. B. Pentolit), Trinitrotoluol mit Tetryl (z. B. Tetry-tol), auch mit Aluminiumzusatz (Unterwassersprengstoffe wie Torpex, Trialen, HBX, SSM 887) Spreng-stoffgemische aus Nitrocellulose, Nitroglycerin und PETN oder Hexogen (z. B. Holtex, Nipolit).

Gruppe IV: Treibstoffe (Schießstoffe, Treibsätze)

Gruppe V: Explosivstoffe mit geringer thermischer und mechanischer Sensibilität und geringer Detona-tionsfähigkeit (Neigung zur Detonation). Dazu gehö-ren Stoffe wie Nitroverbindungen (z. B. Trinitro-luol, Trinitronaphthalin), Ammonsalpetersprengstof-fe (z. B. Ammonale), Leucht- und Lichtsätze der Gruppe 4[1]), Rauchsätze, Nebelsätze.

Gruppe VI: Explosivstoffe mit wenig ausgeprägter thermischer und mechanischer Sensibilität. Dazu ge-hören Stoffe wie Nitroverbindungen niedriger Ni-trierstufe (z. B. Dinitrobenzol, Dinitrotoluol).

Am 13. Sept. 1976 wurde in der Bundesrepu-blik Deutschland das *„Sprengstoffgesetz"* (SprengG) erlassen (BGBl I S. 2737). Für die Beförderung von Sprengstoffen gibt die

---

2 Siehe § 2 (1) der Unfallverhütungsvorschrift Ab-schnitt 46 k „Herstellung protechnischer Gegen-stände" (VBG 55 k)

1. Sprengstoff-Verordnung (SprengV) vom 23.11. 1977 (BGBl I S.2141) die notwendigen Hinweise.

Nach dem Abschnitt IV der 1.SprengV darf, wer explosionsgefährliche Stoffe oder Sprengzubehör herstellt oder einführt, anderen diese Stoffe oder Gegenstände nur überlassen, wenn sie und ihre Verpackung nach den Vorschriften der Anlage 3 zu dieser Verordnung gekennzeichnet sind.

Die Kennzeichnung soll die folgenden Angaben enthalten:
- die Bezeichnung des jeweiligen Stoffes oder Gegenstandes,
- der Name des Herstellers, bei Einfuhr zusätzlich den Namen des Importeurs,
- die Herstellungsstätte,
- das vorgeschriebene Zulassungszeichen, das Gefahrensymbol (s. a. Kap. 15) und
- die Gefahrenbezeichnung „Explosionsgefährlich".

Wer explosionsgefährliche Stoffe herstellt oder einführt und aufbewahren oder anderen überlassen will, hat auf dem Versandstück oder, sofern die Stoffe nicht zum Versand bestimmt sind, auf dem Packstück folgende Kennzeichnung anzubringen:.

- die Lagergruppe des Stoffes oder Gegenstandes in der jeweiligen Verpackung und
- die Verträglichkeitsgruppe des Stoffes oder Gegenstandes, soweit sie im Bundesanzeiger bekanntgemacht oder von der BAM angeordnet worden ist.

Diese Vorschriften gelten als erfüllt, wenn das Versandstück nach den verkehrsrechtlichen Vorschriften gekennzeichnet bzw. die Lager- und Verträglichkeitsgruppe angegeben ist. Ist die Verpackung des Versandstückes die einzige Verpackung, so muß es sowohl nach den verkehrsrechtlichen mit dem Gefahrensymbol als auch nach denen der 1.Sprengstoff-Verordnung mit den sonstigen Angaben gekennzeichnet sein. Ist nach den verkehrsrechtlichen Vorschriften keine Kennzeichnung mit einem Gefahrensymbol vorgesehen, so ist in den Beförderungspapieren der Hinweis „Explosionsgefährlich" aufzunehmen.

Was ist zu tun, wenn sich beim Transport von Explosivstoffen oder von mit Explosivstoffen geladenen Gegenständen ein Unfall ereignet? Feuer, Stoß oder Reibung bedeuten eine große Explosionsgefahr! In einem Radius von mindestens 300 m muß der gesamte Bereich evakuiert, abgesperrt und gesichert werden. Die Polizei und Feuerwehr sind sofort zu benachrichtigen.

Wenn ein kleines Feuer an Fahrzeug oder an anderen mit dem Unfall verwickelten Fahrzeugen entstanden ist, aber mit Sicherheit noch nicht die gefährliche Ladung erreichen kann, sollte versucht werden, den Brand sofort zu löschen.

Ist aber ein größeres Feuer entstanden, so sollte jeder Löschversuch unterlassen werden. Jeder sollte eine sichere Deckung aufsuchen! Nur noch Experten und den spezialisierten Notfall-Einheiten sollten die weiteren Maßnahmen überlassen werden.

7. Kriterien gesundheitsschädlicher Stoffe

Zur Bewertung gesundheitsschädlicher Stoffe auf den menschlichen Körper sind die Begriffe „Dosis" und „MAK-Wert" von größter Bedeutung. Die Einwirkung schädlicher Stoffe erfolgt meist über den Atemtrakt (Inhalationstoxizität) oder durch die Haut (percutane Toxizität). Eine Aufnahme durch den Mund über den Verdauungstrakt (peroral) ist seltener. Zur Verhütung von Erkrankungen sind neben den technischen Maßnahmen auch arbeitsmedizinische Vorsorgeuntersuchungen notwendig.

„Alle Dinge sind Gift und nichts ist ohne Gift, allein die Dosis macht, daß ein Ding kein Gift ist", stellte um 1530 schon Paracelsus fest. Was bedeutet die Dosis? – Sie ist die Menge einer Substanz, die einer Gewichtseinheit eines Lebewesens (g Substanz/kg Körpergewicht) pro Zeiteinheit zugeführt wird.

Besonders bedenklich sind Dämpfe, wie vom Tetrachlorkohlenstoff, oder hautresorbierbare Stoffe, wie Acrylnitril. Nun ist die Gesundheitsgefährdung durch chemische Stoffe recht verschieden und damit auch die gefährliche Dosis! Der MAK-Wert zeigt eine Relation der Gefahr auf. Er ist die *m*aximale *A*rbeitsplatz-*K*onzentration gesundheitsschädlicher Arbeitsstoffe, die erlaubt ist. Beispiele:

Ethylalkohol	1 000 ppm (cm³/m³ Luft)
Tetrachlorkohlenstoff	10 ppm (cm³/m³ Luft)
Acrylnitril	20 ppm (cm³/m³ Luft)

Das Bundesministerium für Arbeit und Sozialfürsorge gab am 24.8. 1981 (IIIb4 – 3880.81 – 432/81; Bundesarbeitsblatt 10/1981, S.65) mit den neuen *„Technischen Regeln für gefährliche Arbeitsstoffe" (TRgA 900)* die MAK-Werte für 1981 bekannt. In diesen Regeln sind auch die *BAT-Werte* (*B*iologische *A*rbeitsstoff-*T*oleranzwerte) enthalten. Mit der Fassung vom 14.9. 1982 (IIIb4 – 35107; Bundesarbeitsblatt 10/1982, S.37) traten einschlägige Änderungen bzw. Ergänzungen in Kraft. Ein Arbeitsstoff kann als Gas, Dampf oder Schwebstoff in der Luft enthalten sein. Er darf die Beschäftigten nicht unangemessen belästigen und ihre Gesundheit nicht beeinträchtigen (bei in der Regel täglich 8stündigen Exposition und einer durchschnittlichen Wochenarbeitszeit von 40 Stunden). Voraussetzungen für die Aufstellung eines MAK-Wertes sind ausreichende toxikologische, arbeitsmedizinische bzw. industriehygienische Erfahrungen beim Umgang mit dem Stoff. Bei der Beurteilung haben Erfahrungen am Menschen grundsätzlich Vorrang vor Tierversuchen.

MAK-Werte sind keine Konstanten, aus denen das Eintreten oder Ausbleiben von gesundheitsschädlichen Wirkungen bei längern oder kürzeren Einwirkungszeiten errechnet werden kann. Sie sollen nur eine Grundlage für die Beurteilung vorhandener Arbeitsplatzkonzentrationen sein. Zur vergleichenden Wertung der Gefährlichkeit verschiedener Arbeitsstoffe oder für die Beurteilung einer eingetretenen Schadstoffwirkung sind sie ungeeignet. Neben der Einwirkung über die Atemwege bestimmen eine Reihe anderer Faktoren Art und Ausmaß schädlicher Wirkungen: sensibilisierende Eigenschaften, Hautresorption, Ätzwirkung, Brennbarkeit, Dampfdruck etc. Die ärztliche Überwachung des Gesundheitszustandes exponierter Personen bleibt unentbehrlich. Der durch die MAK-Werte erstrebte Gesundheitsschutz sollte durch systematische, quantitative Messungen der Arbeitsstoff-Konzentration in der Luft am Arbeitsplatz überwacht werden.

Der MAK-Wert gilt in der Regel für die Exposition des *reinen* Stoffes, er ist nicht ohne weiteres für einen Bestandteil eines Gemisches in der Luft des Arbeitsplatzes oder für ein technisches Produkt, das Begleitstoffe von u.U. höherer Toxizität enthält, anwendbar. Die gleichzeitig oder nacheinander erfolgte Einwirkung verschiedener Stoffe, auch des täglichen Gebrauchs (Alkohol, Medikamente, Zigaretten u.a.), kann die gesundheitsschädliche Wirkung erheblich verstärken (manchmal auch vermindern).

Der Umgang mit erwiesenen oder potentiellen *Krebs-erregenden* Arbeitsstoffen bedarf besonderer Vorsicht und spezieller gesundheitlicher Überwachung. Wenn der Umgang mit diesen Stoffen produktionstechnisch nicht zu umgehen ist, sind spezielle Überwachungs- und Schutzmaßnahmen durchzuführen. Diese sind u.a.:

1. *Technische Maßnahmen,* die den direkten Kontakt der Beschäftigten mit dem gefährlichen Arbeitsstoff verhindern.
2. Eine *regelmäßige, registrierende analytische Kontrolle* des Arbeitsplatzes.
3. *Regelmäßige einschlägige ärztliche Kontrolle* der exponierten Personen.

Einwirkungen, die zu Krebs oder Erbgutschädigungen führen können, sind oft erst nach sehr langer Zeit, evtl. nach Jahrzehnten, feststellbar. Demzufolge sollte, wenn die oben angeführte Position 1 nicht erfüllbar ist, der Umgang mit dem gefährlichen Arbeitsstoff reduziert und wenn möglich, die Substanz durch eine ungefährlichere ersetzt werden. Aus diesem Grund hat der *„Ausschuß für gefährliche Arbeitsstoffe" (AgA)* des BMA *„Technische Richtkonzentrationen"* (TRK) für cancerogene Stoffe aufgestellt. Für deren Arbeitsplatzkonzentration in der Luft (Gas, Dampf, Staub) gibt es keine toxikologisch-arbeitsmedizinisch begründeten MAK-Werte. Die Einhaltung der TRK am Arbeitsplatz soll das Risiko einer Beeinträchtigung der Gesundheit vermindern, vermag dieses jedoch nicht vollständig auszuschließen.

Die als normal angenommene 8stündige Exposition der Beschäftigten betrifft einen Personenkreis, der mit diesen Stoffen regelmäßig im Rahmen der Produktionsprozesse (unter besonderen Sicherheits- und Überwachungsvorschriften) umgeht. Hinzu sind auch Personen zu rechnen, die entsprechende Stoffe abfüllen oder unverpackt umschlagen. Ein Unterschied besteht aber zu den Beschäftigten, die die Beförderung der gefährlichen Güter durchführen. In diesem Fall befinden sich nämlich die Stoffe in einer Verpackung (Fässer, Tankwagen, Tankcontainer etc.), die ein Freiwerden verhindert. Dazu kommen die einschlägigen Gefahren-

kennzeichen, die warnen und beim Freiwerden des Gefahrgutes sofort Sicherheits- und medizinische Überwachungsmaßnahmen anlaufen lassen. Mit der Beförderung Beschäftigte können also mit gesundheitsgefährlichen Stoffen nur ausnahmsweise in Berührung kommen. Die Einstufung und die Behandlung gesundheitsgefährlicher Stoffe ist im Verkehrsrecht dem Arbeitsrecht also nicht im vollen Maße gleichzusetzen (verkehrsrechtliche Regelungen s. Abschnitt 11.4).

Der MAK-Wert gilt wie erwähnt nur für den reinen Stoff. Ihn auf ein Stoffgemisch anzuwenden, stößt auf erhebliche Schwierigkeiten. Als Beispiel soll ein Gemisch aus Tetrachlorkohlenstoff und n-Hexan dienen. Bei einem Gemisch von je 50% Anteilen könnte man vermuten, daß die Dämpfe nicht entzündbar und wenig gesundheitsschädlich wären. Spezielle Maßnahmen zum Schutz der Mitarbeiter und Produktionsstätten wären vielleicht nicht notwendig? Das ist aber eine Täuschung! Unterschiedliche spezifische Verdampfungseigenschaften lassen zuerst vom Hexan und dann vom Tetrachlorkohlenstoff erhebliche Gefährdungen erwarten (s. Tabelle 23).

Die MAK-Werte besagen auch nichts bzgl. der akuten Toxizitäten aus (s. Tabelle 24). Man beachte als Beispiel Cyanwasserstoff und Tetrachlorkohlenstoff, die wohl gleiche MAK-Werte haben, deren akute

Tabelle 23. Kenndaten für Tetrachlorkohlenstoff und n-Hexan

		Tetrachlor-kohlenstoff	n-Hexan
MAK-Wert	in ppm (cm^3/m^3)	10	500
	in mg/m^3	65	1800
Hautresorptiv		ja	nein
Festpunkt (°C)		−22,9	−93,5
Siedepunkt (°C)		76,7	68,8
Dampfdruck in Torr	bei 20 °C	90	120
	bei 30 °C	137	190
Sättigungskonzentration (g/m^3)	bei 20 °C	754	563
	bei 30 °C	1109	862
Flammpunkt in °C		nicht brennbar	−22
Zündgrenzen in Luft bei 20 °C und 760 Torr	Vol.-%	−	1,2–7,4
	g/m^3	−	42–265
Zündtemperatur (°C)		−	240

Tabelle 24. MAK-Werte verschiedener gesundheitsschädlicher Stoffe

Auswahl gesundheits-schädlicher Stoffe	MAK-Werte	
	cm^3/m^3 Luft (ppm)	mg/m^3 Luft
Phenol	5	19
Cyanwasserstoff	10	11
Tetrachlorkohlenstoff	10	65
Triäthylamin	25	100
Äthylenoxid	50	90
Trichloräthylen	50	260
Methacrylsäuremethylester	100	410
Essigsäurepropylester	200	840
Toluol	200	750
Heptan	500	2 000
Äthylalkohol	1 000	1 900

tödliche Dosis aber sehr unterschiedlich ist. Bei einer viertelstündigen Einwirkung auf Ratten liegt die Dosis von Cyanwasserstoff schon bei 180 ppm, während beim Tetrachlorkohlenstoff dieser Zustand erst bei 12 000 ppm erreicht wird! Die Hauptgefahr des Tetrachlorkohlenstoffes liegt demnach mehr im chronischen Vergiftungsverlauf.

Man nennt den gesundheitsschädlichen Effekt der Addition verschiedener Schadstoffe auf ein Körperorgan eine „kumulierende Wirkung". Bekannt ist diese Erscheinung bei Autofahrern, die durch Einnehmen mehrerer Medikamente, sehr oft auch ohne den Genuß von Alkohol oder bei relativ geringen Mengen, schon in den Zustand der Fahruntüchtigkeit kommen.

Diese Erkenntnisse und die Erfahrungen mit den MAK-Werten, die im Laufe der Jahre aufgrund arbeitsmedizinischer Erkenntnisse reduziert werden mußten – es sei nur an einige Arbeitsstoffe wie Trichlorethylen, Methylenchlorid oder Vinylchlorid erinnert –, sollten ein Grund mehr sein, im täglichen Betriebsablauf darauf zu achten, daß die Schadstoffkonzentrationen in der Luft relativ weit unter der maximalen Arbeitsplatzkonzentration liegen.

Wenn bei einer Chemikalie keine ausreichenden toxikologischen Erfahrungen beim Menschen vorliegen, müssen die Fachleute versuchen, durch Tierexperimente eine Beurteilungsgrundlage zu erhalten. Im Rahmen dieses Arbeitsgebietes gelangt man zu Bewertungen, die man mit LD_{50} oder LC_{50} bezeichnet.

Die tödliche Dosis wird im englischen Sprachgebrauch mit Letal Dosis = LD bezeichnet. Wenn nun bei wissenschaftlichen Tierversuchen in der Toxikologie die Hälfte der Tiere stirbt, also 50%, so war die Ursache eine mittlere letale Dosis in mg Substanz/kg Tier: LD_{50} in mg/kg.

Die Bestimmung der LD_{50}-Werte zwingt infolge der großen biologischen Streuung zum Einsatz vieler Versuchstiere. In der Industrietoxikologie genügen meist relativ wenige Tiere, da man nur Aufschlüsse über einen „akuten Gefahrenbereich" erhalten will. Man bestimmt dabei die sogenannte „approximative mittlere letale Dosis", die ALD_{50}.

Im Rahmen dieser Tests werden auch alle Möglichkeiten der Vergiftung untersucht. Neben der „peroralen Toxizität"[1] ist die „intraperitoneale Toxizität" (Einspritzung in das Bauchfell) interessant, weil der Stoff im letztgenannten Fall sehr leicht vom Gewebe resorbiert wird und nicht den Weg über den Magen-Darm-Kanal nehmen muß. Dazu kommt noch der Test über die Inkorporation des Giftes durch Hautresorption.

Je nach den spezifischen Eigenschaften der Stoffe kann jede dieser Giftaufnahmemöglichkeiten die gefährlichste sein. In diesem Zusammenhang sei nur an das Pfeilgift Curare erinnert, das bei der Aufnahme in die Blutbahn tödlich wirkt, über den Magen-Darm-Trakt aber ungefährlich ist.

Es ist klar, daß man bei der Anzahl der für diese Tests benötigten Tiere meist nur mit Mäusen und Ratten arbeiten kann. Es bleibt gefährlich, die z. B. bei Ratten erhaltenen mg/kg-Werte auf Menschen zu extrapolieren. Es ist schon passiert, daß relativ hohe LD_{50}-Werte trotzdem beim Menschen zu akuten Gefahren führen. Aus diesem Grund dehnt man die Tests auch auf andere Tierarten, wie Meerschweinchen, Katzen, Kaninchen, Hunde und Affen aus. Aber auch dann sind die Werte noch nicht hundertprozentig sicher auf den Menschen zu übertragen.

Nach Berichten aus dem Gewerbetoxikologischen Institut der BASF vertragen Ratten bei peroraler Gabe von Tetrachlorkohlenstoff eine LD_{50} von 5 g/kg, Mäuse intraperitoneal 4 g/kg und Hunde sogar 18 g/kg, ohne daß sie eine tödliche Leberschädigung erhalten. Bei Kaninchen führen aber schon 1,6 g/kg zu tödlichen Lebernekrosen!

Ein anderes Beispiel ist das als schweres Nervengift bekannte o-Trikresylphosphat. Bei peroraler Aufnahme liegt der LD_{50}-Wert für die Ratte bei 15 g/kg Körpergewicht. Beim Menschen entstehen aber schon bei 1 g absolut schwere irreversible Nervenschädigungen, die bis zur vollen Körperlähmung führen können.

Trotz aller Tierversuche ist es nur logisch, den Erfahrungen den Vorzug zu geben, die man über lange Zeit hinweg bei der Einwirkung der gesundheitsschädlichen Stoffe auf den Menschen gemacht hat (humanitäre Erfahrung).

Nun ist es wohl äußerst selten, daß Beschäftigte in Industrie, Landwirtschaft, Gewerbe und im Ver-

---

1 Oral: Aufnahme durch den Mund

kehrsbereich durch ihre Arbeit oder in der Folge von Unfällen gesundheitsschädliche Stoffe peroral aufnehmen. Die besondere Gefahr liegt mehr beim Einatmen oder bei der Hautresorption. Die Wirkung bei der Aufnahme gesundheitsgefährlicher Stoffe über den Atemtrakt bezeichnet man als Inhalationstoxizität.

Dieses Gebiet befaßt sich aber nicht etwa nur mit Gasen und Dämpfen, sondern auch mit gesundheitsschädlichen Stäuben. Interessant ist auch hierbei die Konzentration, durch die nach einer bestimmten, allerdings variablen Einwirkungszeit 50% der Versuchstiere sterben. Man nennt dies die Letal Concentration $= LC_{50}$-Wert in mg/m³. Bei diesen Testergebnissen ist es nötig, auch die Einwirkungszeit anzugeben, wie: $LC_{50}/1\,h = 2\,mg/l/h$ (ca. 200 ppm).

Im Rahmen eines solchen Tests setzt man Ratten oder Mäuse z. B. über 8 Stunden hinweg einer gesättigten Atmosphäre des zu untersuchenden Stoffes aus. Überleben alle Tiere diesen Versuch, so ist mit großer Wahrscheinlichkeit keine besondere Gefahr beim Einatmen dieser Dämpfe oder Stäube gegeben. Liegt die Mortalität (Sterblichkeit) bei 50%, so ist der LC_{50}-Wert gerade festgestellt. Liegt sie höher, so muß eine neue Testserie unter kürzerer Einwirkungszeit erfolgen.

8. Atemgifte und andere gesundheitsschädliche Stoffe

Aus unseren Lungen transportiert der Eiweiß-körper Hämoglobin (besteht aus dem Protein Globin und dem Farbstoffanteil Häm, in dem zweiwertiges Eisen an Protoporphyrin komplex gebunden ist) den lebenswichtigen Luftsauerstoff in die Organe bzw. Zellen des Körpers. 1 g Hämoglobin kann 1,35 cm^3 Sauerstoff binden und bildet dabei das hellrote Oxihämoglobin. Wenn ein Teil des Hämoglobins statt Sauerstoff einen anderen Stoff transportieren würde, erhielten die Zellen zu wenig Sauerstoff und könnten den lebenserhaltenden Verbrennungsprozeß im Zellsystem nur noch geringfügig oder überhaupt nicht mehr durchführen. Schon eine Reduzierung des Sauerstoff-Anteils in der Luft von rund 21% auf unter 15% ist für uns äußerst lebensgefährlich. – Wenn z. B. Nervenzellen ca. 5 min keinen Sauerstoff mehr zur Verfügung haben, sterben sie ab. Nun gibt es Atemgifte, die mit dem Hämoglobin so schnell und in gleichen Mengen eine Verbindung eingehen, wie der Sauerstoff. Ein Beispiel ist das Kohlenmonoxid, ein lebensgefährlicher Bestandteil des Leuchtgases, aber auch in Kfz-Abgasen und im Tabakrauch enthalten. Es geht mit dem Hämoglobin eine bis zu 300mal stabilere Verbindung ein als der Sauerstoff. Das kirschrote Additionsprodukt blockiert sehr schnell die Sauerstoff-Transportkapazität und verurteilt den Organismus in vielen Fällen zum Tod.

Auf Grund der größeren Stabilität des Kohlenmonoxid-Hämoglobins kann schon bei einem Gehalt von 0,1% Kohlenmonoxid in der Luft sein Partialdruck in der Alveolarluft der Lunge dem des Sauerstoffs gleichgesetzt werden. Die Hälfte des Hämoglobins wird demnach in die Kohlenmonoxid-Verbindung umgewandelt. Bei 0,3% sind es dann schon 75%. Damit ist die dem Organismus zur Verfügung stehende Sauerstoff-Menge nicht mehr ausreichend. Durch Erhöhung des Sauerstoff-Partialdruckes beim Einatmen von reinem Sauerstoff kann die Vergiftung rückgängig gemacht werden.

Eine ähnliche blockierende Wirkung ist beim Einatmen von „Blausäure" (HCN) oder Schwefelwasserstoff zu beobachten. Betrachten wir einige Unfälle:

1. Blausäure (Cyanwasserstoff) (*6*): Ein Arbeiter erlitt schlagartig eine Ohnmacht, als er während eines Kontrollganges durch eine Betriebsstörung mit einem Sprühstrahl flüssiger Blausäure überschüttet wurde. Glücklicherweise beobachteten das zwei Kollegen, die sich zu ihrem Schutz Atemschutzgerät und Handschuhe anlegten und ihn sofort an die frische Luft brachten, Alarm gaben und seine kontaminierte Kleidung entfernten. Die wenig später einsetzende ärztliche Behandlung rettete ihm das Leben.

2. Schwefelwasserstoff (*6*): Durch das Überschäumen eines Reaktorinhalts trat schwefelwasserstoff-haltiger Schaum aus. Da infolge zweier geöffneter Tore in der Halle Durchzug bestand, wurde der vor dem Behälter stehende Arbeiter von den tödlich wirkenden Dämpfen nicht erreicht; ein 15 m entfernt stehender Kollege atmete sie ein, wurde augenblicklich ohnmächtig und starb trotz baldiger ärztlicher Hilfe.

3. Abfall-Lauge (*6*): Ein Kesselwagen mit Abfall-Lauge (Ammoniak- und Schwefelwasserstoff-Lösung) sollte entleert werden. Obwohl wegen der zu hohen Temperatur der Lauge die Zeit der Entleerung verschoben worden war, öffnete ein übereifriger Arbeiter den Mannlochdeckel, so daß die giftigen Dämpfe entweichen konnten. Vier Personen wurden sofort bewußtlos, wovon zwei starben. Zwei weitere hatten leichtere Schwefelwasserstoff-Vergiftungen.

Das Hämoglobin kann aber auch durch andere Intoxikationen unwirksam gemacht werden: Durch Einwirkung (Einatmen, Hautresorption oder Aufnahme durch den Verdauungstrakt) einer Reihe von Chemikalien, wie Kaliumchlorat, Nitroglycerin, Anilin und Homologe, Nitrite (z. B. Pökelsalz), Arsenwasserstoff, Benzol, Trinitrotoluol, Phenylhydrazin. Hier wird das Eisen im Hämoglobin von der zwei- in die dreiwertige Stufe oxidiert. Dadurch verliert es seine Fähigkeit zur reversiblen Sauerstoffbindung bzw. zum Sauerstofftransport. Es entsteht Methämoglobin, äußerlich zu erkennen an einer als „Cyanose" bezeichneten Blaufärbung der Lippen und Fingernägel.

Bei relativ geringer Methämoglobinbildung ist der Organismus selbständig in der Lage, durch ein in den roten Blutkörperchen (Erythrozyten) befindlichen, reduzierend wirkendem Enzymsystem das Methämoglobin zum erneut funktionsfähigen Hämoglobin zu reduzieren. Die Therapie schwerer akuter Methämoglobin-Vergiftungen besteht in der intravenösen Injektion hoher Dosen von Reduktionsmitteln (Ascorbinsäure, Natriumthiosulfat u. a.). Alle geschilderten Vergiftungen sind akuter Natur. Sie können blitzschnell zum Tode führen. Bei sofortigen medizinischen Maßnahmen aber lassen sich Patienten retten, meist, ohne daß mit Folgeerscheinungen gerechnet werden muß.

Wiederholen sich die Chemikalien-Einwirkungen, wie es bei Benzol beim Bulk-Transport (Dämpfe beim Umschlag!) oder bei einer ohne Schutzmaßnahmen durchgeführten Verwendung in der Industrie der Fall sein könnte, so kann es neben akuten auch zu schweren chronischen Krankheitserscheinungen kommen, die nicht selten zum Tode führen.

4. Akute Benzol-Einwirkung (*14*): Vor einigen Jahren bekam die Besatzung eines Binnentankschiffes nach der Übernahme einer neuen Ladung Benzol Kopfschmerzen, Schwindelgefühle und dazu zeitweise Atemnot. Was war die Ursache? Der Umschlag erfolgte doch durch eine geschlossene Leitung? In den Benzoltanks bestand vor dem Befüllen eine nahezu gesättigte Benzolatmosphäre. Das waren ca. 1 000 m³ Benzoldampf = 350 kg Benzol! Bei der Beladung wurde praktisch die gesamte Dampfmenge bei der Verdrängung durch die Flüssigkeit in die Umwelt gedrückt. Die Schifftanks hatten noch keine Standmeßeinrichtungen, so daß die Besatzung gezwungen war, den Tanklukendeckel zu öffnen, um den Flüssigkeitsstand zu überwachen. Oft ließ man den Deckel während des gesamten Füllvorgangs offen. Dabei wurden die gefährlichen Dämpfe eingeatmet!

5. Chronische Benzol-Einwirkung (*6*): Ein bei einer Malerfirma beschäftigter Maler litt mehrere Monate unter starker Gewichtsabnahme, Appetitmangel und Meteorismus. Es wurde zunächst eine Anämie festgestellt. Kurz danach starb er an Leukämie. Ungefähr 5 Jahre vor seinem Tode hatte er begonnen, mit einem Lösemittelgemisch zu arbeiten, in dem vor allem Toluol und 5% Benzol enthalten waren. Die Recherche ergab, daß er im Jahr ca. 80 Stunden und pro Stunde mit 220 g Toluol und 11,5 g Benzol (= 3,31 Dampf) Umgang gehabt hatte. Nicht geklärt werden

konnte, wieviel er hautresorptiv beim Waschen der Hände aufnahm. Letzteres ist eine unvernünftige und gefährliche Angewohnheit vieler Beschäftigter der Industrie und des Handwerks, aber auch im Transportsektor, bei der Arbeit beschmutzte Hände mit Hilfe von Lösemitteln zu säubern.

Nach Borbély (Zürich) und Gross (Bonn) traten in der Regel beim Benzol chronische Vergiftungserscheinungen schon nach einer Einwirkungszeit von 1–6 Monaten auf; manchmal aber erst nach 3 Jahren, ja z. T. auch erst viele Jahre nach der Beendigung der Arbeit mit Benzol.

6. Benzoldampf verdrängte Luft(-Sauerstoff) (*14*): Eine ganz andere Wirkung hatte Benzol, als vor 2 Jahren der Schiffsführer eines Benzol-Binnentankers einen „leeren" Tank bestieg und erstickte. Durch die hohe Benzoldampf-Atmosphäre hatte der Sauerstoffgehalt unter 15% gelegen. Er hatte vorher keine Luftanalyse gemacht, keinen Umluft-unabhängigen Atemschutz benutzt, sich nicht angeseilt und nicht einmal die Besatzung über sein Vorhaben informiert.

Der Schiffsführer hatte sehr fahrlässig gehandelt. Schon bei einem Sauerstoff-Gehalt unter 17 Vol.-% in der Luft besteht erhöhte Lebensgefahr. Er hätte unbedingt ein von der Umgebungsluft unabhängiges Atemschutzgerät (Preßluftatmer) benutzen müssen. Nach DIN 3179 gelten für Atemschutzgeräte u. a. folgende Normen:

1.1 Die Geräte werden in 2 Hauptgruppen eingeteilt:
a) Atemschutzgeräte, die von der den Geräteträger unmittelbar umgebenden Atmosphäre (Umgebungs-Atmosphäre) *abhängig* wirken: *Filtergeräte,*
b) Atemschutzgeräte, die von der den Geräteträger unmittelbar umgebenden Atmosphäre (Umgebungs-Atmosphäre) *unabhängig* wirken: z. B. *Schlauchgeräte, Sauerstoffschutzgeräte, Preßluftatmer.*

1.2 *Atemanschluß* wird der Teil eines Atemschutzgerätes genannt, der dieses Gerät mit dem Atemorgan des Benutzers verbindet. Der Atemanschluß kann sein: Vollmaske, Halbmaske, Schutzhaube, Mundstückgarnitur.

2.1 Filtergeräte
2.11 *Einschränkung für Filtergeräte*

2.111 Filtergeräte dürfen in geschlossenen Betriebsräumen nur verwendet werden, wenn mit Sicherheit anzunehmen ist, daß die Konzentration der schädlichen Gase und Dämpfe in der Raumluft 1 Vol.-% nicht übersteigt und der Sauerstoffgehalt der Raumluft mehr als 17 Vol.-% beträgt.

2.112 Kohlenoxid-Filtergeräte dürfen in geschlossenen Betriebsräumen nur bei einem Sauerstoffgehalt von mehr als 17 Vol.-% verwendet werden und nur dann, wenn der gesamte Fremdgasgehalt der Umgebungsatmosphäre 2 Vol.-% nicht überschreitet.

2.113 Die Einschränkung für den Gebrauch der Filtergeräte gilt auch für die Tätigkeit im Freien. In der Regel treten die einschränkenden Bedingungen dort nicht auf, wo der Geräteträger auf der dem Wind zugewandten Seite und gegebenenfalls in angemessener Entfernung von der Gas/Dampf-Ausströmstelle tätig ist.

2.114 Beträgt die Sauerstoffkonzentration weniger als 17 Vol.-% oder die Gas/Dampf-Konzentration mehr als 1 Vol.-%, müssen von der Umgebungs-Atmosphäre unabhängig wirkende Atemschutzgeräte, z. B. Schlauchgeräte, Sauerstoffschutzgeräte oder Preßluftatmer, gebraucht werden.

2.115 Atemschutzgeräte nach 2.114 sind ebenfalls zu verwenden, wenn nicht mit Sicherheit feststeht, daß in der Umgebungs-Atmosphäre der Sauerstoffgehalt mindestens 17 Vol.-% beträgt oder wenn die in der Umgebungs-Atmosphäre vorhandenen oder vermuteten schädlichen Gase oder Dämpfe nach Art oder Menge nicht bekannt sind.

2.116 Atemschutzgeräte nach 2.114 sind ferner beim Befahren von Behältern (Einsteigen in Apparate, Gefäße, Kanäle, Gruben usw.) zu verwenden, falls dazu Atemschutzgeräte erforderlich sind. Filtergeräte sollen dazu nicht verwendet werden.

In normaler Atmosphäre herrschen natürlich andere Verhältnisse. Benzol hat in diesem Fall (wie viele andere Stoffe, z. B. Acrylnitril, das auf den Organismus wie Blausäure wirkt) noch eine andere gefährliche Eigenschaft: Die Bildung explosionsfähiger Dampf-Luft-Gemische. Schon bei einem Gehalt von 1,2 Vol.-% Benzol in der Luft kann das Gemisch gezündet werden. Die obere Explosionsgrenze liegt bei 8 Vol.-%. Bemerkenswert ist auch der niedrige Flammpunkt von $-11\,°C$.

Bei einer oberflächlichen Betrachtung der Explosionsgrenzen wird meist der untere Explosionspunkt als besonders gefährlich erachtet, da er ja relativ schnell erreicht werden kann. So beträgt der Dampfdruck von Benzol bei $20\,°C = 101$ mbar. Es hat dabei eine Sättigungskonzentration von ca. $320\,g/m^3$, d. h. die Luft enthält bei dieser Temperatur ungefähr 10% Benzol (wobei sich übrigens der Sauerstoffgehalt der Luft von 21% auf 18,9% reduziert). Bei $+10\,°C$ liegt der Benzolgehalt bei 6 Vol.-% in der Luft und damit deutlich innerhalb der Explosionsgrenzen. Bei $30\,°C$ beträgt die Sättigungskonzentration schon 15% (Sauerstoffgehalt: 17,8%) und bei $40\,°C$ sind es 21% (Sauerstoffgehalt: 16,5%). Es sollte also anzunehmen

sein, daß bei über $25\,°C$ in den Tanks der Tanker ein „fettes" Gemisch besteht, selbst wenn Tanklukendeckel offen wären.

7. Explosion auf einem Benzol-Tanker (5): In der karibischen See kam es im Sommer 1971 auf einem US-Benzoltanker zu einer zu einem Totalverlust führenden Explosion, obwohl ein Teil der Tanks noch teilweise und der andere total gefüllt war. Die Sättigungskonzentration war demgemäß immer gewährleistet. Bei der US-Coast-Guard durchgeführte Untersuchungen führten aber zu dem Ergebnis, daß im Bereich der offenen Tanklukendeckel schon eine relativ geringe Durchwirbelung der oberen Dampfschichten im Tank genügt, das Gemisch trotz der anfangs hohen Sättigungskonzentration in den Explosionsbereich zu überführen.

Auf eine Stoffgruppe soll noch eingegangen werden, deren oftmalige Intoxikationen zu schweren, manchmal tödlich verlaufenden Leber- und Nierenschäden führen. Diese Stoffe zeichnen sich bezüglich ihrer Folgen durch eine Dunkelziffer aus. Wenn nämlich bei einem Beschäftigten erst nach mehreren Jahren die Symptome, z. B. eine Lebererkrankung, auftreten, kann der Arzt, der die Arbeitsanamnese nicht kennt, keine ursächlichen Zusammenhänge mehr feststellen.

Es handelt sich hier u. a. um Chlorkohlenwasserstoffe, wie Tetrachlorkohlenstoff (MAK-Wert = 10 ppm) und Chloroform (MAK-Wert = 50 ppm). Nicht ungefährlich sind auch Trichlorethylen (MAK-Wert = 50 ppm) oder Dichlorpropan (MAK-Wert = 75 ppm). Bei Betrachtung der MAK-Werte darf auf keinen Fall der spezielle Dampfdruck vernachlässigt werden. Die Stoffe, die sehr oft Bestandteile der sog. Kaltreiniger sind, dürfen auch wegen ihrer narkotischen Wirkung in der Gefährlichkeit nicht unterschätzt werden. In dieser Hinsicht ist z. B. auch das Methylenchlorid zu beachten. – Die Chlorkohlenwasserstoffe zersetzen sich übrigens an glühenden Teilen, wie Glühdrähten von Heizöfen oder in der Glühzone der Zigarette, zu Phosgen ($COCl_2$), das beim Einatmen Lungenödem hervorruft.

Oft ereignen sich aber auch tödliche Unfälle bei der unsachgemäßen Verwendung solcher Lösungsmittel zum Reinigen von Tanks.

8. Tod durch Trichlorethylen (6): An einem warmen Sommertag reinigte ein Arbeiter einen nur 350 l großen, oben offenen Kessel. Er benutzte dazu 30 l Trichlorethylen, das dabei im Kessel ca. 30 cm hoch stand. Nach 1¾ Stunden wurde er tot am Kesselrand mit dem Oberkörper überhängend gefunden. Was war die Ursache? Bei 30 °C hat Trichlorethylen eine Sättigungskonzentration in der Luft von ca. 11%. Der Sauerstoffgehalt reduziert sich dabei auf ca. 18,7%. Lebensgefährlich wird es aber erst, wenn er unter 17% sinkt. Die Ursache dieses Unfalls ist daher in der narkotischen Wirkung des Chlorkohlenwasserstoffs und in dem tiefen Hineinbeugen in den Kessel zu suchen, wo durch das Herumrühren mit dem Besen und dem Zerstäuben der Flüssigkeit eine höhere Lösemittelkonzentration geherrscht haben mag.

9. Methylenchlorid als Todesursache (*6*): Auch mit dem oft als harmlos angesehenen Methylenchlorid können sich tödliche Unfälle ereignen. An einem Sommertag mußte ein 6000 l großer Tank gesäubert werden. Der Arbeiter benutzte dazu nur 5 l Methylenchlorid. Nach 1½ Stunden fand man ihn tot auf dem Behälterboden liegen. Was war die Ursache? – Bei 30 °C hat Methylenchlorid eine Sättigungskonzentration in der Luft von ca. 59%, d.h., in dem Gasgemisch ist nur noch ca. 8,6% Sauerstoff vorhanden. Bei 20 °C befinden sich ungefähr 40% Methylenchlorid und 12,7% Sauerstoff in der Luft. Das sind Sauerstoff-Konzentrationen, die zum Tode führen. In diesem Fall enthielt die Luft 29,8% Methylenchlorid und ca. 14,7% Sauerstoff! Aber auch die starke narkotische Wirkung des Produkts hätte schon zum Tod geführt. Nach der Fachliteratur ist eine Konzentration von 25 l Dampf/m³ Luft während 2 Stunden wohl stark narkotisch wirkend, aber noch nicht lebensgefährlich. Bei diesem Unfall bestand immerhin eine Konzentration von 298 l Dampf/m³, d. h. beinahe die zwölffache Menge und das bei nur 5 l Flüssigkeit bezogen auf einen 6 m³-Kessel!

Es ist also wichtig, sich über die gefährlichen Eigenschaften der chemischen Stoffe, mit denen man umgeht, zu informieren. In der Industrie ist das sehr oft leicht, weil einschlägige Fachleute zur Verfügung stehen. Im Transportsektor sind meist die Ladepapiere im Zusammenhang mit den speziellen Transportreglements und nicht zuletzt die „schriftlichen Weisungen" (ADR und ADNR[1]), Rn 10 185, die sog. Unfallmerkblätter, die Quelle der Unterrichtung. Dazu kommen von der Industrie entwickelte oder von Behörden geforderte, verbesserte Umschlagseinrichtungen (z. B. Gaspendelung), Verpackungsmethoden oder -Materialien und nicht zuletzt im Weltmaßstab einheitliche Gefahrenhinweise in Form von Symbolen und Erkennungszahlen. Selbstver-

ständlich dürfen auch Schulungen nicht vernachlässigt werden. Es besteht also immer die Möglichkeit einer umfassenden Information. Wie wichtig das ist, soll das nächste Beispiel zeigen.

10. Aus Chlorbleichlauge und Salzsäure entsteht Chlor (*6*): Im Tanklager einer Chemiefirma benutzte man mehrere Tanks zur Lagerung von Salzsäure und Chlorbleichlauge. Durch Straßentankwagen wurden die Lagerkapazitäten einige Male in der Woche ergänzt. Zum Abfüllen schloß man den vom Tankwagen mitgebrachten Schlauch an den betreffenden Tankfüllstutzen an. Den Abfülldruck erzeugte der Tankwagen durch ein eigenes Preßluftaggregat. Am Unglückstag wurde Salzsäure angeliefert. In Eile schloß der Lkw-Fahrer den Schlauch an den Lagertankstutzen an und begann schon mit dem Abfüllen. Da er aber den Tankstutzen verwechselt hatte, pumpte er nun Salzsäure in einen Chlorbleichlauge enthaltenen Tank. Sofort entwickelte sich in einer heftigen Reaktion Chlorgas, das aus der Tankentlüftung ins Freie strömte. Als der Fahrer und der Lagerarbeiter den Chlorausbruch bemerkten, stellten sie sofort das Befüllen ein. Der Chlorausbruch war aber so stark, daß das Gas in die Betriebsräume eindrang, so daß die Beschäftigten flüchten mußten. Sie und auch andere Mitarbeiter, die aus mehreren Betriebsteilen neugierig herbeieilten, atmeten Chlorgas ein. Zwölf Personen mußten in ein Krankenhaus eingeliefert werden. Zwei bekamen ein Lungenödem, konnten aber dank ärztlicher Hilfe gerettet werden.

Die für den Unfall verantwortliche Reaktion ist reversibel.

$$Cl_2 + H_2O \rightleftharpoons HCl + HOCl$$

Der Chlorausbruch erfolgte, als die Reaktion von rechts nach links verlief und die Lungenödembildung entstand durch die von links nach rechts verlaufende Umsetzung. Der Unfall zeigt deutlich, wie wichtig auch für Fahrpersonal Sachkenntnisse über die zur Beförderung anliegenden gefährlichen Güter, sowie einschlägige Kenntnisse des Verkehrs- und des Arbeitsrechts sind.

In der Bundesrepublik Deutschland führte das zu einer entsprechenden Regelung in der „Verordnung über die Beförderung gefährlicher Güter auf der Straße" (GGVS) vom 23. August 1979. Besondere Beachtung verdient dabei der § 12 nach dem an die Fahrzeugführer bei Gefahrguttransporten besondere Anforderungen gestellt werden.

Der § 12 hat u. a. den folgenden Text:

(1) Fahrzeuge, mit denen gefährliche Güter in festverbundenen Tanks, Aufsetztanks, Gefäßbatterien

---

1 ADNR = Accord Européen Relatif Au Transport Des Marchandises Dangereuses Par Voie De Navigation Interieure Rhin/Europäisches Übereinkommen über die Beförderung gefährlicher Güter auf dem Rhein.

oder Tankcontainern, deren Fassungsraum aller in einer Beförderungseinheit verladenen Tankcontainer insgesamt mehr als 3 000 Liter beträgt, befördert werden, dürfen nur von Fahrzeugführern geführt werden, die durch eine Bescheinigung der Industrie- und Handelskammer nach dem Muster des Europäischen Übereinkommens vom 30. September 1957 über die internationale Beförderung gefährlicher Güter auf der Straße (ADR), Anlage B, Anhang B.6, nachweisen, daß sie an einer Schulung über die besonderen Anforderungen bei Gefahrguttransporten erfolgreich teilgenommen haben. In der Bescheinigung ist auf Seite 4 zu vermerken: „Gilt auch als Bescheinigung nach § 12 GGVS". Jeweils nach Ablauf von fünf Jahren muß der Fahrzeugführer die erfolgreiche Teilnahme an einem Fortbildungslehrgang durch eine entsprechende Eintragung der Industrie- und Handelskammer in der Bescheinigung nachweisen.

(2) Die Schulung erfolgt in einem von der Industrie- und Handelskammer anerkannten Lehrgang über
1. die für die Gefahrgutbeförderung maßgebenden allgemeinen Vorschriften,
2. die Gefahreigenschaften der gefährlichen Güter,
3. die Unfallverhütung,
4. das Verhalten nach einem Unfall (Erste Hilfe, Verkehrssicherung und andere Maßnahmen),
5. die Gefahrenkennzeichnung,
6. die besonderen Pflichten des Fahrzeugführers bei Gefahrguttransporten,
7. Zweck und Bedienung der technischen Ausrüstung an den Fahrzeugen,
8. das besondere Fahrverhalten von Tankfahrzeugen und Fahrzeugen mit Aufsetztanks, Gefäßbatterien und Tankcontainern.

In dem Fortbildungslehrgang sind Kenntnisse zu vermitteln, die der Entwicklung in den vorgenannten Schulungsbereichen Rechnung tragen.

(3) Die Schulung kann auf Antrag darauf beschränkt werden, daß nur Kenntnisse für die Beförderung einer Klasse oder mehrerer Klassen gefährlicher Güter vermittelt werden. In diesem Falle ist die Bescheinigung entsprechend zu beschränken.

(5) Der Beförderer hat dafür zu sorgen, daß nur geschulte Fahrzeugführer eingesetzt werden. Der Einsatz geschulter Fahrzeugführer entbindet den Beförderer nicht von seiner Verpflichtung, nur zuverlässige Fahrzeugführer mit Gefahrguttransporten zu betrauen.

Die Lehrgänge sind sehr erfolgversprechend. Schon nach einem Jahr konnte festgestellt werden, daß sich die Sachkenntnisse und die Sorgfalt der Tankwagenfahrer bemerkenswert positiv entwickelt hatten (s. a. Abschnitt 11.4).

Zu beachten sind auch entsprechende Schulungen bei der Deutschen Bundesbahn und im Binnenschiffahrtsbereich. Wie beim Straßenverkehr sind auch bei diesen Transportträgern „Merkblätter für erste Maßnahmen nach einem Unfall" erfolgreich im Einsatz (näheres s. Kap. 15).

Neben den Gefahren während der Beförderung dürfen die beim Umschlag gefährlicher Güter und die Reinigungs- und Überprüfungsarbeiten in Kesselwagen, Straßentankwagen und Schifftanks nicht vernachlässigt werden.

Auf die Schutzmaßnahmen beim Befahren von Behältern und Tanks muß daher besonders eingegangen werden. Weil das eine häufige und meistens tödliche Unfallursache ist, hat die Berufsgenossenschaft der chemischen Industrie diese Frage mit großer Sorgfalt behandelt. Das Ergebnis ist eine zwanzigseitige Durchführungsregel zum § 47 der VBG 1 (s. a. Anlage 3 dieser Unfallverhütungsvorschrift).

Die Befolgung der dort aufgeführten Regeln garantiert eine sichere unfallfreie Arbeit. Schon die einzelnen Regelüberschriften zeigen, wie weit der Rahmen gezogen wurde:

1. Befahrerlaubnis;
2. Abtrennen des Behälters von Versorgungsleitungen;
3. Reinigung;
4. Instandsetzungs-, Feuer- und Anstricharbeiten;
5. Atemschutz;
6. Explosionsschutz;
7. Elektrische Leuchten und Geräte;
8. Behälter mit beweglichen Teilen;
9. Schutzkleidung bei gesundheitsschädlichen Stoffen;
10. Sicherung zur Rettung.

In den Abb. 17 a–d sind die Unterlagen für den „Kesselbefahrschein" aufgeführt.

Beispiel für einen Erlaubnisschein zum Befahren von Behältern, engen Räumen usw.

Siehe 1.4 und 4.2 der Durchführungsanweisungen

Durchschriften für den Betriebsleiter, die Werkstatt usw., Original für Kontrollzwecke aufbewahren.

(Zutreffendes unterstreichen oder durch ja oder nein beantworten)

Der .... Nr.: .... Bau: ....
(nähere Bezeichnung wie Behälter, Kesselwagen, Waschturm, Kanal usw.)

Größe: ca. .... cbm.

Inhalt: ....
(angeben, was der Behälter enthielt oder enthalten kann)

wurde geprüft und wird zum Befahren für die Zeit

vom .... um .... Uhr

bis .... um .... Uhr

bis auf weiteres
freigegeben zu folgendem Zweck: *)

Besichtigung/Reinigung/Instandsetzung/Änderung/Abbruch/ ....

A Überprüfung der Arbeitsstelle

Bemerkungen

1. Unterbrechung der Verbindung
mit anderen Behältern oder Leitungen
durchgeführt?
Verbindung nicht vorhanden.
Verbindung mit .... durch Herausnahme
von Zwischenstücken/Lösen und Blindflanschen/
Steckscheiben/Blindlinsen/Zwischenentspannung/
blockierte Absperrorgane.

―――――――
*) Die Erlaubnis zur Ausführung der Arbeit gilt als erteilt, wenn die Sicherheitsmaßnahmen
unter A und B eingehalten und die Unterschriften geleistet sind.

2. **Behälter gespült** oder ausgeblasen?
a) mit Wasser
b) Auskochen
c) mit Chemikalien
welche ....; ......mal......... Stunden
d) mit Dampf/Preßluft/Stickstoff/
Kohlensäure/ .... Stunden
Nicht erforderlich.

3. **Luftanalyse** vorgenommen?
Wenn ja, dann anheften!
Nicht erforderlich.

4. **Gefährliche Stoffe** noch vorhanden?
Wenn ja, welche?

5. **Antrieb abgeschaltet**
und gegen Einrückung gesichert?
Durch Herausnahme der elektrischen Sicherungen
Ersatz der Sicherungen durch Blindstopfen,
Verschließen des Schalters in Ausstellung;
Entfernen des Antriebsriemens,
Anbringen der vorgeschriebenen Schilder an
Sicherungen, Schalter usw.
Nicht erforderlich.

6. **Heizung abgeschaltet**
und gegen Einschalten gesichert?
Kühlung erforderlich?

7. **Elektrische Leuchten und Geräte**
Kleinspannung/Schutztrafo
explosionsgeschützt/normale Ausführung/
Elektrowerkzeuge auf Schutz gegen zu hohe
Berührungsspannung geprüft
Nicht erforderlich.

8. **Funkenfreie Werkzeuge**
Nicht erforderlich.

9. **Weitere Maßnahmen** getroffen?
Welche ....

B **Maßnahmen während der Arbeit**

1. **Belüftung**
Durchsaugen/Einblasen von Frischluft/
durch natürlichen Zug/
Nicht erforderlich.

2. **Atemschutzgerät**
Schlauchgerät/Preßluftatmer/Sauerstoffschutzgerät/
Nicht erforderlich.

3. **Schutzkleidung**
Schlauchgerät/Preßluftatmer/Sauerstoffschutzgerät/
Gummihandschuhe/Gummistiefel/nicht benagelte Schuhe/
Gummianzug/Flammenschutzanzug/
Nicht erforderlich.

4. **Anseilen und Beobachten**
Rettungsgurt
Feuerwehrposten/Betriebsposten.
Nicht erforderlich.

5. **Feuchthalten der Arbeitsstellen**
zusätzliche Schutzwände
Nicht erforderlich.

6. **Brandschutz**
Handfeuerlöscher, besonderes Feuerlöschgerät
Nicht erforderlich.

7. **Sonstiges**
Zusätzliche Schutzmaßnahmen, die bei
der Ausstellung des Erlaubnisscheines noch
unberücksichtigt blieben:

....

....

Die vorschriftsmäßige Durchführung der oben genannten Maßnahmen wird
hiermit bestätigt.

―――――――――――   ―――――――――――
Betriebsleiter   Werkstattleiter

Freigegeben für Feuerarbeiten   ―――――――――――
ja/nein

....
Unterschrift des Betriebsleiters oder
seines Beauftragten

Allgemeine Vorschriften

In Betrieb gewesene oder **an eine Betriebsanlage** angeschlossene Behälter,
Apparate, Rohrleitungen, Kanäle, Gruben usw. **dürfen nur befahren werden,
wenn ein Erlaubnisschein** mit der Unterschrift des Betriebsleiters vorliegt
und gegebenenfalls an einer Einsteigöffnung **ausgehängt** ist.

Die auf dem Erlaubnisschein eingetragenen **Vorschriften** sind zu beachten.
Wenn ein Beobachter vorgeschrieben ist, darf das Befahren nur mit seiner
Einwilligung und in seiner Gegenwart erfolgen.

Stahlflaschen jeder Art, Lampen mit **Brennstoff-Füllung** (Benzinlampen, Spiri-
tuslampen, Karbidlampen, Lötlampen) dürfen **nicht** in den Behälter usw.
eingeführt werden.

Offene Flammen dürfen nur benutzt werden, wenn die Freigabe für **Feuerarbeiten** vorliegt.

Beschaffenheit und Verwendung von Steckscheiben und Blindlinsen

Nach Nr. 2.2 der Durchführungsanweisungen kann in Ausnahmefällen, z. B.
bei großen, schweren Leitungen, die Verbindung mit dem Behälter auch durch
Einsetzen von Steckscheiben oder Blindlinsen unterbrochen werden. Hierfür
gilt folgendes:

Der Durchmesser der Steckscheiben ist so groß zu wählen, daß sie auch bei
seitlicher Verschiebung zuverlässig abschließen. Abmessungen und Werkstoff müssen den einseitig oder beiderseitig auftretenden Drucken, Temperaturen und chemischen Angriffen angepaßt sein.

Die beiderseitigen Dichtungsringe der Steckscheiben sind durch Anziehen
aller Flanschschrauben anzupressen.

Die Steckscheiben müssen einen Stiel haben, der nach dem Einbau seitlich
aus den Flanschen gut sichtbar herausragt. Auf dem Stiel sind Angaben über
die Abmessungen und die wichtigsten Eigenschaften anzubringen. Sobald die
Scheibe nicht mehr als Steckscheibe verwendbar ist, ist der Stiel abzubrechen.
Es ist darauf zu achten, daß die Steckscheiben nicht durchlöchert, verbogen
oder stark korrodiert sind. Sie sind regelmäßig zu prüfen, sofern erfahrungsgemäß mit Korrosionen zu rechnen ist. Steckscheiben, die aus betrieblichen
Gründen bereits eingebaut sind, müssen, bevor sie als Schutz zum Befahren
dienen, herausgenommen und geprüft werden.

Mit Blindlinsen ist sinngemäß zu verfahren.

Abb. 17a–d. Schutzmaßnahmen beim Befahren von Behältern (Musterblatt)

9. Gesundheitsschädliche „Raumwolken"

Im Kap. 3, Beispiel 3 (Zugentgleisung in Missisauga) wurde über die Freisetzung großer Mengen Chlor berichtet. Chlor führt beim Einatmen zu einem Lungenödem. Die niedrigste Konzentration, die nicht länger als 1 min zu ertragen ist, beträgt bei Chlor 100 mg/m³ Luft oder 0,00339 Vol.-%, bei Ammoniak 500 mg/m³ oder 0,0705 Vol.-%. In Tabelle 25 werden die Erträglichkeitsgrenze, die tödliche Konzentration mit der unteren Explosionsgrenze von Propan verglichen. Danach können schon relativ geringe Konzentrationen von Chlor gefährlich werden. Es war daher richtig, daß die kanadischen Behörden in Missisauga die großangelegte Evakuierung veranlaßten. Niemand konnte sicher sein, daß dank günstiger meteorologischer Verhältnisse und der enormen Thermik durch den Großbrand keine lebensgefährlichen, nicht ˙ einmal toxische, Chlor-Konzentrationen entstehen würden. Erstaunlich war auch die relativ langsame Verdampfung des tiefgekühlt verflüssigten Chlors, die

letztlich auf die hohe negative Wärmetönung bei diesem Vorgang zurückzuführen ist.

Daß aber bei jedem Unfall mit anderen Parametern und mit katastrophalen Ausmaßen zu rechnen ist, sollen die Beispiele dieses Kapitels belegen. Wie Tabelle 25 zeigt, genügen bei gesundheitsschädlichen Gaswolken schon Konzentrationen von weniger als 1/1 000%, um verheerende Wirkungen hervorzurufen. Brennbare Gase sind in dieser Hinsicht etwas weniger gefährlich, unterliegen aber wieder anderen Kriterien.

1. Chlorwolke bei Entgleisung eines Eisenbahnzuges: Am 1. 8. 1981 versagten bei Montaña (Mexiko) beim Abwärtsfahren einer steilen Gefällstrecke die Bremsen eines Zuges mit 32 mit unter Druck verflüssigtem Chlor gefüllten Kesselwagen. Die Geschwindigkeit erhöhte sich von 28 auf über 80 km/h. Nach Durchfahren von Montaña und Passieren eines dort wartenden Personenzuges entgleiste der Zug in einer Kurve, die Kesselwagen stürzten um, wobei einige Tanks barsten und deren Teile bis zu 250 m weit geschleudert wurden. Im Gegensatz zu dem Missisauga-Unfall, wo das tiefgekühlt verflüssigte Chlor trotz des 45stündigen Feuersturms nur langsam verdampfte, erfolgte die Vergasung bei dem Montaña-Unfall bei dem druckverflüssigten Chlor sehr schnell. Zunächst waren es 250 t, die sich in einer großen eliptischen Chlor-Wolke in einen Canyon und in den darunter liegenden Grund bewegten und 40 ha bedeckten. Als der Wind die Wolke auf den Bahnhof von Montaña zurücktrieb, wurden von den Passagieren des dort haltenden Zuges, von Bewohnern und von Ranchern in der Umgebung 256 Personen vergiftet, von denen 17 starben. Es entstanden auch große Viehverluste. Nach und nach vergasten noch weitere 145 t Chlor und überzogen ein noch größeres Areal. Der Eisenbahnverkehr mußte 15 Tage gesperrt werden.

2. Ammoniakwolke nach Zusammenstoß von Binnenschiffen (14): Nur durch einen günstigen Umstand kam es nicht zum Ausbruch einer toxischen, weite Gebiete gefährdenden Gaswolke als am 22. 12. 1972 gegen 17²⁵ Uhr auf dem Rhein in der Nähe von Oppenheim ein „bergwärts" fahrendes Tankmotorschiff, welches mit 408 t verflüssigten Ammoniak be-

Tabelle 25. Vergleich von gefährlichen Propan- zu gefährlichen Chlor- und Ammoniak-Konzentrationen in Luft (31)

Konzentration in Luft (Vol.-%)	Propan	Chlor	Ammoniak
Untere Explosionsgrenze	2,1	–	–
Erträglichkeitsgrenze[a]	–	0,00339	0,0705
TCLo[b]	–	0,0015	0,02
LCLo[c]	–	0,043/30 min	1,0/3 h

[a] Erträglichkeitsgrenze von nicht länger als 1 min möglich
[b] TCLo = niedrigste veröffentlichte *toxische* Konzentration
[c] LCLo = niedrigste veröffentlichte *tödliche* Konzentration

laden war, mit einem „talwärts" fahrenden Kuppelverband von zwei mit Heizöl beladenen Binnenschiffen kollidierte. Das Ammoniak-Schiff wurde an zwei Stellen auf 6 m Länge und 1,50 m Breite und an einer anderen Stelle auf 4 m Länge aufgerissen, eine so große Havarie, daß es in der Nähe des Ufers auf Grund gesetzt werden mußte. Dabei wurde ein Druckbehälter nach hinten und innen verschoben. Die Anschlußleitungen des Behälters zur Hauptleitung kamen dabei unter Spannung, wobei sich ein Flansch versetzte und undicht wurde. Sofort trat Ammoniak in flüssiger Form aus, das an der Luft und besonders bei Berührung mit dem Wasser schnell verdampfte. Glücklicherweise zog die Gaswolke rheinaufwärts und es bestand keine direkte Gefährdung der Bevölkerung. Experten versuchten die schadhafte Stelle abzudichten. Wegen des Gasdruckes war das nur teilweise möglich. Durch eine ständige Wasserberieselung, es bildet sich dabei Ammoniakwasser, konnte eine Ammoniak-Wolkenbildung weitgehend verhindert werden. Die austretende Ammoniak-Menge wurde wegen des abfallenden Druckes und zunehmender Vereisung (Außentemperaturen zwischen $-2°$ und $-8°C$) von Tag zu Tag weniger. Bis zum Umpumpen in den Tank eines anderen Motorschiffes am 29.12. 1972 waren 167701 verflüssigtes Ammoniak entwichen. Wäre der Behälter nur einige Zentimeter mehr verschoben worden, so wäre der Abschlußkrümmer abgerissen. Die ca. 630001 Ammoniak, unter einem Druck von 13 bar stehend, wären nach dem Freiwerden schnell verdampft und hätte die Bevölkerung gefährdet.

3. Ammoniak-Wolke über einer Autobahnkreuzung (5): Am 11.5. 1976 gegen 11.^{00} Uhr fuhr im südwestlichen Teil von Houston (Texas) ein Tank-Sattelzug auf der Autobahn-Interstate 610 (I 610) dem Autobahnkreuz mit der US 59 entgegen (s. Abb. 18). Der Tank war mit 28421 l verflüssigtem Ammoniak beladen. Als er die Brücke der I 610 über der US 59 überquerte, berührte das Fahrzeug das Brückengeländer, stieß gegen einen Pfeiler und stürzte auf die US 59 ab. Der Fahrer war wahrscheinlich sofort tot. Schon bei der Berührung des Tanks mit dem Pfeiler muß rund um die Kopfschweißnaht des Tanks ein Riß entstanden sein, der sich durch den Innendruck schnell vergrößerte und beim Aufschlag den Tank zum Bersten brachte. Es entstand eine Öffnung von 218 cm Durchmesser, durch die das verflüssigte Ammoniak, das unter einem Druck von 6,2 bar stand, heraus-

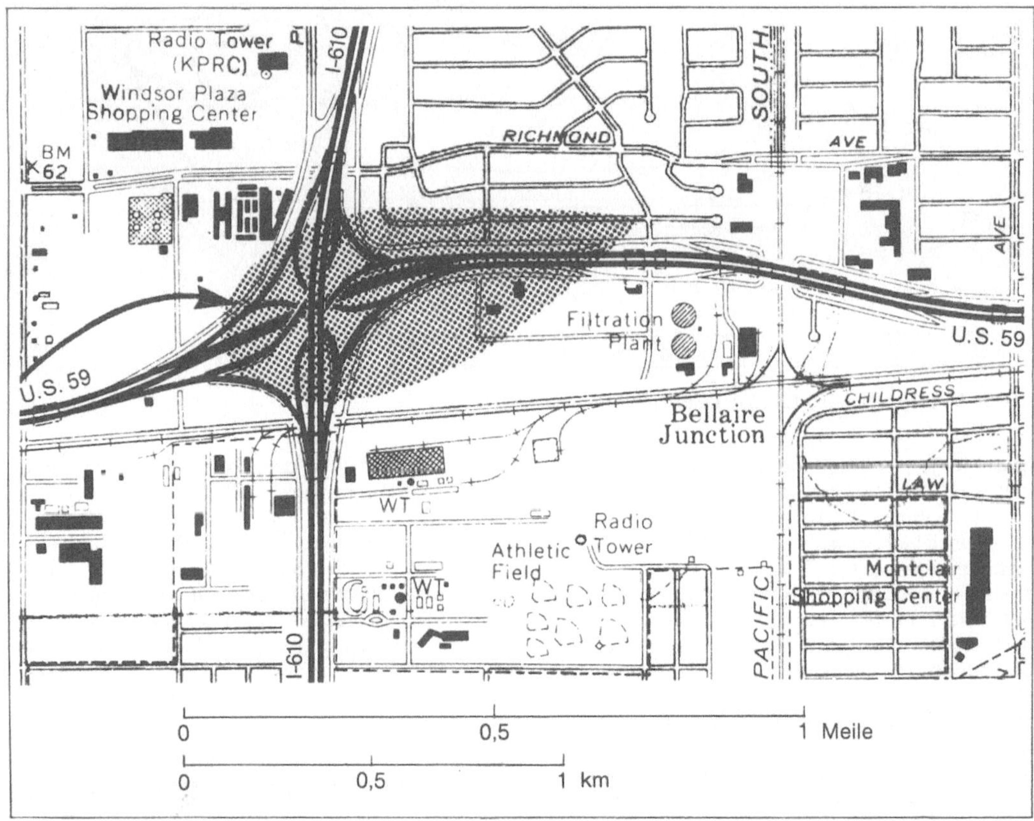

Abb. 18. Ammoniak-Tankwagen-Unfall in Houston, Texas, Ausdehnung der NH$_3$-Wolke (s. Text) (5)

Abb. 19. Houston-NH$_3$-Unfall nach 2 Minuten *(5)*

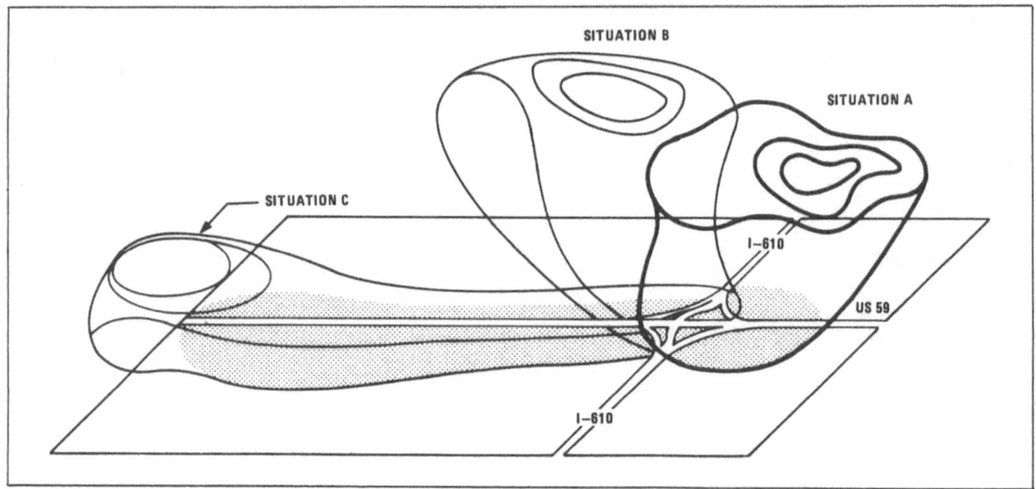

Abb. 20. Houston-NH$_3$-Unfall. Drei Entwicklungsphasen *(5)*

schoß. Ein Teil des Ammoniaks verdampfte (Siedepunkt $-33,33\,°C$) und bildete eine langgestreckte Gaswolke (s. Abb. 19). Die Wolke absorbierte Wärme von der umgebenden warmen Luft (über $30\,°C$) und erhielt eine aufsteigende Tendenz (s. Situation A der Abb. 20), konnte damit besser vom Wind (11,5 km/h) erfaßt und stadtwärts getrieben werden (s. Situation B der Abb. 20). Nach 3 bis 5 min hatte die Wolke eine Länge von 1000 m erreicht (s. Abb. 20, Situation C).

Das kalte flüssige Ammoniak breitete sich auf dem Grund aus und bildete in Vertiefungen entlang der US 59 Flüssigkeitslachen. In der Abb. 21 kann man durch die abgestorbene Vegetation sehen, wie weit der Schadensbereich, d.h. Ammoniak-Wolke und -Flüssigkeit gereicht haben.

Nach ca. 5 min reduzierte sich die Wolke langsam. Die für die Verdampfung benötigte Wärme war der Umgebung und damit auch dem flüssigen Ammoniak entzogen worden. Ihre Grundtemperatur war auf $-33,3\,°C$ reduziert und damit begann das flüssige Ammoniak in den Lachen „sich selbst tiefzukühlen" (self-refrigerate). Nachdem die Feuerwehr Wasser in die Lachen spritzte, wurde dieser Zustand zwar aufgehoben und das entstandene Ammoniakwasser konnte keine Ammoniak-Wolken mehr bilden.

Dieser Unfall erfolgt darum in der Berichterstattung (NTSB-Report: NTSB-HZM-79-4) ausführlicher, weil er typisch für die Wirkung toxischer Wolken auf Menschen und Umge-

Abb. 21. Die Infrarot-Aufnahme läßt erkennen, wie weit die Vegetation vernichtet wurde *(5)*

bung ist: 5 Tote und 178 Erkrankte, davon 78 schwer, waren die Folgen des Unglückes. Mehr als 500 Personen befanden sich während und nach dem Unglück im Bereich der 1 000-Meter-Wolke und wurden geschädigt. Ähnlich erging es den Hilfs-Einsatzgruppen; nicht alle waren mit umluftunabhängigen Atemschutzgeräten ausgerüstet.

Die erste Notfall-Hilfsgruppe erschien bereits nach 5 min am Unglücksort und konnte der Zentrale den notwendigen Bericht für weitere Maßnahmen geben. Innerhalb 10 min erschienen 14 Notfall-Hilfsgruppen und 4 Feuerwehreinheiten am Unfallort.

Besonders betroffen waren die Autofahrer auf der US 59, auf der der gesamte Verkehr stoppte. 15 Autofahrer waren an oder unter der I-610-Brücke, als das Ammoniak aus dem zerstörten Tank entwich. 5 Autos wurden so stark beschädigt, daß die Insassen schutzlos den Einwirkungen der Ammoniak-Wolke ausgeliefert waren. Sie erklärten später, im ersten Moment sei alles wie ein blendender Schneesturm gewesen; man hätte zuerst keinen besonders starken Ammoniakgeruch wahrgenommen. Wegen der sehr warmen Tagestemperatur und der hohen Luftfeuchtigkeit hatten nahezu alle Autos ihre Fenster geschlossen und „air condition" angestellt. Sie stellten letztere sofort ab und konnten die gefährliche Zeitspanne ohne wesentliche gesundheitsschädliche Folgen überbrücken. Anders ging es den 15 Autofahrern, deren Fahrzeuge schwer beschädigt waren. Zehn verließen ihr Auto, um aus dem toxischen Nebel herauszukommen. Sie versuchten, eine Leitplanke oder einen anderen Fixpunkt als Leitroute zu benutzen. Sie bekamen Augenreizungen, Beeinträchtigungen des Sehvermögens, Gefühle der Erblindung, Übelkeit, Desorientierung und Erstickungsgefühle. Wegen vollkommener Orientierungslosigkeit versuchten einige sogar in Richtung der Wolke zu entkommen. Abbildung 22 gibt eine Übersicht über die Wolke und die Positionen, wo einzelne Personen gefunden wurden. Neben den oben angeführten Gesundheitsschädigungen gab es auch Verätzungen der Knien und Hände, da einige versuchten kriechend zu entkommen.

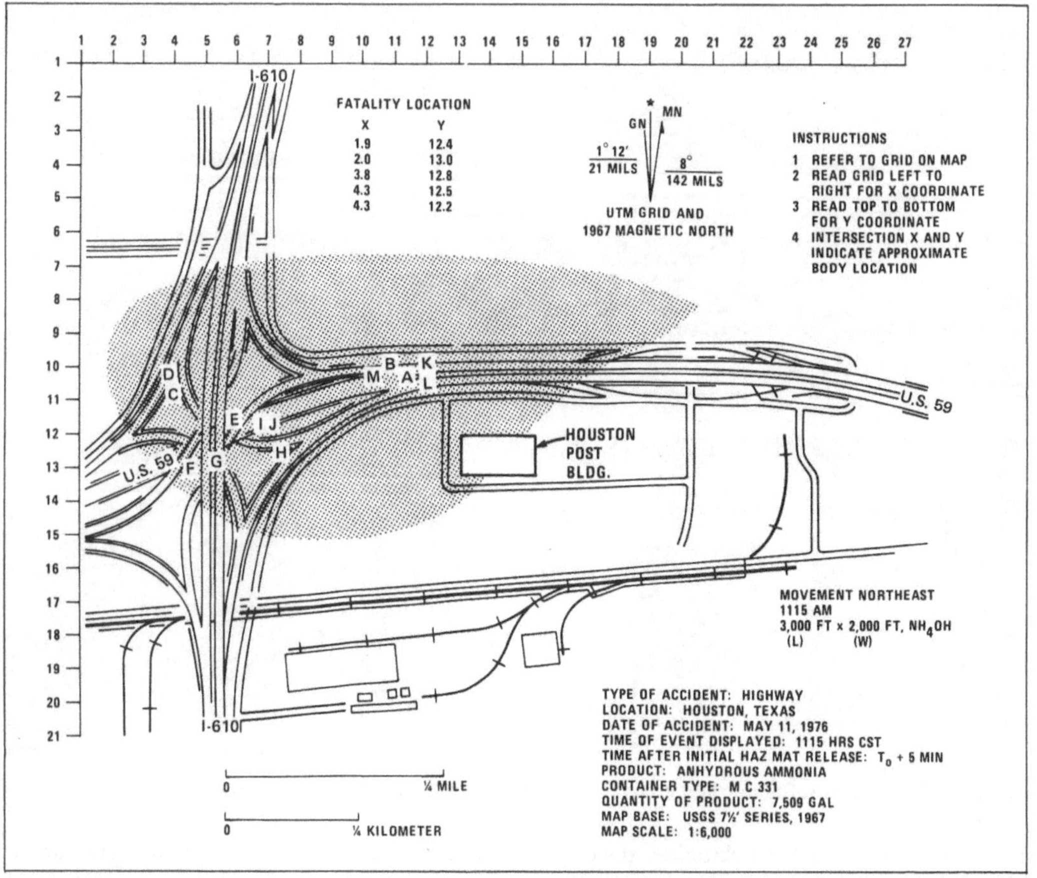

Abb. 22. Diese Originalwiedergabe aus dem amtlichen Bericht zeigt, wo die im Text genannten Personen aufgefunden wurden *(5)*

Der auf der I-610-Brücke befindliche Verkehr bewegte sich mit verminderter Geschwindigkeit weiter. Nur einen Moment lang hatte der Nebel den Verkehr blockiert. Bei Personen in umliegenden Gebäuden wurden kaum gesundheitliche Beschwerden registriert, außer bei denen, die die Häuser verließen. In der „Houston Post" z. B. befanden sich mehr als 400 Personen. Man schloß alle Fenster und Türen und begab sich in den 4. Stock.

Der Ablauf des Geschehens und die dabei gewonnenen Erkenntnisse decken sich weitgehend mit Erfahrungen der chemischen Industrie. Beim Freiwerden von toxischen Gasen sollte man möglichst in Gebäuden oder Autos bleiben, aber Fenster und Türen schließen. Das Gegenteil ist beim Freiwerden brennbarer Gase der Fall. Wie in Kap. 1 (s. S. 7) erläutert, besteht die Gefahr, daß explosible Gas-Luft-Gemische weit entfernt von der Entstehungsstelle in Keller, Gruben etc. kriechen und nach Zündung zu umfangreichen Gebäudezerstörungen führen können.

Der im Bericht 2 geschilderte Verlauf eines Unfalls mit anschließender Entwicklung einer toxischen Gaswolke ist das Ergebnis von Recherchen durch Fachleute des „National Transportation Safety Board" (Nationale Transport-Sicherheits-Behörde) der USA. Durch diese einmalige Institution werden derartige Unfälle freimütig und bis in das letzte Detail wissenschaftlich und technisch analysiert und korrekt dokumentiert.

3. Gefährliche Gaswolken bei Eisenbahnunfällen:

a) Am 26.2. 1978 entgleisten nahe Youngston/Florida, 50 Wagen eines Güterzuges, darunter auch ein mit verflüssigtem Chlor beladener Kesselwagen. Die Chlorwolke breitete sich längs einer Autobahn aus. Dabei kamen 8 Menschen ums Leben und 114 erlitten z. T. schwere Vergiftungen (Lungenödeme).

b) Am 9.11. 1977 entgleisten aus einem aus 3 Loks und 127 Wagen bestehenden Güterzug 2 Loks und 35 Wagen. Von 16 mit verflüssigtem Ammoniak beladenen Kesselwagen rissen 2 auf. In der sich entwickelnden Ammoniakwolke starben 2 Personen, 46 wurden verletzt und 1000 mußten evakuiert werden.

c) Am 8.4. 1979 entgleisten nahe Crestview/Florida, 29 Wagen eines Güterzugs. In einem über 60 Stunden andauernden Feuer brannten 5 mit Aceton und Methanol beladene Kesselwagen aus, 2 mit verflüssigtem Ammoniak gefüllte barsten in der Hitze, wobei große Tankteile über 200 m weit geschleudert wurden. Wegen der Ammoniakwolken mußte man 4500 Menschen evakuieren. Gasmessungen wiesen am ersten Tag auch Phosgen[1] nach, welches durch die thermische Zersetzung von Tetrachlorkohlenstoff entstehen kann, mit dem ein Kesselwagen beladen war. Es wurden 14 Personen verletzt.

4. Auch der Umschlag kann gefährlich werden (*22*): Beim Umpumpen von verflüssigtem Ammoniak aus einem Eisenbahnkesselwagen in einen Sattelschlepper-Tank wurde die Umschlagleitung undicht. Bei diesem Unglück am 8.10. 1980 in Mexiko City wurden 47 m^3 Ammoniak freigesetzt. In der Gaswolke starben 9 Personen und 28 erlitten Vergiftungen. We-

---

1 Phosgen ist viel giftiger als Chlor (im 1. Weltkrieg Kampfgas). Durch die in der Lunge sich bildende Salzsäure entstehen meist tödlich verlaufende Lungenödeme.

gen einer geringen Luftbewegung und relativ niedrigen Temperaturen löste sich die Wolke lange Zeit nicht auf. Das Leck konnte nach 4 Stunden gedichtet werden.

Eine weitgehende Sicherheit für die Bevölkerung und die bei der Beförderung Beschäftigten sind baumustergeprüfte, sichere Verpakkungen (vom Kesselwagen bis zur Kombinationsverpackung mit Glasflaschen) und entsprechende Umschlagseinrichtungen, die international vereinbart und national gesetzlich geregelt und überwacht werden. Darin sind auch der Verkehrsablauf und die Schulung des Personals eingeschlossen. Als Beispiel sei die Vorschrift für den Transport verflüssigten Chlors in Eisenbahn-Kesselwagen genannt, wie sie nach dem ab 1.11. 1978 gültigen Anhang XI zum RID und der GGVE im Schienentransport, mit entsprechenden Übergangsregelungen, verbindlich geworden ist.

Danach sind für die sehr giftigen Gase, wie Chlor oder Schwefeldioxid, Öffnungen unterhalb des Flüssigkeitsspiegels verboten. Außerdem müssen die Öffnungen für das Füllen und Entleeren mit einer innenliegenden schnellschließenden und einer zweiten äußeren Absperreinrichtung versehen sein.

Die Umrüstung vorhandener Kesselwagen ist durch die Übergangsvorschriften des Anhangs XI zum RID vorgeschrieben und muß in 16 Jahren abgeschlossen sein.

10. Stoffe mit mehreren gefährlichen Eigenschaften

Wie Ratten fressen auch Kornkäfer, Kornmotten und andere Schädlinge jährlich in der Welt Lebensmittel, die mehr als 150 Millionen Menschen ernähren könnten. Um das zu verhindern, werden häufig Schiffsladeräume und Getreidespeicher begast. Man benutzt dazu z. B. Blausäure oder Ethylenoxid. Sie werden für diesen Verwendungszweck wegen ihrer besonders gefährlichen Eigenschaften nur im verdünnten Zustand gelagert, verschickt und eingesetzt. Man verwendet zum Verdünnen vor allem Kohlendioxid, also ein Inertgas. Bekannte Handelsnamen dieser Mischungen sind „T-Gas", „Cartox" und „Zyklon B".

Das sehr oft und vielseitig verwendete Ethylenoxid ist ein Stoff, der bei 10,7 °C gasförmig wird, dessen Explosionsbereich (zwischen 2,6 und 100 Vol.-% in der Luft) extrem breit ist und die relativ niedrige Zündtemperatur von 440 °C hat. Dazu ist die Verbindung auch noch polymerisierbar, ätzend und giftig (Lungenödem!). Infolge des verzögernden Krankheitsverlaufs tritt auch bei Ratten erst nach vielen Stunden der Tod ein. Hierzu bedarf es der Einwirkung von 1 100 ppm (ca. 2 g/m^3) während 8 Stunden oder 2 200 ppm (ca. 4 g/m^3) während 4 Stunden bzw. 3 000 ppm (5,5 g/m^3) während 2½ Stunden. Bei der Desinfektion der Laderäume werden max. 5,5 g/m^3 Ethylenoxid benötigt, das ist weniger als ⅛ der unteren Explosionsgrenze.

In der chemischen Industrie (Synthesen) und in Krankenhäusern (Desinfektion) benutzt man Spezial-Gasschränke (s. Abb. 23) für Ethylenoxid-Lagerung. Dieser Schranktyp sichert u. a. durch eine hervorragende Wandisolierung und eine perfekte Türabdichtung über 30 min den Inhalt gegen Umgebungsbrände. Bei Undichtigkeiten der Gasflaschen-Armaturen stellt man durch eine Absaugung sicher, daß sich in seinem Innern und den Arbeitsräumen keine gesundheitsschädliche oder explosible Atmosphäre bilden kann (s. a. DIN 58948).

Jedes unkontrollierte Freiwerden von Ethylenoxid ist gefährlich. Bei der Zündung seiner explosiblen Luft-Gemische kann der zehnfache Anfangsdruck erreicht werden. Zündet Ethylenoxid-Gas in einem Gemisch mit Sauerstoff, so verläuft die Umsetzung detonationsartig.

1. Explosion durch Ethylenoxid in einer Sauerstoff-Leitung *(6)*: Als bei einem Spülprozeß einer Produktionsanlage geringe Mengen Ethylenoxid in eine Sauerstoff-Leitung, die auf einen Druck von 700 bar ausgelegt war, hineingasten, wurde das Gemisch durch die elektrostatische Aufladung gezündet. Sofort schaukelte sich die Reaktion detonativ auf, wobei der entstehende Druck von mehr als 700 bar das Rohr zum Bersten brachte. Bruchstücke durchschlugen eine Ethylen-Leitung. Ethylen wurde frei und

Abb. 23. Gasschrank *(33)*

bildete ein explosionsfähiges Gas-Luft-Gemisch, das sofort gezündet wurde und zu einer gewaltigen Raumexplosion mit enormen Sachschäden führte. Die Primär- und die Sekundär-Explosion ereigneten sich in einem Zeitraum von wenigen Sekunden.

Bei Ethylenoxid besteht aber auch die Gefahr einer während der Lagerung oder während des Transportes eintretenden spontanen Polymerisation bzw. Polykondensation. Dabei bilden sich sehr große organische Moleküle, sog. Makromoleküle, die Bestandteile der Kunststoffe, die aus 500 bis weit über 10000 Grundmolekülen bestehen können.

Diese Polykondensationen (Pheno- und Aminoplaste etc.), Polymerisationen (Polyethylen, PVC, Acrylate u.a.) oder Polyadditionsprozesse (Polyurethan) bedürfen zur Reaktionseinleitung einer Aktivierung (Peroxide, Wärme; manchmal auch Verunreinigungen), verlaufen dann oft unter Wärmebildung. Wird die Polymerisationswärme nicht durch ein Kühlsystem entfernt, kommt es zu einem nicht mehr kontrollierbaren Aufschaukeln der Reaktion. Es können so gewaltige Drücke entstehen, daß Gefäße, wie Lager-, Transport- oder Reaktionsbehälter, bersten. Freiwerdende Gase bilden dann mit der Luft ein explosibles Gemisch, das nach der Zündung zu einer gewaltigen Raumexplosion führen kann. Kommt Ethylenoxid mit Säuren, Alkalien, Eisen- oder Aluminiumoxiden oder mit den Chloriden des Eisens, Zinns, Aluminiums oder des Bors in Berührung, so polymerisiert es spontan.

Selbstverständlich schreiben die Vorschriften für Gefahrguttransport vor, daß „zur Vermeidung der Polymerisation des Stoffes während des Transportes die erforderlichen Maßnahmen zu treffen sind". Polymerisationsfähigen Stoffen, den „Monomeren", werden deshalb Chemikalien zugesetzt, die eine unkontrollierte Polymerisation verhindern. Man nennt sie „Inhibitoren" oder „Stabilisatoren".

Die Verpackung ist so auszuwählen, daß polymerisationsgefährdete Monomere auch nach einem Unfall möglichst nicht freiwerden können. Bei einem Umgebungsbrand muß verhindert werden, daß sich die Monomeren aufheizen, da das die Wirkung der Inhibitoren aufheben kann.

Eine nicht zu unterschätzende Eigenschaft des Ethylenoxids ist die sehr niedrig liegende Geruchsschwelle von 1,5 mg/m^3. Der MAK-Wert liegt vergleichsweise bei 90 mg/m^3 und die untere Zündgrenze bei 50 g/m^3.

Die Einstufung von Chemikalien oder ihren Mischungen mit mehreren gefährlichen Eigenschaften in die Transport-Vorschriften ist demnach nicht immer einfach. Zu dem Fragenkomplex gehören u.a. auch Verpackung, Zusammenladung, Transportmittel, gewisse Transportbeschränkungen, wie sie z.B. in der „Verordnung über die Beförderung gefährlicher Güter auf der Straße (GefahrgutVStr)" festgelegt sind, u.a. Beim *Ethylenoxid* ist das noch relativ einfach, da dieser Stoff unter Normalbedingungen (20 °C, 1013 mbar), gasförmig ist und damit zur Gefahrenklasse der Gase (Klasse 2 der UN-Liste, des IMDG-Codes, des ADR, des RID, der GGVS und Klasse I d des ADNR) gehört.

Ein weiteres Beispiel verschiedener Einstufungsmöglichkeiten ist das *Acrylnitril*. Es hat wie der Ethylalkohol einen Siedepunkt von 78 °C. Der Explosionsbereich liegt zwischen 2,8 und 28 Vol.-% in Luft und der Flammpunkt bei − 5 °C. Dazu ist es polymerisierbar. Es wäre also ohne weiteres ein Stoff der Gefahrenklasse für brennbare Flüssigkeiten. Leider hat die Substanz noch weitere gefährliche Eigenschaften: eine hohe Toxizität (blausäureähnliche Wirkung); es ist hautresorbierbar, ein starkes Atemgift und auch giftig bei Aufnahme durch den Speisetrakt. Danach müßte es in die Gefahrenklasse (6.1) für giftige Stoffe eingestuft werden. Das ist auch bei Regelungen, wie RID, GGVE, ADR, GGVS und ADNR (Klasse IV a) der Fall. Beim Freiwerden liegt die größere Gefahr in der Giftigkeit (bei 100 mg/m^3 Luft Lebensgefahr), weniger in der Brennbarkeit des Acrylnitrils. Die untere Explosionsgrenze wird erst bei 61 g/m^3 erreicht. Es besteht ein „Verdacht eines carcinogenen Risikos für den Menschen" (MAK-Werte 1981). Die Geruchswelle liegt bei 45 mg/m^3 Luft. Die US-Coast-Guard läßt in dem „Chemical Data Guide for Bulk Shipment by Water" noch eine kurzzeitige Einwirkungsmenge von 88 mg/m^3 zu. Gegenüber der Bildung von explosionsfähigen Dampf-Luft-Gemischen ist danach die Giftigkeit rund 1000 mal gefährlicher.

Die *Einstufung des Acrylnitrils für den Seetransport* unterliegt anderen Gesichtspunkten. Für ein Frachtgut, das tief unten in den Ladeluken der Schiffe gelagert wird und mit den Menschen kaum in Berührung kommt, geht die primäre Gefahr von der Brennbarkeit bzw. der Explosionsgefahr aus. Für den Seetransport muß demzufolge das Acrylnitril in die Gefahrenklasse für brennbare Flüssigkeiten eingestuft werden. Das ist im IMDG-Code auch geschehen (Klasse 3). Die gleiche Einstufung erfolgt auch für den Lufttransport.

1. Brand durch Schwefelkohlenstoff (*22*): Am 9.5. 1973 brach im Hafen von Marseille an Deck eines Schiffes ein Feuer aus. Ein Faß war undicht geworden, Schwefelkohlenstoff ausgelaufen. Es entzündete sich an einer heißen Dampfleitung. Das Feuer konnte rasch gelöscht werden.

Die Gefährlichkeit dieses Stoffes wurde schon erörtert. Es ist eine Chemikalie, die schon bei einer Zündtemperatur von 95 °C (Dampfleitung, Glühbirne) gezündet werden kann. Der Explosionsbereich in Luft liegt zwischen 1 und 60 Vol.-%, der Flammpunkt beträgt −30 °C und der Siedepunkt 46 °C! Wegen der stark narkotisierenden und toxischen Wirkung auf das zentrale Nervensystem dürfen die Dämpfe möglichst nicht eingeatmet werden. US-Autoren warnen auch vor der Hautresorption des flüssigen Stoffes. Nach dem US-Coast-Guard-Guide bringt einstündiges Einatmen von Luft, die nur 3,5 g/m³ Schwefelkohlenstoff-Dämpfe enthält, schwere Krankheitserscheinungen. Das einstündige Einatmen von ca. 15 g/m³ Luft wirkt tödlich.

Die Sättigungskonzentration von Schwefelkohlenstoff beträgt bei 20 °C aber schon 1 250 g/m³ Luft und bei 30 °C 1 730 g/m³! Durch die hohen Dampfdrücke von 400 (20 °C) und 573 (30 °C) mbar bilden sich in Räumen leicht tödlich wirkende Konzentrationen. Der MAK-Wert liegt bei 20 ppm = 60 mg/m³! Obwohl die Geruchsschwelle beim Schwefelkohlenstoff schon bei 0,03 mg/m³ Luft erreicht wird, kann der Betroffene nach wenigen Augenblicken diese Dämpfe nicht mehr riechen, da sie anästhesierend wirken. Trotz dieser gefährlichen Eigenschaften fiel es nicht schwer, im IMDG-Code eine Einstufung nach Klasse 3 (brennbare Flüssigkeiten) vorzunehmen. 30 g/m³ Luft können durch Zündung (heiße Dampfleitung!) zu Bränden und gefährlichen Raumexplosionen führen. Schwefelkohlenstoff darf deshalb nach dem IMDG-Code nur auf Frachtschiffen und nur auf Deck befördert werden.

Große Produktionssteigerungen gefährlicher Chemikalien führten zu einer Änderung der Transportmodalitäten. Während noch vor 50 Jahren die alltäglichen Gebrauchsgüter aus Natur-Rohstoffen hergestellt wurden („Kolonialwaren"), transportierte man jetzt zumeist Halb- und Fertigwaren, deren Rohstoffe (Erdölprodukte) wiederum ein größeres Transportrisiko darstellen. Der Transportsektor mußte sich relativ kurzfristig darauf einstellen. Den Gang der Entwicklung zeigt eine Recherche des National Transportation Safety Boards der USA (s. Tabelle 26).

Tabelle 26. Hazardous Materials Production (USA)

Classification	Produced & handled[a]		% Increase 1968–69 – 1979–80	% Increase per year
	1968–69	1979–80		
Flammable materials	1,620.0	2,420.0	50	3.8
Compressed gases	508.0	1,067.0	110	7.0
Explosives	20.0	40.0	100	6.5
Corrosive materials	45.1	95.9	112	7.1
Oxidizing agents	7.8	19.4	149	8.6
Polsons	1.2	2.6	117	7.3
Etiologic materials	7.8	–	–	–
Cryogenic materials	36.0	92.0	156	8.9
Radioactive materials	17.0[b]	163.0[b]	860	22.8
Mollen materials	13.0	41.0	215	15.0
Total	2,258.9	3,778.1	67	

[a] Millions of tons
[b] Thousands of tons
[c] Computational errors in the original table have been corrected

Teil II

Regelungen für
den sicheren Transport
gefährlicher Güter

Einleitung

Die Schäden durch Unfälle bei Gefahrguttransporten sind nicht unbedeutend. Schon 1969 erreichten in den USA die Verluste aus Verkehrsunfällen auf der Straße, Schiene, in der Luft, bei der See- und Binnen-Schiffahrt und bei der Beförderung durch Pipelines ca. 11 Milliarden Dollar (zu dieser Zeit ungefähr die jährlichen Ausgaben für den Vietnam-Krieg). Eine große Schadensursache bildeten dabei die Flüssiggase.

Schon in der ersten Hälfte des 19. Jahrhunderts erschien in Preußen eine „Sammlung sämtlicher Gesetze und Verordnungen, welche auf Grund einer Übereinkunft unter den Uferstaaten des Rheins und der auf die Schiffahrt dieses Flusses sich beziehenden Ordnung vom *31. März 1831* gegeben sind". In diesen Verordnungen (Abb. 24) wurde der Transport inklusive Verpackung giftiger, ätzender und „entzündlicher" Stoffe zum Schutze der Bevölkerung und der Beschäftigten geregelt.

Allerhöchste Kabinets-Ordre vom 5. Januar 1840, die bei Verladung und Verschiffung von Arsenikalien und anderer Giftstoffe zu beobachtenden Vorsichtsmaaßregeln betreffend. I. S. II. Nr. 3091.

Auf Ihren Antrag vom 21. Dezember v. J. genehmige Ich, daß die Mir von Ihnen vorgelegte Verordnung über die zu beobachtenden Vorsichtsmaaßregeln bei Verladung und Verschiffung von Arsenikalien und anderer Giftstoffe auf dem Rheine, über welche sich sämmtliche Rhein-Uferstaaten geeinigt haben, auch für die diesseitigen betreffenden Landestheile gültig erklärt werde. Ich beauftrage Sie, die Publikation durch die Amtsblätter' der betheiligten Regierungen zu bewirken, und setze zugleich fest, daß Uebertretungen der darin enthaltenen Vorschriften mit einer Geldstrafe von 5 bis 50 Rthlr. oder verhältnißmäßigem Gefängniß, je nach dem Ermessen des Richters, geahndet werden sollen.

Berlin, den 5. Januar 1840.

(gez.) Friedrich Wilhelm.

Abb. 24. Gefahrgutbeförderungsordnung vom 9. Januar 1840 (Aus: Sammlung sämtlicher Gesetze und Verordnungen, welche auf Grund der Übereinkunft unter den Uferstaaten des Rheins und der auf die Schiffahrt dieses Flusses sich beziehenden Ordnung vom 31. März 1831 gegeben sind. A. Bagel, Wesel, 1852)

11. Nationale und internationale Regelungen

11.1 Gesetz über die Beförderung gefährlicher Güter in der Bundesrepublik Deutschland

Im Jahre 1974 sah man in einer Zielsetzung zu einem entsprechenden Gesetz die Situation wie folgt:

„Die Rechtsgrundlagen für die Beförderung gefährlicher Güter, die infolge der technischen Entwicklung ständig zunimmt, sind zur Zeit in mehreren Einzelgesetzen enthalten, die jeweils für die verschiedenen Verkehrsträger mit zum Teil unterschiedlichen Regelungen gelten. So sind z. B. die Ermächtigungsnormen zum Erlaß von Rechtsverordnungen sowie die Möglichkeiten, Verstöße gegen die einschlägigen Sicherheitsvorschriften zu ahnden, für die einzelnen Verkehrsträger verschieden ausgestaltet. Diese sachlich nicht gerechtfertigten Unterschiede führen zu Rechtsunklarheit- und -unsicherheit. Der wirksame Schutz der Allgemeinheit vor den von der Beförderung gefährlicher Güter ausgehenden Gefahren verlangt aber ebenso wie der Umweltschutz einheitliche und umfassende Rechtsgrundlagen für die Beförderung gefährlicher Güter".

Die Folge dieser Erkenntnisse und Überlegungen war die Entwicklung und Schaffung des *„Gesetzes über die Beförderung gefährlicher Güter"* durch den Bundesminister für Verkehr. Das Gesetz wurde am 6. 8. 1975 im Gesetzblatt verkündet und ist am 13. 8. 1975 in Kraft getreten.

Geltungsbereich (§ 1)
Der Geltungsbereich des Gesetzes erfaßt die Beförderung gefährlicher Güter mit Eisenbahn-, Straßen-, Wasser- und Luftfahrzeugen. Sie umfaßt dabei sowohl den gewerblichen als auch den nichtgewerblichen Transport auf öffentlichen und nichtöffentlichen Verkehrswegen. Bestimmte Bereiche sind dem Gesetz nicht unterstellt, so der Transport in Betrieben, in denen gefährliche Güter hergestellt, bearbeitet, gelagert, verwendet oder vernichtet werden. Eine Abgrenzung zwischen Verkehrs- und Gewerberecht konnte nicht getroffen werden, da die Beförderungen gefährlicher Güter in den Betrieben beginnen und enden.

Das Gesetz findet keine Anwendung für den Bereich der Deutschen Bundespost, für Bergbahnen und für den grenzüberschreitenden Verkehr. Letzterer ist durch zwischenstaatliche Vereinbarungen wie ADR, RID oder ADNR geregelt. Dabei gibt es Ausnahmen, die nationaler Vorschriften bedürfen, wie die Bestimmung der zuständigen Behörden oder die Ahndung von Verstößen. Das Gesetz berührt auch nicht spezielle Rechtsvorschriften, die für die Sicherheit beim Transport erlassen worden sind (Atomrecht, Gesundheitsrecht, Explosivstoffrecht, Umweltschutzrecht und nicht zuletzt an das Gewerberecht). Ausgenommen wird von letzterem die Druckgasverordnung und die Verordnung über brennbare Flüssigkeiten, soweit es sich um die Beförderung handelt. Schließlich sind ausgenommen die auf örtlichen Besonderheiten beruhenden Sicherheitsvorschriften des Bundes, der Länder und Gemeinden wie die für den Umschlag gefährlicher Güter bestehenden Hafensicherheitsverordnungen.

Begriffsbestimmungen (§ 2)
Im Absatz 1 werden die gefährlichen Güter definiert.
Der Absatz 2 dieses Paragraphen geht dann auf den Begriff der Beförderung ein, der nicht allein die Ortsveränderung, sondern auch den Umschlag und die zeitweilige Lagerung betrifft; dazu gehört auch das Verpacken und Auspacken der Güter. Zu erwähnen sei noch, daß es sich dabei auch um Beförderungen handelt, wenn diese Handlungen nicht vom Beförderer, sondern z. B. vom Produzenten ausgeführt werden.

Ermächtigung (§ 3)
Durch die Ermächtigung, die das Kernstück dieses Gesetzes bildet, werden eine Reihe von Ermächtigungen für Gesetze auf dem Gebiet der Seeschiffahrt, der Binnenschiffahrt, der Eisenbahn, des Straßenverkehrs und des Luftverkehrs nach Inkrafttreten des Gesetzes aufgehoben. Nun kann die Bundesregierung durch Rechtsverordnung dem Bundesminister für Verkehr ganz oder teilweise die Ermächtigung für die Zulassung der Güter zur Beförderung, für die Verpackung, für das Zusammenladen und für das Zusammenpacken übertragen. Die Regierung wird ermächtigt, in diesem Rahmen für die Beförde-

rung gefährlicher Güter Rechtsverordnungen und allgemeine Verwaltungsvorschriften zu erlassen.

Nach Absatz 1 regelt der Gesetzgeber aber auch
- die Kennzeichnung von Versandstücken,
- den Bau, die Beschaffenheit, Ausrüstung, Prüfung und Kennzeichnung der Fahrzeuge und Beförderungsbehältnisse,
- das Verhalten während der Beförderung,
- die Beförderungsgenehmigungen, die Beförderungs- und Begleitpapiere,
- die Auskunfts-, Aufzeichnungs- und Anzeigepflichten,
- die Besetzung und Begleitung der Fahrzeuge,
- die Befähigungsnachweise,
- die Meß-und Prüfverfahren,
- die Schutzmaßnahmen für das Beförderungspersonal
- und das Verhalten und die Schutz- und Hilfsmaßnahmen nach Unfällen mit gefährlichen Gütern.

Weiterhin soll, soweit Sicherheitsgründe und die Eigenart des Verkehrsmittels es zulassen, die Beförderung gefährlicher Güter für alle Verkehrsmittel einheitlich geregelt werden.

Erwähnenswert ist die Einschränkung des Grundrechtes auf körperliche Unversehrtheit (Artikel 2, Abs. 2 Satz 1 des Grundgesetzes) und Maßgabe des Satzes 1 Nr. 13. Hier handelt es sich nämlich um die ärztliche Überwachung und Untersuchung des Fahrpersonals und andere bei der Beförderung beschäftigten Personen.

Anhörung von Sachverständigen und der beteiligten Wirtschaft (§ 4)

Da die Beförderung gefährlicher Chemikalien bezüglich ihrer Handhabung, der Verpackung, der Notmaßnahmen nach einer Havarie, der Ersten Hilfe, der Transportfahrzeuge etc. von ihren physikalischen, chemischen und toxikologischen Eigenschaften abhängig ist, bedarf der Gesetzgeber bei der Behandlung aller damit zusammenhängenden Fragenkomplexe der Mitarbeit entsprechender Sachverständiger, die der Bundesanstalt für Materialprüfung, der Physikalisch-Technischen Bundesanstalt, des Instituts für Chemisch-Technische Untersuchungen, des Bundesgesundheitsamtes und anderen auf dem Gebiet des Sicherheitswesens tätigen Gremien wie Berufsgenossenschaften, Technische Überwachungs-Vereine oder der Arbeitsgemeinschaft der Berufsfeuerwehren angehören. Organisatorisch war dieser Sachverständigenstab in den seit ca. 90 Jahren – und dabei anfangs nur für die Eisenbahn – bestehenden „Gewerbetechnischen Beirat des Bundesverkehrsministeriums" berufen worden. Da sich in den letzten Jahren das Aufgabengebiet auf sämtliche Verkehrsträger ausdehnte, wird es künftig gemäß § 4 nur noch den „Beirat über die Beförderung gefährlicher Güter" geben.

Zuständigkeit (§ 5)

In diesem Paragraph regelt der Gesetzgeber die Bestimmung der Behörden, die für die Wahrnehmung der Aufgaben für die Beförderung gefährlicher Güter zuständig sind. So ist im Bereich des Luftverkehrs und der Bundeseisenbahnen der Bund in bundeseigener Verwaltung zuständig (Absatz 1), ebenso im Rahmen der See- und Binnenschiffahrt auf Bundeswasserstraßen und in bundeseigenen Häfen. Dies basiert auch auf dem Grundgesetz (Artikel 87 Abs. 1 Satz 1, 87d Abs. 1 und 87 Satz 1 in Verbindung mit Artikel 89 Abs. 2 Satz 2). Selbstverständlich sind die Länder und andere Körperschaften für die Hafenaufsicht und Hafenpolizei der nichtbundeseigenen Häfen und der sogenannten Stromhäfen, d. h. nicht vom Bund betriebene Häfen, die Teile einer Bundeswasserstraße sind, voll verantwortlich (Abs. 1 Satz 2).

Nach Abs. 2 Satz 1 kann die Bundesregierung ohne Zustimmung des Bundesrates für die genannten Bereiche der bundeseigenen Verwaltung die zuständigen Behörden und Institutionen bestimmen. Der Gesetzgeber hat z. B. dabei auch an die Berufsgenossenschaften und die Technischen Überwachungs-Vereine gedacht.

Ausnahmen (§ 6)

Der Gesetzgeber hatte diesem Paragraphen ursprünglich unter Berücksichtigung der schnellen wissenschaftlichen, technischen und industriellen Entwicklung eine erweiterte Fassung geben wollen. Damit wäre das Bundesverkehrsministerium in der Lage gewesen, für alle Antragsteller kurzfristig Ausnahmen zu den zur Zeit geltenden Gefahrgutvorschriften zuzulassen. Es handelt sich dabei um die „Verordnung über die Beförderung gefährlicher Güter auf der Straße" (GGVS), die „Verordnung über die Beförderung gefährlicher Güter mit der Eisenbahn" (GGVE), die „Verordnung über die Beförderung gefährlicher Güter mit Seeschiffen" (GGVSee) und die „Verordnung zur Einführung der Verordnung über die Beförderung gefährlicher Güter auf dem Rhein" (ADNR: s. S. 89, Fußnote 3). Auf Wunsch des Bundesrates wurde diese Regelung vom Vermittlungsausschuß fallengelassen.

Sofortmaßnahmen (§ 7)

Trotz der Sachverständigengremien und der Mitarbeit der Industrie ist nicht auszuschließen, daß bei der Beförderung besonders kritische Situationen entstehen können. Neue Produkte, Konstruktionen und nicht zuletzt der Transitverkehr könnten die Ursache sein. Um sofort und flexibel handeln zu können, ohne eine Änderung der Rechtsvorschriften in dem Verordnungsverfahren nach § 3 abzuwarten, ist dieser Paragraph geschaffen worden. Selbstverständlich gilt das auch für die Beförderung gefährlicher Güter, die noch nicht den Gefahrgutvorschriften unterstellt sind (Abs. 2).

Sicherungsmaßnahmen, Zurückweisen von Gefahrguttransporten (§ 8)

Dieser Paragraph entspricht den Grundsätzen des Polizeirechts. Der Bundesminister für Verkehr kann nämlich Gefahrguttransporte untersagen oder nur unter Bedingungen und Auflagen gestatten, wenn sie nicht den geltenden Rechts- und Sicherheitsvorschriften entsprechen. In diesem Rahmen können auch beim grenzüberschreitenden Verkehr Gefahrguttransporte zurückgewiesen werden.

Überwachung (§ 9)
Dieser Paragraph soll die Überwachungsaufgaben sichern, indem den für die Beförderung gefährlicher Güter Verantwortlichen gewisse Pflichten gegenüber der Überwachungsbehörde auferlegt werden. Sie müssen den Aufsichtsorganen sofort alle zur Erfüllung ihrer Aufgaben erforderlichen Auskünfte geben. Die von der zuständigen Behörde mit der Überwachung beauftragten Personen sind im Rahmen ihrer Recherchen befugt, Grundstücke, Betriebsräume, Geschäftsräume, Fahrzeuge und darüber hinaus sogar die Wohnräume des Auskunftpflichtigen zu betreten. Letzteres ist erlaubt, wenn erhebliche sich schnell entwickelnde Gefahren für die „öffentliche Sicherheit und Ordnung, insbesondere für die Allgemeinheit, für wichtige Gemeingüter, für Leben und Gesundheit von Menschen, Tieren und anderen Sachen" zu erwarten sind.
Der Auskunftverpflichtete hat die Pflicht, den Überwachungspersonen auf Verlangen Proben und Muster gefährlicher Stoffe und Gegenstände oder Muster von Verpackungen zum Zwecke der amtlichen Untersuchung zu übergeben.
Verantwortlich für die Beförderung ist, wer als Unternehmer oder als Inhaber eines Betriebes gefährliche Güter verpackt, verlädt, versendet, befördert, entlädt, empfängt oder auspackt, aber der auch Verpackungen, Behälter bzw. Container oder Fahrzeuge zur Beförderung gefährlicher Güter gemäß Absatz 3 herstellt (Absatz 5).
Die Überwachung bezieht sich auch auf die Fertigung der Verpackungen, Behälter (Container) und Fahrzeuge, die nach Baumustern hergestellt werden, welche in den Gefahrgutvorschriften festgelegt sind (Absatz 3).
Nach Absatz 4 kann der zur Erteilung von Auskünften Verpflichtete Auskünfte verweigern, wenn er sich infolge eines Verstoßes der Anklage im Rahmen einschlägiger Gesetze (Strafrecht, Ordnungswidrigkeitengesetz etc.) aussetzt.

Ordnungswidrigkeiten (§ 10) und Strafvorschriften (§ 11)
Diese Paragraphen schaffen eine einheitliche Rechtsgrundlage für die Ahndung von Verstößen gegenüber internationalen und nationalen Rechtsvorschriften über die Beförderung gefährlicher Güter. In ihnen werden einmal die Fragen bzw. Einstufungen der Ordnungswidrigkeiten und der strafbaren Handlung erörtert, natürlich im Rahmen der einzelnen Rechtsvorschriften über den Gefahrgutverkehr behandelt und schließlich die Strafhöhe angegeben. Darüber hinaus regelt der Gesetzgeber auch den Geltungsbereich beispielsweise bezüglich des Wohnortes des Fahrers oder des Sitzes des Unternehmens.

Bei Verstößen gegen die Ordnungswidrigkeit kann sich das Strafmaß bis zu DM 100 000,– und bei strafbaren Handlungen auf Freiheitsstrafen bis zu 2 Jahren belaufen.

Kosten (§ 12)
Dieser Paragraph behandelt die Kosten, die für Amtshandlungen, Prüfungen und Untersuchungen im Rahmen dieses Gesetzes erhoben werden können. Die Gebühren werden in dem Rahmen von DM 10,– und DM 50 000,– liegen.

11.2 Nationale Organisationen, Behörden und Regelungen

a) Bundesrepublik Deutschland

Schon im Jahre 1968 beförderten 872 deutsche Binnen-Tankschiffe ca. 40 Millionen t, 22 427 Eisenbahnkesselwagen ca. 26 Millionen t und Straßentankwagen und Lastzüge ca. 9 Millionen t brennbare Flüssigkeiten und unter Druck oder tiefgekühlt verflüssigte Gase. Dazu kamen ätzende und giftige Stoffe, und das auf Grund unserer besonderen geographischen Lage umfangreiche Transportvolumen im Transitverkehr. Insgesamt kann man mit einem jährlichen Beförderungsvolumen von ca. 250–300 Millionen t rechnen (s. Abb. 25 und 26).
Im Laufe der letzten Jahre glich das Bundesverkehrsministerium die nationalen Verord-

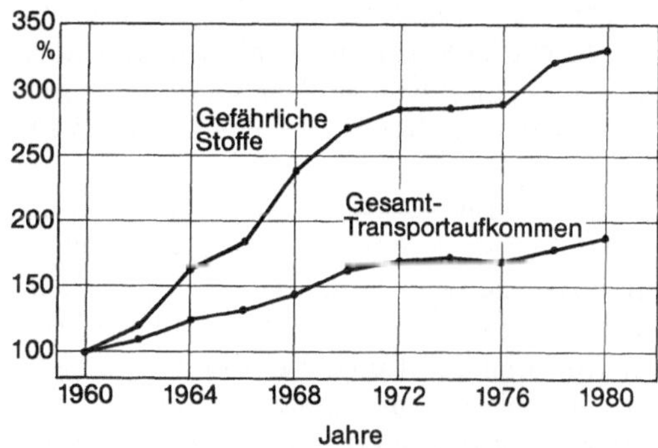

Abb. 25. Relativer Zuwachs des Transportaufkommens gefährlicher Stoffe im Vergleich zu dem des gesamten Gütertransports, binnenländischer Verkehr seit 1960. Gesamte Transportmenge 1960: 1 674 Mill. t ≙ 100%, Transportmenge gef. Stoffe 1960: 72 Mill. t ≙ 100%, Haferkamp (1982) Entwicklungstendenzen beim Gefahrguttransport. TÜV Rheinland GmbH, Köln

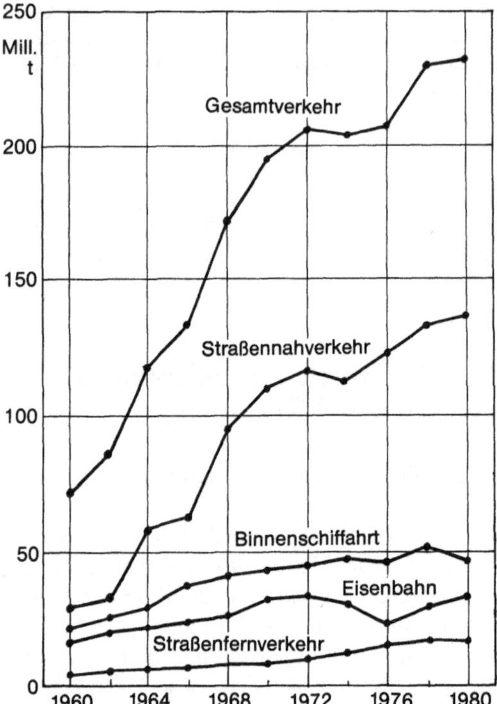

Abb. 26. Transportmengen gefährlicher Stoffe im Binnenverkehr der Bundesrepublik Deutschland seit 1960, nach Verkehrszweigen (Haferkamp (1982) Entwicklungstendenzen beim Gefahrguttransport. TÜV Rheinland GmbH, Köln)

nungen für die Beförderung gefährlicher Güter den internationalen Regelungen an. Als Beispiele seien der Übergang von der „Seefracht-Verordnung" (SFO) zur „Gefahrgut-Verordnung See" (GGVSee) und von der „Anlage C der EVO (Eisenbahnverkehrsordnung)" zur „Gefahrgut-Verordnung Eisenbahn" (GGVE) angeführt.

Die Bundesrepublik Deutschland ist einer der größten Industriestaaten. Sie spielt deshalb bei den internationalen Organisationen, die sich mit der Beförderung gefährlicher Güter befassen, eine wichtige Rolle. Koordiniert werden diese Aufgaben vom Bundesverkehrsministerium. Das dafür zuständige Zentralreferat „Gefährliche Transportgüter" wird in Einzelfällen unterstützt durch die Referate der Fachabteilungen Seeverkehr, Binnenschiffahrt/Wasserstraßen und Luftverkehr. Die ständige Weiterentwicklung der Sicherheitsvorschriften setzt ein entsprechendes technisch-wissenschaftliches Potential voraus.

Hierzu steht dem Bundesverkehrsministerium der Beirat für die Beförderung gefährlicher Güter zur Verfügung. Ihm gehören Experten der wissenschaftlich-technischen Anstalten des Bundes an [Bundesanstalt für Materialprüfung (BAM), Physikalisch-Technische Bundesanstalt (PTB), Bundesinstitut für chemisch-technische Untersuchungen (BICT) und Bundesgesundheitsamt], sowie Vertreter anderer Organisationen, die sich mit Sicherheitstechnik befassen, wie die Technischen Überwachungsvereine und die in Frage kommenden Berufsgenossenschaften. Vorsitz und Geschäftsführung des Beirats obliegen dem Bundesverkehrsministerium.

Darüber hinaus ist eine enge Zusammenarbeit mit der Industrie erforderlich. Industrievertreter werden zu den Sitzungen des Beirats hinzugezogen und mit ihnen neue Sicherheitsvorschriften erarbeitet.

Der Beirat für die Beförderung gefährlicher Güter ist nach einem Erlaß vom 13. 12. 1975 als einziges Beratungsgremium auf dem Gebiet der Beförderung gefährlicher Güter tätig*. Jähr-

---

* 1984 soll der Beirat durch den neuen Gefahrgut-Verkehrs-Beirat ersetzt werden. Abb. 27a gibt einen Überblick über dessen Organisation und Aufgaben

Ausschüsse und Arbeitskreise des Beirats für die Beförderung gefährlicher Güter beim Bundesverkehrsministerium (Auswahl)

- Ausschuß Technische Richtlinien (ATR) für Tankcontainer, Tankfahrzeuge und Eisenbahnkesselwagen des Beirats für die Beförderung gefährlicher Güter beim Bundesverkehrsministerium
- Unterausschuß (2) „Druckgase" Unterausschuß (3) „Endzündbare Flüssigkeiten"
- Arbeitskreis „Prüfvorschriften für Verpackungen gefährlicher Güter"
- Arbeitskreis „Einheitliche Richtlinien für Kunststoffverpackungen"
- Arbeitskreis „Gefährliche Abfallstoffe und Anforderungen an Behälter zur Beförderung von . . ."
- Arbeitskreis „Richtlinien für Tanks aus GFK"
- Arbeitskreis „Transportgefäße aus Kunststoffen"
- Arbeitskreis „Harmonisierung der Sicherheitsanforderungen in der Binnenschiffahrt"
- Arbeitskreis „Vereinheitlichung der Vorschriften für den Transport gefährlicher Güter"
- Arbeitskreis „Erwärmte Stoffe"
- Arbeitskreis „Tankfahrzeug-Zulassungsrichtlinien"
- Arbeitskreis „Stauung gefährlicher Güter auf Seeschiffen"

Organ	Gefahrgut-Verkehrs-Beirat	Ausschüsse	Sonstige Arbeitsgruppen
	Vorsitz: BMV Geschäftsführung: BMV Referat A 13	1) Ausschuß Stoffe/Verpackungen (ASV) 2) Ausschuß Tank/Technik (ATT) Vorsitz: wird vom BMV bestimmt Geschäftsführung: BMV-Referat A 13	Nach Bedarf.
Mitglieder	Sicherheitstechn. Organisationen: 14 Bundesländer: 2 BDI (Chemie, Mineralöl, Tankbau) 3 Verpackungen: 1 Verkehrsträger: 5 Gewerkschaften: 3 Höchstzahl der Mitglieder: 28	Alle interessierten Stellen können sachverständige Personen benennen: Höchstzahl der Mitglieder: 25	Werden unter Berücksichtigung der zu lösenden Sachfrage zur Mitarbeit aufgerufen.
Berufung	Nicht vorgesehen! Mitglieder entsenden ihre Vertreter, die in der Lage sein müssen, für sie verbindliche Erklärungen abzugeben.	Mitglieder des Beirats bzw. deren Vertreter und sonstige vom BMV berufene sachverständige Personen.	Werden unter Berücksichtigung der zu lösenden Sachfrage zur Mitarbeit aufgerufen.
Amtszeit	Nicht festgelegt, ausgenommen bei den Vertretern der Bundesländer: 3 Jahre	Nicht festgelegt, bei sonstigen vom Bundesminister für Verkehr berufenen sachverständigen Personen u.U. bis zur Erledigung der Sachaufgabe.	Zeitlich befristet bis Sachaufgabe erledigt.
Arbeitsweise	Sitzungen nach Bedarf vsl. 2 x jährlich. Schriftliche Anhörung.	Sitzungen nach Bedarf vsl. etwa 1 x jährlich. Schriftliche Anhörung.	Sitzungen nach Bedarf.
Beschlußfähigkeit	Es werden keine förmlichen Beschlüsse gefaßt.	Es werden keine förmlichen Beschlüsse gefaßt.	Es werden keine förmlichen Beschlüsse gefaßt.
Kompetenzen	Beratung des BMV in allen gesellschafts- politisch relevanten Fragen der Beförderung gefährlicher Güter.	ASV: Alle Stoffe/Verpackungen unmittel- bar und mittelbar betreffenden Fragen ATT: Alle Tanks und Technik unmittelbar und mittelbar betreffenden Fragen. Lö- sungsvorschläge gehen an den BMV. Die- ser entscheidet, ob vor der Umsetzung der Gefahrgut-Verkehrs-Beirat zu hören ist.	Erarbeitet Lösungsvorschläge zur jeweiligen Sachfrage und legt diese dem Gefahrgut-Verkehrs-Beirat vor.

Abb. 27 a. Organisation der Beratung des BMV auf dem Gebiet „Beförderung gefährlicher Güter" (G. Hole, Bonn; *22, 29*)

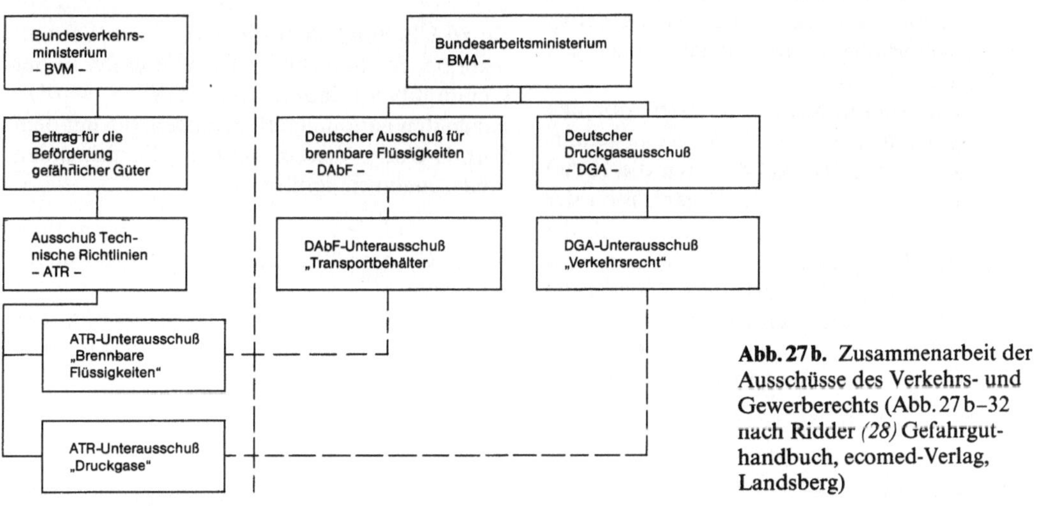

Abb. 27 b. Zusammenarbeit der Ausschüsse des Verkehrs- und Gewerberechts (Abb. 27 b–32 nach Ridder *(28)* Gefahrgut-handbuch, ecomed-Verlag, Landsberg)

lich finden Vollsitzungen statt, auf denen im Beisein von Verbands- und Industrievertretern sowie mit Angehörigen anderer Behörden, Fragen von allgemeiner Bedeutung behandelt werden. Besondere Aufgaben werden in Arbeitsgruppen erledigt. Den Vorsitz dieser Arbeitsgruppen haben Sachverständige des Beirats oder auch Experten aus der Industrie. Wichtige Aufgaben für den Gefahrguttransport werden im Bundesverkehrsministerium durch Ausschüsse geregelt.

Weitere Gremien sind: Bund/Länder-Fachausschuß „Beförderung gefährlicher Güter" sowie der Ausschuß „Technische Richtlinien für Tankcontainer, Straßentankfahrzeuge, Eisenbahnkesselwagen" beim Beirat für die Beförderung gefährlicher Güter.

Der Ausschuß Technische Richtlinien (ATR) ging aus der früheren Arbeitsgruppe „Technische Richtlinien für Tankcontainer" hervor. Er befaßt sich mit Fragen, die im Zusammenhang mit Bau, Ausrüstung und Zulassung von Tankfahrzeugen, Tankcontainern und Eisenbahnkesselwagen auftreten. Ihm gehören Mitglieder des Beirats, des Bundesverkehrsministeriums, der Technischen Überwachungsorganisationen, des Deutschen Druckgasausschusses, des Deutschen Ausschusses für brennbare Flüssigkeiten sowie der Industrie an. Der Ausschuß „Technische Richtlinien" hat wiederum zwei Unterausschüsse:

„Druckgase", „Brennbare Flüssigkeiten".

Ziel dieser Unterausschüsse ist es vor allem, die Abstimmungen zum Gewerberecht, das in die Zuständigkeit des Bundesministeriums für Arbeit und Sozialordnung (BMA) fällt, herzustellen (s. Abb. 27b). Die Druckgasverordnung und die Verordnung über brennbare Flüssigkeiten sind Vorschriften des Gewerberechts.

Die Gefahrgutverordnungen

Wie erwähnt, sind die Gefahrgut-Verordnungen in Anlehnung an das „Gesetz für die Beförderung gefährlicher Güter" einheitlich geregelt worden (s. Abb. 28).

Nach dem Inkrafttreten des internationalen Übereinkommens für die „Beförderung gefährlicher Güter im Luftverkehr" durch die ICAO (International Cicil Aviation Organisation der UN) Mitte 1981 und die Annahme durch die 146 bei der ICAO akkreditierten Staaten wird die Bundesrepublik auch eine nationale GGVLuft (Gefahrgut-Verordnung-Luft) erlassen, die dann an Stelle der RAR (Restricted Articles Regulations der IATA verbindlich ist.

Die Gefahrgutverordnung Eisenbahn

Folgende verpflichtende Veränderungen ergeben sich u. a. durch die am 23.8.1979 (BGBl. I, S. 1502 mit Anlagenband Teil I, Nr. 54) in Kraft gesetzte „Verordnung über die Beförderung gefährlicher Güter mit der Eisenbahn" (GGVE):

1. Ablösung der Anlage C der Eisenbahnverkehrsordnung (EVO)
2. Neue Einteilung der Gefahrklassen nach dem System der UN, „Transport of Dangerous Goods"
3. Mitnahme von Unfallmerkblättern
4. Ordnungswidrigkeiten-Regelung
5. Meldung von Schäden über DM 200,–
6. Besondere Verpflichtung des Absenders, daß nur zugelassene Gefahrgüter aufgegeben werden dürfen
7. Das Bahnpersonal muß Sendungen prüfen, wenn der Verdacht besteht, daß die Vorschriften nicht eingehalten werden
8. Neue Kesselwagenvorschriften.

Die Gefahrgutverordnung See

Einen Überblick über die besonderen Verhältnisse bei der Seeschiffahrt gibt Abb. 29. In der Gefahrgutverordnung See, GGVSee, wurden neben den nationalen Regelungen, die mit dem IMDG-Code übereinstimmen, die folgenden Neuerungen eingeführt:

1. Die Anlage 1 zur alten Seefrachtordnung (SFO), die völlig veraltet war, wurde aufgehoben.
2. Die bisherige Anlage 4 (IMCO-Code) der alten Seefrachtordnung (SFO) wurde unter gleichzeitigem Neuerlaß und Einführung

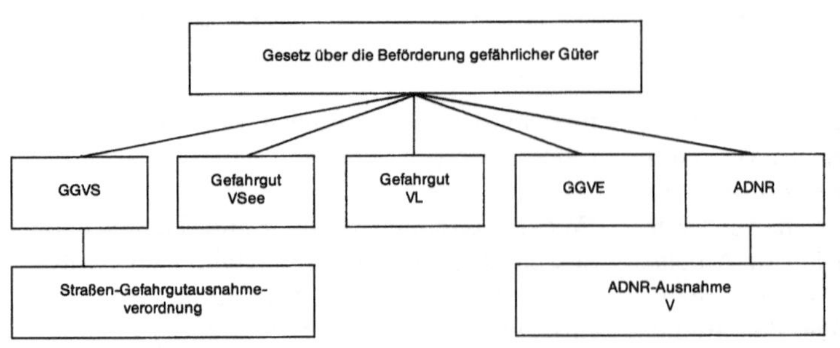

Abb. 28. Die im Zusammenhang mit dem Gesetz über die Beförderung gefährlicher Güter stehenden Verordnungen *(21, 28)*

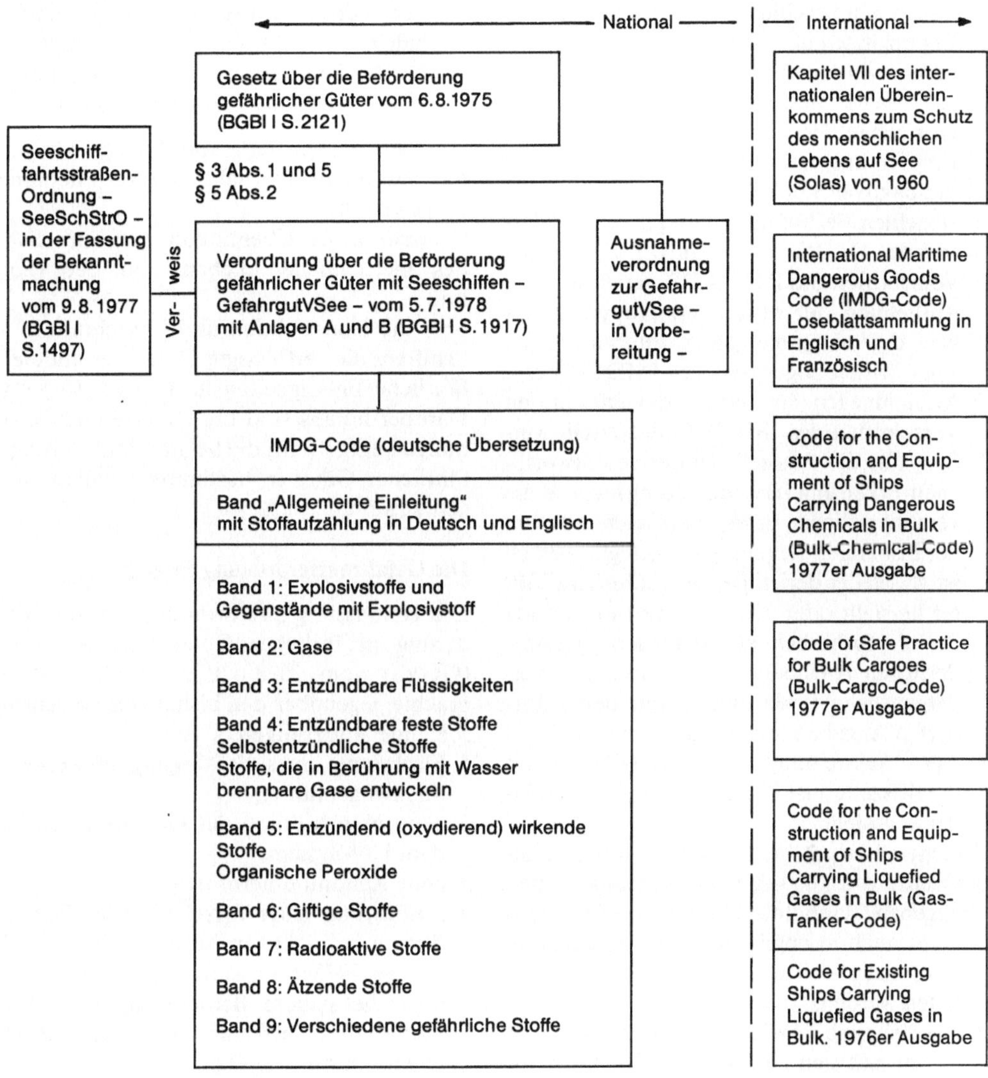

Abb. 29. Beförderung gefährlicher Güter mit Seeschiffen; Gesetze, Verordnungen und Empfehlungen *(21, 28)*

umfangreicher, seit 1974 für den Code international beschlossener Änderungen und Ergänzungen übernommen.

3. Ferner wurden für radioaktive Stoffe (Klasse 7) neue Bestimmungen, die auf der Grundlage der 1973er Fassung der IAEA-Empfehlungen für die sichere Beförderung radioaktiver Stoffe beruhen, eingeführt. Bei einzelnen Bestimmungen wird in der Klasse 7 des IMDG-Codes auf die identischen Vorschriften des RID/ADR verwiesen.

4. Aufhebung der bisherigen Doppelspurigkeit der nationalen und internationalen Vorschriften zugunsten des IMDG-Codes.

5. Ausnahmegenehmigungen dürfen von den Vorschriften des IMDG-Codes erteilt werden. Für die Ausstellung der verantwortlichen Erklärung (Bescheinigung) wurde die verantwortliche Person abweichend von der bisherigen Regelung festgelegt. Danach ist Aussteller derjenige, der gefährliche Güter herstellt oder vertreibt, weil nur er alle für die Sicherheit der Beförderung erforderlichen Angaben liefern kann. Die verantwortliche Erklärung ist mit den geforderten Angaben formlos auszustellen.

6. Die Ausstellung des Verladescheines (Schiffszettel) ist nicht mehr auf den Ablader abgestellt.

7. Generell sind bei Überschreitung einer Grenze von 3000 kg Unfallmerkblätter beizugeben. Unfallmerkblätter dürfen nunmehr auch in englischer Sprache abgefaßt sein, wenn Schiffe unter fremder Flagge beladen werden.

8. Die bisherige Regelung der Durchfuhrgüter beschränkt sich nunmehr ausdrücklich auf Fälle, bei denen die Güter von See her eingehen.

9. Schiffe, die gefährliche Güter als Massengut befördern, müssen ein Zeugnis einer Schiffssicherheitsbehörde vorlegen.

10. Verpackungen müssen grundsätzlich bauartgeprüft sein.

11. Neu sind Bestimmungen für Tankcontainer (ortsbewegliche Tanks) vom Typ 5 für die Beförderung von nichtgekühlten, unter Druck verflüssigten Gasen.

12. Ebenfalls neu sind Bestimmungen für die Beförderung von Gütern in begrenzten Mengen, wie z. B. Laborchemikalien oder kosmetische Artikel.

13. Abschnitt 12 des IMDG-Codes – Containerverkehr – wurde neu gestaltet und enthält nun ausführlichere Vorschriften, u. a. für die Beförderung gefährlicher Güter als Massengut ohne Verpackung (Bulk).

Auf der rechten Seite von Abb. 29 wird noch auf besondere internationale Verpflichtungen hingewiesen:
internationales Übereinkommen zum Schutz des menschlichen Lebens auf See (Solas) und
über die Konstruktion und Einrichtungen von Schiffen, die verflüssigte Gase oder andere gefährliche Flüssigkeiten in Tanks befördern.
Darüber hinaus sind die Gesetze und Verordnungen aufgeführt, die bei der Beförderung gefährlicher Güter in bestimmten Fällen zu beachten sind.

Die Gefahrgutverordnung Straße

Die Neufassung „Verordnung über die Beförderung gefährlicher Güter auf der Straße" (GGVS) vom 31. 8. 1979 (BGBl. I, S. 1509) brachte gegenüber den bisherigen Vorschriften folgende Änderungen (s. Abb. 30):

1. Forderung eines Befähigungsausweises für Tankwagenfahrer,

2. neue Numerierung der Gefahrklassen nach dem UN-System,

3. neue Randnummernfolge,

4. Einführung neuer Vorschriften für die Beförderung radioaktiver Stoffe auf der Grundlage der 1973er Fassung der Empfehlungen über die sichere Beförderung radioaktiver Stoffe der Internationalen Atomenergie-Organisation (IAEO),

5. Neufassung der Klasse 2 (Druckgase),

6. Einführung neuer Vorschriften für Tankfahrzeuge, Aufsetztanks und Gefäßbatteriefahrzeuge,

7. Umstellung der Maßeinheiten auf das SI-System,

8. Erteilung von Ausnahmegenehmigungen nur durch Bundesländer.

Verordnungen für die Binnenschiffahrt

Abb. 31 gibt einen Überblick über die Regelung der Beförderung gefährlicher Güter im Binnenschiffahrtsverkehr.

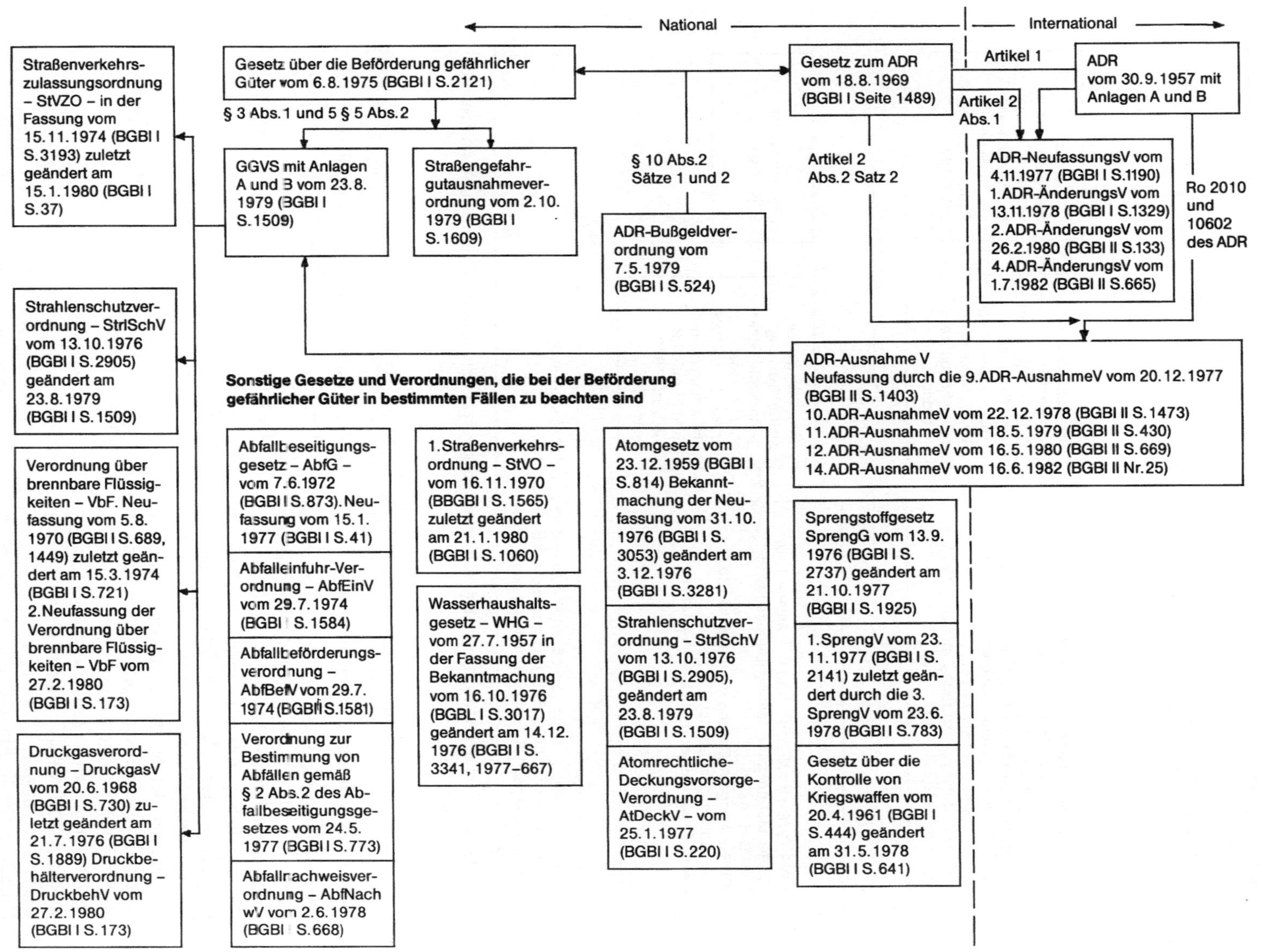

Abb. 30. Beförderung gefährlicher Güter auf der Straße; Gesetze und Verordnungen *(21, 28)*

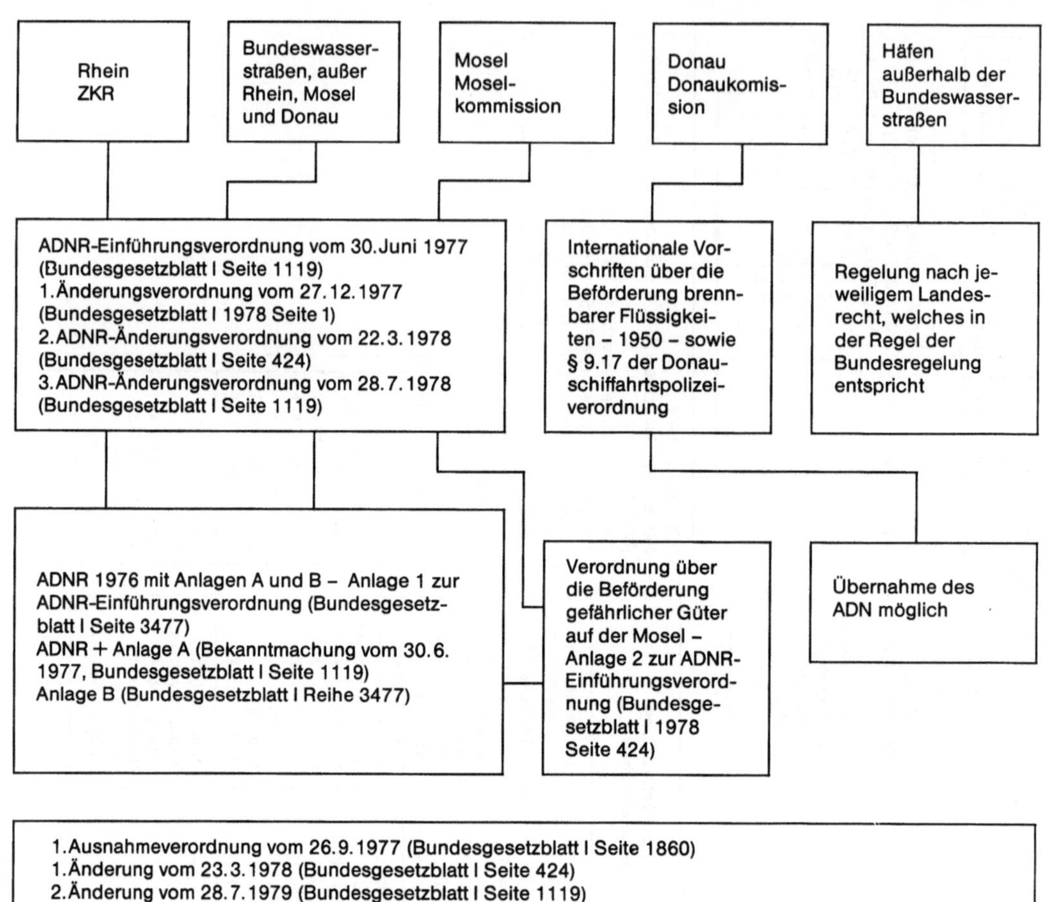

Abb. 31. Beförderung gefährlicher Güter im Binnenschiffsverkehr (gilt auch für Binnenschiffe auf Seeschiff-
fahrtsstraßen) *(21, 28)*

Neue Chemikalien und Verpackungen

Problematisch für die Industrie wird es immer,
wenn neue Chemikalien entwickelt werden, die
nicht assimiliert werden können oder in eine
sogenannte Nur-Klasse eingestuft werden müssen. Ein anderer Fall ist die Entwicklung noch
nicht geregelter Verpackungen. In diesem Rahmen entscheidet der Beirat aufgrund von Gutachten der Sachverständigen, ob eine Ausnahmegenehmigung gegeben und ob mit einem der
Vertragsstaaten eine zwischenstaatliche Vereinbarung getroffen werden kann. Diese Ausnahmegenehmigungen können dann auch die
Grundlage für die Einarbeitung in die entsprechenden nationalen oder internationalen Vorschriften werden. Abb. 32 soll eine Übersicht

geben, welche Möglichkeiten in diesem Rahmen für die einzelnen Beförderungsarten bestehen.
Im Rahmen der Beförderung gefährlicher Güter benutzt der Gesetzgeber für Kurzbezeich-
nungen der Verordnungen (wie Gefahrgutverordnung = GGV) und Richtlinien ein verein-
fachtes Codierungssystem:
Für die Verkehrsarten gibt es die folgenden
Kennbuchstaben:

Eisenbahnverkehr	*E*	(GGV*E*)
Straßenverkehr	*S*	(GGV*S*)
Binnenschiffsverkehr	*B*	(GGV*B*)
Seeschiffsverkehr	*See*	(GGV*See*),
	oder *M*	M = Maritime
Luftverkehr	L	(GGV*L*)

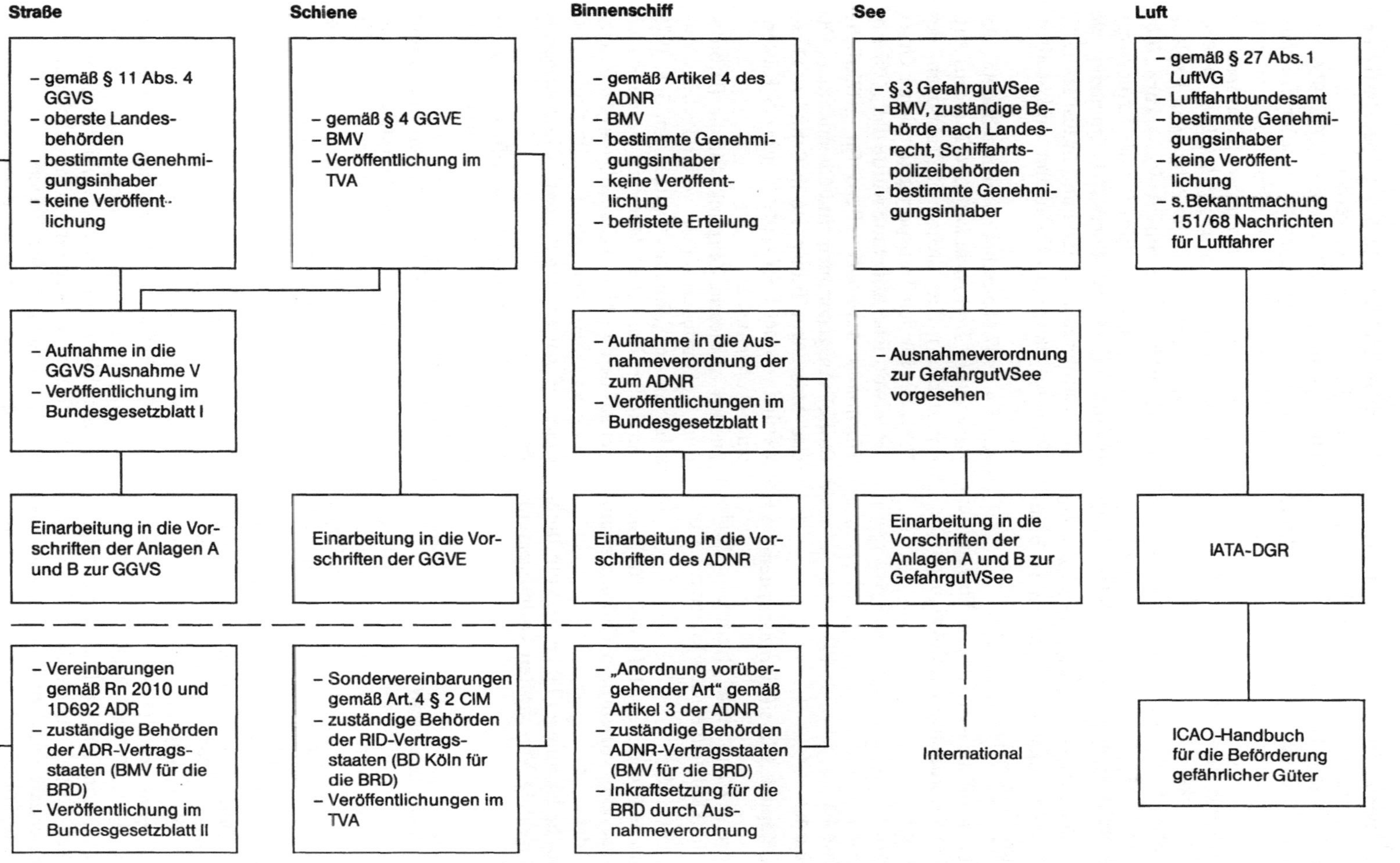

Abb. 32. Übersicht über Ausnahmen zu Verordnungen, die für die Beförderung gefährlicher Güter wichtig sind (21, 28)

Für Richtlinien allgemeiner Art wird der Kennbuchstabe R und für den technischen Sektor der Kennbuchstabe TR benutzt.

Für den Bereich der technischen Richtlinien (TR) verwendet man als Kennbuchstaben:

1. Kesselwagen   KW
2. Tankfahrzeuge   TF
3. Tankcontainer   TC
4. Positionen 1–3   T und
5. Kubische Tankcontainer   KTC

Will man einer derartigen Richtlinie (wie TR) spezielle Gefahrenklassen zuordnen, so bestehen Kennziffern, wie:

00 bezogen auf die Allgemeinen Vorschriften in den Verordnungen und Anhängen
10 Klasse 1
20 Klasse 2
30 Klasse 3
41 Klasse 4.1
42 Klasse 4.2

etc. (s. a. Kapitel „Klassifizierungssysteme").

Beispielsweise könnte eine „Technische Richtlinie für Tankfahrzeuge" den folgenden Code haben:

– Technische Richtlinie (TRTF 003) für Tankfahrzeuge, allg. Vorschriften, Ordnungsnummer 3 oder
– Technische Richtlinie (TRTF 301) für Tankfahrzeuge, allg. Vorschriften, Ordnungsnummer 3

b) USA, Kanada, Japan

Schon (5) 1866 wurde vom *US-Congreß* eine *„Vorschrift für die Verpackung und den Transport von Explosivstoffen"* (Statute pertaining to the packing of explosives for transportation) angenommen. Am 30.5. 1908 erweiterte man diese Regelung durch den *„Akt für Explosiv- und brennbare Stoffe"* (Explosives and Combustible Act). Dieser gab der *„Zwischenstaatlichen Handels-Kommission"* (Interstate Commerce Commission = ICC) das Recht, Vorschriften für den Transport von Explosiv- und anderen gefährlichen Stoffen zu Lande und auf dem Wasser zu erlassen und zu kontrollieren. Das war die Reaktion auf einige sehr schwere Transportunfälle mit Explosionsfolgen, wie der

Eisenbahnunfall am 11.5. 1905 bei Harrisburg, wo 20 Personen getötet werden.

Die regulative Arbeit wurde im Okt. 1906 dem von der *„Vereinigung amerikanischer Eisenbahnen"* (Association of American Railroads) gegründeten *„Büro für den sicheren Transport von Explosiv- und anderen gefährlichen Stoffen"* (Bureau for the Safe Transportation of Explosives and other Dangerous Articles), kurz *„Büro für Explosivstoffe"* (Bureau of Explosives), übertragen. Dieses „Bureau" bearbeitete viele Jahre erfolgreich für Staat und Industrie die Sicherheitsbelange des Eisenbahn- und Straßen-Verkehrs.

Am 1.4. 1967 übernahm das neu gebildete *„Department of Transportation" (DOT)* (Transportministerium) alle Sicherheitsfunktionen des ICC. Die für den Transport gefährlicher Güter verantwortliche Abteilung wurde das *„Office of Hazardous Materials"* (Büro für gefährliche Stoffe). Ausgenommen sind Chemikalien-, Öl- und Massengut-Transporte in Schiffen. Diese werden von der US-Coast-Guard (US-Küstenwache) überwacht.

Die bis zu diesem Zeitpunkt für die Beförderung gefährlicher Güter verbindlichen Vorschriften des „Bureaus" gingen am 3.1. 1975 durch den *Hazardous Materials Transportation Act* auf den *49. United States Code* (49. Gesetzbuch der USA) über. Der offizielle Titel lautet: *Code of federal regulations, 49, transportation.*

In der Welt sind diese Vorschriften durch die Anfangsbuchstaben des Departments als „DOT-Regulations" bekannt.

Da Kanada die DOT-Regulations auf Grund der Wirtschafts- und Verkehrsverflechtungen bis ungefähr 1980 als Orientierungshilfe für den grenzüberschreitenden Verkehr mitbenutzte, sind sie als ein Pendant zu den europäischen Verkehrsvereinbarungen anzusehen. Das ist aber nicht der alleinige Grund, diesen Vergleich zu ziehen.

Es darf nämlich nicht übersehen werden, daß zur Zeit der Einführung der Vorschriften von 1908 die USA aus 46 Bundesstaaten bestanden und damit gezwungen waren, ähnlich wie in Europa, über ein großes Gebiet mit unterschiedlichen Verwaltungen einheitliche Transportbestimmungen einzuführen.

Hier in Europa wie in Nordamerika war es erforderlich, sich mit speziellen und eigenständigen Problemen und Widerständen einzelner Staaten bzw. Bundesstaaten und der verschiedensten Wirtschaftssparten auseinanderzusetzen.

Schließlich ist es dem DOT gelungen, ein Vorschriftenwerk zu schaffen, daß einer Harmonisierung für alle Verkehrsarten sehr nahe kommt. In einer alphabetischen Stoffliste behandelt man den gesamten Transportkomplex der gefährlichen Güter, die Verpackungsregelungen, spezielle Anweisungen, Gefahrenkennzeichen etc. Weitere Spalten bringen einschlägige Bestimmungen für die einzelnen Verkehrsträger. Im Gegensatz zu den europäischen Vereinbarungen wird auch die Beförderung brennbarer Gase und Flüssigkeiten in Pipelines geregelt. Tabelle 27 bringt einen Ausschnitt des Inhaltsverzeichnisses dor DOT-Regulations und die Tabelle 28 einen über die alphabetisch geführte Gefahrgutliste.

Interessant ist die Entwicklung einer entsprechenden Verkehrsregelung in *Kanada (4)*. Dort hatten sich im Laufe der Jahrzehnte die Verkehrsträger für Transporte auf dem Wasser, der Schiene und in der Luft eigene Vorschriften entwickelt. Das war mit auf die Erschließung dieses gewaltigen Landes zurückzuführen: Um 1970 überprüften das kanadische Transportministerium (Department of Transport) und die einschlägigen Departments der Provinzen auch die Beförderung gefährlicher Güter für den Straßentransport. Zu diesem Zweck wurde 1973/74 ein *„Sekretariat"* gegründet. Dieses stellte die Notwenigkeit fest, nicht nur eine Vorschrift für den Straßenverkehr zu erlassen, sondern die bisherigen divergierenden Regelungen der verschiedenen Verkehrsträger und Provinzen zu harmonisieren.

Zur selben Zeit erfolgte in den USA die Regelung für alle Transportarten. Das war die notwenige Hilfe für das „Sekretariat". Kanada wurde Mitglied des „UN-Committee of Experts on the Transport of Dangerous Goods" und der entsprechenden Gremien der damaligen IMCO und der ICAO. Gleichzeitig erweiterte man das „Sekretariat" zu einem Dezernat (Transport Dangerous Goods Branch = TDG). Es hatte ein gesamtstaatliches Gesetz zu erarbeiten. Nach mehreren Jahren parlamentarischer Arbeit wurde es (*Transportation of Dangerous Goods Act* = Gesetz für den Transport gefährlicher Güter) am 1. 10. 1980 in Kraft ge-

Tabelle 27. Inhaltsverzeichnis der DOT-Regulations (Auszug)

Part	
101	Office of Transportation Security-Cargo security advisory standards

Subchapter B – Materials transportation bureau

106	Rulemaking procedures
107	Hazardous materials program procedures

Subchapter C – Hazardous materials regulations

110–170	[Reserved]
171	General information, regulations, and definitions
172	Hazardous materials table and hazardous materials communications regulations
173	Shippers-General requirements for shipments and packagings
174	Carriage by rail
175	Carriage by aircraft
176	Carriage by vessel
177	Carriage by public highway
178	Shipping container specifications
179	Specifications for tank cars

Subchapter D – Pipeline safety

Part	
191	Transportation of natural and other gas by pipeline; reports of leaks
192	Transportation of natural and other gas by pipeline; Minimum Federal Safety Standards
195	Transportation of liquids by pipeline
196–199	[Reserved]

setzt. Es ist das neueste Gesetz auf diesem Sektor in der Welt. Es basiert u. a. auf Regelungen der UNO und ihrer Organisationen und neben eigenen Entwicklungen auch auf europäischen und US-Transport-Vorschriften und führte zu einer für alle Verkehrsträger hervorragenden harmonisierten Vorschrift für Gefahrguttransporte. 1983 wurde das Dezernat in ein Direktorat umgebildet. Es besteht aus den drei Dezernaten für die Entwicklung von Verordnungen, für Operationen und Überwachung, für Auswertung und Analyse und einer Abteilung für Öffentlichkeitsarbeit.

Besoners vorbildlich sind die jährlich mehrmals erscheinenden Rundschreiben (Dangerous Goods-Newsletter) dieses Direktorats für Gefahrguttransporte des Verkehrsministers (Minister of Transport, Transportation Dangerous Goods Directorate). Sie berichten über einschlägige nationale und internationale Ent-

Tabelle 28. Gefahrgutliste der DOT-Regulations (Auszug)

(1) */ W/ A	(2) Hazardous materials descriptions and proper shipping names	(3) Hazard class	(4) Label(s) required (if not excepted)	(5) Packaging		(6) Maximum net quantity in one package		(7) Water shipmenis		
				(a) Exceptions	(b) Specific requirements	(a) Passenger carrying aircraft or railcar	(b) Cargo only aircraft	(a) Cargo vessel	(b) Passenger vessel	(c) Other requirements
	Calcium chlorite	Oxidizer	Oxidizer	None	173.160	Forbidden	100 pounds	1,2	1,2	Separate from ammonium compounds powdered materials, and cyanides
AW	Calcium cyanamide, not hydrated, containing more than 0,1% calcium carbide	ORM-C	None	None	173.945	25 pounds	200 pounds	1,2	1,2	Segregation same as for flammable solids labeled Dangerous When Wet
*	Calcium cyanide, solid *or* Calcium cyanide mixture, solid	Poison B	Poison	173.370		25 pounds	200 pounds	1,2	1,2	Slow away from corrosive liquids keep dry
*	Calcium hydrogen sulfite solution	Corrosive material	Corrosive	173.244	173.245	1 quart	5 gallons	1,2	1,2	
	Calcium hypochlorite mixture, *dry, (containing more than 39% available chlorine)*	Oxidizer	Oxidizer	173.153	173.217	50 pounds	100 pounds	1,2	1,2	Keep cool and dry
	Calcium, metal	Flammable solid	Flammable solid and Dangerous when wet	173.153	173.154	25 pounds	100 pounds	1,2	4	Keep cool and dry. Segregation same as for flammable solids labeled Dangerous When Wet
	Calcium, metal, crystalline	Flammable solid	Flammable solid and Dangerous when wet	None	173.231	Forbidden	25 pounds	1,2	5	Keep cool and dry. Segregation same as for flammable solids labeled Dangerous When Wet

Tabelle 29. CANUTEC[a]-Statistiken (März, April, Mai 1982)

Notfall-Anrufe			Vorbeugende-, weiterverfolgende und informative Anrufe	Alle Anrufe
Transport	Sonstige	Alle		
41	17	58	914	972
Straße 22 Schiene 13 See 3 Luft 3	(8 Produktionsbetriebe, 2 Lager, 2 Häuser, 3 öffentl. Besitz und 2 andere)			
Ab 1980: 329	205	534	6576	7110
J.-M. 82: 66	31	97	1343	1440
1981: 140	67	207	1569	1776
Klasse:		Notfälle:	Provinzen	Notfall-Anrufe
1 Explosivstoffe		0	Neufundland	2
2 Gase		10	Neuschottland	0
3 Brennbare Flüssigkeiten		13	Prinz-Edward-Inseln	0
4 Brennbare Feststoffe		4	Neu Braunschweig	4
5 Oxidat.-Stoffe/Peroxide		3	Quebec	5
6 Gifte		2	Ontario	15
7 radioakt. Stoffe		5	Saskatchewan	2
8 ätzende Stoffe		6	Manitoba	4
9 sonstige		2	Alberta	6
nicht eingest. Stoffe		31	British Columbia	8
			Nord West Territorien	0
			Yukon	0

[a] Canadian Transport Emergency Centre   12

wicklungen, wie Dokumentationen, Verpakkungen, Transportunfall-Informations-Systeme, Arbeitsgruppen-Berichte, Transportrouten für Gefahrgut, aktuelle Unfallstatistiken (s. Tabelle 29), Schulungen u. a. Die letzte Seite dieser Rundschreiben enthält einen codierten Brief für Anfragen oder Informationen an das Verkehrsministerium.

Schon (20) 1883 wurden in Japan die ersten Vorschriften für den Seetransport von Gefahrgut erlassen. 1934 überarbeitete man die Vorschriften im Rahmen der „International Convention for the Safety of Life at Sea" (Int. Convention für die Sicherheit von Leben auf See). Dieses wiederholte sich 1948, 1960, 1974 und 1980. 1982 stellte man die Vorschriften auf dem IMDG-Code (International Maritime Dangerous Goods Code) und die IAEA-Regulations (International Atomic Energy Agency), Ausgabe 1973, um.

Im japanischen Zivil-Luftverkehr durfte Gefahrgut ursprünglich nur mit behördlicher Erlaubnis befördert werden. 1953 wurden Vorschriften auf der Grundlage der 10. Ausgabe der IATA-Restricted Articles Regulations erlassen. 1978 erfolgte dann die Regelung des Transports radioaktiver Güter auf der Basis der IAEA-Regulations. Ab 1.1. 1984 werden die ICAO-Regulations verbindlich.

Im Landtransport bestehen seit 1950 Vorschriften für die Gefahrgut-Beförderung, die aber noch einer Harmonisierung mit den internationalen Vereinbarungen bedarf.

11.3 Internationale Organisationen, Behörden und Regelungen für die Beförderung gefährlicher Güter

Mit Ausnahme des ADNR, das vor 1984 nicht auf die Klasseneinteilung der UN-Recommendations „Transport of Dangerous Goods" umgestellt sein wird, nutzen alle Vereinbarungen und Vorschriften diese Klassifizierung für die

Einstufung gefährlicher Güter. Im Aufbau der Regelwerke bestehen allerdings Unterschiede. Das beginnt mit dem Aufsuchen eines Gefahrguts.

Die internationalen und nationalen Regelungen des europäischen Binnenverkehrs ordnen die gefährlichen Güter in „Nur-Klassen" und „Freie Klassen" ein (s. Abschnitt 11.4, Klassifizierungssysteme und Gefahrgutvorschriften); dabei werden sie auf Grund ihrer physikalischen und chemischen Eigenschaften bestimmten Ziffern der einzelnen Klassen zugeteilt. Dort ist dann auch der gesuchte gefährliche Stoff zu finden.

Anders arbeitet die alphabetische Stoffliste (s. Tabelle 28), die sich dem ungeübten Benutzer schneller erschließt und auf den ersten Blick bestimmte Kurzinformationen gibt. Im weltweiten Handel wird dieses System in den DOT-Regulations der USA, den kanadischen Transportvorschriften, den IATA-Dangerous Goods Regulations und in den ICAO-Regulations angewendet. Ein weiteres System benutzt der IMDG-Code, der neben allgemeinen, technischen und seemännischen Informationen aus einer alphabetisch geordneten, stoffspezifischen Blattsammlung besteht.

Die erste internationale Vereinbarung zur Beförderung gefährlicher Güter besteht sei 1890. In dieser regelten die Schweiz und Deutschland den Eisenbahntransport gefährlicher Güter. Daraus entstand das *RID* (Réglement international concernant le transport des marchandises dangereuses par chemins de fer/Internationale Ordnung für die Beförderung gefährlicher Güter mit der Eisenbahn), dem heute 32 weitgehend europäische Länder angehören; aber auch Staaten wie der Irak, Iran, Libanon, Marokko, Syrien und Tunesien haben sich angeschlossen (s. Abb. 33).

Diese Vereinbarung behandelt die Beförderung gefährlicher Güter inklusive Verpackung, Zusammenladung etc. Sie gilt für den grenzüberschreitenden und den Transit-Verkehr. Es ist die Anlage I zum *CIM* (*Convention International concernant le Transport des Marchandises par Chemin de Fer* = Internationales Übereinkommen über den Eisenbahnfrachtverkehr), dessen Bezeichnung ab 1984 *COTIF* lautet (*Convention Relative aux Transportes Internationaux Ferrovières* = Übereinkommen über den Internationalen Eisenbahnverkehr). Die

Verwaltung dieser Organisation ist beim *Zentralamt für den Internationalen Eisenbahnverkehr* (OCTI = Office Central Transportes Internationaux) in Bern.

Die letzte Fassung des RID ist vom 9.9. 1977 (BGBl. II S.778), zuletzt geändert durch die 4. RID-Änderungsverordnung vom 1.7. 1983. Auf der Basis des RID war die *Anlage C der deutschen Eisenbahnverkehrsordnung (EVO)* aufgebaut, die durch die *Verordnung über die Beförderung gefährlicher Güter mit der Eisenbahn* (Gefahrgutverordnung Eisenbahn = *GGVE*) ersetzt worden ist.

Für den grenzüberschreitenden und den Transitverkehr *auf der Straße* besteht ein Pendant zum RID, das *ADR* (Accord Européen Relatif Au Transport International Des Marchandises Dangereuses Par Route/Europäisches Übereinkommen über die internationale Beförderung gefährlicher Güter auf der Straße).

Bisher haben 21 Staaten das Abkommen ratifiziert. Es wurde von den in der UN-Wirtschaftskommission für Europa *(ECE = Economic Commission for Europe* oder *CCE = Commission Économique pour l'Europe)* in Genf vertretenen Ländern ausgearbeitet und beschlossen. Es besteht seit 30.9. 1957 und in der Neufassung der Verordnung vom 1.7. 1977, zuletzt geändert durch die 4. ADR-Änderungsverordnung vom 1.7. 1982 (BGBl. II S.665). Zusatzverordnungen zum ADR sind:

Verordnung über die Ahndung von Zuwiderhandlungen gegen die Vorschriften der Anlagen A und B zum Europäischen Übereinkommen über die internationale Beförderung gefährlicher Güter auf der Straße (ADR-Bußgeldverordnung) vom 7. Mai 1979, BGBl. I S.524.

14. Verordnung über Ausnahmen von den Vorschriften der Anlagen A und B zu dem Europäischen Übereinkommen über die internationale Beförderung gefährlicher Güter auf der Straße (14. Ausnahmeverordnung zum ADR vom 16. Juni 1982 BGBl. II S.581).

Auf der Basis des ADR ist in der Bundesrepublik Deutschland die *Verordnung über die Beförderung gefährlicher Güter auf der Straße* (Gefahrgutverordnung Straße – GGVS vom 23. August 1979; BGBl. I S.1509) erlassen worden. Zur Zeit gilt die *4. Verordnung über Ausnahmen von der Verordnung über die Beförde-*

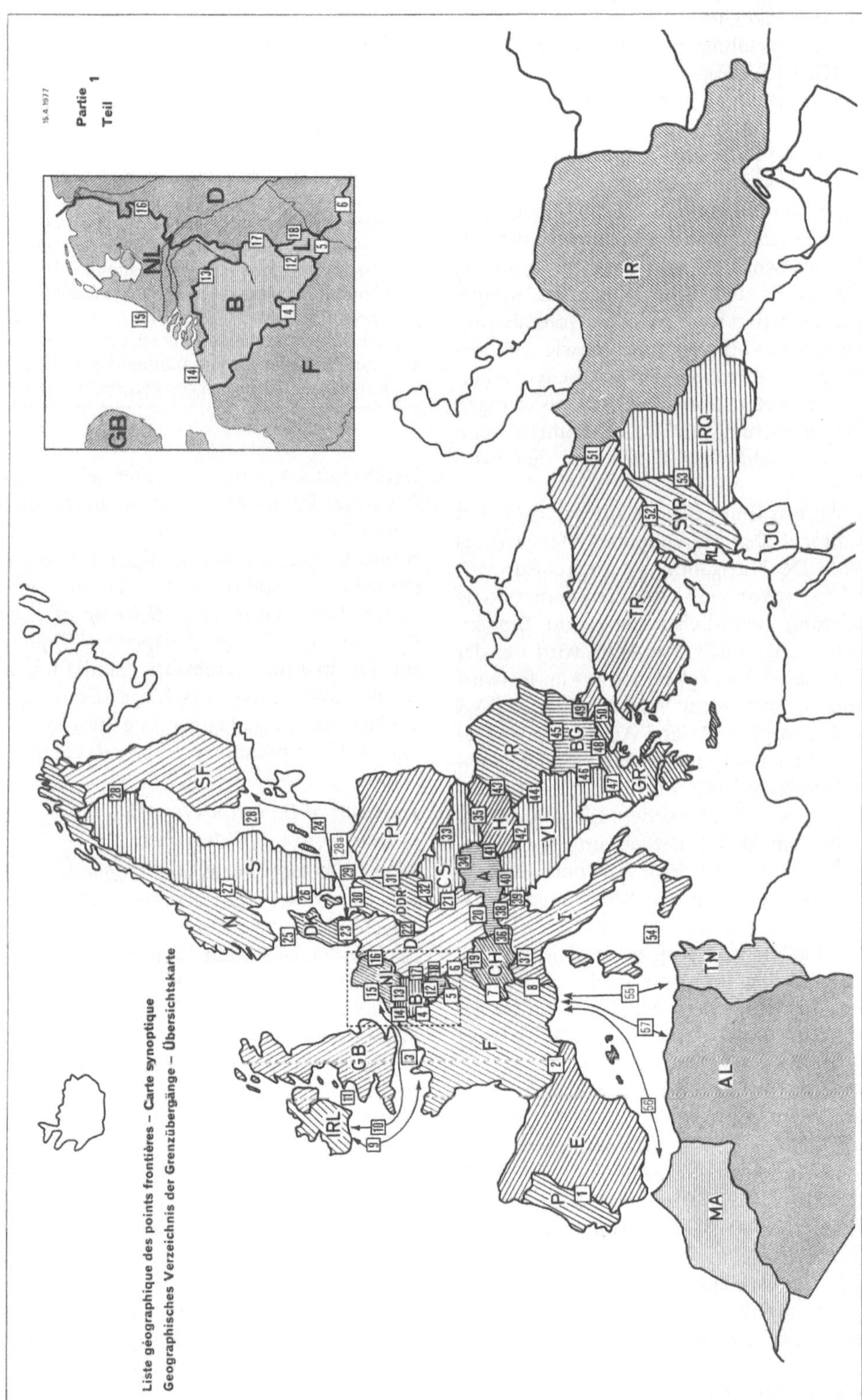

Abb. 33. Geographisches Verzeichnis der Grenzübergänge

rung gefährlicher Güter auf der Straße (Straßen-Gefahrgut-Ausnahmeverordnung) vom 24.2. 1982 (BGBl. I S. 203).

Zur Neubearbeitung versucht man, im Zuge europäischer Harmonisierungsbestrebungen das ADR und RID noch mehr zu vereinheitlichen. Da die gefährlichen Güter auf Grund ihrer Eigenschaften von beiden Verkehrsträgern gleich zu behandeln sind, können auch die Verpackungsvorschriften, die Vorschriften für die Gefäße, die Zusammenpackungen etc. weitgehend harmonisiert werden. Diese Vereinbarungen werden sowohl der Industrie wie den Verkehrsträgern ein rationelleres Arbeiten erlauben. Nicht zuletzt sollen die Harmonisierungen eine Verminderung der Unfallgefahren beim Transport gefährlicher Güter mit sich bringen.

ADN (Accord Européen Relatif Au Transport International Des Marchandises Dangereuses Par Voie De Navigation Interieure/Europäisches Übereinkommen über die internationale Beförderung gefährlicher Güter auf Binnenwasserstraßen): Auch das ADN wird bei der ECE erarbeitet. Es liegt bisher nur im Entwurf vor und ist noch nicht verabschiedet. *ADNR* (Accord Européen Relatif Au Transport Des Marchandises Dangereuses Par Voie De Navigation Interieure Rhin/Europäisches Übereinkommen über die Beförderung gefährlicher Güter auf dem Rhein): Dieses Vertragswerk beschäftigt sich nur mit dem Transport auf dem Rhein und wurde von den Rheinanliegerstaaten, die in der „Zentralen Rheinschiffahrtskommission" in Straßburg zusammengeschlossen sind, für den Transport gefährlicher Güter auf dem Rhein aus dem ADN-Entwurf umgearbeitet. Es ist seit dem 1.12. 1971 in Kraft (BGBl. I, Nr. 119).

Zur Zeit ist die Fassung der ADNR-Einführungsverordnung vom 30.6. 1977 (BGBl. I S. 1119) gültig, zuletzt geändert durch die 5. ADNR-Änderungs-Verordnung vom 26.3. 1982 (BGBl. I S. 3907) und die 2. Ausnahme-Verordnung zum ADNR vom 26.3. 1982 (BGBl. I S. 394).

Auch die *UNO* (United Nations Organisation) befaßt sich seit 1945 mit dem Problem einer sicheren weltweiten Beförderung von gefährlichen Gütern. Die dafür zuständige Dachorganisation ist der *Wirtschafts- und Sozialrat = ECOSOC* (Economic and Social Council). Die

Tabelle 30. Transport of Dangerous Goods (Ausgabe 1981, Inhaltsverzeichnis)

1. Scope of the recommendations
2. List of dangerous goods most commonly carried
3. Special provisions relating to individual substances and articles
4. Special recommendations relating to class 1
5. Special recommendations relating to class 3
6. Special recommendations relating to class 6
7. Special recommendations relating to class 7
8. Special recommendations relating to class 8
9. General recommendations on packing
10. Special recommendations on packing for class 1
11. Special recommendations relating to division 5.2
12. Recommendations on multimodal tank transport
13. Recommendations on consignment procedures

Gefahrguttransporte bearbeitet seit Ende der fünfziger Jahre ihre Unterorganisation, das *Committee of Experts on the Transport of Dangerous Goods* (Sachverständigengruppe für die Beförderung gefährlicher Güter). Ihre zwei Experten-Arbeitsgruppen *(UN-Group of Rapporteurs* und *UN-Group of Experts of Explosives)* entwickelten und verbessern ständig mit Hilfe eigener und durch Vorschläge der Mitgliedsländer und einschlägiger Organisationen die sog. UN-Empfehlungen (UN-Recommendations):

Transport of Dangerous Goods
= Transport gefährlicher Güter,

deren Inhaltsübersicht aus Tabelle 30 zu ersehen ist. Diese UN-Recommendations sollen wissenschaftliche, technische und administrative Grundlagen für alle Verkehrsträger (all modes of transport) sein. Da die Reglements für die Verkehrsträger historisch gewachsen sind, wird es noch Jahre dauern, bis eine allgemeinverbindliche weltweite Harmonisierung erreicht ist.

Der Organisationsplan der UNO für die Beförderung gefährlicher Güter (Abb. 34) stellt die Zusammenhänge zwischen ECOSOC und den Tochter- bzw. assoziierten Organisationen dar.

Parallel zum RID haben „zur Regelung des direkten internationalen Eisenbahn-Güterverkehrs" die zuständigen Ministerien für Eisenbahnen der Volksrepubliken Albanien, Bulgarien, Ungarn, China, Mongolei, Polen, der Demokratischen Republik Vietnam, der DDR, der Koreanischen Volksdemokratischen Repu-

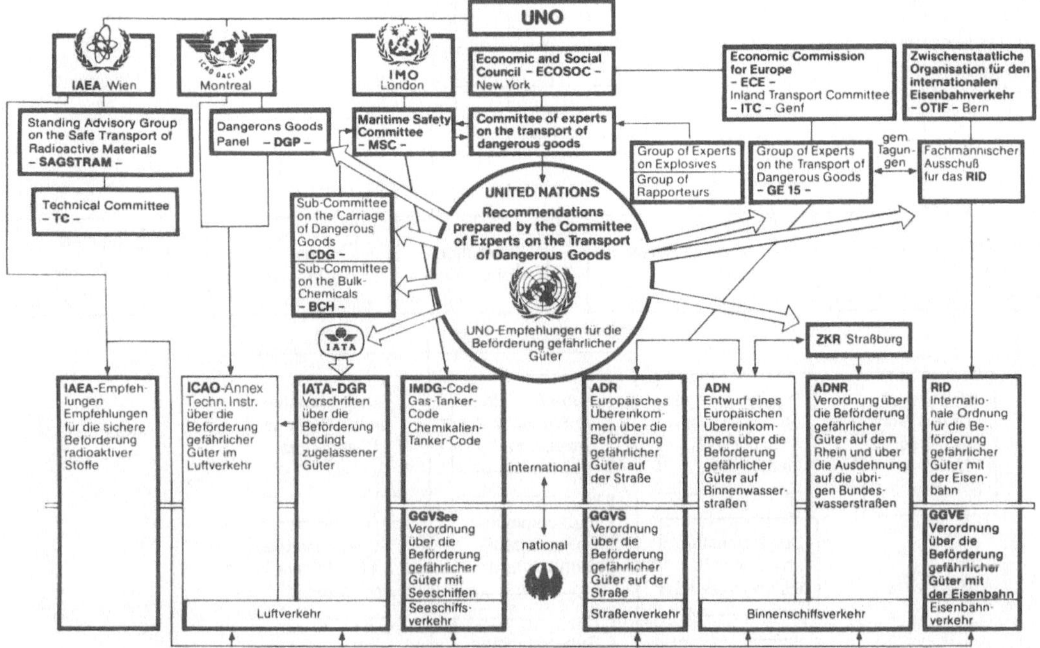

Abb. 34. Beförderung gefährlicher Güter; Organisationen und Vorschriften (Aus K. Ridder *(28)* Gefahrguthandbuch. ecomed verlagsgesellschaft, Landsberg/Lech)

blik, der sozialistischen Republik Rumänien, der UdSSR und der CSSR ein Abkommen über den Internationalen Eisenbahn-Güter-Verkehr geschlossen":

SMGS (*S*oglaschenije *M*aschdunarodnoje *G*rusowoje *S*cobschtschenije/Abkommen über den internationalen Eisenbahn-Güterverkehr)

All diese internationalen Verkehrsvereinbarungen für die Beförderung gefährlicher Güter im Eisenbahn-, Straßen- und Binnenschiffs-Verkehr im Bereich Europas und angrenzender Gebiete, wie Asien und Nordafrika, haben für ihr Klassifizierungssystem, ihre Verpackungs- und Transport-Regelungen etc. im RID die Grundlage.

Ganz anders war die Entwicklung der Vorschriften für den See- und Luft-Transport und für die Beförderung radioaktiver Stoffe. Die für diese Arbeit verantwortlichen Institutionen entstanden nach 1945 als Tochterorganisationen der UNO.

Für die Seefahrt wollte man 1914 eine Organisation gründen, weil beim Untergang der „Tita-

nic" nach Kollision mit einem Eisberg über 1 600 Menschen umkamen. Erst 1948 wurde durch den Einfluß der UNO die

Inter-Governmental Maritime Consultative Organisation (IMCO)

gegründet, die durch einen Beschluß von 1980 seit 1982 folgenden Namen führt:

International Maritime Organisation (IMO)

Die IMO hat ihren Sitz in London. Ihre Aufgabe ist, die Sicherheit auf See zu erhöhen und für saubere Meere zu sorgen („Safer shipping and cleaner ocean"). Abb. 35 zeigt den Organisationsplan der IMO. 1960 hat diese Organisation in der *Konferenz zum Schutze des menschlichen Lebens auf See (SOLAS* = International Convention for the Safety of Life at Sea) die Empfehlung 56 verabschiedet, die sich mit der Beförderung gefährlicher Güter befaßt. Danach sollten weltweit einheitliche Kriterien für Klassifizierung, Stoffliste, Verpackung, Gefahrkennzeichnung, Stauung, Zusammenladeverbot, Verladepapiere etc. erarbeitet werden. Den damaligen IMCO-Code und jetzigen

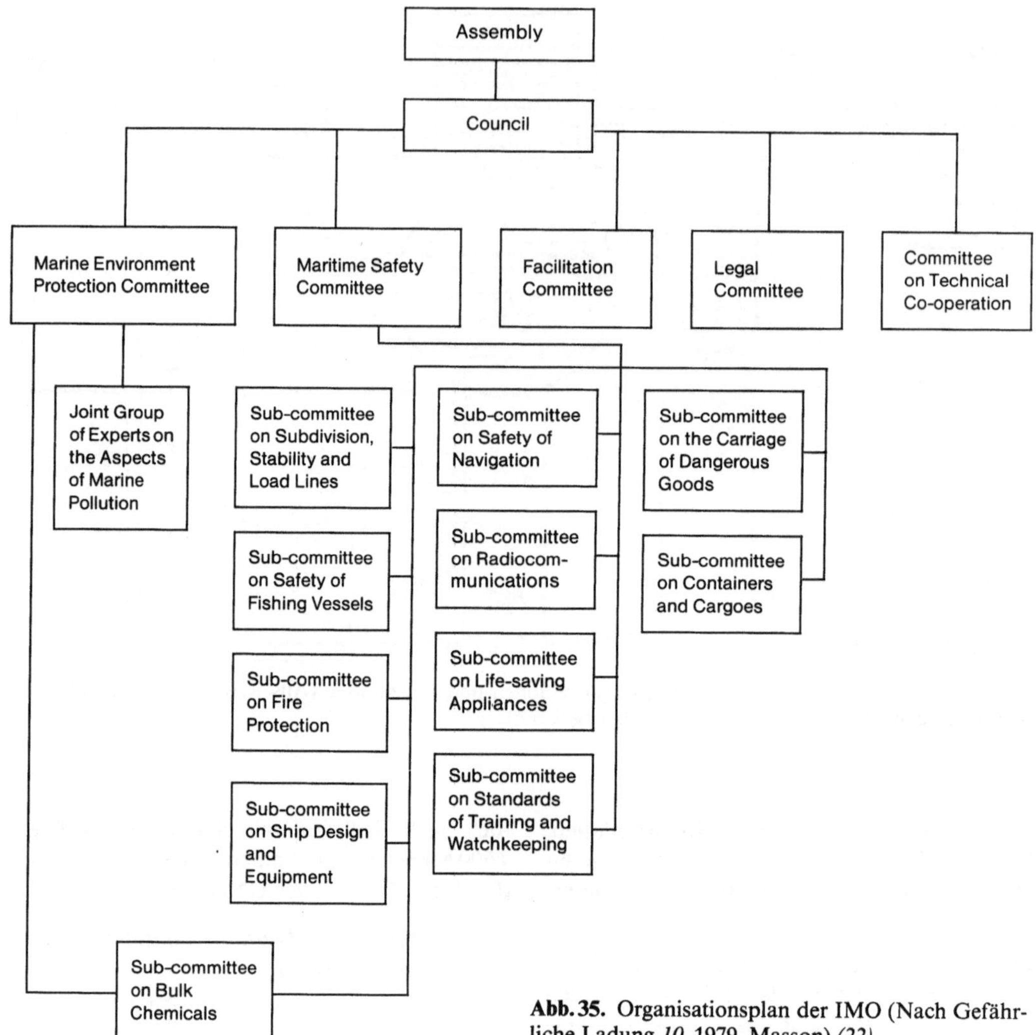

Abb. 35. Organisationsplan der IMO (Nach Gefährliche Ladung *10,* 1979, Masson) *(22)*

IMDG-Code (International Maritime Dangerous Goods-Code) haben 39 Staaten ratifiziert oder rechtsverbindlich in Kraft gesetzt.

Mit der Atomenergie entstand auch der Zwang zum kontrollierten Umgang und das Transportproblem. Die UNO versuchte den Gesamtkomplex, auch wegen seiner politischen Natur, zu harmonisieren. Die internationale Aufsicht über die Atomforschung und die Herstellung von Atomwaffen (Atomkontrolle) ging 1952 vom Atomenergie-Ausschuß der UNO auf den damaligen allgemeinen Abrüstungsausschuß über.

Für die friedliche Nutzung der Atomenergie wurde am 23.10. 1956 in New York von 82 Staaten das Statut der UN-Organisation, der

International Atomic Energy Agency (IAEA) = Internationale Atomenergie-Behörde

unterzeichnet. Es ist seit dem 29.7. 1957 in Kraft. Ihr gehören 112 Staaten an. Seit dem 1.10. 1957 ist ihr Sitz in Wien.

Die Gefährlichkeit dieser Materie machte es erforderlich, haltbare Verpackungen und einen speziellen Beförderungsmodus zu schaffen. Nach den Empfehlungen der IAEA über den sicheren Transport radioaktiver Stoffe von 1961 und weiterer revidierter Empfehlungen von 1964 und 1967 kam man in der „safety series No. 6" zu den Richtlinien von 1973, im Sept. 1972 vom Board of Governors (Rat) genehmigt, den

Tabelle 31. Entwicklung des Welt-Luftverkehrs (*32*)

Statistics in terms of kilometres and metric tonne-kilometres

Year	Passengers carried	Freight tonnes carried	Passenger-kilometres performed	Seat-kilometres available	Passenger load factor	Tonne-kilometres performed		
						Freight	Mail	Total (Passengers + baggage, freight, mail)
	Millions				%	Millions		
1971	411	6.7	494 000	914 000	54	13 230	2 900	60 470
1972	450	7.3	560 000	981 000	57	15 020	2 780	68 170
1973	489	8.2	618 000	1 073 000	58	17 530	2 880	75 780
1974	515	8.7	656 000	1 108 000	59	19 020	2 880	80 700
1975	534	8.7	697 000	1 179 000	59	19 370	2 900	84 780
1976	576	9.3	762 000	1 268 000	60	21 450	3 030	93 050
1977	610	10.3	818 000	1 346 000	61	23 620	3 180	100 400
1978	679	10.6	936 000	1 451 000	65	25 940	3 270	113 540
1979	735	10.8	1 048 000	1 590 000	66	28 050	3 430	125 800
1980*	745	11.2	1 070 000	1 690 000	63	29 100	3 700	129 000

Regulations for the Safe Transport of Radioactive Materials 1973 Revised Edition (As Amended) = Vorschriften über den sicheren Transport radioaktiver Materialien, 1973 revidierte Ausgabe (berichtigt).

Heute ist die überarbeitete Ausgabe von 1977 in Kraft. Sie wurde 1980/82 überarbeitet. Eine revidierte Ausgabe soll bis 1984 herausgegeben werden.

Schon 1966 transportierten allein Passagierflugzeuge weltweit in ihren Laderäumen über 5 000 Millionen Tonnen-km Luftfracht. Der kontinuierliche Aufschwung dieses speziellen Beförderungssystems, an dem weit über 100 Luftverkehrsgesellschaften teilnehmen, beschäftigte die Beteiligten schon in den Jahren nach dem ersten Weltkrieg.

Am 12.10. 1929 wurde in Warschau ein Abkommen unterzeichnet, das am 13.2. 1933 als sog. „Warschauer Konvention" in Kraft trat. 84 Länder haben bis 1966 diesen Vertrag ratifiziert. Er regelt die Haftung der Luftverkehrsgesellschaften gegenüber Absender und Empfänger. Die Konvention hat den Titel *„Abkommen über die Zusammenfassung bestimmter Regeln in Verbindung mit dem internationalen Lufttransport"* (Convention for the Unification of Certain Rules relating to International Carriage by Air). Im „Haager Protokoll" wurde die „Warschauer Konvention" überarbeitet und

auf einen modernen Stand gebracht (1.8. 1963). Die Konvention ist die Basis für die Vertragsbedingungen jeder Flugreise inclusive Versicherung für Fluggast und Gepäck und wird auf jedem Flugticket abgedruckt.

Die Konvention konnte nicht alle Aspekte des Luftverkehrs regeln. Mit der Ausweitung der Routen und des Transportvolumens (s. Tabelle 31), aber auch mit der Steigerung der Flugzeuggeschwindigkeiten, stiegen die Sicherheitsbedürfnisse. So kam es 1944 in Chicago zu einer internationalen Zivil-Luftfahrt-Konferenz, an der 52 Staaten teilnahmen.

In der 96 Artikel umfassenden „Convention on International Civil Aviation" vom 7.12. 1944 wurden Rechte und Einschränkungen der vertragschließenden Staaten festgelegt. Die Konvention beschäftigt sich mit internationalen Normen (Standards) und Empfehlungen für die Sicherheit im Luftverkehr, wie gemeinsame internationale Luft-Navigation, Flugzeugentwicklung und -Bedienung, Flugplatzbau und -Einrichtungen, Verhinderung ökonomischer Verschwendung durch vernünftigen Wettbewerb, Piloten-Training und -Lizenzen etc.

Während der Konferenz entwickelte man die sog. „fünf Freiheiten im Luftverkehr" (The five Freedoms of the Air):

1. Das Recht eines Staates, seine Zivil-Flugzeuge über dem Territorium eines anderen ohne Landung fliegen zu lassen;

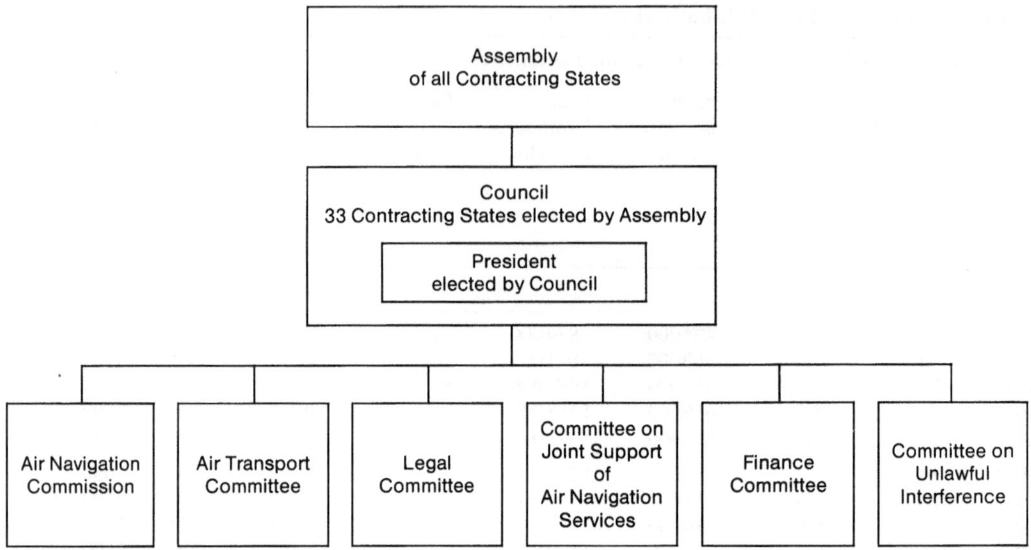

Abb. 36. Organisation der ICAO *(32)*

2. Das Recht eines Staates, seine Zivil-Flugzeuge auch ohne Luftverkehrsabsicht in einem anderen Staat landen zu lassen;
3. Das Recht eines Staates, auf dem Territorium eines anderen Staates Flugpassagiere, Luftpost und Luftfracht zu landen, die in einem anderen Staat aufgenommen wurden;
4. Das Recht eines Staates, in einem anderen Staat Flugpassagiere, Luftpost und Luftfracht mit dem Ziel des eigenen Staates aufzunehmen;
5. Das Recht eines Staates, Flugpassagiere, Luftfracht und Luftpost mit dem Ziel eines dritten Staates aufzunehmen und das Vorrecht Flugpassagiere, Luftpost und Luftfracht aus solch einem Territorium dort zu landen.

Ähnlich wie bei der IMCO gründete die UNO am 4.4. 1947 eine Tochterorganisation für den Luftverkehr, die *„Internationale Zivil-Luft-fahrts-Organisation"* mit Sitz in Montreal *(32)*.
Die offizielle Bezeichnung ist

ICAO
= International Civil Aviation Organisation
(Organisationsplan s. Abb. 36).

Die ICAO hat die Aufgaben und Regelungen der „Chicagoer Konvention" übernommen und ausgebaut. Jede Richtlinie ist in einem sog. Annex festgelegt und muß von den 146 Mitgliedsstaaten in Mehrheit ratifiziert werden. Bis 1980 gab es 17 Anneces.
Die Anneces (Anlagen) zu der ICAO-Konven-

tion für den Internationalen Zivil-Luft-Verkehr haben folgende Titel und Inhalte:

1. *Persönliche Lizenzen:* Lizenzen für das Flugpersonal, Fluglotsen und Flugzeug-Instandhaltungs-Personal.
2. *Luftfahrt-Vorschriften:* Vorschriften, die die Flugzeugführung im Sicht- und Instrumenten-Flug betreffen.
3. *Meteorologischer Dienst für die Internationale Flug-Navigation:* Bestimmungen über die meteorologischen Dienste für die internationale Flug-Navigation und über die Berichterstattung meteorologischer Beobachtungen vom Flugzeug aus.
4. *Luftfahrt-Karten:* Luftfahrkarten für den internationalen Luftverkehr.
5. *Einheitliches Maß-System für die Luft-Boden-Verständigung:* Maß-Systeme für Dimensionen, die bei der Luft-Boden-Verständigung einzusetzen sind.
6. *Luftfahrt-Betrieb, Teil I – Kommerzieller Lufttransport. Teil II – Internationale allgemeine Luftfahrt:* Richtlinien für einen weltweiten gleichen Betrieb mit einem Sicherheitsniveau, das über einem vorgeschriebenen Minimum liegt.
7. *Nationalitäts- und Registrier-Zeichen für Flugzeuge:* Anforderungen für die Registrierung und die Identifizierung eines Flugzeugs.
8. *Lufttüchtigkeit für Flugzeuge:* Inspektion und Zertifikation eines Flugzeugs in Übereinstimmung mit einem einheitlichen Prüfverfahren.
9. *Erleichterungen:* Erleichterungen beim Zoll, Gesundheitsdienst und anderen Formalitäten für Passagiere, Besatzung, Fracht und Post.
10. *Luftfahrt-Fernverständigung:* Standardisierung

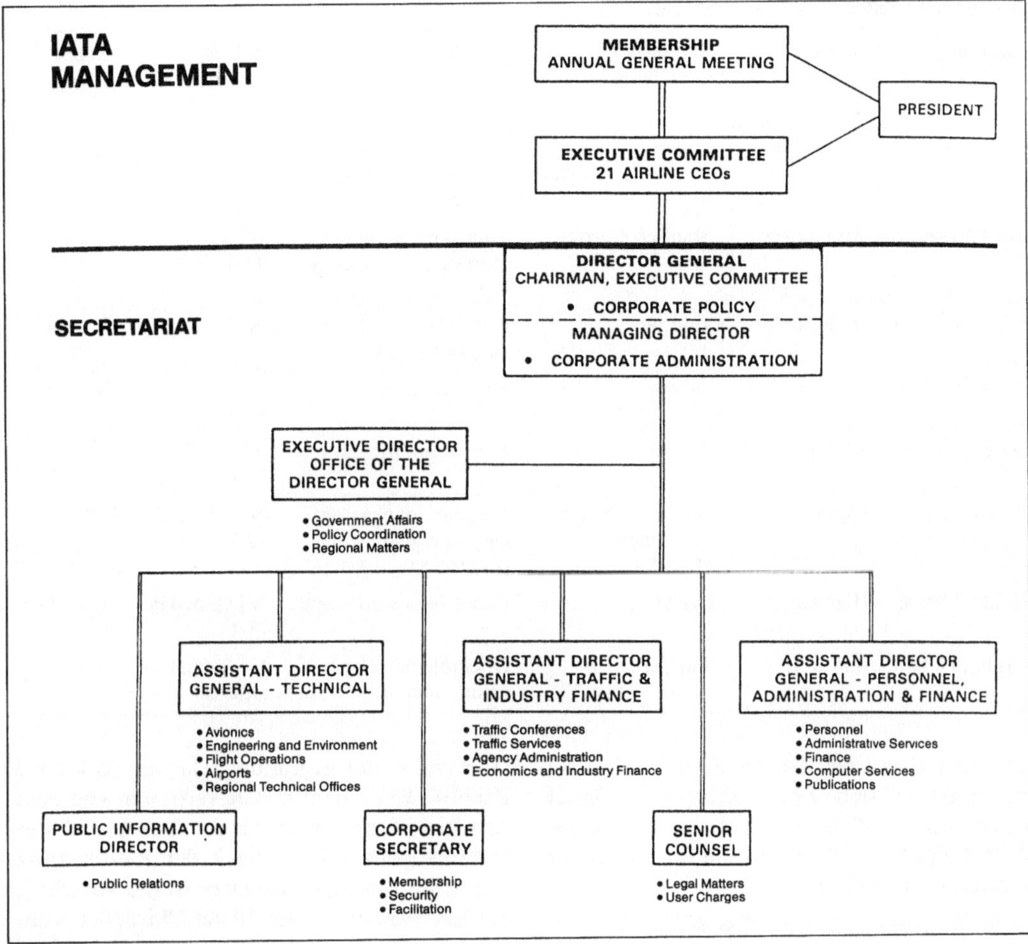

Abb. 37. IATA-Management *(19)*

der Verständigungs-Einrichtungen und -Systeme (Band I) und der Verständigungs-Verfahren (Band II).

11. *Luftverkehrs-Dienste:* Einrichtungen und Betrieb der Luft-Verkehrslenkung, der Fluginformation und der Alarmeinrichtungen.

12. *Such- und Rettungs-Dienste:* Organisation und Betriebseinrichtungen und -Dienste für Such- und Rettungsaktionen.

13. *Untersuchung von Flugzeug-Unglücken:* Gleichmäßigkeit in der Meldung, Untersuchung und Berichterstattung über Flugzeugunglücke.

14. *Flughäfen:* Richtlinien für Planung und Einrichtung von Flughäfen.

15. *Luftfahrt-Informationsdienste:* Methoden für die Sammlung und Verbreitung von Luftfahrt-Informationen, die für den Flugbetrieb angefordert werden.

16. *Flugzeuglärm:* Richtlinien für Fluglärm-Zertifikate, Lärm-Überwachung und Geräuschpegel-Einheiten für Start und Landung.

17. *Sicherheit:* Richtlinien für den Schutz des internationalen Luftverkehrs gegen ungesetzliche Eingriffe.

Die Luftverkehrsgesellschaften gründeten, beinahe parallel zur ICAO, im Jahre 1945 die *IATA (19) (International Air Transport Association* = Internationale Luft-Transport-Vereinigung). Wie die ICAO nahm auch sie die Einladung Kanadas für den Verwaltungssitz an und ließ sich im Dezember 1945 in Montreal nieder. Im Jahre 1982 waren 123 Fluggesellschaften aktive (active) und 20 außerordentliche Mitglieder (associate members) (IATA-Organisationsplan s. Abb. 37).

Zur Beförderung gefährlicher Güter bildete sich 1950 ein Ausschuß, der Vorschriften über den Transport nur bedingt zugelassener Güter (restricted articles) entwickeln sollte. Es war

Tabelle 32. Unfälle mit gefährlichen Gütern (5)

Location	Mode	Parties not complying	Problem area	NTSB report reference	Report date
Boston, Ma.	Air Carrier	Shipper/Carrier Forwarder-Packer	Packaging; labeling documentation; quantity limit	NTSB-AAR 74-16	12/3/74
N.Y. to Houston	Air Carrier	Shipper/Carrier	Package maintenance stowage; documentation	NTSB-AAS 72-4	4/26/72
Wenatchee, Wa.	Rail Carrier	Shipper	Special permit terms; car inspection	NTSB-RAR	2/2/76
Lynchburg, Va.	Highway	Driver	Routing; licensing	NTSB-HAR 73-3	5/5/76
Eagle Pass, Tex.	Highway	Carrier	Driver qualification	NTSB-HAR 76-4	5/5/76
Gretna, Fla.	Highway	Shipper/Carrier Container Manufacturer	Package; packaging; cargo tiedown; placarding	NTSB-HAR 72-3	6/1/72
Houston, Texas	Highway	Driver	Excessive speed – State	NTSB-HAR 77-1	5/24/77
Buffalo, N.Y.	Air Taxi	Shipper	Documentation; packaging; labeling	No formal report	

der *IATA Restricted Articles Board*. Seit 1982 bezeichnet er sich *IATA Dangerous Goods Board*. Am 1.1. 1956 konnte die 1. Ausgabe der IATA-Beförderungsvorschriften für Gefahrgut veröffentlicht werden:

IATA Restricted Articles Regulations (IATA-RAR).

24 Staaten hatten diese Vorschriften für ihren Hoheitsbereich anerkannt oder wendeten sie an. In weiteren 37 Ländern arbeitete man mit ihnen als Empfehlung. In der Bundesrepublik Deutschland wurden die IATA-RAR durch das Luftfahrtgesetz (§ 27 Abs. 1d LuftVG) von Ausgabe zu Ausgabe als obligatorisch anerkannt.

Leider kam es immer wieder zu Verstößen gegen diese oder andere nationale Vorschriften (z. B. DOT-Regulations). Das ist im Luftverkehr darum so gefährlich, weil man im Ernstfall nicht aussteigen kann. Als es in Boston zum Totalverlust eines Flugzeuges kam (s. Tabelle 32), beschloß die ICAO, eigene Vorschriften zu erarbeiten, und sie wie die anderen 17 Anneces als Annex 18 den Mitgliedsstaaten verbindlich zur Ratifizierung zu unterbreiten. 1976 wurde von der ICAO ein Arbeitskreis für gefährliche Güter gegründet (Dangerous Goods Panel = DGP), dem neben Vertretern von acht Ländern Repräsentanten der IATA und der IFALPA[1] angehören. Nach der Ratifizierung durch die 146 Signatarstaaten ist die Vorschrift am 1.7. 1980 als Annex 18 zur Chicagoer Konvention angenommen worden. Sein Titel lautet: „Safe Transport of Dangerous Goods by Air".

---

1 Die *IFALPA = International Federation Air Line Pilots Associations* ist die „Internationale Vereinigung der Pilotenverbände". Die Gründung erfolgte durch britische und amerikanische Pilotengruppen im April 1948 in London; dabei schlossen sich 13 Pilotenverbände zusammen. In Londen ist auch heute noch der Sitz und das Technische Sekretariat der Vereinigung. Die IFALPA hat nun 62 Mitgliedsverbände und repräsentiert mehr als 65 000 Piloten. Sie hat auch einen ständigen Vertreter bei der ICAO, um an deren Arbeit zu partizipieren bzw. um auch Einfluß zu nehmen. Bei der IFALPA bestehen folgende Arbeitsgruppen: Flugzeug-Unfall-Analysen/Accident Analysis (*AA*); Flugplatz Bodenhilfe/Aerodrome Ground Aids (*AGA*); Luftverkehrsdienste (Luftverkehrskontrolle, Verständigung, Meteorologie)/Air Traffic Services (Air Traffic Control, Meteorol.) (*ATS*); Lufttüchtigkeit/Airworthiness (*AIR*); Luftfahrtindu-

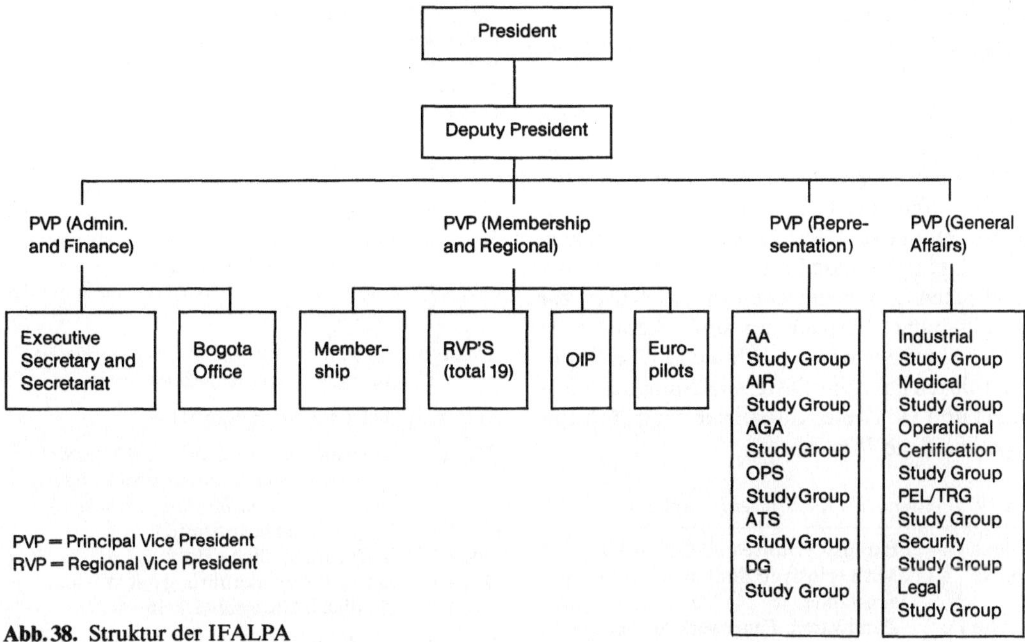

Abb. 38. Struktur der IFALPA

Dieser Annex regelt die Grundsätze. Er ist die Basis für die entsprechende Deutsche Verordnung, der *„Gefahrgut Verordnung Luft"* = *GGVL*.

Eine Art Anwendungsvorschrift oder Amendment zum Annex 18 bzw. zur GGVL sind die *„Technical Instructions for the Safe Transport of Dangerous Goods by Air"*. Sie sollen als „Technische Instruktionen für den sicheren Lufttransport von gefährlichen Gütern" ohne gesetzlichen Aufwand in Abständen von 2 Jahren nach Revisionen ohne parlamentarischen Arbeitsgang ergänzungsfähig sein. Sie sind das amtliche Arbeitspapier für den Verwender (Produzenten, Speditionen, Flughäfen, Fluggesellschaften u. a.). Die Ausgabe 1982 soll ab 1. 1. 1983 wie die auf die ICAO-Philosophie modifizierten IATA-Dangerous Goods Regulations (24. Ausg.) als verbindliche Vorschrift

behandelt werden. Ab 1.1. 1984 ist dann die Ausgabe 1983 der ICAO für die 146 Signatarstaaten alleingültig.

11.4 Klassifizierungssysteme und Gefahrgutvorschriften

a) UN-Recommendations

Die *UN-Recommendations „Transport of Dangerous Goods"* sind nunmehr weltweit die Basis für die Klassifizierung der gefährlichen Transportgüter. Bei der Erstellung der ersten nationalen und internationalen Regelungen kamen die Behörden zu Erkenntnissen und Vorschriften, deren Philosophie auch maßgebend für die Entwicklung der ersten UN-Recommendations wurde. Am Ende des 19. Jahrhunderts klassifizierte man die gefährlichen Güter entsprechend dem Stand der Technik, des Transportbedarfs und der Verkehrsträger (Eisenbahn, Binnenschiffahrt) wie folgt:

Klasse I	Explosible Stoffe
Klasse II	Selbstentzündliche Stoffe
Klasse III	Entzündbare Stoffe
Klasse IV	Giftige Stoffe

---

strie/Industrial (*IND*); Luftfahrgesetze/Legal (*LEG*); Luftfahrtmedizin/Medical (*MED*); Luftfahrt-Zertifikation/Operational Certification (*OC*); Luftfahrtbetrieb/Operations (*OPS*); Personal Licensing, Training/Persönliche Lizenzen, Schulung (*PEL/TRG*); Luftfahrtsicherheit/Security (*SEC*). Die Organisation der IFALPA und die Zuordnung dieser Arbeitsgruppen ist aus der Abb. 38 zu ersehen.

Klasse V   Ätzende Stoffe
Klasse IV   Ekelerregende oder ansteckungsge-
            fährliche Stoffe

Gesammelte Erfahrungen zwangen recht bald
dazu, die Klassen detaillierter zu gestalten. So
kam es bei unerwarteten Zündungen von Explosivstoffen oder Gas-Luft-Gemischen zu Explosionen mit zum Teil katastrophalen Folgen.
Die Güter der Klasse I mußten nach ihren physikalischen und chemischen Eigenschaften zur
Handhabung, Verpackung und Beförderung
weiter unterteilt werden. Ähnliche Überlegungen führten auch zur Differenzierung der Klassen II und IV. Diese Klassifizierung galt in Europa bis in die 70er Jahre:

Bis 1975 verwendetes Klassifizierungssystem

Klasse I a	Explosive Stoffe und Gegenstände
Klasse I b	Mit explosiven Stoffen geladene Ge- genstände
Klasse I c	Zündwaren, Feuerwerkskörper und ähnliche Güter
Klasse I d	Verdichtete, verflüssigte oder unter Druck gelöste Gase
Klasse I e	Stoffe, die in Berührung mit Wasser entzündliche Gase entwickeln
Klasse II	Selbstentzündliche Stoffe
Klasse III a	Entzündbare flüssige Stoffe
Klasse III b	Entzündbare feste Stoffe
Klasse III c	Entzündend (oxidierend) wirksame Stoffe
Klasse IV a	Giftige Stoffe
Klasse IV b	Radioaktive Stoffe
Klasse V	Ätzende Stoffe
Klasse VI	Ekelerregende oder ansteckungsge- fährliche Stoffe
Klasse VII	Organische Peroxide

Dieses Klassifizierungssystem mit Gefahrenklassen in römischen Zahlen inclusive einer
speziellen Stoffaufzählung in sog. Ziffern wurde bei folgenden Reglements verwendet:

RID, Anlage C zur EVO, ADR, GGVS, ADN,
ADNR und SFO.

Alle diese Regelwerke waren internationale
Vereinbarungen und nationale Verordnungen,
die auf dem RID basierten und aus jahrzehnte-
langen Erfahrungen und Entwicklungen entstanden waren.
Die rasante Entwicklung neuer chemischer
Stoffe und Zubereitungen machte es erforderlich, die Stoffe übersichtlicher zu ordnen.
Grundlage war die geänderte Klassifizierung in

Tabelle 33. Klassifizierung gefährlicher Stoffe in den
UN-Recommendations

Klasse 1 – Explosivstoffe
Div. 1.1 – Substanzen und Artikel mit Massen-
          explosionsgefahr
Div. 1.2 – Substanzen und Artikel mit kalkulierter
          aber keiner Massenexplosionsgefahr
Div. 1.3 – Substanzen und Artikel mit Feuersgefahr
          und/oder kleiner Explosions- aber keiner
          Massenexplosions-Gefahr
Div. 1.4 – Substanzen und Artikel ohne bedeutende
          Gefahr

*Klasse 2 – Gase: verdichtet, unter Druck verflüssigt
          oder gelöst oder tiefgekühlt verflüssigt*

Klasse 3 – Entzündbare flüssige Stoffe

*Klasse 4 – Entzündbare feste Stoffe; selbstentzündli-
          che Stoffe; Stoffe, die bei Berührung mit
          Wasser entzündliche Gase entwickeln*
Div. 4.1 – Entzündbare feste Stoffe
Div. 4.2 – Selbstentzündliche Stoffe
Div. 4.3 – Stoffe, die bei Berührung mit Wasser ent-
          zündliche Gase entwickeln

*Klasse 5 – Oxidierende Substanzen; Organische Per-
          oxide*
Div. 5.1 – Oxidierende Substanzen
Div. 5.2 – Organische Peroxide

*Klasse 6 – Giftige (toxische) und infektiöse Substan-
          zen*
Div. 6.1 – Giftige (toxische) Substanzen
Div. 6.2 – Infektiöse Substanzen

Klasse 7 – Radioaktive Substanzen

Klasse 8 – Ätzende Substanzen

Klasse 9 – Verschiedene gefährliche Substanzen

den UN-Recommendations „Transport of
Dangerous Goods". Sie ist eine Synthese europäischer und amerikanischer Erfahrungen und
Ideen. Römische Ziffern sind durch arabische
ersetzt. Aber auch hier war eine Klassendiffe-
renzierung nicht zu umgehen (Tabelle 33).
In der sog. UN-Liste der UN-Recommendations, Ausgabe 81, sind ca. 2000 der meist beförderten gefährlichen Substanzen nach ihren
Eigenschaften klassifiziert worden. Die Produzenten oder Versender sind darüber hinaus in
der Lage, neue Chemikalien oder Zubereitungen vorläufig selbst einzustufen. Diese Stoffe
können in der Zwischenzeit eine Zusatzbe-
zeichnung „N.O.S." bekommen (z. B.: 1760
corrosive liquids, N.O.S. = 1760 ätzende Flüssigkeit, N.O.S.; s.a. Tabelle 34). Je nach Bedeutung bedürfen diese Stoffe noch einer endgülti-

Tabelle 34. UN-Liste der N.O.S.-Stoffe, Auszug

UN number	Description
1953	Compressed or liquefied gases, inflammable, toxic, N.O.S.
1964	Hydrocarbon gases, compressed, N.O.S. or hydrocarbon gas mixtures, compressed, N.O.S.
1965	Hydrocarbon gases, liquefied, N.O.S. or hydrocarbon gas mixtures, liquefied, N.O.S.
1967	Insecticide gases, toxic, N.O.S.
1968	Insecticide gases, N.O.S.
1986	Alcohols, toxic, N.O.S.
1988	Aldehydes, toxic, N.O.S.
1992	Inflammable liquids, toxic, N.O.S.
1993	Inflammable liquids, N.O.S.
2003	Metal alkyls, N.O.S.

Tabelle 35[a]. Einwirkungsfolgen auf Menschen durch steigende Schwefelkohlenstoff-Konzentrationen

Wirkung	Konzentration	
	mg/l Luft	ppm (ml/m³)
Leicht oder keine Wirkung	0,5– 0,7	160– 230
Leichte Symptome nach einigen Stunden	1,0– 1,2	320– 390
Symptome nach ½ Stunde	1,5– 1,6	420– 510
Schwere Symptome nach ½ Stunde	3,6	1150
Lebensgefährlich nach ½ Stunde	10,0–12,0	3210–3850
Tödlich in ½ Stunde	15,0	4815

[a] F. Flury, F. Zernik (1931) Schädliche Gase. Springer, Berlin (*27*)

gen Einstufung durch das „Committee of Experts". N.O.S. ist die Kürzung für „not otherwise specified" = nicht anders spezifiziert.

Am Beispiel Schwefelkohlenstoff mit mehreren gefährlichen Eigenschaften soll das Prinzip der Einstufung oder Klassifizierung beschrieben werden. Diese Chemikalie ist sehr giftig (s. Tabelle 35).

Konzentrationen zwischen 3,6 und 15 mg/l können schon nach einer halben Stunde *tödlich wirken*. Eine akute tödliche Vergiftung durch diesen Stoff ist überwiegend auf den Narkose-

effekt (s. a. Kap. 8) zurückzuführen. Ebenfalls gefährlich ist die *leichte Entzündbarkeit* dieser brennbaren Flüssigkeit (Zündtemp.: 95 °C!). Dabei besteht ein *großer Explosionsbereich* mit Luft zwischen 1,0 und 60 Vol.-%. Wegen des *Flammpunkts* von −30 °C, der Zündtemperatur und des Explosionsbereichs geht demnach beim Freiwerden dieser Flüssigkeit die größte Gefahr von der Brennbarkeit aus. Diese *primäre Gefahr* führt zur Einordnung in die Klasse 3. Die *sekundäre Gefahr* (Un-Recommendations: subsidiary risk) ist die Giftigkeit und entspricht der Klasse 6.1. Registriert wurde die Substanz in der UN-Liste unter der UN-Nummer 1131.

Darüber hinaus sind die meisten Stoffe, außer in den Klassen 1, 2 und 7, noch einmal 3 Gefahrengruppen zugeordnet, die die Gefährlichkeit des beförderten Gutes und die Qualität bzw. Haltbarkeit der Verpackung kennzeichnen. Es wird differenziert in die

Gruppe I:
sehr gefährliche Substanzen (great danger)
Gruppe II:
Substanzen mittlerer Gefährlichkeit (medium danger)
Gruppe III:
Substanzen geringer Gefährlichkeit (minor danger).

Schwefelkohlenstoff muß nach Gruppe I eingestuft und verpackt werden.

Die UN-Recommendations „Transport of Dangerous Goods" sind Empfehlungen für die UN-Organisationen für Verkehrsvereinbarungen. Sie dienen als Grundlage für Harmonisierungsbearbeitungen, wie beim RID und ADR.

Auch der IMDG-Code ist eine Empfehlung, nur mit dem Unterschied, daß er als Vorschrift oder Richtlinie von den Regierungen übernommen oder in deren speziellen Verordnungen eingebaut wird. Letzeres geschieht in der Bundesrepublik Deutschland bei der Erstellung der GGVSee.

Grundlegend verschieden ist der Modus bei den europäischen Binnenverkehrsvereinbarungen. Hier sind die vertragsabschließenden Staaten nach der Ratifizierung verpflichtet, die Übereinkommen einzuhalten. Selbstverständlich ist es möglich, noch ergänzende Verkehrsvorschriften zu erlassen.

Diese Vereinbarungen, wie RID und ADR (s. a. tabellarische Übersicht S. 87), wurden 1977 dem UN-Klassifizierungssystem (s. a. Tabelle 33) angepaßt. Die gefährlichen Stoffe und Gegenstände sind nunmehr, wie aus Tabelle 36 zu ersehen, in folgende Klassen eingeteilt:

Tabelle 36. ADR-/GGVS- und RID-/GGVE-Klassifizierung

Klasse 1a	Explosive Stoffe und Gegenstände
Klasse 1b	Mit explosiven Stoffen geladene Gegenstände
Klasse 1c	Zündwaren, Feuerwerkskörper und ähnliche Güter
Klasse 2	Verdichtete, verflüssigte oder unter Druck gelöste Gase
Klasse 3	Entzündbare flüssige Stoffe
Klasse 4.1	Entzündbare feste Stoffe
Klasse 4.2	Selbstentzündliche Stoffe
Klasse 4.3	Stoffe, die in Berührung mit Wasser entzündliche Gase entwickeln
Klasse 5.1	Entzündend (oxidierend) wirkende Stoffe
Klasse 5.2	Organische Peroxide
Klasse 6.1	Giftige Stoffe
Klasse 6.2	Ekelerregende oder ansteckungsgefährliche Stoffe
Klasse 7	Radioaktive Stoffe
Klasse 8	Ätzende Stoffe
Klasse 9	Sonstige gefährliche Stoffe und Gegenstände .

b) RID/GGVE

Die internationalen Vereinbarungen RID und ADR und die daraus resultierenden nationalen Vorschriften GGVE und GGVS sind einander so ähnlich, daß die im Kap. 12a erwähnten und unter der Regie der ECE laufenden Harmonisierungsverhandlungen gut zu realisieren sind. Diese Reglements bestehen aus einer *Anlage A* mit den *Vorschriften über die „Gefährlichen Stoffe und Gegenstände"* und einer *Anlage B* mit den *„Vorschriften über die Beförderungsmittel und die Beförderung"* (Tabelle 37).
Die *Anlage A* umfaßt 3 Teile:

Teil I: Begriffsbestimmungen
Teil II:
Stoffaufzählung und besondere Vorschriften für die einzelnen Klassen
Teil III:
Anhänge der Anlage A, mit Beständigkeits- und Sicherheitsbedingungen für explosive Stoffe, für entzündbare feste und flüssige Stoffe und für organische Peroxide, mit Vorschriften für deren Prüfverfahren, mit Vorschriften für die Bauartprüfung von Stahlfässern zur Beförderung entzündbarer flüssiger Stoffe der Klasse 3, mit Kriterien für die nukleare Sicherheitsklasse I oder mit Vorschriften für die Gefahrzettel und Bildzeichen.

Eine besondere Begriffsbestimmung sind die „Nur-Klassen" und die „freien Klassen". Im RID und ADR bzw. in der GGVE und GGVS wird eingangs zu den „Allgemeinen Vorschriften" des Teils I der „Anlage A" näher darauf eingegangen. Für die Begriffe „Nur-Klasse" und „freie Klasse" gilt:

1. Die in die Vorschriften der „Nur-Klasse" fallenden und dort aufgeführten gefährlichen Güter (Klasse 1a, 1b, 1c, 2, 4.2, 4.3, 5.2, 6.2 und 7) sind nur unter den dort festgelegten Bedingungen zur Beförderung zugelassen.
2. Alle übrigen Güter, die evtl. denen der Pos. 1 ähnlich wären, aber nicht aufgeführt sind, werden von der Beförderung ausgeschlossen!
3. Die in den Vorschriften der „freien Klassen" (Klasse 3, 4.1, 5.1, 6.1, 8 und 9) genannten oder näher bezeichneten gefährlichen Güter sind beispielhaft und werden unter den in diesen Vorschriften vorgesehenen Bedingungen zur Beförderung zugelassen. Stoffe mit gleichen oder ähnlichen Eigenschaften können den bestimmten Ziffern zugeordnet bzw. assimiliert werden.
4. Bestimmte unter den Begriff der „freien Klassen" fallende gefährliche Güter sind durch Bemerkungen in den einzelnen Klassen von der Beförderung ausgeschlossen.
5. Güter, die ihren Eigenschaften nach zu den „freien Klassen" gehören könnten, dort aber nicht genannt oder näher bezeichnet wurden oder dem Gefahrengrad nach nicht einer der Ziffern zugeordnet werden braucht, gelten im Sinne des z. B. ADR's nicht als gefährlich und können ohne besondere Bedingungen befördert werden.

Beispiele zu Pos. 1: Genau beschriebene und spezifizierte Substanzen, wie:
a) *Bariumazid,* trocken und mit weniger als 10% Wasser oder Alkoholen ist ein Stoff der Klasse 1a.
b) *Bariumazid,* mit mehr als 10% Wasser oder Alkoholen ist ein Stoff der Klasse 6.1.
c) *Propan* ist ein Stoff der Klasse 2.

Tabelle 37. Anlage B: Vorschriften über die Beförderungsmittel und die Beförderung (RID/ADR)

Kapitel I – Allgemeine Vorschriften für die Beförderung von gefährlichen Gütern aller Klassen

Abschnitt 1:
Allgemeines, Anwendungsbereich dieser Anlage, Begriffsbestimmungen, Fahrzeugarten, geschlossene Ladung, Beförderung in loser Schüttung, Beförderung in Containern, Beförderung in Tanks, Tanks, Fahrzeugbesatzung, Überwachung, Personenbeförderung

Abschnitt 2:
Besondere Anforderungen an die Fahrzeuge und ihre Ausrüstung, Feuerlöscher, Elektrische Ausrüstung, Sonstige Ausrüstung

Abschnitt 3:
Allgemeine Betriebsvorschriften, Tragbare Beleuchtungsgeräte, Rauchverbot

Abschnitt 4:
Besondere Vorschriften für das Beladen, Entladen und für die Handhabung, Zusammenladeverbot in einem Fahrzeug, Zusammenladeverbote in einem Container, Zusammenladeverbot mit Gütern in einem Container, Reinigung vor dem Beladen, Handhabung und Verstauung, Reinigung nach dem Entladen, Beladen und Entladen der Container, Betrieb des Motors während des Beladens oder Entladens

Abschnitt 5:
Besondere Vorschriften über den Verkehr der Fahrzeuge, Kennzeichnung und Bezettelung der Fahrzeuge

Kapitel II – Sondervorschriften für die Beförderung gefährlicher Güter der Klassen 1 bis 9

Klassen 1 a,	Explosive Stoffe und Gegenstände; mit explosiven Stoffen geladene Gegenstände
1 b und 1 c	Zündwaren, Feuerwerkskörper und ähnliche Güter
Klasse 2	Verdichtete, verflüssigte oder unter Druck gelöste Gase
Klasse 3	Entzündbare flüssige Stoffe
Klasse 4.1	Entzündbare feste Stoffe
Klasse 4.2	Selbstentzündliche Stoffe
Klasse 4.3	Stoffe, die in Berührung mit Wasser entzündliche Gase entwickeln
Klasse 5.1	Entzündend (oxydierend) wirkende Stoffe
Klasse 5.2	Organische Peroxide
Klasse 6.1	Giftige Stoffe
Klasse 6.2	Ekelerregende oder ansteckungsgefährliche Stoffe
Klasse 7	Radioaktive Stoffe
Klasse 8	Ätzende Stoffe
Klasse 9	Sonstige gefährliche Stoffe und Gegenstände

Anhänge

	Gemeinsame Vorschriften zu den Anhängen B.1
Anhang B. 1 a	Vorschriften für festverbundene Tanks (Tankfahrzeuge), Aufsetztanks und Gefäßbatterien
Anhang B. 1 b	Vorschriften für Tankcontainer
Anhang B. 1 c	(bleibt offen)
Anhang B. 1 d	Vorschriften für die Werkstoffe und den Bau der festverbundenen Tanks, der Aufsetztanks und der Tanks von Tankcontainern für die Beförderung tiefgekühlter verflüssigter Gase der Klasse 2
Anhang B. 2	Elektrische Ausrüstung
Anhang B. 3 a	Prüfbescheinigung nach § 6 für Tankfahrzeuge, Aufsetztanks, Tankcontainer, Sattelzugmaschinen zum Betrieb von Tankfahrzeugen und Trägerfahrzeuge von Aufsetztanks
Anhang B. 3 b	Prüfbescheinigung nach § 6 für Beförderungseinheiten der Fahrzeugklasse B. III
Anhang B. 4	Tabellen für die Beförderung von Stoffen der Klasse 7; Zettel, der an den Fahrzeugen anzubringen ist
Anhang B. 5	Verzeichnis der Stoffe, bei deren Beförderung in Tankfahrzeugen und auf Trägerfahrzeuge von Aufsetztanks nach § 8 Abs. 5 auf den Warntafeln noch Kennzeichnungsnummern angegeben werden müssen
Anhänge B. 6 und B. 7	(bleiben offen)
Anhang B. 8	Listen I und II der gefährlichen Güter, deren Beförderung auf der Straße nach § 7 dieser Verordnung erlaubnispflichtig ist

Beispiele zu Pos. 3: Entzündbare flüssige Stoffe, die wegen überwiegend anderer gefährlicher Eigenschaften den übrigen Klassen zugeordnet sind, sind von den Beförderungsvorschriften der Klasse 3 ausgeschlossen.
Alle Stoffe, die gleiche Eigenschaften haben, können assimiliert und nach den Bedingungen der Klasse 3 befördert werden.

Beispiele zu Pos. 4:

a) Blausäure-Lösungen (wäßr. HCN) mit mehr als 20% reiner Säure sind nach Klasse 6.1 zur Beförderung nicht zugelassen.

b) *Stoffe der Klasse 3,* die leicht peroxidieren, wie Äther oder gewisse heterocyclische sauerstoffhaltige Körper, sind zur Beförderung nur zugelas-

Tabelle 38. Auszug aus Stoffeinteilung der Klasse 8

Lösungen von Aluminiumchlorid und wässerige
Lösungen von Aluminiumbromid;

  c) wässerige Lösungen der Stoffe der Ziffer 22 c),
[wässerige Lösungen von Aluminiumchlorid] und
wässerige Lösungen von Aluminiumbromid, mit
Ausnahme von [wässerigen Lösungen von Ei-
sentrichlorid].
  Bem.: Bromwasserstoff und Chlorwasserstoff sind
Stoffe der Klasse 2 [siehe Rn. 201 (2201) Ziffern
3 at) und 5 at)].

6. *Fluorwasserstoff, Flußsäure* mit mehr als 85%
Fluorwasserstoff.
  Bem.: Für diese Stoffe bestehen Sondervorschrif-
ten für die Verpackung [siehe Rn. 803 (2803)].

7. a) *Flußsäure* mit mehr als 60% aber höchstens 85%
Fluorwasserstoff, Mischungen organischer
Säuren mit Flußsäure (Fluorwasserstoffsäure);
  b) Flußsäure mit höchstens 60% Fluorwasserstoff.

8.   Fluorborsäuren, wie:
  b) wässerige Lösungen von *Fluorborsäure* mit
höchstens 78% reiner Säure (HBF$_4$).
  Bem.: Lösungen von Fluorborsäure mit mehr als
78% reiner Fluorborsäure (HBF$_4$) sind zur Beförderung nicht zugelassen.

---

sen, wenn ihr Gehalt an Peroxid, auf Wasserstoffperoxid (H$_2$O$_2$) berechnet, 0,3% nicht übersteigt.

c) Mischungen von Salpetersäure mit Salzsäure sind
in der Klasse 8 nicht zur Beförderung zugelassen.

Beispiele zu Pos. 5: Benzoylperoxid mit einem Gehalt
von mindestens 70% an festen inerten trockenen
Stoffen ist den Vorschriften des ADR nicht unterstellt.

Um die vorgeschriebenen Beförderungsbedingungen für gefährliche Stoffe zu erfahren, muß
die ihren Eigenschaften (primäre Gefahr) entsprechende Gefahrklasse aufgesucht werden.
Die in der „freien Klasse" 8 z. B. eingeordneten
ätzenden Stoffe sind unter den einzelnen stoffspezifischen Ziffern zu finden (s. Tabelle 38).
Die entsprechenden Verpackungsbestimmun-
gen und Zusammenverpackungsverbote kann
man dann unter den einschlägigen Vorschriften
(Abs. 2) dieser Klasse aufsuchen (s. Tabelle
39).
Wenn nun ein Versender ein gefährliches Gut
befördern will, das noch nicht eingestuft ist,
muß er beim „Zentralreferat Gefährliche
Transportgüter", Referat A 13, des Bundesverkehrsministeriums, Postfach 200100, 5300
Bonn-Bad Godesberg, einen Antrag auf „Klassifizierung von gefährlichen Stoffen" stellen.

Dieses Referat ist verantwortlich für Ausnahmegenehmigungen, für die Zulassung neuer
Verpackungen und Transportbehälter und für
die Erlaubnis, ob ein Gefahrgut in dem einen
oder anderen Behältnis befördert werden
kann.
Es bedient sich dabei der Gutachten von Sachverständigen, die schon bei der Erörterung des
„Gesetzes für die Beförderung gefährlicher
Güter" erwähnt wurden.
Damit bei der Begutachtung auch die notwendigen Kenntnisse über die Eigenschaften der
neuentwickelten Stoffe und Zubereitungen
vorhanden sind, wurde ein Fragebogen zusammengestellt (s. Abb. 39) und im Verkehrsblatt
(VkBl. 1974, Heft 8, S. 223) veröffentlicht. Jedem Antrag ist ein derartiger Fragebogen bei-
zufügen.

c) ADR/GGVS

Am 1.1. 1970 ist in der Bundesrepublik
Deutschland das ADR in Kraft getreten. Wie
bei vielen internationalen Vereinbarungen ist
es, besonders in Anlage B, ein Kompromiß. So
gab es unterschiedliche Ansichten wegen der
technischen Anforderungen an ortsbewegliche
Behälter und Tanks, Fahrzeugkonstruktionen,
Kippsicherheit der Tankfahrzeuge, Tankventi-
le, aber auch bzgl. einer Gewichts- bzw. Men-
gen-Begrenzung beim Transport besonders gefährlicher Güter. Da man sich bei der Aufstellung des ADR sehr eng an das RID anlehnte
und die größeren Unfall- und Umwelt-Gefah-
ren beim Transport auf der Straße nicht ausreichend berücksichtigte, erließ gemäß Rn 10 599
des ADR über das Recht zum Erlaß ergänzen-
der Verkehrsvorschriften, auch für den Transitverkehr, das Bundesverkehrsministerium
(BMV) die „Verordnung über den Schutz vor
Schäden durch die Beförderung gefährlicher
Güter auf der Straße", kurz „Schadenschutzverordnung". Sie trat am 1.9. 1970 in Kraft.
Dieser Weg war nach Vorschlag der zuständigen ECE-Arbeitsgruppe gewählt worden, weil
sich eine abschließende internationale Regelung nicht finden ließ.
Der damalige „Gewerbetechnische Beirat"
beim BMV legte dazu eine Aufstellung der besonders gefährlichen Güter vor. Für die Stoffe
in Liste II (s. Tabelle 40) waren die Transport-

Tabelle 39. Zusammenladung Klasse 8 (Auszug)

Besondere Bedingungen:

Ziffer	Bezeichnung des Stoffes	Höchstmenge		Besondere Vorschriften
		je Gefäß	je Versand-stück	
1 a)	Oleum	3 Liter	12 Liter	Dürfen nicht zusammengepackt werden mit Chloraten, Permanganaten, Wasserstoffperoxidlösungen, Perchloraten, Peroxiden und Hydrazin. Schwefelsäure, Salpetersäure, Mischungen von Schwefelsäure mit Salpetersäure und Salzsäure dürfen zusammen die Höchstmenge von 18 Liter nicht übersteigen. Wenn ein Versandstück einen Stoff mit Begrenzung auf 12 Liter enthält, so ist diese Höchstmenge maßgebend.
1 a), b), c)	Schwefelsäure, ausgenommen Oleum	3 Liter	18 Liter	
2 a)	Salpetersäure mit mehr als 70% reiner Säure	3 Liter	12 Liter	Dürfen nicht zusammengepackt werden mit Ameisensäure, Triäthanolamin, Anilin, Xylidin, Toluidin, Chloraten, Permanganaten, entzündbaren flüssigen Stoffen mit einem Flammpunkt unter 21 °C, Wasserstoffperoxidlösungen, Perchloraten, Peroxiden, Hydrazin, Glycerin, Glykolen. Es dürfen nur inerte Füllstoffe verwendet werden.
2 b) und c)	Salpetersäure mit höchstens 70% reiner Säure	3 Liter	18 Liter	
3	Mischungen von Schwefelsäure mit Salpetersäure	3 Liter	18 Liter	
4	Perchlorsäure	Zusammenpackung nicht zugelassen		
5	Salzsäure	5 Liter	18 Liter	Darf nicht zusammengepackt werden mit Chloraten, Permanganaten, Perchloraten, Peroxiden (ausgenommen Wasserstoffperoxidlösungen).

bestimmungen nur von einer Erlaubnispflicht abhängig. Bei Überschreitung der dort angegebenen Mengen mußte eine Transportgenehmigung eingereicht werden.

Neben den schon im ADR unter der Rn 10 185 geforderten schriftlichen Weisungen, die das Fahrpersonal für die ersten Schutzmaßnahmen nach Unfällen mit sich führen muß, sind die ebenfalls im ADR unter der Rn 10 500 geforderten orangefarbenen Warntafeln zu erwähnen, die an allen Fahrzeugen, die gefährliche Güter transportieren, zur Gefahren-Kennzeichnung angebracht werden müssen.

Die Schadenschutzverordnung machte auch die Meldepflicht beim Freiwerden gefährlicher Stoffe im Rahmen des Umweltschutzes obligatorisch. Darüber hinaus wurde jede Erlaubnis für die Beförderung der besonders gefährlichen Güter der Liste I (s. Tabelle 40) mit folgenden Auflagen verbunden:

1. Es durften nur Fahrer eingesetzt werden, die eine langjährige Fahrpraxis oder Ausbildung als Tankwagenfahrer nachweisen konnten.
2. Der Beförderungsweg oder – beim Flächen- oder Verteilerverkehr – das Beförderungsge-

**Muster
eines
Fragebogens**

(Verkehrsblatt, 1974, Heft 8, S. 223)

für Anträge und Anfragen betreffend den Transport gefährlicher Güter mit der Eisenbahn, auf der Straße und mit See- sowie Binnenschiffen *)

für ...., Gefahrklasse ....,
(Name des gef. Gutes)
Ziffer ....

1.   Allgemeine Eigenschaften
1.1   Chemische Bezeichnung ....
1.2   Synonyme ....
1.3   Handelsname ....
1.4   Strukturformel und / oder Zusammensetzung ....
....
1.5   Aggregatzustand unter Beförderungsbedingungen (gasförmig, flüssig, fest) ....
1.6   Schmelzpunkt oder Schmelzbereich ....
1.7   Siedepunkt oder Siedebereich ....
1.8   Dichte bei 20° C (gasförmig, flüssig, fest) ....
1.9   Dampfdruck bei 20° C / 50° C ....
1.10 Löslichkeit in Wasser bzw. Mischbarkeit mit Wasser (bei 20° C) ....
1.11 Reaktion mit Wasser ....
1.12 Farbe ....
1.13 Geruch ....
1.14 Reagiert der Stoff sauer / alkalisch / neutral ....
1.15 Sonstige Angaben ....

2.   Vorgesehene(r) Verpackung / Container
2.1   Welche Verpackung oder welcher Container-Typ soll für den Transport verwendet werden?
....
2.2   Sonstige Angaben ....

3.   Feuer und Explosionsgefahren sowie gefährliche Reaktionen
3.1   Brennbarkeit / obere und untere Explosionsgrenze (Zündgrenze)
3.2   Flammpunkt im geschlossenen Tiegel in ° C (Prüfmethode angeben) ....
3.3   Zündtemperatur nach DIN 51 794 ....
3.4   Besteht die Möglichkeit
      3.4.1 der Explosion bei
            a) Stoß? ....
            b) Entzündung? ....
            c) Reibung? ....
      3.4.2 der Bildung explosibler
            a) Dampf / Luft-Gemische? ....
            b) Staub / Luft-Gemische? ....
      3.4.3 der Zersetzung bei Erhitzung (Zersetzungsprodukte angeben)? ....

3.4.4 der Zersetzung im Feuer (Zersetzungsprodukte angeben)? ....
3.4.5 der gefährlichen Reaktion mit
      a) Luft? ....
      b) Wasser? ....
      c) Säuren? ....
      d) Alkalien? ....
      e) oxidierenden Stoffen? ....
      f) brennbaren Stoffen? ....
      g) Verunreinigungen? ....
      h) bestimmten Metallen (welchen)? ....
      i) anderen Stoffen? ....
3.4.6 von Gefahren durch elektrostatische Aufladung? ....

3.5   Sonstige Bemerkungen ....

4.   Physiologische Fragen
4.1   Vergiftung bei Aufnahme durch
      a) die Haut? ....
      b) Einatmen? ....
      c) Verschlucken? ....
4.2   Vergiftungsgefahr
      a) gering?
      b) groß? ....
4.3   Verursacht Berührung mit dem festen Stoff, der Flüssigkeit oder den Dämpfen schwere Schäden auf

	fester Stoff	Flüssigkeit	Dämpfe
a) Haut?			
b) Atemwege?			
c) Augen?			

4.4   Haben feste Stoffe, die Flüssigkeit oder die Dämpfe eine Reizwirkung auf

	fester Stoff	Flüssigkeit	Dämpfe
a) Haut?			
b) Atemwege?			
c) Augen?			

4.5   Reizwirkung
      a) gering?
      b) groß? ....
4.6   Welche toxischen oder ätzenden Stoffe entstehen bei Zersetzung oder Verbrennung des Stoffes?
....
4.7   Ist mit einem verzögerten Vergiftungseffekt zu rechnen? ....
4.8   Ist noch mit anderen gefährlichen Wirkungen zu rechnen? ....
4.9   Sonstige Angaben ....

Abb. 39. Fragebogen für Anträge und Anfragen an den Beirat (Muster)

biet war der Straßenverkehrsbehörde jeweils anzuzeigen. Dadurch sollte den einschlägigen Behörden (Polizei, Feuerwehr, Katastrophenschutzdienststellen) ein Überblick über Art, Umfang, Häufigkeit und Wege der Gefahrenguttransporte gegeben werden.

3. Bei gefährlichen Wetter- und Straßenverhältnissen (Nebel, Schneefall, Regen, der die Sicht behindert, Schneeglätte oder Glatteis) durfte die Fahrt nicht angetreten oder mußte möglichst bald unterbrochen werden.

4. Nach Ermessen der Straßenbehörden kann das Durchfahren von Tunnels oder anderen Kunstbauten verboten werden.

5. Nach Ermessen der Wasserwirtschaftsbehörden kann das Durchfahren von Wasser- und Heilquellen-Schutzgebieten verboten werden.

Tabelle 40. Listen I und II der gefährlichen Güter, deren Beförderung auf der Straße nach § 7 dieser Verordnung erlaubnispflichtig ist

Bemerkungen:
1. Überschreitet die beförderte Menge je Kraftfahrzeug oder Lastzug die in Spalte 4 genannten Gewichte, so ist die Beförderung erlaubnispflichtig.
2. Werden verschiedene der nachstehend aufgeführten gefährlichen Güter in geringeren Mengen als den in Spalte 4 der Listen I und II angegebenen in einem Kraftfahrzeug oder Lastzug befördert, so ist zunächst das tatsächliche Gewicht jedes Gutes mit dem für dieses Gut in Spalte 5 angegebenen Faktor zu multiplizieren. Ist die Summe der so ermittelten Produkte größer als 10000, so ist die Beförderung erlaubnispflichtig.
3. Die Beförderung von Gasen der Klasse 2 dieser Listen – ausgenommen Fluor [Rn. 2201 Ziff. 1 at)] und tiefgekühlte, verflüssigte Gase [Rn. 2201 Ziff. 7 b) und 8 b)] – ist nicht erlaubnispflichtig, wenn diese Gase in vorgeschriebenen Stahlflaschen mit einem Fassungsraum von höchstens 150 Liter oder Gefäßen mit einem Fassungsraum von mindestens 100 Liter bis höchstens 1 000 Liter enthalten sind.

Liste I

Stoffaufzählung nach Anlage A		Bezeichnung der Stoffe und Gegenstände	Menge in kg (Nettogewicht des Stoffes oder Gegenstandes)	Faktor
Klasse und Rn.	Ziffer			
1	2	3	4	5
1 a Rn. 2101	3 a)	Nitroglycerinpulver, nicht porös und nicht staubförmig	2 000	5
	3 b) 5	Nitroglycerinpulver, porös Nitrozellulosepulver	} 100	100
	6 a)	Trinitrobenzoesäure, Trinitrokresol		
	b)	Dinitrophenylglykoläthernitrat; flüssiges Trinitrotoluol – ausgenommen in Holzgefäßen –; Trinitrobenzol; Trinitrochlorbenzol (Pikrylchlorid); Trinitroanilin; Trinitroanisol; Tetranitroacridon; Tetranitrocarbazol; Tetranitrodiphenylaminsulfon; Tetranitronaphthalin; Hexanitrodiphenylsulfid		
	c)	die Stoffe unter a) und b) auch in Gemischen miteinander oder mit anderen aromatischen Nitroverbindungen, ausgenommen Mischungen aus Trinitrotoluol und Trinitroxylol	500	20
	d)	Sprengstoffgemische, die aus den unter a), b) und c) bezeichneten organischen explosiven Nitroverbindungen auch ohne andere Zusätze bestehen, ausgenommen Mischungen aus Trinitrololuol und Trinitroxylol		
	7 a)	Hexanitrodiphenylamin (Hexyl) und Pikrinsäure		
	b)	Mischungen von Pentaerythrittetranitrat und Trinitrotoluol (Pentolit) und Mischungen von Trimenthylentrinitramin und Trinitrotoluol (Hexolit)		
1 a Rn. 2101	7 c)	Pentaerythrittetranitrat (Penthrit, Nitropenta) und Trimethylentrinitramin (Hexogen), beide phlegmatisiert		
	8 a)	Nitroverbindungen, wasserlösliche, wie Trinitroresorzin (Trizin), soweit in Metallfässern verpackt		
	b)	wasserunlösliche, wie Trinitrophenylmethylnitramin (Tetryl)		
	c)	Tetrylkörper		
	9 a)	Pentaerythrittetranitrat (Penthrit, Nitropenta) und Trimethylentrinitramin (Hexogen); Cyclotetramethylentetranitramin (Oktogen)	500	20

Tabelle 40 (Fortsetzung Liste I)

Stoffaufzählung nach Anlage A		Bezeichnung der Stoffe und Gegenstände	Menge in kg (Nettogewicht des Stoffes oder Gegenstandes)	Faktor
Klasse und Rn.	Ziffer			
1	2	3	4	5
	b)	Mischungen von Pentaerythrittetranitrat und Trinitrotoluol (Pentolit) und Mischungen von Trimethylentrinitramin und Trinitrotoluol (Hexolit)		
	c)	feuchte Mischungen von Pentaerythrittetranitrat oder Trimethylentrinitramin mit Wachs, Paraffin oder dem Wachs oder dem Paraffin ähnlichen Stoffen		
	d)	Penthritkörper		
	9 A.	Nitriertes Chlorhydrin (Dinitrochlorhydrin)		
	9 B.	Äthylnitrat	50	200
	10 A.	Bariumazid		
	11 a)	Schwarzpulver		
	b)	schwarzpulverähnliche Sprengstoffe	1 000	10
	c)	Preßkörper aus Schwarzpulver oder schwarzpulverähnlichen Sprengstoffen		
	13	Chloratsprengstoffe und Perchloratsprengstoffe		
	14 a)	Dynamite und Sprengstoffe, die den Dynamiten ähnlich sind	500	20
	b)	Sprenggelatine und Gelatinedynamite		
	14 A.	Ammoniumperchlorat, trocken		
1 b Rn. 2131	3	Knallkapseln der Eisenbahn	200	50
	5 a)	Sprengkapseln; Verbindungsstücke für Zündschnüre	2 000	5
	5 c)	Sprengkapseln in Verbindung mit Schwarzpulverzündschnur	5 000	2
	5 d)	Zündladungen (Detonatoren)	500	20
	5 e)	Zünder mit Sprengkapseln	2 000	5
	5 f)	Sprengkapseln mit Zündhütchen		
6.1 Rn. 2601	4 a)	Allylchlorid		
	11 a)	Acetoncyanhydrin		
	12 a)	Epichlorhydrin	1 000	10
	12 b)	Äthylenchlorhydrin		
	13 a)	Allylalkohol		
	13 b)	Dimethylsulfat	500	20
	13 b) (ass.)	Dimethyldithiophosphorsäure	1 000	10
	14	Bleialkyle		
	31 b)	Lösungen anorganischer Cyanide	1 000	10
	81 a)	Organische Phosphorverbindungen		
8 Rn. 2801	6 a)	Fluorwasserstoff		
	6 b) und c)	Flußsäure mit mehr als 60% Fluorwasserstoff		
	7	Fluorborsäure (wässerige Lösungen mit höchstens 78% reiner Säure)	1 000	10
	9	Schwefelsäureanhydrid, stabilisiert		
	14	Brom		

Tabelle 40 (Fortsetzung)
Liste II

Stoffaufzählung nach Anlage A		Bezeichnung der Stoffe und Gegenstände	Menge in kg (Nettogewicht des Stoffes oder Gegenstandes)	Faktor
Klasse und Rn.	Ziffer			
1	2	3	4	5
2 Rn. 2201	7 b)	Wasserstoff	100	100
	9 at)	Ammoniak, in Wasser gelöst mit über 35% bis höchstens 50% NH_1	1 000	10
5.1 Rn. 2501	1	Wässerige Lösungen von Wasserstoffperoxid mit mehr als 60% H_2O_2, stabilisiert; Wasserstoffperoxid, stabilisiert	1 000	10
	3	Perchlorsäure in wässeriger Lösung mit mehr als 50%, aber höchstens 72,5% $HC10_4$	1 000	10
5.2 Rn. 2551	46 a)	Acetylcyclohexansulfonylperoxid mit 78% bis 82% Acetylcyclohexansulfonylperoxid und 12% bis 16% Wasser	5	2 000
	47 a)	Dilsopropylperoxidicarbonat, technisch rein	10	1 000
	49 a)	Tertiäres Butylperpivalat, technisch rein	10	1 000
8 Rn. 2801	1 a)	Schwefelsäure mit mehr als 85% reiner Säure (H_2SO_4), Oleum (rauchende Schwefelsäure)	10 000	1
	2 a) und b)	Salpetersäure mit mehr als 55% reiner Säure (HNO_3)	1 000	10
	6 d)	Flußsäure mit höchstens 60% reiner Säure (HF)	1 000	10
	34	Hydrazin in wässeriger Lösung mit höchstens 72% N_2H_4	1 000	10
9 Rn. 2901	1	Verflüssigte Metalle	100	100
1 b Rn. 2131	7	Gegenstände mit Treibladung, Gegenstände mit Sprengladung, Gegenstände mit Treib- und Sprengladung, alle soweit es sich um Gegenstände handelt, die den Gefahrklassen 1.1 und 1.2 der Vorschriften der Bundeswehr zuzuordnen sind	2 000	5
	10	Brunnentorpedos; Geräte mit Hohlladung	500	20
	11	Gegenstände mit Sprengladung, Gegenstände mit Treib- und Sprengladung, alle soweit es sich um Gegenstände handelt, die den Gefahrklassen 1.1 und 1.2 der Vorschriften der Bundeswehr zuzuordnen sind	2 000	5
2 Rn. 2201	1 at)	Fluor	100	100
	3 at)	Chlorkohlenoxid (Phosgen), Methylbromid, Stickstoffdioxid (NO_2) [Stickstofftetroxid (N_2O_4)]	500	20
		Ammoniak, Bromwasserstoff, Chlor, Schwefeldioxid	1 000	10
	3 b)	Chlordifluoräthen (R 142 b), 1,1-Difluoräthan (R 152 a)	1 000	10
		Butan, Iso-Butan, Buten-1 (Butylen), Iso-Buten (Iso-Butylen), Cyclopropan, Propan, Propen (Propylen)	6 000	1,5
	3 bt)	Äthylamin, Äthylchlorid, Dimethyläther, Dimethylamin, Methylamin, Methylchlorid, Methylmerkaptan, Schwefelwasserstoff, Trimethylamin	1 000	10
	3 c)	Butadien-1,3, Vinylchlorid	1 000	10

Tabelle 40 (Fortsetzung Liste II)

Stoffaufzählung nach Anlage A		Bezeichnung der Stoffe und Gegenstände	Menge in kg (Nettogewicht des Stoffes oder Gegenstandes)	Faktor
Klasse und Rn.	Ziffer			
1	2	3	4	5
	3 ct)	Äthylenoxid	500	20
		Chlortrifluoräthylen (R 1113), Vinylbromid, Vinylmethyläther	1 000	10
	4 b)	Gemische von Kohlenwasserstoffen der Ziffer 3 b) sowie von Äthan und Äthylen der Ziffer 5 b)	6 000	1,5
	4 ct)	Äthylenoxid mit Stickstoff bis zu einem max. Gesamtdruck von 10 bar bei 50 °C	500	20
	5 at)	Chlorwasserstoff	1 000	10
	5 b)	Äthan, Äthylen	1 000	10
	5 c)	1,1-Difluoräthylen, Vinylfluorid	1 000	10
	6 c) und ct)	Gemische von Kohlendioxid mit Ethylenoxid bzw. Ethylenoxid mit Kohlendioxid	1 000	10
	7 b) und 8 b)	Ethan; Methan; Gemische von Ethan und Methan, auch mit Zusatz von Propan oder Butan; Ethylen; alles tiefgekühlt, verflüssigt	100	100
3 Rn. 2301	1 a)	Schwefelkohlenstoff, Acrolein	1 000	10
6.1 Rn. 2601	1 a)	Blausäure mit höchstens 3% Wasser	100	100
	1 b)	Wässerige Blausäurelösungen mit höchstens 20% reiner Säure (HCN)		
	2 a)	Acrylnitril	1 000	10
	2 b)	Acetonitril (Methylcyanid), Isobuttersäurenitril		

Die „Schadenschutzverordnung" behandelte auch die Beförderung besonders gefährlicher Güter bzgl. der Beförderung auf der Straße, Schiene und in der Binnenschiffahrt.

Im Transitverkehr sollten die Stoffe der Liste I auf andere Verkehrswege als die Straße verwiesen werden; das sollte aber auch für den innerstaatlichen Verkehr gelten, wenn Versender und Empfänger über Gleis- oder Hafenanschluß verfügen. Während im Transitverkehr keine Ausnahmen vorgesehen waren, wurde jedoch im Inland die Beförderung auf der Straße zugelassen, wenn die Beförderungsstrecke auf der Straße nur halb so lang war wie auf den anderen Beförderungswegen.

Die schon mehrmals erwähnten, sowohl im ADR, ADN als auch in der „Schadenschutzverordnung" geforderten schriftlichen Weisungen, mußten bei jedem Transport von gefährlichen Gütern vom Fahrzeugführer mitgeführt werden. Ein zweites Exemplar mußte sich in ei-

nem wasserdichten, unverschlossenen Behältnis aus schwer entflammbarem Werkstoff an der Rückseite der orangefarbenen Warntafel befinden. In den schriftlichen Weisungen sollte in knapper Form angegeben sein:

– die Bezeichnung der beförderten Güter und die Art der Gefahr, die sie in sich bergen, sowie die erforderlichen Sicherheitsmaßnahmen, um ihr zu begegnen;

– die zu ergreifenden Maßnahmen und Hilfeleistungen, falls Personen mit den beförderten Gütern oder entweichenden Stoffen in Berührung kommen;

– die im Brandfalle zu ergreifenden Maßnahmen, insbesondere wenn sich diese Güter auf der Straße ausgebreitet haben und

– die Gefährdung der Gewässer beim Freiwerden der beförderten Güter und die zu ergreifenden Sofortmaßnahmen.

Die zuletzt erwähnte Weisung wird nicht im ADR, wurde aber in der deutschen „Schadenschutzverordnung" verlangt, dazu auch noch die Meldepflicht gegenüber der Polizei beim Freiwerden gefährlicher Stoffe.

Dem Gesetzgeber war es klar, daß die „Schadenschutzverordnung" nur eine Übergangsbestimmung sein konnte, um eine erkannte Lücke in der Straßenverkehrsgesetzgebung notdürftig zu schließen. Diese Maßnahme gab aber Zeit, um eine umfangreichere, der damaligen Anlage C zur EVO gleichwertige Verordnung, für den Straßenverkehr zu erarbeiten und am 1. Juli 1973 in Kraft zu setzen. Damit wurde die „Schadenschutzverordnung" und die „Sprengstoffverkehrsverordnung der Länder" für die *gewerbliche Beförderung von Sprengstoffen* aufgehoben.

Die neue *„Verordnung über die Beförderung gefährlicher Güter auf der Straße"* (amtliche Abkürzung *„GefahrgutVStr"*; Abkürzung *„GGVS"*) stimmt bezüglich Gliederung und Inhalt weitgehend mit den Anlagen A und B des ADR überein.

Während die „Schadenschutzverordnung" nur die Beförderung von Gütern der Klassen I d bis IV a, V und VII regelte, enthält die GGVS sämtliche Klassen zuzüglich einer neuen Klasse VIII (sonstige gefährlichen Stoffe und Gegenstände).

Besonders behandelt werden Begleitpapiere, Tank- und Schüttladungen, Fahrzeugzulassungen, Beförderungsmittel und Beförderungen. Gegenüber der Schadenschutzverordnung gab es Änderungen im Hinblick auf die *Unfallmerkblätter* (bisher „schriftliche Weisungen"), die mitgeführt werden müssen, wenn

1. das Nettogewicht des einzelnen gefährlichen Gutes bei Gütern
   a) der Klassen I a, I b und I c, ausgenommen Sicherheitszündhölzer der Ziffer 1 a), mindestens 50 kg beträgt,
   b) der Klassen I d, I e, II, III a, III b, III c, IV a, V, VII und VIII mindestens 3 000 kg beträgt,
2. Die Beförderung nach § 7 Abs. 1 erlaubnispflichtig ist oder
3. es sich um Stoffe der Klasse IV b Ziffer 1 bis 4 handelt (§ 5 Abs. 6 GGVS).

Die Gefahrenkennzeichnung ist unter den gleichen Voraussetzungen erforderlich. Dazu besteht weiterhin wie in der „Schadenschutzverordnung" die Erlaubnispflicht für den Trans-

port besonders gefährlicher Güter der Listen I und II (Anhang B 8 der Anlage B) (s. Tabelle 40), die in der GGVS um Stoffe und Gegenstände der Klassen I a und I b erweitert wurden. Die „Schadenschutzverordnung" ist demnach in den wichtigen Teilen in die GGVS eingearbeitet worden.

Im § 7 der GGVS (vom 23. 8. 1979) regelt der Gesetzgeber generell die Beförderungserlaubnis für Güter der Listen I und II:

(1) Die Beförderung der in Anlage B, Anhang B. 8, Listen I und II aufgeführten Güter bedarf in dem dort festgelegten Rahmen der Erlaubnis der Straßenverkehrsbehörde. Die Erlaubnis wird dem Beförderer erteilt, wenn die Anforderungen an den Bau, die Ausrüstung und die Prüfung der Beförderungsmittel nach dieser Verordnung oder, soweit die Beförderung dem Gesetz zu dem Europäischen Übereinkommen vom 30. September 1957 über die internationale Beförderung gefährlicher Güter auf der Straße (ADR) vom 18. August 1969 (BGBl. II S. 1489) unterliegt, nach der Anlage B der Verordnung über die Inkraftsetzung der Neufassung 1977 der Anlagen A und B zu dem Europäischen Übereinkommen über die internationale Beförderung gefährlicher Güter auf der Straße vom 4. November 1977 (BGBl. II S. 1190 Anlagenband), geändert durch die Verordnung vom 13. November 1978 (BGBl. II S. 1329 Anlagenband), erfüllt sind. Die Erlaubnis kann mit Nebenbestimmungen (Bedingungen, Befristungen, Auflagen) versehen werden. Die Erlaubnis darf nur unter dem Vorbehalt erteilt werden, daß sie widerrufen wird, wenn sich die geltenden Sicherheitsvorschriften oder die Nebenbestimmungen als unzureichend zur Einschränkung der von der Beförderung ausgehenden Gefahren herausstellen.

(2) Soll die Beförderung in Tankfahrzeugen, Aufsetztanks, Gefäßbatterien oder Tankcontainern durchgeführt werden, die auf Grund der Übergangsregelung des § 14 zur Beförderung gefährlicher Güter weiterverwendet werden dürfen, aber noch nicht den technischen Anforderungen dieser Verordnung entsprechen, so ist dies durch Nebenbestimmungen zu berücksichtigen. Zur Vorbereitung ihrer Entscheidung kann die Straßenverkehrsbehörde die Beibringung eines Gutachtens von Sachverständigen nach § 10 Abs. 3 auf Kosten des Antragstellers über die am Fahrzeug, am festverbundenen Tank, am Aufsetztank, an der Gefäßbatterie oder am Tankcontainer durch technische Maßnahmen getroffene Vorsorge anordnen.

(3) Bei Gütern der Anlage B, Anhang B. 8, Liste I ist die Erlaubnis zu versagen, wenn das gefährliche Gut in einem Gleis- oder Hafenanschluß verladen und entladen werden kann; es sei denn, daß die Entfernung auf dem Schienen- oder Wasserweg mindestens doppelt so groß ist wie die tatsächliche Entfernung auf der Straße. Die Erlaubnis ist auf die Beförderung

zum und vom nächsten geeigneten Bahnhof oder Hafen zu beschränken, wenn das gefährliche Gut in Tankcontainern verladen ist oder verladen werden kann, die gesamte Beförderungsstrecke im Geltungsbereich dieser Verordnung mehr als 200 Kilometer beträgt und das Gut auf dem größeren Teil dieser Strecke mit der Eisenbahn oder dem Schiff befördert werden kann.

(4) Der örtliche Geltungsbereich jeder Erlaubnis ist festzulegen. Geht die Fahrt über das Land hinaus, so hat die Straßenverkehrsbehörde diejenige höhere Verwaltungsbehörde, durch deren Bezirk die Fahrt in den anderen Ländern zuerst geht, zu den vorgesehenen Nebenbestimmungen zu hören. Ihre Zustimmung ist nur hinsichtlich des Fahrweges erforderlich. Die Erlaubnis kann für eine einzelne Fahrt oder für eine begrenzte oder unbegrenzte Zahl von Fahrten innerhalb einer bestimmten Zeit von höchstens drei Jahren erteilt werden.

(5) Der Absender darf gefährliche Güter, für deren Beförderung eine Erlaubnis nicht vorliegt oder die nicht nach den Nebenbestimmungen der Erlaubnis verpackt, zusammengepackt oder gekennzeichnet sind, dem Beförderer nicht übergeben.

(6) Absatz 3 findet keine Anwenung auf Beförderungen von und nach Berlin und den Verkehr mit der DDR und Berlin (Ost).

Die Tabelle 40 gibt einen Überblick über die Listen I und II der gefährlichen Güter, deren Beförderung auf der Straße nach § 7 der Gefahrgutverordnung Straße erlaubnispflichtig ist.

Da die GGVS dem gleichen Stand der Technik wie der GGVE entspricht, diese Verordnungen aber nicht ununterbrochen der fortlaufenden technischen Entwicklung angepaßt werden können, geht man den Weg zwischenzeitlicher Ausnahmen (Durch Rechtsverordnung des Bundesministers für Verkehr) und Ausnahmegenehmigungen (als Verwaltungsakt der zuständigen Landesbehörden oder des Bundesministers für Verkehr). So gibt es Ausnahmen in der Anlage 1 der Ausnahme-Verordnung zur GGVS, die sich mit Kennzeichnungen für Versandstücke, Zulassungen von tiefgekühlten organischen Peroxiden und Warnleuchten beschäftigen. Die Anlage 2 enthält dementsprechende Eisenbahnsondergenehmigungen.

Mehr Sicherheit beim Gefahrguttransport auf der Straße erzielt eine gute Fahrpraxis und Sachkenntnisse über das Beförderungsgut. So waren Unfallursachen kurzfristige Fahrzeugwechsel vom Taxi oder Kleinlastwagen auf einen Tanksattelzug und bei mangelhaften Stoffkenntnissen leichtsinnige Fahrweise und Umschlagsarbeit. Deshalb verlangt der Gesetzgeber im § 12 der „Verordnung über die Beförderung gefährlicher Güter auf der Straße" (GGVS) vom 23. 8. 1979 eine *besondere Ausbildung für Gefahrgut-Fahrer.*

Die *Richtlinie über die Anerkennung und Durchführung von Lehrgängen für Fahrzeugführer von Tankfahrzeugen nach § 12 GGVS* vom 8. 7. 1980 enthält die Durchführungsbestimmung.

Wie aus der Richtlinie zu ersehen ist, müssen die Fahrer je nach ihrem Einsatzgebiet neben dem Grundkurs an Aufbau- bzw. Spezialkursen für die

Klasse 2   (Gase),
Klasse 3   (brennbare Flüssigkeiten),
Klasse 5.1 (entzündend (oxidierend) wirkende Stoffe),
Klasse 6.1 (giftige Stoffe) und
Klasse 8   (ätzende Stoffe)

teilnehmen.

Im einzelnen besteht der Lehrstoff aus

- allgemeine Vorschriften, wie Gesetze, Verordnungen,
- Pflichten und Verantwortlichkeit der Fahrer, Halter, Beförderer, Absender, Empfänger etc.,
- allgemeine Gefahreneigenschaften der Stoffe, wie Brand, Explosion, Giftigkeit, Wassergefährdung etc.,
- Kennzeichnung und Information, wie Papiere, Merkblätter, Zulassung, Gefahrzettel, Warntafel, Kennzeichnungsnummern etc.,
- Fahrzeugausrüstung und Fahrverhalten, wie Elektrik, Brandschutz, Feuerlöscher, Schwall, Beladung, Sattelauflieger etc., und
- Unfallbekämpfung, wie Nässe, Kurvenfahrt, Schutzausrüstungen, Erste Hilfe, Abdichtung von Leckagen, Verhalten bei Reifenbrand u. a.

Neben den theoretischen Unterrichtsfächern werden auch praktische Fahrübungen wie auch Kenntnisse für die Bedienung der Armaturen, Umschlagseinrichtungen, Gaspendelleitungen, Feuerlöscher, Erste Hilfe etc. vermittelt.

d) ADN/ADNR

In der *Binnenschiffahrt* gab es bei der Entwicklung des *ADNR* neben dem preußischen Vorläufer (s. Einleitung Teil II) auch andere separate nationale Vorschriften der Rheinanliegerstaaten.

Vor dem 1. Weltkrieg regelte die „*Zentralkommission für die Rheinschiff-Fahrt*" (ZKR) in Straßburg den Gefahrguttransport sowohl mit

Versandstücken wie in Tankschiffen durch die Vorschriften
– über die Beförderung ätzender und giftiger Stoffe auf dem Rhein und
– über die Beförderung feuergefährlicher, nicht zu den Sprengstoffen gehörender Stoffe auf dem Rhein.

Tankschiffe fanden allerdings zu dieser Zeit kaum Verwendung. Vor dem 2. Weltkrieg erarbeiteten dann die Niederlande als Mitglied der sog. „Benzinkommission" im Rahmen des „Haager Abkommens"

„Die internationalen Vorschriften über die Beförderung brennbarer Flüssigkeiten",

die Ende der 40er Jahre auf Beschluß der ZKR von allen Rheinanliegerstaaten und Belgien für ihr Gebiet eingeführt wurden.

In Zusammenarbeit mit der *ECE* (UN-Wirtschaftskommission für Europa) wurde dann das „Europäische Abkommen über die internationale Beförderung gefährlicher Güter auf Binnenwasserstraßen = *Accord Européen relatif au Transport International Marchandises Dangereuses par Voie de Navigation*" (*ADN*) erarbeitet und den Regierungen und Stromkommissionen, der Zentralkommission für die Rheinschiffahrt und der Donau-Kommission (DK) empfohlen. Das ADN war nach dem Vorbild des RID erstellt worden.

Auf dieser Grundlage erarbeitete darauf das ZKR (Mitglieder: Schweiz, Niederlande, Belgien, Frankreich, Großbritannien, Bundesrepublik Deutschland) eine Vereinbarung für die Rheinschiffahrt, das *ADNR,* das dann ab 1.1. 1972 erlassen wurde. In der Bundesrepublik wurde es durch die Einführungsverordnung vom 23.11. 1971 auch für alle Bundeswasserstraßen, ausgenommen Mosel und Donau, in Kraft gesetzt.

Wie schon erörtert, verwendet es noch die alte RID-Klasseneinteilung mit römischen Ziffern. Es unterscheidet sich zm ADN in den Verpackungsvorschriften. Nach dem ADNR werden gefährliche Güter in allen Verpackungen auf Binnenschiffen zugelassen, die für die Beförderung mit Lastwagen im ADR, mit Eisenbahnen im RID und mit Seeschiffen im IMDG-Code zugelassen sind.

Die praktische Anwendung ergab Unklarheiten in der Anlage B über die Beförderung von Gefahrgut in Versandstücken oder in Tankschiffen. Auch die Unterteilung der Tank-

schiffsvorschriften nach den Kategorien K0, K1, K2 und K3 entsprach nicht den Bedürfnissen einer notwendigen Sicherheitsabstufung und des Umweltschutzes. Die nächste Stufe war eine Unterteilung der Schiffskategorien nach K03, K0n, K1s, K1n, K2 und K3 und in die Tankschiffstypen I–V. Diese Kategorien beziehen sich auf die Schiffskonstruktionen und -Einrichtungen, z. B. Behälterschiffe mit Druckbehälter oder Spezialtanks oder Tankwand gleich Außenhaut. Diese Differenzierungen sind wichtig für den Transport von Gasen, leicht entzündlichen Flüssigkeiten, von Stoffen, die giftig, ätzend oder gesundheitsschädlich sind.

e) IMDG-Code

Die damalige IMCO hatte 1960 in der „Konferenz zum Schutze des menschlichen Lebens auf See" (SOLAS) die Empfehlung 56 für die sichere Beförderung gefährlicher Güter auf See verabschiedet. Es wurde erwartet, daß die Mitgliedsländer diese Empfehlung, den damaligen IMCO-Code und jetzigen *IMDG-Code* (*International Maritime Dangerous Goods-Code*

Tabelle 41. Inhaltsverzeichnis des IMDG-Codes (in alphabetischer Reihenfolge ohne Berücksichtigung von Zahlen (Ausschnitt), Buchstaben oder Vorsilben: Stellungsisomerie)

Stoffname (und Synonyme)
Vinylidenfluorid
Vinylmethyläther, stabilisiert
Vinylmethylketon
Vinyl-Siliziumtrichlorid, stabilisiert
Vinyltoluole (Isomerengemisch), stabilisiert
Warfarin und Salze
Wassergas
Wasserstoffperoxid (a) Konzentration von 8% bis 40% Peroxid (b) Konzentration mehr als 40% bis 60% Peroxid (c) stabilisiert, Konzentrationen mit mehr als 60% Peroxid
Wasserstoff verdichtet tiefgekühlt verflüssigt
Weißer Asbest

= Vorschriftenbuch für die internationale Schiffahrt mit gefährlichen Gütern) ratifizieren und weltweit anwenden.

Die Bundesrepublik Deutschland hatte eine nationale Regelung in der *See-Fracht-Ordnung* (*SFO*), folgte aber dieser Empfehlung und erließ die „*Verordnung über die Beförderung gefährlicher Güter mit Seeschiffen"* = *Gefahrgutverordnung See* (*GGVSee*) vom 5. 7. 1978 (BGBl. I, S. 1017). Diese Verordnung setzte sich zusammen aus den Anlagen A und B. Die Anlage A bestand aus dem in die deutsche Sprache übersetzten IMDG-Code und die Anlage B aus speziellen deutschen Sondervorschriften. Das gesamte Gesetzwerk umfaßte den Anlagenband zum BGBl. I, Nr. 39 vom 19. 6. 1978,

sowie z. T. die Anlagenbände zum BGBl. I, Nr. 6 vom 23.1. 1974, zum BGBl. I, Nr. 135 vom 17. 11. 1974 und zum BGBl. I, Nr. 91 vom 2. 8. 1975. Im Einzelnen befaßte sich die Anlage B mit

Klasse 1a Explosive Stoffe und Gegenstände
Klasse 1b Mit explosiven Stoffen geladene Gegenstände
Klasse 1c Zündwaren, Feuerwerkskörper u. ä. Güter
Klasse 2   Verdichtete, verflüssigte und unter Druck gelöste Gase

weiterhin

Anhang I:
Beständigkeits- und Sicherheitsbedingungen für explosive Stoffe und organische Peroxide und

---

Tabelle 42. Klasseneinteilung (Ausschnitt) (IMDG- Code)

Klasse 2 – Verdichtete, verflüssigte oder unter Druck gelöste Gase

Es ist schwierig, die verschiedenen Hauptsysteme für die Einteilung von Gasen in Einklang zu bringen. Die hier angegebenen Definitionen sind daher allgemein gehalten und schließen somit alle diese Systeme ein.

Weiterhin war es nicht möglich, die beiden Hauptsysteme hinsichtlich der genauen Festlegung einer Grenze zwischen Flüssigkeit/Gas in Einklang zu bringen. Aus diesem Grunde wurde auf die Angabe eines Grenzwertes verzichtet und beide Methoden zur Einordnung gleichwertig anerkannt.

Diese Klasse umfaßt:

(a) Verdichtete Gase
     Gase, die bei Raumtemperaturen nicht verflüssigt werden können.
(b) Verflüssigte Gase
     Gase, die bei Raumtemperaturen unter Druck verflüssigt werden können.
(c) Unter Druck gelöste Gase
     Gase, die in einem Lösungsmittel unter Druck gelöst sind. Diese Lösungsmittel können in einer porösen Masse absorbiert sein.
(d) Tiefgekühlte, verflüssigte Gase
     z. B. flüssige Luft, Sauerstoff usw.

Die Gase unter (a), (b) und (c) stehen in der Regel unter Druck.

Für das Stauen und Trennen ist die Klasse 2 wie folgt unterteilt:
Klasse 2.1 – Entzündbare Gase[a]
Klasse 2.2 – Nicht entzündbare Gase
Klasse 2.3 – Giftige Gase[b]

Klasse 3 – Entzündbare Flüssigkeiten

Die Stoffe der Klasse 3 sind Flüssigkeiten, Gemische von Flüssigkeiten, und Flüssigkeiten, die gelöste oder suspendierte feste Stoffe enthalten (z. B. Farben, Firnisse, Lacke usw., ausgenommen von der Klasse 3 sind entzündbare Flüssigkeiten, die aufgrund anderer gefährlicher Eigenschaften anderen Klassen zugeordnet sind), die bei einer Temperatur von 61 °C c. c.[c] entsprechend 65,6 °C o. c.[d] und darunter entzündbare Dämpfe abgeben.

In dieser Anlage ist die Klasse 3 in folgende 3 Unterteilungen gegliedert:
Klasse 3.1 – Flüssigkeiten mit niedrigem Flammpunkt
Die Flüssigkeiten mit Flammpunkten unter – 18 °C c. c.
Klasse 3.2 – Flüssigkeiten mit mittlerem Flammpunkt
Die Flüssigkeiten mit Flammpunkt von – 18 °C c. c. bis 23 °C c. c. ausschließlich 23 °C c. c.
Klasse 3.3 – Flüssigkeiten mit hohem Flammpunkt
Die Flüssigkeiten mit Flammpunkten von 23 °C c. c. bis 61 °C c. c. einschließlich.
Flüssigkeiten mit einem Flammpunkt über 61 °C c. c. sind keine entzündbaren Flüssigkeiten im Sinne der Klasse 3.

---

[a] „Entzündbar" hat die gleiche Bedeutung wie „Brennbar"
[b] Giftige Gase, welche entzündbar sind, müssen von Gasen der Klasse 2.1 getrennt werden.

[c] c. c.: closed cup method (Test in Geräten mit geschlossenem Tiegel)
[d] o. c.: open cup method (Test in Geräten mit offenem Tiegel)

Tabelle 43. Verpackung gefährlicher Güter (Ausschnitt) (IMDG-Code)

Die in dieser Anlage vorgeschriebenen Arten von Verpackungen stützen sich auf umfangreiche Erfahrungen und garantieren somit einen hohen Grad an Sicherheit.

Alle Einzelheiten über Verpackungen und Verpackungsprüfungen, wie sie im IMDG-Code enthalten sind, sind zusammen mit einer bildlichen Darstellung von Verpackungen im Anhang I des IMDG-Codes aufgeführt.

Die gefährlichen Güter aller Klassen außer Klassen 1, 2 und 7 sind für Verpackungszwecke dem Grad ihrer Gefahr entsprechend drei Gruppen (Verpackungsgruppen) zugeordnet:
Verpackungsgruppe I: Große Gefahr
Verpackungsgruppe II: Mittlere Gefahr
Verpackungsgruppe III: Geringe Gefahr.

Die jeweilige Verpackungsgruppe eines gefährlichen Gutes ist auf der Stoffseite eingetragen.

Bauartprüfungen müssen bei solchen Verpackungen vorgenommen werden, die allgemein im Handel gebräuchlich sind. Eine Verpackung, die für einen gefährlichen Stoff verwendet werden soll, der auf den einzelnen Stoffseiten mit einem niedrigen Gefährlichkeitsgrad bezeichnet wird, kann von den Bauartprüfungen ausgenommen werden.

Allgemeine Forderungen bei der Prüfung von Verpackungen:
(1) Innendruckprüfungen (niedrig für Leckage, höher für Flüssigkeiten mit hohem Dampfdruck)
(2) Fallprüfungen
(3) Stapeldruckprüfungen
(4) Feuchtigkeits-/Temperaturprüfungen
(5) Prüfungen auf Spritzwasserfestigkeit
(6) Durchstoßprüfungen (Penetrationstest)
(7) Prüfung von Holzfässern auf Dichtheit (Cooperagetest).

Die nach dem Internationalen Übereinkommen zum Schutze des menschlichen Lebens auf See von 1974 verlangte Bescheinigung über eine geeignete Verpackung kann vom Befrachter/Ablader nur dann ausgestellt werden, wenn durch eine Bauartprüfung die Eignung der Verpackung nachgewiesen und von der zuständigen Behörde anerkannt ist.

Es muß ein geeigneter Nachweis darüber geführt werden, daß die Prüfungen erfolgreich bestanden wurden.

Auf jeder Verpackung, die für den Gebrauch im Sinne dieser Anlage hergestellt wird, ist die Kennzeichnung gemäß der Ziffer 3.6 des Anhangs I zum IMDG-Code anzubringen.

Tabelle 44. Containerverkehr (Ausschnitt) (IMDG-Code)

Wenn Container voneinander getrennt werden müssen, sind die folgenden Vorschriften zu beachten:

Neutraler Container oder Containerzwischenraum

Bezugcontainer

Unverträglicher Container

Gegen Feuer widerstandsfähiges und wasserdichtes Deck

NICHT gegen Feuer widerstandsfähiges und wasserdichtes Deck

Gegen Feuer widerstandsfähiges und wasserdichtes Schott

Vertikale Stauung
Offene oder geschlossene Container dürfen nicht übereinander gestaut werden, wenn sie nicht durch ein gegen Feuer widerstandsfähiges und wasserdichtes Deck getrennt sind.

Wenn ein fester Stoff „entfernt von" einem anderen Stoff zu stauen ist, kann er darüber, jedoch nicht angrenzend gestaut werden, vorausgesetzt, beide sind in geschlossenen Containern geladen.

Verbotene Zone

Anhang II:
- Vorschriften über die Beschaffenheit der Gefäße aus Aluminiumlegierungen für gewisse Gase der Klasse 2,
- Vorschriften für Werkstoffe und Bau von Gefäßen für tiefgekühlte und verflüssigte Gase der Klasse 2,
- Vorschriften für die Prüfung von Druckgaspakkungen und Kartuschen der Ziffern 10 und 11 der Klasse 2.

Am 9.7. 1981 wurde die *1. Verordnung zur Änderung der Verordnung über die Beförderung gefährlicher Güter mit Seeschiffen* (1. See-Gefahrgut-Änderungs-Verordnung) dem Bundesrat zugeleitet. Danach verzichtet man auf die Anlage B mit den nationalen Sondervorschriften. Der Grundgedanke war, daß die internationalen Vereinbarungen für Gefahrguttransporte immer mehr den UN-Recommendations „Transport of Dangerous Goods" entsprechen sollen und damit einer weltweiten Harmonisierung näherkommen. Mit dem 27.7. 1982 wurde die 1. GGSVSee-ÄnderungsVO (BGBl. I, Nr. 30 vom 7.8. 1982) rechtskräftig.
Die Sicherheit der Menschen ist bei Beförderung gefährlicher Güter u. a. vom Verkehrsmittel abhängig. Das Freiwerden brennbarer Gase oder Flüssigkeiten ist im Seeverkehr für Mannschaften und Passagiere wesentlich gefährlicher als im Binnenverkehr. Ein Lkw oder ein Eisenbahnzug kann schnell verlassen und eine sichere Entfernung aufgesucht werden. Das ist bei einem Seeschiff nur bedingt möglich und wetterabhängig. Bedeutend ist auch der große Unterschied in der Transportdauer.
Unter Berücksichtigung dieser Gründe besteht der IMDG-Code aus der

- Allgemeinen Einleitung,
- dem Inhaltsverzeichnis (s. Tabelle 41) und der aus
- stoffspezifischen Blättern bestehenden Klassen.

Die in Abschnitte eingeteilte „Allgemeine Einleitung" enthält u. a.

- die Klasseneinteilung (s. Tabelle 42),
- die Flammpunkt-Prüfmethoden,
- die Bezeichnung und Kennzeichnung,
- die Verschiffungspapiere,
- die Verpackung (s. Tabelle 43),
- den Containerverkehr (s. Tabelle 44),
- die Tankcontainer (ortsbewegliche Tanks)
- die Verstauung (s. Tabelle 45)
- die Trennung/Zusammenladung (s. Tabelle 46),
- den Feuerschutz und die Brandbekämpfung,
- die Beförderung auf Ro/Ro-Schiffen und
- Allgemeine Bestimmungen für den Transport gefährlicher in begrenzten Mengen.

Im Teil I, Kap. 4, Beisp. 3 wurde ein folgenschwerer Unfall bei der Beförderung von Wasserstoffperoxid mit Rückschlüssen für den Seeverkehr behandelt. Bei Besprechung der stoffspezifischen Blättersammlung für die einzelnen Klassen des IMDG-Codes soll Klasse 5: Entzündend (oxidierend) wirkende Stoffe, organische Peroxide, behandelt werden (Tabelle 47). Die Tabelle 48 beschreibt die Eigenschaften, die Tabelle 49 die Verpackung und die Tabelle 50 die Stauung der gefährlichen Güter.
Am Wasserstoffperoxid mit Konzentrationen von mehr als 40% bis 60% Peroxid (Tabelle 51) und dem Wasserstoffperoxid, stabilisiert und mit Konzentrationen mit mehr als 60% Peroxid (Tabelle 51 a, b) sind graduelle Unterschiede leicht zu erfassen.

Tabelle 45. Betriebs- und Stauvorschriften (IMDG-Code)

Es ist vorgesehen, daß in absehbarer Zeit bei jedem einzelnen in dieser Anlage aufgeführten Stoff vermerkt ist, ob er in einem ortsbeweglichen Tank oder in einem Straßentankfahrzeug befördert werden darf und welcher Tanktyp und welche zusätzlichen Anforderungen zu erfüllen sind. Es dürfen nur die Flüssigkeiten, die im Anhang dieses Abschnittes aufgeführt und von der zuständigen Behörde des betreffenden Landes zugelassen sind, in ortsbeweglichen Tanks vom Typ 2 transportiert werden.

Es ist auch vorgesehen, daß in dieser Anlage ins einzelne gehende Forderungen für die Stauung solcher Stoffe in ortsbeweglichen Tanks oder Straßentankfahrzeugen angegeben werden, wie auch Hinweise

über Unterschiede in der Stauung bei Verwendung zugelassener Verpackungen.

Bis diese Ergänzungen zu dieser Anlage fertiggestellt sind, muß die Stauung der ortsbeweglichen Tanks oder Straßentankfahrzeuge den Empfehlungen dieses Unterabschnittes für die einzelnen ortsbeweglichen Tanktypen oder Straßentankfahrzeuge entsprechen.

Ortsbewegliche Tanks und Straßentankfahrzeuge sind in Übereinstimmung mit den Bestimmungen des Abschnittes 14 dieser Anlage zu stauen, jedoch sind für die Stauposition die Angaben in Nr. 13.1.20 maßgebend.

Tabelle 45 (Fortsetzung)

Ist die Stauvorschrift für einen Stoff auf der Stoffseite in dieser Anlage restriktiver als in der Stautabelle für den einzelnen Tanktyp, so gelten die Anforderungen auf der Stoffseite.

Ortsbewegliche Tanks oder Straßentankfahrzeuge, an denen am Tank oder an den Hebe- oder Zurrvorrichtungen Leckagen oder Beschädigungen festgestellt werden, dürfen nicht zur Verschiffung angenommen werden.

Ortsbewegliche Tanks oder Straßentankfahrzeuge, die so gefüllt sind, daß durch Schwall im Tank unzulässige hydraulische Kräfte verursacht werden können, dürfen nicht zur Verschiffung angenommen werden.

Nicht entgaste leere Tanks unterliegen den gleichen Bestimmungen wie Tanks, die mit dem entsprechenden Ladegut gefüllt sind.

Ortsbewegliche Tanks oder Straßentankfahrzeuge, an denen außen Ladungsreste haften, sind erst nach zufriedenstellender Reinigung zur Verschiffung anzunehmen.

Ortsbewegliche Tanks dürfen nicht überstaut werden; es sei denn, sie werden auf besonders dafür vorgesehenen Schiffen befördert und entsprechend hinsichtlich ihrer Schutzeinrichtungen den Anforderungen der zuständigen Behörden.

Ist ein ortsbeweglicher Tank oder ein Straßentankfahrzeug mit einem Stoff zu verschiffen, für den die Stoffseite dieser Anlage ein oder mehrere Sekundär-Kennzeichen vorsieht, so sind sämtliche Eigenschaften dieser Flüssigkeit bei der Stauung entsprechend zu berücksichtigen.

Spezielle Stauvorschriften

Ortsbewegliche Tanks vom Typ 1 und 2 und Straßentankfahrzeuge sind so zu stauen, daß die Stauposition der folgenden Tabelle entspricht:

Klassen		Andere Fahrgastschiffe		Frachtschiffe oder Fahrgastschiffe die nicht mehr als 25 Fahrgäste oder je einen Fahrgast auf 3 m Schiffslänge befördern	
		An Deck	Unter Deck	An Deck	Unter Deck
Explosive Stoffe und Gegenstände mit Explosivstoff	1	*	*	*	*
Gase	2	*	*	*	*
Entzündbare Flüssigkeiten	3.1	verboten	verboten	erlaubt	verboten[1]
	3.2	verboten[1]	verboten	erlaubt	verboten[1]
	3.3	erlaubt	verboten[1]	erlaubt	erlaubt[2]
Entzündbare feste Stoffe	4.1	*	*	*	*
Selbstentzündliche Stoffe	4.2	verboten	verboten	verboten[1]	verboten
Stoffe, die in Berührung mit Wasser entzündbare Gase entwickeln	4.3	verboten	verboten	erlaubt[3]	erlaubt[3]
Entzündend (oxydierend) wirkende Stoffe	5.1	verboten[1]	verboten	erlaubt[3]	erlaubt[3]
Organische Peroxide	5.2	verboten[1]	verboten	verboten[1]	verboten[1]
Giftige Stoffe	6.1	verboten[1]	verboten[1]	erlaubt[3]	erlaubt[3]
Radioaktive Stoffe	7	*	*	*	*
Ätzende Stoffe	8	erlaubt	erlaubt	erlaubt	erlaubt
Verschiedene gefährliche Stoffe	9	erlaubt[3]	erlaubt[3]	erlaubt	erlaubt[3]

* Nicht zugelassen
[1] Ausnahmen können unter besonderen Bedingungen von der zuständigen Behörde zugelassen werden
[2] Wenn diese Stoffe keine giftigen oder ähnlichen Eigenschaften haben, die durch ein Sekundärkennzeichen entsprechend kenntlich gemacht sind
[3] Unter Bedingungen, wie sie von der zuständigen Behörde festzulegen sind

Tabelle 46. Transport-Bedingungen (IMDG-Code)

IMDG (RID/ADR)-Klassen		Fahrgastschiffe mit mehr Fahrgästen als in Nr. 2.2 angegeben		Frachtschiffe und Fahrgastschiffe mit begrenzter Fahrgastzahl nach Nr. 2.2	
		an Deck	unter Deck	an Deck	unter Deck
Gase, verdichtete und verflüssigte					
– brennbare	2	verboten	verboten	erlaubt	verboten[a]
– giftige		verboten	verboten	erlaubt	verboten[a]
– nicht brennbare		erlaubt	verboten	erlaubt	erlaubt
Gase, tiefgekühlte, verflüssigte	2				
– brennbare/giftige		verboten	verboten	erlaubt	verboten[a]
– nicht brennbare		erlaubt	verboten	erlaubt	erlaubt
Entzündbare Flüssigkeiten	3.1	verboten	verboten	erlaubt	verboten[a]
	3.2	verboten[a]	verboten	erlaubt	verboten[a]
	3.3	erlaubt	verboten[c]	erlaubt	erlaubt[b]
Entzündbare feste Stoffe	4.1	verboten	verboten	verboten[a]	verboten
Selbstentzündliche Stoffe	4.2	verboten	verboten	verboten[a]	verboten
Stoffe, die in Berührung mit Wasser brennbare Gase entwickeln	4.3	verboten	verboten	erlaubt	verboten[a]
Entzündend (oxidierend) wirkende Stoffe	5.1	verboten[a]	verboten	erlaubt	verboten[a]
Organische Peroxide	5.2	verboten[a]	verboten	verboten[a]	verboten[a]
Giftige Stoffe	6.1	verboten	verboten	erlaubt	verboten[a]
Ätzende Stoffe	8	erlaubt	erlaubt	erlaubt	erlaubt
Verschiedene gefährliche Stoffe	9	erlaubt	erlaubt	erlaubt	erlaubt

[a] Ausnahmen sind gemäß Nr. 5.3.3 zulässig

[b] Nur dann für eine Stauung unter Deck erlaubt, wenn für den Stoff auf der für ihn zutreffenden Stoffseite des IMDG-Codes kein Sekundärkennzeichen für giftige oder ähnliche Eigenschaften vorgeschrieben ist.

[c] Die Stauung unter Deck ist erlaubt, wenn der Flammpunkt des betreffenden Stoffes mindestens 5 °C höher als die Raumtemperatur während der Reise ist. Der Stoff darf dabei keine giftigen oder ähnlichen Eigenschaften haben, die durch ein Sekundärzeichen nach der für ihn zutreffenden Stoffseite des IMDG-Codes kenntlich zu machen sind.

Tabelle 47. Klasse 5, entzündend (oxidierend) wirkende Stoffe – Organische Peroxide (Inhaltsverzeichnis) (IMDG-Code)

Klasse 5 – Allgemeines:
1. Eigenschaften; 2. Verpackung; 3. Stauung

Klasse 5.1 – Entzündend (oxidierend) wirkende Stoffe:
1. Eigenschaften; 2. Verpackung; 3. Trennvorschriften;
4. Stauung; 5. Feuerschutzmaßnahmen;
6. Begrenzte Mengen; 7. Die einzelnen Stoffe

Klasse 5.2 – Organische Peroxide:
1. Eigenschaften; 2. Vorschriften über einzuhaltende Transporttemperaturen;
3. Verpackung; 4. Trennvorschriften; 5. Stauung;
6. Feuerschutzmaßnahmen; 7. Begrenzte Mengen;
8. Die einzelnen Stoffe

Tabelle 48. Klasse 5, Entzündend (oxidierend) wirkende Stoffe –
Organische Peroxide (IMDG-Code)

Eigenschaften

In dieser Anlage behandelt die Klasse 5 entzündend (oxidierend) wirkende Stoffe und organische Peroxide.
Die Klasse ist unterteilt in:

Klasse 5.1 – Entzündend (oxidierend) wirkende Stoffe

Diese Stoffe besitzen die allgemeine Eigenschaft, obwohl sie in der Regel selbst nicht brennen, leicht Sauerstoff abzugeben oder die Ursache einer Oxydation zu sein, wodurch ein Brand anderen Materials ausgelöst oder die Verbrennung anderen Materials gefördert werden und dadurch die Heftigkeit eines Brandes verstärkt werden kann.

Klasse 5.2 – Organische Peroxide

Die meisten Stoffe der Klasse 5.2 sind brennbar. Sie wirken außerdem als entzündende (oxidierende) Stoffe und können zu explosionsartiger Zersetzung neigen. Sowohl in flüssiger als auch in fester Form können sie mit anderen Stoffen gefährlich reagieren. Die meisten organischen Peroxide haben eine hohe Verbrennungsgeschwindigkeit und sind gegen Reibung oder Stoß empfindlich.

Die Stoffe der Klasse 5 sind in alphabetischer Reihenfolge ihres englischen U. N.-Titels (Registrierter Stoffname) in jeder Klasse der Klasse 5 eingeordnet. Allgemein bekannte Synonyme und Trivialnamen sind ebenfalls aufgeführt.
Wo der Flammpunkt für einen flüssigen Stoff der Klasse 5 oder für eine Flüssigkeit angegeben ist, mit der ein Stoff der Klasse 5 durchsetzt oder angefeuchtet ist, kann ihm die Bezeichnung „c. c." (Closed cup method) – Test in Geräten mit geschlossenem Tiegel – oder „o. c." (open cup method) – Test in Geräten mit offenem Tiegel folgen. Eine Beschreibung dieser Prüfmethoden ist in der „Allgemeinen Einleitung zu dieser Anlage" zu finden.
Stoffe der Klasse 5 mit einem Flammpunkt bis 61 °C c. c. sind nach den Begriffsbestimmungen auch entzündbare Flüssigkeiten. In solchen Fällen kann der Flammpunkt auf der entsprechenden Stoffseite unter „Eigenschaften" angegeben sein.

Tabelle 49. Klasse 5, Entzündend (oxidierend) wirkende Stoffe –
Organische Peroxide (IMDG-Code)

Verpackung

Die unterschiedlichen Eigenschaften der Klasse 5 gestatten keine allgemein verwendbare Verpackung. Besondere Erfordernisse der Verpackung sind für jeden Stoff angegeben. Für Stoffe mit etwa dem gleichen Gefahrengrad ist (wo möglich) eine einheitliche Verpackung vorgesehen.
Wenn Flaschen aus Glas oder Gefäße (Carboys) aus Glas empfohlen werden, können darunter auch solche aus Keramik, Steinzeug oder Porzellan verstanden werden. Porzellan ist in solchen Fällen vorgeschrieben, in denen nur dieses Material die erforderliche Behälterfestigkeit aufweist.
Da der Dampfdruck von Flüssigkeiten mit niedrigem Siedepunkt in der Regel hoch ist, soll die Festigkeit der Gefäße für diese Flüssigkeiten, unter Berücksichtigung eines ausreichenden Sicherheitsfaktors, derart sein, daß sie den möglicherweise entstehenden inneren Drücken standhalten.
Die Behälter dürfen nicht vollständig gefüllt werden. Es muß genügend füllungsfreier Raum verbleiben, um Leckagen oder Verformungen der Gefäße zu verhindern, die durch Ausdehnung des Inhalts bei einem Temperaturanstieg während der Beförderung auftreten können.
Dieser füllungsfreie Raum bzw. Füllungsgrad wird in Prozenten des Gesamtfassungsraumes des Gefäßes angegeben.
Wenn nichts anderes angegeben ist, sind die festgelegten Prozentangaben des wirksamen/aktiven Bestandteils oder des Phlegmatisierungsmittels bei dem jeweiligen Stoff Gewichtsprozente, bezogen auf das Gesamtgewicht des Stoffes einschließlich seines Phlegmatisierungsmittels in dem Zustand, in dem er befördert werden soll.

Tabelle 50. Klasse 5, Entzündend (oxidierend) wirkende Stoffe – Organische Peroxide (IMDG-Code)

Stauung

Bezüglich der Trennung unverträglicher gefährlicher Ladungspartien voneinander sind unter den Bezeichnungen „Laderaum" und „Abteilung" Räume zu verstehen, die von stählernen Schotten und/oder Außenhautbeplattung und stählernen Decks umgeben sind. Die Begrenzungen dieser Räume sollen gegen Feuer widerstandsfähig und wasserdicht sein.
Schotte im Schutzdeck genügen der Trennung von gefährlichen Ladungspartien nur, wenn sie den im Absatz 3.1.1 genannten Erfordernissen entsprechen.

Begriffsbestimmungen

Entfernt von: Räumlich wirksam getrennt, damit unverträgliche Stoffe bei einem Unfall nicht in gefährlicher Weise aufeinander einwirken können. Sie können jedoch im selben Laderaum, in derselben Abteilung oder an Deck befördert werden, vorausgesetzt, daß ein horizontaler Abstand von mindestens 3 m, auch bei vertikaler Projektion, eingehalten wird.
Getrennt von: In verschiedenen Laderäumen, wenn die Stauung unter Deck erfolgt. Unter der Voraussetzung, daß ein dazwischenliegendes stählernes Deck gegen Feuer widerstandsfähig und wasserdicht ist, kann eine vertikale Trennung erfolgen, z. B. in verschiedenen Abteilungen (Decks). Bei Stauungen „An Deck" ist hierunter „Entfernt von" zu verstehen.
Getrennt durch eine vollständige Abteilung oder einen vollständigen Laderaum von: Bedeutet entweder eine vertikale oder horizontale Trennung. Wenn die Decks nicht gegen Feuer widerstandsfähig und wasserdicht sind, ist eine Trennung in Längsrichtung durch eine dazwischenliegende vollständige Abteilung (s. Absatz 3.2.4) erforderlich. Bei Stauung „An Deck" ist hierunter eine Trennung durch einen entsprechenden räumlichen Abstand zu verstehen.
In Längsrichtung getrennt durch eine dazwischenliegende vollständige Schotten-Abteilung von: Eine nur vertikale Trennung genügt diesem Erfordernis nicht. Bei Stauung „An Deck" ist hierunter eine Trennung durch einen entsprechenden räumlichen Abstand zu verstehen.

An Deck: Hierunter ist nicht nur eine Stauung in einer Abteilung des Schutzdecks zu verstehen.

Die Zahlen beziehen sich auf die obigen Absätze von 3.2 (Begriffsbestimmungen)

| 5 | | | | | | | |

Schutzdeck (1. Deck)	[4] [3]	[2]	[1]	[ ]	[2]	[3]	[4]
Zwischendeck (2. Deck)	[4] [3]	[2]		[2]	[2]		[3] [4]
Unterraum	[4] [3]	[3]	[3]		[3]	[3]	[4]

Allgemeine Stauvorschriften

Kisten aus Pappe sollen „Unter Deck" gestaut werden. Werden sie „An Deck" gestaut, müssen sie so geschützt werden, daß sie dem Wetter oder dem Seewasser niemals ausgesetzt sind.
Ausführliche Empfehlungen für die Trennung/ Zusammenladung von unverträglichen Stoffen sind in der Einleitung zur Klasse 5.1 und Klasse 5.2 zu finden und sind in Verbindung mit den besonderen Hinweisen zu beachten, die bei jedem einzelnen Stoff angegeben sein können.
Wenn ein Stoff dazu neigt, Dampf oder Staub abzugeben, der mit der Luft ein explosibles Gemisch bil-

den kann, ist zu veranlassen, daß er an einem gut belüfteten Platz gestaut wird.
Um eine Verseuchung zu vermeiden, muß ein Stoff, auf dessen Giftigkeit hingewiesen wird, „Entfernt von" allen Nahrungs- und Futtermitteln gestaut werden. Ein Stoff, auf dessen Giftigkeit durch ein Zusatzkennzeichen „POISON" hingewiesen wird, muß „Getrennt von" allen Nahrungs- und Futtermitteln gestaut werden.

Tabelle 51 a. Entzündend (oxydierend) wirkende Stoffe, Unterklasse 5.1

Chemische Formel: H_2O_2 *U.N.-Nr.:* 2014

Eigenschaften
Farblose Flüssigkeit. Wird als wässerige Lösung befördert. Die Gefahr nimmt mit
zunehmender Konzentration an Peroxid zu. Zersetzt sich langsam unter Abgabe von
Sauerstoff; die Zersetzungsgeschwindigkeit steigert sich in Berührung mit Metallen,
außer Aluminium. Kann durch Sauerstoffabgabe einen Brand erheblich vergrößern
und verbrennt heftig, wenn in einen Brand verwickelt.

Bemerkungen
Auch die stabilisierten Lösungen können Sauerstoff abgeben. Innenbehälter sollen
mit einem Druckausgleichsventil oder einer Entlüftungsvorrichtung versehen sein
und sollen so gestaut werden, daß sich diese Vorrichtung oben befindet. Wenn vorgesehen, brauchen kleinere Behälter mit einem geringeren Füllungsgrad nicht gelüf-
tet zu werden, sie müssen aber hermetisch (dicht) verschlossen sein.

Wasserstoffperoxid
(b) Konzentrationen von
40% bis 60% Peroxid

Hydrogen Peroxide
(b) concentrations of over
40% up to 60% peroxide

Kennzeichen

Verpackung	*Innenbehälter*		*Versandstück*	
Füllungsgrad: höchstens 90%	netto		brutto	
	Liter	pints	kg	pounds
1. Flaschen, aus Glas, eingebettet in inerte und absorbierende Polstermittel verpackt in: Holzkiste	2	4	75	160
2. Kunststoffflaschen, verpackt in: Holzkiste oder Kunststoffflaschen, einzeln verpackt in: Kunststoff- sack, -beutel, verpackt in:	2	4	75	160
Einheitspappkasten (Fiber)	0,5	1	30	65
3. Behälter, aus Kunststoff, ein- zeln verpackt in:	Liter	gal.		
Metallkorb[1]	60	13	–	–
4. Aluminiumbehälter	65	14	Liter	gal.
5. Inertes Metallfaß	–	–	225	50
Hermetisch (dicht) verschlossene:				
6. Flaschen, aus Glas, eingebettet in inerte und absorbierende Polster- mittel oder Flaschen aus Kunst- stoff,			kg	pounds
verpackt in: Metallkiste	21	4 pts	75	160
oder in mit Metallausgekleidete Holzkiste. Max. Flüssigkeitsinhalt 20 l (4 gal.)				

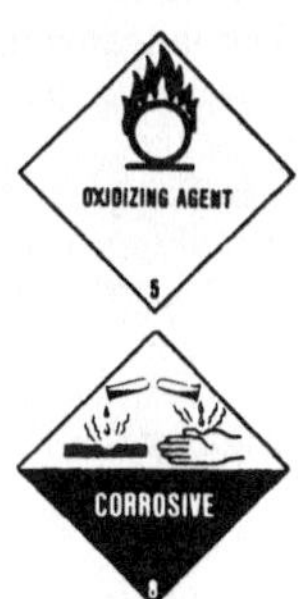

[1] Es können geprüfte und zugelassene freitragende Kunststoffbehälter als
Verpackung verwendet werden, wenn sie mit einer Entlüftungsvorrichtung
wie unter „Bemerkungen" beschrieben, versehen sind.

Verstauung
Vor Wärmebestrahlung schützen. Getrennt von Permanganaten.
Entfernt von pulverförmigen Metallen.

Frachtschiffe oder Fahrgastschiffe
die nicht mehr als 25 Fahrgäste   NUR AN DECK
oder je einen Fahrgast auf 3 m
(10 Fuß) Schiffslänge befördern

Andere Fahrgastschiffe   VERBOTEN

Verpackung & Verstauung
Die Hinweise in der Einleitung zur Klasse 5 und zur
Unterklasse 5.1 sind zu beachten

IMCO Code Seite 5151
Erg. Lfg. 6–71

Zusätzliche Bemerkungen

Tabelle 51 b. Entzündend (oxydierend) wirkende Stoffe, Unterklasse 5.1

U.N.-Nr.: 2015   *Chemische Formel:* H_2O_2

Eigenschaften

Farblose Flüssigkeit. Wird als wässerige Lösung befördert. Die Gefahr
nimmt mit zunehmender Konzentration an Peroxid zu. Zersetzt sich langsam
unter Abgabe von Sauerstoff; die Zersetzungsgeschwindigkeit steigert sich in
Berührung mit Metallen, außer Aluminium. Wenn ich einen Brand verwik-
kelt, können Mischungen mit brennbaren Stoffen explosibel sein.

Bemerkungen

Verpackung

Wie von der zuständigen Behörde des betreffenden Landes ausdrücklich bestimmt oder festgelegt.

Verstauung

Vor Wärmestrahlung schützen.
Getrennt von Permanganaten.
Entfernt von pulverförmigen Metallen.

Frachtschiffe oder Fahrgastschiffe die nicht mehr als 25 Fahrgäste oder je einen Fahrgast auf 3 m (10 Fuß) Schiffslänge befördern	Wie von der zuständigen Behörde des betreffenden Landes ausdrück- lich festgelegt oder bestimmt, unter Berücksichtigung der allgemeinen Hinweise in den Einleitungen zur Klasse 5 und zur Unterklasse 5.1
Andere Fahrgastschiffe	

Verpackung & Verstauung

Die Hinweise in der Einleitung zur Klasse 5 und zur
Unterklasse 5.1 sind zu beachten

Wasserstoffperoxid
(c) stabilisiert,
Konzentrationen mit mehr
als 60% Peroxid

Hydrogen Peroxide
(c) stabilized,
concentrations of over
60% peroxide

Kennzeichen

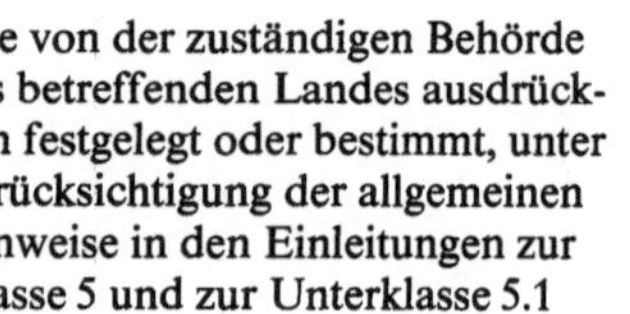

IMCO Code Seite 5152
Erg. Lfg. 6–71

Zusätzliche Bemerkungen

f) ICAO-Regulations, IATA-Dangerous Goods Regulations

Von 1950–1956 (*19*) entwickelte die IATA in Anlehnung an die DOT-Regulations ihre *IATA-RAR* (IATA – Restricted Articles Regulations). Da es damals die UN-Recommendations noch nicht gab, war dieser Weg recht brauchbar. Auf dieser Basis und durch Ideen des RAR-Board entstand ein modernes und weltweit erfolgreiches Transport-Reglement (Tabelle 52). Die Tabelle 53 zeigt einen Ausschnitt aus der alphabetischen Stoffliste.

Wie im Kap. 12 c berichtet, entwickelte das „Dangerous Goods Panel" (DGP) der ICAO (*32*) dann die für alle Signatarstaaten verbindlichen „*ICAO-Regulations*", die unter dem Titel „*Safe Transport of Dangerous Goods*" als Annex 18 zur „Chicagoer Konvention" verabschiedet wurden. Die ab 1.1. 1983 verbindlichen und ab 1.1. 1984 allein gültigen Arbeitsvorschriften bzw. „*Technical Instructions for the Safe Transport of Dangerous Goods by Air*" (Technische Instruktionen für den sicheren Lufttransport von gefährlichen Gütern) sind die logische Konsequenz der UN-Recommendations „Transport of Dangerous Goods" und schließen auch die Erfahrungen der IATA-RAR ein. Sie sollten so leicht verständlich sein, daß Sprachwierigkeiten und lückenhafte Kenntnisse der Materie keine Hindernisse für ihre Verwendung bereiten.

Tabelle 52. IATA-Vorschriften über die Beförderung bedingt zugelassener Güter (23. Aufl.), Gliederung

Teil 1	
	Alphabetische Liste der IATA-Mitglieder
	Alphabetische Liste anderer IATA-Partner
Abschnitt I	Anwendung dieser Vorschrift
Abschnitt II	Allgemeine Hinweise
Abschnitt III	Etikettierung
Abschnitt IV	Alphabetische Liste der bedingt zugelassenen Güter
Abschnitt V	Allgemeine Verpackungsvorschriften
Abschnitt VI	Verpackungsanweisung für Passagier- und Nur-Frachtflugzeuge
	Explosivstoffe – Verpackungsanweisungen 100–101
	Komprimierte Gase – Verpackungsanweisungen 200–211
	Leicht entzündliche Flüssigkeiten – Verpackungsanweisungen 300–306 und 320–339
	Leicht entzündliche Feststoffe – Verpackungsanweisungen 400–409 und 420–446
	Oxydträger – Verpackungsanweisungen 500–504 und 520–534
	Giftige Artikel, Klasse B – Flüssigkeiten; Verpackungsanweisungen 600–601 und 620–630
	Giftige Artikel, Klasse B – Feststoffe; Verpackungsanweisungen 650–654 und 670–672
	Giftige Artikel, Klasse C – Reizstoffe; Verpackungsanweisungen 680–683
	Andere bedingt zugelassene Artikel, Gruppe A; Verpackungsanweisungen 690–694
	Krankheitserreger – Verpackungsanweisungen 695–696
	Krankheitserreger – Testverfahren für Verpackungen
	Ätzende Stoffe – Verpackungsanweisungen 800–806 und 820–845
	Verschiedene Artikel – Verpackungsanweisungen 900–910
	Andere bedingt zugelassene Artikel, Gruppen B und C, Verpackungsanweisungen 950–960
Abschnitt VII	Verpackungsnormen
Abschnitt VIII	Durch Fluggesellschaften und Regierungen verfügte Ausnahmen
Abschnitt IX	Handhabung und Verladung bedingt zugelassener Artikel
Abschnitt X	Erklärung von Artikeln und Begriffen
Abschnitt XI	Literaturverzeichnis
Teil 2	
Radioaktive Stoffe	Teil 2 A, Teil 2 B

Das Inhaltsverzeichnis gibt einen Überblick (s. Tabelle 54). Neben der Klassifizierung und der alphabetischen Stoffliste ist eine codifizierte Verbindung zwischen Stoffliste und den Verpackungsinstruktionen von grundlegender Bedeutung. Weitere wichtige Positionen sind die festgelegten Verantwortlichkeiten für Versender und Transportunternehmer und deren Verpflichtung für eine entsprechende Schulung des Personals. Die Vorschriften für die Verpakkungen und deren Baumusterprüfungen sind von den UN-Recommendations übernommen und als eine Art Anhang zur besseren Information für den Benutzer anzusehen.

Die Tabelle 55 zeigt eine Seite der Stoffliste. Sie gibt als Sofortinformation über Regelungen für das Gefahrgut die UN-Nummer, die Klassen- und Gefahrgruppen-Einteilung, die oder das Gefahrkennzeichen, nationale und spezielle Ausnahmen, die zuständige Verpackungsgruppe, die maximalen Nettomengen pro Packstück und die einschlägigen Verpackungsinstruktionen. Diese basieren auf einer Code-Nummer mit drei Ziffern, deren erste Ziffer auf die UN-Nummer hinweist, wie *302*.

Die Code-Nummer 302 führt dann zum Teil III, Kapitel 2 mit den Verpackungsinstruktionen. Der Code führt dann zu der entsprechenden Seite (Tabelle 56), in der in tabellarischer Form Verpackungstypen (Kombinations- oder Einzel-Verpackung) sowie Mengen und Verpackungsausnahmen zusammengestellt sind.

Die Tabelle 57 behandelt spezielle Verpakkungsverpflichtungen. Es sei dabei besonders auf die Pos. 1.1.9 hingewiesen. Dort wird bezüglich der Verpackungsgruppen I und II

Tabelle 53. IATA-Vorschriften über die Beförderung bedingt zugelassener Güter

Abschnitt IV – Alphabetische Liste für bedingt zugelassene Güter								
					Maximal zugelassene Nettomenge pro Packstück Für genehmigte Mengenäquivalente siehe Abschnitt II			
Artikel-nummer	Artikel (A)	U. N. Klasse	Klasse (B)	Aufkleber (C)	Passagier-flugzeug (D)		Nur-Frachtflug-zeug (E)	
					Pack-note	Netto-menge	Pack-note	Netto-menge
531	△ Crotonaldehyd	3	Fla. L.	Fla. L./Polson	Nicht annehmbar		339	5 ltr
2223	Crotonsäure	8	Cor. M.	Corrosive	800	1 ltr	833	40 ltr
711	Crotonsäureäthylester	3	Fla. L.	Fla. L.	300	1 ltr	320	40 ltr
632	Crotonylen	3	Fla. L.	Fla. L.	300	1 ltr	321	40 ltr
536	Cumolhydroperoxidlösung über 96%	5	Org. Per.	–	Nicht annehmbar		Nicht annehmbar	
537	Cumolhydroperoxid, höchstens 96% in nicht-flüchtigem Lösungsmittel	5	Org. Per.	Org. Per.	502	1 ltr	521	1 ltr
540	Cupriäthylen-Diamin-Lösung	8	Cor. M.	Corrosive	800	1 ltr	834	5 ltr
547	Cyangas	2	Pols. A.	–	Nicht annehmbar		Nicht annehmbar	
323	Cyanid, Calcium-Cyanid, Kalium-, siehe Kaliumcyanid Cyanid, Natrium-, siehe Natriumcyanid	6	Pols. B.	Polson	651	12 kg	670	95 kg
544	Cyanide oder Cyanidgemische, trocken	6	Pols. B.	Poison	651	12 kg	670	95 kg
1920	Cyanidlösungen, n. o. s.	6	Pols. B.	Poison	600	1 ltr	620	220 ltr
548	Cyclohexan	3	Fla. L.	Fla. L.	300	1 ltr	320	40 ltr

nachdrücklich auf spezielle sichere Verpak-
kungskombinationen und absorbierende Materialien hingewiesen.

Schließlich gilt die Aufmerksamkeit dem Schulungsprogramm, das die Anwendung und die
Einhaltung der vorliegenden Vorschriften er-
leichtern soll. Die Tabelle 58 erläutert den dafür in Frage kommenden Personenkreis und
die Tabelle 59 die entsprechenden Schulungs-
themata.

Ab der 24. Ausgabe (31.12. 1982) der *IATA-
Dangerous Goods Regulations* (consolidated
version) gibt die IATA eine Arbeitsvorschrift
(field paper) heraus, die „nur für Übergangs-
planungen, nicht aber als Operations- bzw. Be-
triebsvorschrift" (nach IATA: „for transition
planning only, not for operational use") anzusehen ist.

Tabelle 54. ICAO-Regulations (Gliederung)

Part 1. General

Chapter 1. Scope and applicability
Chapter 2. Limitation of dangerous goods on
aircraft
Chapter 3. General information

Part 2. Classification and list of dangerous goods

Introductory Note
Chapter 1. Class 1 – Explosives
Chapter 2. Class 2 – Gases: compressed, liquefied,
or dissolved under pressure
Chapter 3. Class 3 – Flammable liquids
Chapter 4. Class 4 – Flammable solids; substances
liable to spontaneous combustion; sub-
stances which, on contact with water,
emit flammable gases
Chapter 5. Class 5 – Oxidizing substances; organic
peroxides
Chapter 6. Class 6 – Poisonous (toxic) and infec-
tious substances
Chapter 7. Class 7 – Radioactive materials
Chapter 8. Class 8 – Corrosives
Chapter 9. Class 9 – Miscellaneous dangerous
goods
Chapter 10. Classification of substances and articles
with multiple hazards
Chapter 11. Dangerous goods list
Chapter 12. Special provisions

Part 3. Packing instructions

Introductory Notes
Chapter 1. General packing requirements
Chapter 2. General
Chapter 3. Class 1 – Explosives
Chapter 4. Class 2 – Gases: compressed, liquefied,
or dissolved under pressure
Chapter 5. Class 3 – Flammable liquids
Chapter 6. Class 4 – Flammable solids; substances
liable to spontaneous combustion; sub-
stances which, on contact with water,
emit flammable gases
Chapter 7. Class 5 – Oxidizing substances; organic
peroxides

Chapter 8. Class 6 – Poisonous (toxic) and infec-
tious substances
Chapter 9. Class 7 – Radioactive materials
Chapter 10. Class 8 – Corrosives
Chapter 11. Class 9 – Miscellaneous dangerous
goods

Part 4. Shipper's responsibilities

Chapter 1. General
Chapter 2. Package markings
Chapter 3. Labelling
Chapter 4. Documentation

Part 5. Operator's responsibilities

Chapter 1. Acceptance procedures
Chapter 2. Loading
Chapter 3. Inspection and decontamination
Chapter 4. Provision of information

Part 6. Training

Part 7. Packaging specifications and tests

Chapter 1. Packaging specification markings for all
classes except Classes 2 and 7
Chapter 2. Nomenclature and codes
Chapter 3. Packaging for deeply refrigerated gases
Chapter 4. Design requirements for radioactive
materials packagings and packages
Chapter 5. General testing requirements
Chapter 6. Drums (specifications and tests)
Chapter 7. Barrels (specifications and tests)
Chapter 8. Jerricans (specifications and tests)
Chapter 9. Boxes (specifications and tests)
Chapter 10. Bags (specifications and tests)
Chapter 11. Composite packagings (specifications
and tests)
Chapter 12. Inner receptacles
Chapter 13. Testing procedures for infectious sub-
stances packagings
Chapter 14. Testing procedures for packagings for
radioactive materials

Part 8. Variations notified by states

Tabelle 55. Stoffliste (Beispiel) (ICAO-Regulations)

Name	UN No.	Class or division	Sub-sidiary risk	Labels	State varia-tions	Special provi-sions	UN packing group	Passenger aircraft		Cargo aircraft	
								Packing instruction	Maximum net quantity per package	Packing instruction	Maximum net quantity per package
1	2	3	4	5	6	7	8	9	10	11	12
Tetraethylammonium perchlorate (dry)	Forbidden										
Tetraethyl dithiopyrophosphate, dry, liquid, or mixture	1704	6.1		Poison (Gr. I&II) Keep away from food (Gr. III)		A6 A1 A4 A5	I II III	Forbidden Forbidden Forbidden		604 607 611 615 618 619	30 L 50 kg 60 L 100 kg 220 L 200 kg
Tetraethyl dithiopyrophosphate and gases in solution or Tetraethyl dithiopyrophosphate and gases mixtures	1703	2	6.1					Forbidden		Forbidden	
Tetraethylenepentamine	2320	8		Corrosive			III	818	5 L	820	60 L
Tetraethyl pyrophosphate and compressed gas mixtures	1705	2	6.1					Forbidden		Forbidden	
Tetraethyl silicate	1292	3		Liquid flammable			II	305	5 L	307	60 L
Tetrafluoroethylene, inhibited	1081	2	3	Gas flammable				Forbidden		200	150 kg

Tabelle 56. Verpackung im Luftverkehr, ätzende Stoffe (814)

Single packagings are not permitted.

Combination packagings:

Inner		Outer
Glass or earthenware – IR. 1	1 kg	Plywood box – 4D1
Plastic – IR. 2	2.5 kg	Plywood drum – 1D2
Metal – IR. 3, IR. 3 A	2.5 kg	Fibreboard box – 4G1
Glass ampoule – IR. 8	0.5 kg	Fibreboard drum – 1G1, 1G2, 1G3
		Expanded plastic – 4H1
Outer		Reconstituted wood box – 4F1
Wooden box – 4C1, 4C2		Steel drum – 1A2, 1A4
		Aluminium drum – 1B2

Sonderbestimmungen (815)

Single packagings are not permitted.

Combination packagings:

Inner

UN No.	Glass or earthenware IR. 1 (kg)	Plastic IR. 2 (kg)	Metal (not aluminium) IR. 3 (kg)	Aluminium IR. 3 A (kg)	Glass ampoule IR. 8 (kg)	Particular packing requirements
1727	1	2.5	2.5	No	0.5	21
1740	1	2.5	2.5	No	0.5	21
1751	1	2.5	2.5	No	0.5	5
1811	1	2.5	2.5	No	0.5	21
1839	1	2.5	2.5	No	0.5	5
1938	1	2.5	2.5	No	0.5	5
2439	1	2.5	2.5	No	0.5	21
2509	1	2.5	2.5	No	0.5	5
2869	1	2.5	2.5	No	0.5	5
2949	1	2.5	2.5	2.5	0.5	5

Outer

Wooden box – 4C1, 4C2	Expanded plastic – 4H1
Plywood box – 4D1	Reconstituted wood box – 4F1
Plywood drum – 1D2	Steel drum – 1A2, 1A4
Fibreboard box – 4G1	Aluminium drum – 1B2
Fibreboard drum – 1G1, 1G2, 1G3	

Particular packing requirements:

5   Corrosion-resistant steel or steel with protection against corrosion.
21   If free from hydrofluoric acid then glass inner receptacles are permitted.

Tabelle 57. Spezielle Verpacksverpflichtungen (ICAO-Reg.)

1.1.9 Inner receptacles must be so packed, secured or cushioned as to prevent their breakage or leakage and so as to control their movement within the outer packaging(s) during normal conditions of air transport. Unless otherwise provided in this paragraph or in the Packing Instructions, Packing Group I or II liquids of Classes 3, 4, 5, 6 or 8 in glass or earthenware inner receptacle(s) must be packaged using material capable of absorbing the liquid. Absorbent and cushioning material must not react dangerously with the liquid. Where the outer container is not liquid tight, and absorbent material is required, the outer packaging must be provided with a leakproof liner or other equally efficient means of containment. Unless otherwise provided, the quantity and disposition of absorbent material must be as follows:

a) Each outer packaging containing substances and articles packed for transport on a passenger aircraft must contain:

1) for Packing Group I – sufficient absorbent material to absorb the contents of all inner receptacles;

Tabelle 57 (Fortsetzung)

---

b) each outer packaging containing substances and articles packed for transport on cargo aircraft only must contain:
1) for Packing Group I – sufficient absorbent material to absorb the contents of any one inner
2) for Packing Group II – sufficient absorbent material to absorb the contents of any one inner receptacle and where the receptacles are of different sizes and quantities the material must be sufficient to absorb the contents of the receptacle containing the greatest quantity.

receptacle and where the receptacles are of different sizes and quantities the material must be sufficient to absorb the contents of the receptacle containing the greatest quantity.
2) for Packing Group II – no absorbent material required.

Notwithstanding the above, absorbent material is not required if the inner receptacle(s) are so protected that breakage of them and leakage of their contents from the outer packaging will not occur during normal conditions of transport.

Tabelle 58. Schulungsprogramm für Transporteure etc. (ICAO-Reg.)

Establishment of training programmes

1.1 Initial and recurrent dangerous goods training programmes must be established and maintained by or on behalf of:
a) regular shippers of dangerous goods and shippers' agents;
b) operators;
c) agencies under contract to operators for the purposes of processing and transporting air cargo and/or passengers;

d) persons, organizations or enterprises located at an aerodrome who perform, on behalf of the operator, the act of receiving, loading, unloading, transferring or other processing of cargo; and
e) other agencies which handle air cargo.

1.2 Dangerous goods training programmes required by 1.1 should be subjected to review and approval as determined by the appropriate authority.

Tabelle 59. Schulungsthemen

Training curricula

To assist with the planning of training courses, the subject matter relating to dangerous goods transport with which various categories of personnel should be familiar as a minimum is indicated below:

Category of personnel	Aspects of transport of dangerous goods by air with which they should be familiar
Operator's cargo staff	Classification of dangerous goods; list of dangerous goods; prohibitions; packing instructions; labelling and marking; dangerous goods transport document(s); operator's responsibilities; shipper's responsibilities
Personnel engaged in the ground handling, storage and loading of dangerous goods	General philosophy; labelling and markings; handling and loading procedures; compatibility
Passenger handling staff and crew members (other than flight crew members)	General philosophy; dangerous goods prohibited; exceptions for passengers; general label identification
Flight crew members	General philosophy; labelling and marking; pilots' notification; emergency procedures; compatibility; and loading procedures
Packer	Classes of dangerous goods; list of dangerous goods; general packing requirements; equivalents; specific packing instructions; labelling and marking
Shippers and shippers' agents	Classification of dangerous goods; list of dangerous goods; prohibitions; packing instructions; labelling and marking; shippers' responsibilities; dangerous goods transport document(s)

Da diese Vorschriften aber genau in der Philosophie der ICAO-Regulations erstellt sind, dabei recht instruktiv über die Übergangsregelungen für Verpackungen (UN/ICAO; IATA; US-DOT) und über detaillierte Bestimmungen und Ausnahmen von Luftverkehrsgesellschaften informieren, bedeuten sie eine hervorragende Ergänzung auf diesem Gebiet.

Im Kapitel 12 wird die chronologische Entwicklung der internationalen und nationalen Regelungen für den Transport gefährlicher Güter, ihre Philosophie und wichtige verkehrsspezifische Aspekte dieser Vorschriften behandelt. Die Abb. 40 soll noch einmal eine Übersicht über diese Vorschriften und ihre Zusammenhänge geben.

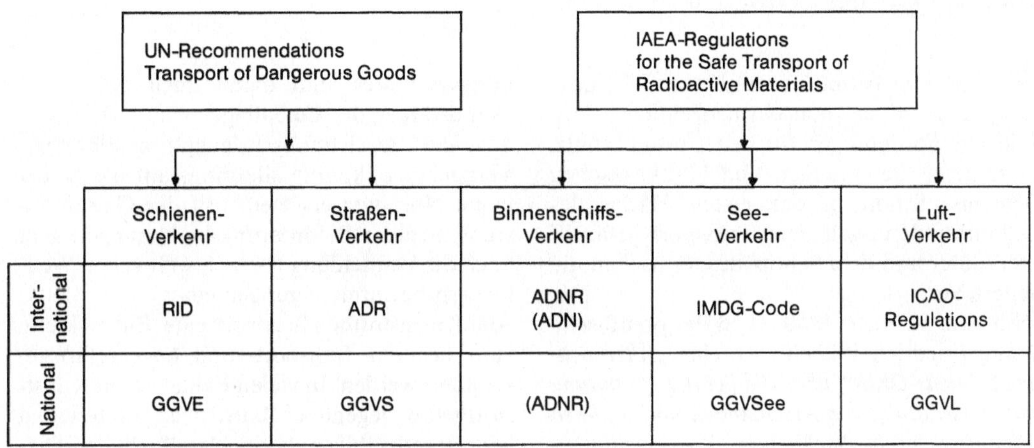

Abb. 40. Verkehrsvorschriften *(22, 29)*

12. Verpackungen, Behälter und Tanks

12.1 Einleitung in die Problematik

Es wäre ein Irrtum, anzunehmen, Verpakkungsvorschriften seien ein neuzeitliches Produkt aus Forderungen für den Umweltschutz, alternativen Bewegungen und bürokratischen Denkens. Schon in der ersten Hälfte des 19. Jahrhunderts galt dem Transport gefährlicher Güter und dem Schutz des Menschen die sichere Verpackung.

Schon am 5. Januar 1840 erließ der preußische König Friedrich Wilhelm III. eine *„Allerhöchste Kabinets-Ordre" über die bei der Verladung und Verschiffung von Arsenikalien und anderen Giftstoffen zu beobachtenden Vorsichtsmaßregeln* (I. S. II Nr. 3091) (s. Abb. 24). Eine andere Verordnung vom 17. 9. 1840 beschäftigte sich mit den „entzündlichen oder ätzenden" Stoffen.

In der daraus folgenden Durchführungsverordnung (damals: Regulativ) wird die sichere Verpackung und die Gefahren-Kennzeichnung vorgeschrieben.

Bis zur Herstellung und Verwendung der Eisen- und Stahl-Fässer in der zweiten Hälfte des 19. Jahrhunderts waren über Jahrhunderte hinweg Holzfässer die wichtigsten Gefäße für die Beförderung fester und flüssiger gefährlicher Güter. Selbst die Fa. Rockefeller hat noch längere Zeit für den Transport des Erdöls Eichenfässer benutzen müssen.

In den verschiedenen Ländern und Erdteilen entwickelten einzelne Staaten unterschiedliche Auslegungen der technischen Regeln über Verpackungen für gefährliche Güter. Daraus entstanden Diskrepanzen mit den USA und zwischen den großen Schiffahrt betreibenden Ländern.

Langjährige Erfahrungswerte, spezifische Entwicklungen in der Eisen-, Kunststoff- und Holz-Industrie legten die Werkstoffe, die Fertigungsverfahren und damit auch Form und Wandstärken der Emballagen fest. Die oft verwendete Bezeichnung „langjährig bewährte Verpackung" konnte allerdings auf die Dauer keine Normung ersetzen. Mit der Gewährleistung sicherer Beförderungsbedingungen geht auch die Vermeidung von z. T. weltweiten Wettbewerbsbeeinträchtigungen einher.

Am Kunststoffbehälter soll eine Entwicklung zum sicheren Transport- und Lagergefäß geschildert werden. In vielen Fällen ist ein Kunststoffgefäß gegenüber korrosiven Materialien widerstandsfähiger als ein Metallbehälter. Diesem wiederum bringt z. B. tägliche Sonneneinstrahlung, wie in einem Hoflager, keine Nachteile – aber manchem Plastikfaß! Dagegen setzt man Stabilisatoren ein. Da sie nicht billig sind, wird bei Einwegbehältern oft darauf verzichtet. Dieser Nachteil ist dem Gefäß aber oft nicht anzusehen; so besteht die Gefahr einer wiederholten Benutzung und damit einer Versprödung des Kunststoffs, die bis zum Material-Riß oder -Bruch führen kann. Unfälle mit Körper- und Sachschäden trugen nicht selten zur Verunsicherung bei.

Die Weiterverwendung der Einweggefäße war oft eine Folge der Unkenntnis oder der Unerfahrenheit beim Umgang mit dem Kunststoff, manchmal wollte der Weiterverwender nur seine Ertragslage verbessern. Deshalb befaßte sich der Gesetzgeber, wie der damalige „Gewerbetechnische Beirat des BMV", aber auch die Berufsgenossenschaft der chemischen Industrie, die Bundesanstalt für Materialprüfung, die Physikalisch-Technische Bundesanstalt und nicht zuletzt die Prüfstelle des Bundesbahnzentralamtes, mit dieser Entwicklung. Auch die einschlägige herstellende und verwendende Industrie schaltete sich aktiv ein.

Die deutsche Bundesbahn beauftragte schon vor vielen Jahren ihr Prüfinstitut beim BZA Minden spezielle Testmethoden auch für die Kunststoffverpackungen zu entwickeln. Nach einem positiven Ergebnis bekamen die zur Baumusterprüfung eingereichten Kunststoffgebinde eine Prüfnummer und ein Zertifikat, aus dem die Chemikalieneignung zu ersehen war. Damit konnten die Hersteller ihren Kunden auch definitive Auskünfte über die Verwendungsmöglichkeiten ihrer Produkte geben.

In der GGVS machte dann der Gesetzgeber ab 1.1.1976 zur Pflicht, daß bei der Beförderung gefährlicher Güter

„Verpackungen aus Kunststoff ohne zusätzliche Außenverpackung (z.B. Schutzbehälter) nur verwendet werden dürfen, wenn

1) diese Verpackungen in den Vorschriften des II. Teils dieser Anlage (Anlage A)[1] vorgeschrieben oder zugelassen sind,

2) die Eignung der Kunststoffverpackung durch eine Baumusterprüfung bei der Bundesanstalt für Materialprüfung oder dem Bundesbahn-Zentralamt nachgewiesen wurde und

3) die Verpackung mit dem Kurzzeichen „D“, der Kurzbezeichnung der Prüfanstalt, einer Registriernummer sowie Monat und Jahr der Herstellung dauerhaft gekennzeichnet sind (z.B. D/BAM/127/5/67)“.

In einem Zeitraum des Übergangs ereignen sich immer Unfälle, die für alle Beteiligten instruktiv sind:

1. Im Juli und August 1973 wurde bei Unfall- und Routine-Untersuchungen der Berufsgenossenschaft der chemischen Industrie festgestellt, daß Hersteller und Lieferanten von Chemikalien, aber auch Verarbeiter, Polyethylen-Behälter, sog. Zyklone (50–60 l Inh.) und Klein-Container (bis 1000 l Inh.) einsetzten, die inclusive ihrer Schraubverschlüsse durch Sonneneinstrahlung eine so starke Rißbildung aufwiesen, daß man die brüchig gewordene Wandung durch Fingerdruck durchstoßen konnte; dabei splitterte sie auf. Diese Behälter wurden für konzentrierte Säuren, Laugen und Lösungen, auch organische brennbare Flüssigkeiten (Flammpunkt unter 21 °C) verwendet. Ein Unfall ereignete sich, als ein Beschäftigter einen 60-l-Zyklon von einer Palette hob, dabei das Oberteil aufsplitterte und ihm 96%ige Schwefelsäure in das Gesicht spritzte.

Die Berufsgenossenschaft der chemischen Industrie und der damalige Gewerbetechnische Beirat des BMV (jetzt: Beirat) unterrichtete den zuständi-

1 GGVS/GGVE

gen Fachverband. Dieser informierte seine Mitglieder, diese Gefäße nicht mehr zu verwenden. Trotzdem kam es ca. 1 Jahr später in einer südwestdeutschen Großstadt zu einem folgenschweren Unfall, als eine Firma, die vom Verband nachweislich informiert worden war, auf einem Lkw derartige Behälter mit 96%iger Schwefelsäure transportierte. Als der Fahrer scharf bremsen mußte, stießen die Behälter aneinander und zwei zersplitterten. Die konzentrierte Schwefelsäure verbreitete sich auf der Straße, nachfolgende Autos wirbelten sie auf, so daß u.a. eine vorbeikommende Schulklasse besprüht wurde. Haut- und Augenverletzungen sowie Schäden an der Kleidung waren die Folge.

2. Bei einer westfälischen Firma erlitt ein Beschäftigter Gesichts- und Augenverätzungen, als er einen mit Ameisensäure gefüllten Kunststoffbehälter auf einen Kippwagen heben wollte, weil das Material zersplitterte. Die Recherchen ergaben:
Der Hersteller hatte beim BZA Minden eine Baumusterprüfung machen lassen. Diese war 1968 noch nicht so umfassend, wie heute. Die Herstellerfirma erhielt mit der Prüfnummer die Zulassung. Als diese später auf Ameisensäure ausgedehnt werden sollte, genügte das Material nicht mehr den Anforderungen. Das BZA zog im *März 1971* beim Hersteller die Zulassung incl. Nummer zurück. Damit war der Einsatz für gefährliche Stoffe zu unterbinden. Trotzdem setzte der Produzent Herstellung und Verkauf dieser Kunststoffbehälter auch für gefährliche Flüssigkeiten – mit der zurückgezogenen Prüfnummer – fort. Das eingeprägte Herstellungsdatum des zerbrochenen Gefäßes war *Juli 1971!*

3. Bei einer osthessischen Firma wollte ein Beschäftigter im Januar 1976 das am Griff eines Behälters befindliche Eis entfernen. Um sich nicht zu bükken, trat er mit dem Fuß gegen das Unterteil. Dabei platzte das Gefäß und die ausspritzende Flüssigkeit (35%iges Wasserstoffperoxid) verätzte den Fuß des Mannes. Die Lieferfirma hatte im Ausland hergestellte Polyethylen-Behälter benutzt, in denen sie Phosphorsäure importiert hatte, also eine ungeprüfte Verpackung!

12.2 Verpackungen (bis 450 l Inhalt oder 400 kg Nettogewicht)

Um die Qualität der Verpackungen für Beförderung gefährlicher Güter weltweit zu harmonisieren, erarbeitete das dafür zuständigen Gremien des ECOSOC *(Committee of Experts; Group of Rapporteurs)* bis Anfang der 70er Jahre des Kapitel 9 der UN-Recommendations „Transport of Dangerous Goods“. Es lautet: *„General Recommendations on Packing“* (Allgemeine Empfehlungen für Verpackungen). Diesen Empfehlungen kam man nur zögernd nach. In der Sitzungsperiode 1981/82 wurde das Kapitel 9 dann dem neuesten Stand der Technik angepaßt. Nun hat man für die gefährlichen Güter eine richtungsweisende Grundlage, die auch sofort in das harmonisierte RID/ADR, den IMDG-Code und die ICAO-Regulations einging. Sie enthält für folgende Verpackungstypen die Definitionen, die allgemeinen Anforderungen an die Verpackungen, die Typenbeschreibungen, die Leistungstests u. a.:

1. Stahl-Trommeln (Steel drums)
2. Aluminium-Trommeln (Aluminium drums)
3. Sperrholz-Trommeln (Plywood drums)
4. Holzfässer, Spund-Type (Wooden barrels, bung type)
5. Holzfässer mit Deckel (Wooden barrels, slack type)
6. Fässer aus Hartpappe (Fibre drums)
7. Kunststoff-Fässer (Plastic drums)
8. Kanister aus Stahl (Steel jerricans)
9. Kanister aus Kunststoff (Plastic jerricans)
10. Holzkisten (Boxes of natural wood)
11. Sperrholzkisten (Plywood boxes)
12. Kisten aus vergütetem Holz (Reconstituted wood boxes)
13. Kisten aus Hartfaserplatten (Fibreboard boxes)
14. Kisten aus geschäumtem Kunststoff (Expanded plastic boxes) (Styropor)
15. Stahlkisten (Steel boxes)
16. Textilsäcke (Textile bags)
17. Säcke aus Kunststoffgewebe (Bags of plastic fabrics)
18. Säcke aus Kunststoff-Film (Bags of plastic film)
19. Papiersäcke – nicht wasserdicht (Paper bags – not waterproofed)
20. Papiersäcke – wasserdicht (Paper bags – waterproofed)
21. Verpackungskombinationen (Composite packagings/plastic material)
22. Verpackungskombinationen (Composite packagings/glas)

Die einleitenden Beschreibungen dazu geben einige besondere Hinweise auf die Tests und z. B. über die Befüllungsgrade für Feststoffe oder Flüssigkeiten. Baumusterprüfungen vor Beginn der Serienfertigung und durch Wiederholungsprüfungen während der Fertigungsserie sollen sicherstellen, daß nur Verpackungen mit einem bestimmten Sicherheitsstandard verwendet werden. Die Tests entsprechen drei Gefahrengruppen, die auf den Kriterien der Gefahrgüter und Verpackungen basieren:

Gruppe I   Große Gefahr (great danger)
Gruppe II   Mittlere Gefahr (medium danger)
Gruppe III Geringe Gefahr (minor danger)

Im wesentlichen bestehen die Tests aus einer Stapeldruckprüfung, einer Dichtheitsprüfung, einer Innendruckprüfung (z. B. bei Plastikgefäßen), einer Prüfung auf chemische Beständigkeit und einer Fallprüfung, deren Fallhöhe nach den Gefahrgruppen zu differenzieren ist:

Gruppe I   1,80 m
Gruppe II   1,20 m
Gruppe III 0,80 m.

Die Fallprüfung besteht u. a. aus einer Prüfung, bei der der Behälter auf seiner schwächsten Stelle aufschlägt und aus einer Diagonalfallprüfung (s. Abb. 41).

Die Verpackungsempfehlungen des Kapitels 9 erfassen nicht:

a) Verpackungen mit radioaktiven Substanzen. Sie werden in den IAEA-Regulations geregelt.
b) Druckflaschen und andere Glasgefäße.
c) Verpackungen mit einem Nettogewicht über 400 kg.
d) Verpackungen mit einem Volumen über 450 l.

Die Verpackungen müssen einem Baumuster entsprechen, das die Prüfungen bestanden hat. Der Gesamtprüfbericht muß folgende Angaben enthalten:

– prüfende Stelle
– Antragsteller
– Hersteller der Verpackung
– Beschreibung der Verpackung, kennzeichnende Merkmale, wie Werkstoffe, Abmessungen, Wanddicke, Gewicht, Verschlüsse
– Konstruktionszeichnung der Verpackung und der Verschlüsse
– Herstellverfahren
– Volumen
– Prüfergebnisse

Wenn die Voraussetzungen der Prüfung erfüllt sind, legt das Prüfinstitut die *Kennzeichnung* und die *Codierung* für die Bauart fest und erteilt die Zulassung. Jede Verpackung muß unauslöschbar und gut sichtbar *gekenn*zeichnet sein.

Die Kennzeichnung (Marking) besteht aus:

a) Verpackungssymbol der Vereinten Nationen

Abb. 41. Diagonalfallprüfung (während des Falles) *(3)*

Abb. 42. Herstellungsdatum

b) Code-Nummer der Verpackung
c) einem zweigeteilten Code
  (i) Kurzbezeichnung für die Leistungsfähigkeit der Verpackung
  X für Verpackungen von Stoffen der Gruppen I bis III
  Y für Verpackungen von Stoffen der Gruppen II und III
  Z für Verpackungen von Stoffen der Gruppe III
  (ii) für die geprüfte Verpackung die Festlegung des spezifischen Gewichts des Füllgutes, wenn dieses größer als $1,2 \, g/cm^3$ ist
d) Entweder einem Buchstabe, wie „S", der dafür bestimmend ist, daß die Verpackung nur für die Beförderung von Feststoffen, viskosen Flüssigkeiten oder für Verpackung mit Innengefäßen benutzt werden darf oder, wenn sie einen hydraulischen Drucktest erfüllt hat, dem getesteten Druck in kPa aufgerundet zu den nächsten 10 kPa.

e) den letzten zwei Ziffern des Jahres in dem die Verpackung hergestellt wurde (s. Abb. 42)
f) dem Statt, der zur Benutzung der Kennzeichnung bevollmächtigt. Es wird dafür das bekannte Ländersymbol im internationalen Automobilverkehr benutzt
g) dem Namen des Verpackungsherstellers oder sein Kurzzeichen und die Registriernummer.

Die gesamte Kennzeichnung sieht dann wie folgt aus:

> 1A2A / Y145 / S / 82
> D / Herst. / 374 /

Ähnlich bauen sich auch die Kennzeichnungen rekonditionierbare Verpackungen auf.

Die Code-Nummer für bestimmte Verpackungstypen besteht aus:

a) einer arabischen Ziffer für die Gruppe der Verpackungen, wie Faß, Trommel, Kanister etc.
b) einem lateinischen Großbuchstaben für das verwendete Verpackungsmaterial, wie Stahlblech, Kunststoff, Holz etc.
c) einer arabischen Ziffer für den Typ der Verpackung innerhalb der Gruppe, wie 1 für nicht abnehmbaren Deckel, oder 2 für abnehmbaren Deckel.

Die folgenden Ziffern sollen für die Verpackungstypen verwendet werden:

1   Trommeln/Fässer
2   Holzfässer
3   Kanister
4   Kisten/Schachteln
5   Säcke
6   Kombinationsverpackung
7   Druckgefäße

Die folgenden Lettern sollen für die Materialtypen verwendet werden:

A   Stahl (alle Typen und Vergütung)
B   Aluminium
C   Naturholz
D   Sperrholz
F   Hartfaserwerkstoffe
G   Fiber (Hartpappe)
H   Kunststoffe
L   Textilgewebe
M   Papier (vielschichtig)
N   Metall (anders als Stahl oder Aluminium)
P   Glas, Porzellan oder Steingut

Tabelle 60. Verpackungs-Typen und -Codes

Typ	Material	Bauart	Code
1. Trommeln	A. Stahl	nicht abnehmbarer Deckel	1A1
		abnehmbarer Deckel	1A2
	B. Aluminium	nicht abnehmbarer Deckel	1B1
		abnehmbarer Deckel	1B2
	D. Sperrholz		1D
	G. Hartpappe		1G
	H. Kunststoff	nicht abnehmbarer Deckel	1H1
		abnehmbarer Deckel	1H2
2. Fässer	C. Holz	mit Spund	2C1
		abnehmbarer Deckel	2C2
3. Kanister	A. Stahl	nicht abnehmbarer Deckel	3A1
		abnehmbarer Deckel	3A2
	H. Kunststoff	nicht abnehmbarer Deckel	3H1
		abnehmbarer Deckel	3H2
4. Kisten Schachteln	A. Stahl	—	4A1
		mit Auskleidung	4A2
	B. Aluminium	—	4B1
		mit Auskleidung	4B2
	C. Aus Naturholz	normale Ausführung	4C1
		staubdicht	4C2
	D. Sperrholz	—	4D
	F. Hartfaserwerkstoff	—	4F
	G. Fiber		4G
	H. Kunststoff	verschäumt	4H1
		fest, massiv	4H2
5. Säcke	H. Gewebtes Kunststoff-Material	ohne innere Auskleidung oder Beschichtung	5H1
		staubdicht	5H2
		wasserdicht	5H3
	H. Kunststoffilm	—	5H4
	L. Textil	ohne innere Auskleidung oder Beschichtung	5L1
		staubdicht	5L2
		wasserdicht	5L3
	M. Papier	vielschichtig	5M1
		vielschichtig, wasserdicht	5M2
6. Kombinations-Verpackung	H. Kunststoff-Behälter	in Stahltrommel/Faß	6HA1
		in Stahlbehälter oder -Kasten	6HA2
		in Aluminiumtrommel/Faß	6HB1
		in Alu-Behälter oder -Kasten	6HB2
		in Holzkiste	6HC
		in Sperrholztrommel	6HD1
		in Sperrholzkiste	6HD2
		in Fibertrommel	6HG1
		in Fiber-/Hartpappekisten	6HG2
		in Kunststofftrommeln	6HH
	P. Gefäße aus Glas, Porzellan oder Steingut	in Stahltrommel/Faß	6PA1
		in Stahlbehälter oder -Kasten	6PA2
		in Aluminiumtrommel/Faß	6PB1
		in Alu-Behälter oder -Kasten	6PB2
		in Holzkiste	6PC
		in Sperrholztrommel	6PD1
		in Weidenkorb	6PD2
		in Fibertrommel	6PG1
		in Fiber-/Hartpappekisten	6PG2
		in Schaumstoffverpackung	6PH1
		in fester Kunststoffverpackung	6PH2

Tabelle 61. Verpackungszulassungen

Angaben zur Zulassung			Angaben zur Verpackungsbauart			Zugelassene Füllgüter
Zulassungs-Schein-Nr.	BAM Az.: 3.3/ –	Antrag-steller	Bauart	Nenn-Vol. bzw. Gew.	Kennzeichnung ⓗ	Lt. Stoffseiten der Anlage A z. GGVSee
D/03 630/5N1	3317		4-lagiger Papiersack mit innerem PE-Foliensack	25 kg	5N1/Y/a/D/630/b	"
D/03 631/3H1	3318		Freitragendes PE-Kunststoffgefäß	30 l	3H1/Y1,6/ma/D/631/b	Ätzend. Reinigungsmittel „Euron 16"
D/03 632/3H1	3319	"	"	30 l	3H1/Y1,6/ma/D/632/b	"
D/03 633/1A1	3306		Stahlblechfaß mit festem Oberboden und Füll- und Belüftungsöffnung	216,5 l	1A1/X1,6/a/D/633/b	„Stoffpauschal"

Die Code-Nummer sieht dann wie folgt aus (s. Tabelle 60):
Ein besseres Verständnis des Prüfzeugnisses incl. Kennzeichnung und Code gibt Tabelle 61. Die Verantwortung und Eignung einer Verpackung liegt immer bei dem, der das Verpackungsstück befüllt und in den Verkehr bringt.

12.3 Container und Tanks (Einleitung)

Lagerung und Beförderung körniger oder pulveriger Stoffe oder Flüssigkeiten ist seit Jahrtausenden eine Voraussetzung für eine geordnete Haushaltsführung und für den Handelsaustausch über Land und See. Zuerst verwendete man Schläuche aus Tierbälgen oder Tongefäße. Erst nach der Zeitwende kann man in allen Teilen des römischen Weltreiches Holzfässer nachweisen. Aus fertigungstechnischen Gründen waren sie bis zum Mittelalter schlank. Um ihren Rauminhalt zu vergrößern, veränderte sich diese Form. In den letzten 400 Jahren wurden bemerkenswerte Volumina erreicht. Das alte deutsche Hohlmaß „ein Faß" normte Behälterinhalte zu 1 600 Liter. Das Erdöl wird heute noch nach „barrel" berechnet. Erst im 19. Jahrhundert erlaubte auf Grund technischer Entwicklungen kommerziell billiger Stahl eine entsprechende Faß- und Behälterherstellung. Seither dienen auch Stahlflaschen zur Beförderung und Aufbewahrung verdichteter Gase, wie Sauerstoff, Wasserstoff oder Acetylen.

Mit der Entwicklung der Chemie kamen gefährliche flüssige Stoffe auf, deren Transport und Lagerung in Holzfässern immer problematischer wurden. Typisch war die Beförderung von Erdöl in Holzfässern. Die parallel laufende Entwicklung von Stahlfässern führte zu einer bemerkenswerten Deckung einer auch sicherheitstechnischen Bedarfslücke. Gleichzeitig entstanden Vorschriften zum Schutz der Beschäftigten und der Bevölkerung.

Während in den letzten hundert Jahren für die Beförderung gefährlicher Flüssigkeiten und verflüssigter Gase neben den Stahlfässern die Verwendung von Eisenbahn-Kesselwagen, Straßen-Tankfahrzeugen, Tankschiffen etc. selbstverständlich wurde, erfolgte im Gütertransport beinahe unbemerkt seit den 50er Jahren die Entwicklung zum Containertransport.

a) Intermediate Bulk Container (IBC) = Flexible Schüttgutbehälter
(Inhalt: 450 l–3 000 l; für Feststoffe)

Seit Jahren haben sich „Flexible Schüttgutbehälter" (IBCs) für Transport- und Lagerzwecke

Abb. 43. Flexibler Schüttgutbehälter (IBC) *(34)*

Abb. 44. Krantransport und Stauung *(34)*

für feste Schüttgüter aller Art hervorragend bewährt (s. Abb. 43). Sie überbrücken eine Lücke im Fassungsraum der Behälter für Gefahrguttransport, nämlich von 450 l bis 10 000 l (seit 1976 Ausnahmegenehmigung Nr. 517 des BMV). Ähnliche Situationen sind in anderen europäischen Ländern, den USA, Kanada, Australien und Südafrika.

Die Behälter werden aus Kunststoffgewebe (z. B. Polypropylen) angefertigt. Eingewebte Verstärkungsbahnen und Hebebänder aus Polyester oder Nylon bewirken eine gleichmäßige Kräfteverteilung auf das gesamte Behältergewebe. Der quadratisch eingewebte Boden gewährleistet sichere Standfestigkeit und Stapelfähigkeit. Sie verbinden eine geringe hängende Transporthöhe mit einem schnellen Kranumschlag (Abb. 44) und einer guten Ausnutzung der Ladekapazitäten.

Behälter für den Transport von Gefahrgut müssen dicht sein, z. B. durch eine innenseitige Kunststoffbeschichtung oder durch ein punktweise eingeklebtes Folieninlett. Sie müssen allen zu erwartenden, normalen mechanischen und thermischen Transportbeanspruchungen standhalten. Ihr Material muß gegen gefährliches Gut chemisch, aber auch gegen UV-Strahlung und Wettereinfluß beständig sein. Ihre Gebrauchsdauer ist auf 5 Jahre beschränkt. Sie müssen einer Baumusterprüfung bei der BAM oder beim BZA Minden mit u. a. einer Fallprüfung aus 1,20 m Höhe entsprechen. Sie sind dauerhaft zu kennzeichnen (Herstellername, Registriernummer, Monat und Jahr der Herstellung, Angabe der Gebrauchsdauer).

Die flexiblen Schüttgutbehälter dürfen unter deutscher Gesetzgebung nur als Wagenladung, geschlossene Ladung oder im Container befördert werden. Es wurden aber auch Kombinationsverpackungen (combination packaging IBCs) entwickelt, die aus einem stabilen Außenbehälter, z. B. Stahl, und dem flexiblen Innenbehälter bestehen. Mit metallischen IBCs werden auch Flüssigkeiten transportiert.

Die Entwicklung der IBCs ist voll im Fluß und wird bei der „Group of Rapporteurs/Committee of Experts" beraten. Eine dem Kapitel 9 der UN-Recommendations „Transport of Dangerous Goods" ähnliche Lösung und damit eine weltweite Harmonisierung ist zu erwarten.

b) Kubische Tankcontainer (KTC)
(Inhalt: 0,25–3 m^3)

Vor mehr als 20 Jahren kam in der Bundesrepublik Deutschland ein kubischer Flüssigkeits- und Schüttgut-Kleincontainer auf den Markt, den man ursprünglich als „Stapeltank" bezeichnete (Abb. 45).

Abb. 45. Kubische Tankcontainer (KTC) *(35)*

Die *„Kubischen Tank-Container" (KTC)* kamen in den Ruf wirtschaftlicher und unfallsicherer Beförderungs-, Lager- und Produktions-Behälter. Sie werden oben befüllt und unten entleert, sie passen auf eine Norm-Palette, werden mit Kran oder Gabelstapler transportiert, bieten eine gute Raumausnutzung und sind sehr standfest. Allerdings entsprachen sie nicht mehr den Tank-Container-Vorschriften, die 1973 im RID und ADR in Kraft traten. Obwohl das BVM Ausnahmegenehmigungen gewährte, konnten die Kleincontainer im grenzüberschreitenden Verkehr und im Ausland nicht eingesetzt werden. Ein vom Beirat für die Beförderung gefährlicher Güter des BMV eingesetzter Arbeitskreis erarbeitete die „Richtlinie TR KTC 001, die am 30.6. 1978 im VkBl. Nr. 12/78, S. 266, bekanntgegeben und im Jan. 1979 als „Ausnahme Straße 50" für den internationalen Verkehr in Kraft gesetzt wurde. Diese kann z. Zt. allerdings nur durch internationale, wie bilaterale Vereinbarungen angewendet werden. Solche Vereinbarungen wurden mit der Schweiz und den Beneluxländern getroffen.

Die KTC dürfen nur verwendet werden, wenn sie durch die BAM baumusterzugelassen sind. Die Baumusterprüfung erfolgt beim Bundesbahn-Zentralamt (BZA) in Minden. KTC müssen alle 5 Jahre von Sachverständigen geprüft werden. Alle 2½ Jahre hat der Betreiber Dichtheit und Funktion zu prüfen. Für bestimmte

Stoffe sind Sicherungen gegen Überfüllen, Füllstandsanzeigen, Gaspendelverfahren beim Umschlag, maximaler Füll- und Entleerdruck etc. vorgeschrieben. KTCs dürfen nur soweit befüllt werden, daß bei 50 °C höchstens 98% ihres Fassungsraums gefüllt ist. Sie müssen so verschlossen und dicht sein, daß vom Inhalt nichts unkontrolliert nach außen gelangen kann.

Kapitel II der TR KTC 001 bringt Stoffzulassungen und Sonderbestimmungen, die das Kapitel I ergänzen oder ändern. Es handelt sich dabei um Vorschriften für den Bau, die Ausrüstung, die Zulassung des Baumusters, die Prüfungen, die Kennzeichnung und den Betrieb. Folgende Stoffe werden zugelassen:

In *Klasse 3:* alle entzündbaren, flüssigen Stoffe mit einem Dampfdruck von höchstens 1,1 bar bei 50 °C und einem Flammpunkt über −18 °C, *ausgenommen* wird Nitromethan,

in *Klasse 4.1:* alle Stoffe mit einem Dampfdruck von höchstens 0,1 bar (absolut) bei 50 °C, *ausgenommen* die Stoffe der Ziffern 2b), 3 bis 7, 11 c), 14, 15,

in *Klasse 4.2:* alle Stoffe, die bei 50 °C einen Dampfdruck von höchstens 1,1 bar haben, *ausgenommen* Stoffe der Ziffern 1, 3, 3 A, 3 B, 3 C,

in *Klasse 4.3:* alle Stoffe, die bei 50 °C einen Dampfdruck von höchstens 1,1 bar (absolut) haben, *ausgenommen* Siliciumchloroform (Trichlorsilan),

in *Klasse 5.1:*
alle Stoffe, *ausgenommen* Stoffe der
Ziffern 1–3,

in *Klasse 6.1:*
- alle flüssigen giftigen und gesundheitsschädlichen Stoffe der Ziffern 11 b), 13 a), 13 c), 21 bis 23, 31 b), 31 c), 32 b), 61, 62, 81 b) bis 81 i), 82 b) bis 82 i), 83 und die diesen Ziffern zu assimilierenden Stoffe,
- alle giftigen und gesundheitsschädlichen, staubförmigen und körnigen Stoffe der Ziffern 21 bis 23, 31 a), 41, 62, 71 bis 75, 81 bis 84 und die diesen Ziffern zu assimilierenden Stoffe,

in *Klasse 8:*
- alle ätzenden Stoffe der Klasse 8, der Ziffern 1 c) bis 1 e), 2 c), 7, 8, 12, 13, 15, 21 a), 21 b), 21 c), 21 e), 21 f), 24, 31, 32, 35, 36 und 41
- die Stoffe der Ziffer 1 a), mit Ausnahme des Oleums, 2 a) und 10 dürfen in KTC mit einem Fassungsvermögen unter 450 l befördert werden,
- die Stoffe der Ziffer 1 b) und 2 b) mit einem Inhalt unter 1 000 l

c) Container

Container sind großräumige, rechteckige Transportbehälter mit einer Stahlkonstruktion und einer Außenhaut aus Stahl- oder Aluminiumblech oder Sperrholz. Sie werden im kombinierten See-Land-Verkehr eingesetzt. Sie sind durch die *ISO* genormt.
Die ISO ist die *International Organisation for Standardisation* (Internationale Normen-Organisation). Sie ist 1946 gegründet worden und umfaßt alle Normen aufstellende Länder. Ihre Vorgängerin ist die 1926 gegründete *ISA (International Federation of the National Standardizing Associations).*
Der Container muß einer Art Baumusterprüfung entsprechen, der ISO-Norm 1496. Sie besteht aus folgenden Testen:

1. *Hebetest:*
Heben an den oberen/unteren Eckbeschlägen mit 2 R (R = höchstes Bruttogewicht)
Heben an anderen Hebepunkten mit 1,25 R.
2. *Stapeltest:* Die statische Aufstapellast (die auf der Zulassungsplakette [s. Abb. 46] vermerkt wird) multipliziert mit 1,8; soweit der Container ausschließlich in Transporten eingesetzt wird, bei denen deutlich geringere vertikale Beschleunigungskräfte auftreten, und soweit garantiert ist, daß der Container nur in solchen Verkehren eingesetzt wird, kann auch ein dementsprechend niedriger Faktor gewählt werden.
3. *Dachbelastungstest:* 300 kg Testlast auf eine Dachfläche von 300 × 600 mm.
4. *Fußbodenbelastungstest:* Der Containerboden muß einem Gabelstapler mit 5,460 kg Achslast standhalten.
5. *Stirnwandtest:* 0,4 × die Nutzlast ist die Testlast für die Stirnwand. Abweichende Testlasten müssen auf der Sicherheitsplakette angegeben werden.
6. *Verwindungssteifigkeitstest:* Der Container muß mit der Testlast, die auf der Sicherheitsplakette eingetragen ist, auf seine Verwindungssteifigkeit geprüft werden.
7. *Seitenwandtest:* Die Testlast beträgt 0,6 × Nutzlast. Abweichende Testlasten müssen auf der Sicherheitsplakette angegeben werden.

Am 10. Febr. 1976 (BGBl. II 1976, S. 253 ff.) erließ die Bundesregierung das „Gesetz zu dem Übereinkommen vom 2. Dezember 1972 über sichere Container" (deutsches Einführungsgesetz, Urfassung des CSC ist in englischer, französischer und deutscher Sprache).

CSC = International Convention for Safe Containers (Internationales Übereinkommen über sichere Container)

Im „CSC" verpflichten sich die Vertragsstaaten

1. Container, die im grenzüberschreitenden Verkehr eingesetzt werden, auf ihre Sicherheit überprüfen zu lassen und das Ergebnis einer solchen Prüfung mit einer Sicherheitsplakette am Container zu dokumentieren und
2. an Container, die in einem Vertragsstaate entsprechend den Vorschriften des CSC geprüft wurden und eine entsprechende Plakette tragen, keine weiteren Sicherheitsanforderungen zu stellen (s. Abb. 46).

In der Bundesrepublik Deutschland ist die Zulassungsbehörde die Bundesanstalt für Materialprüfung (BAM). Sie kann sich der technischen Hilfe des „Germanischen Llodys", der

„Technischen Überwachungsvereine" und der „Staatlichen Technischen Überwachung Hessen" bedienen.

Die Maße der Container sind genormt (z. B.: ISO/DIS 668 für Außenabmessungen und ISO 1894 für Innenabmessungen). Die meist verwendeten Außenabmessungen sind 20 Fuß (6,096 Meter) und 40 Fuß (12,192 Meter).

Es gibt Container mit Türen an der Stirnseite, mit abnehmbaren oder mit einer Plane verschließbaren Dach (open-top-container). In seinen an den oberen vier Ecken angebrachten Beschlägen rasten die Tragbolzen der Ladegeschirre von Container-Kranen, Container-Verladebrücken, Container-Staplern und Container-Hubwagen automatisch ein. Container können daher leicht umgeschlagen werden. Einen Überblick über die verschiedenen Container-Typen bringt die Abb. 47. Mit Lastkraftwagen oder Container-Eisenbahnzügen gelangen sie zum Container-Hafen, wo sie in Container-

Abb. 46. CSC-Anerkennungsplakette *(23)*

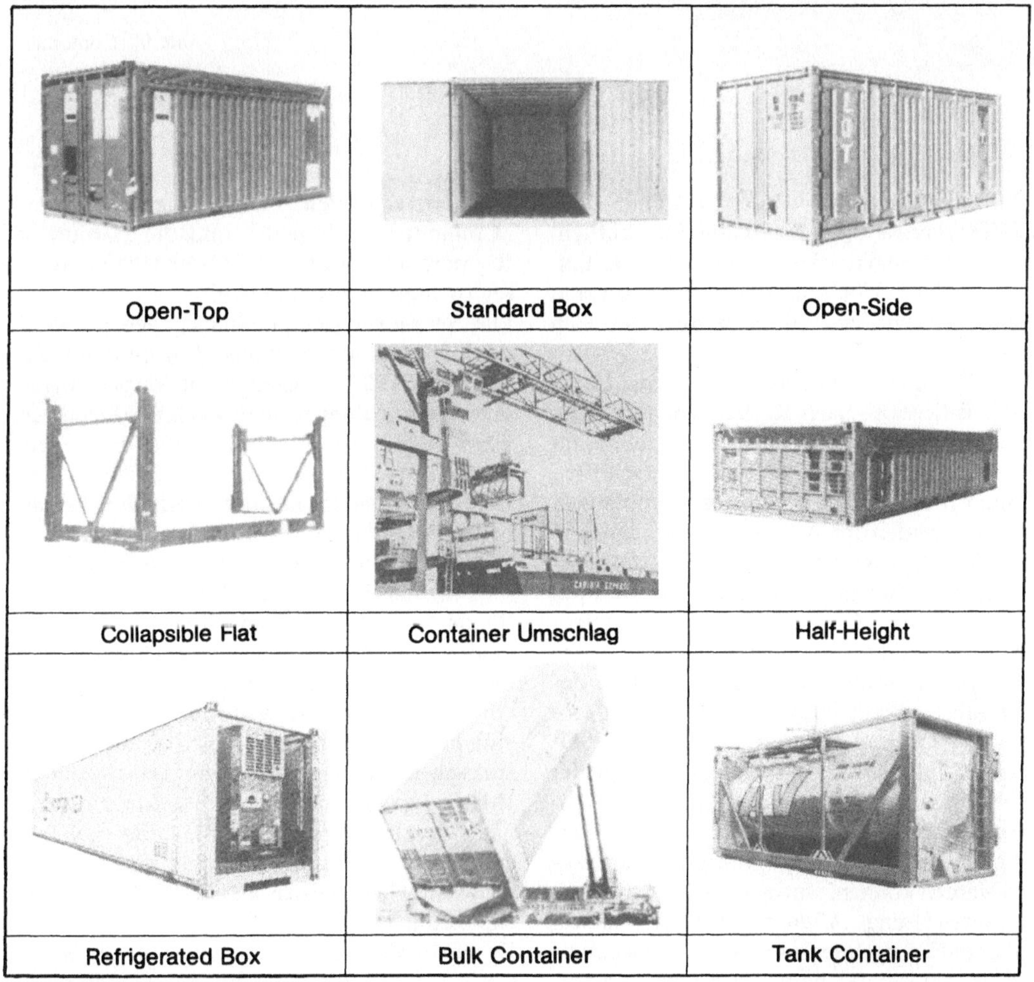

Open-Top	Standard Box	Open-Side
Collapsible Flat	Container Umschlag	Half-Height
Refrigerated Box	Bulk Container	Tank Container

Abb. 47. Verschiedene Container-Typen *(23)*

Abb. 48. Container-Umschlag

Schiffe umgeschlagen werden (s. Abb. 48). Die Schiffe können über 1000 Container aufnehmen. Sie bringen diese dann zum Bestimmungshafen in Übersee, wo der Transport zum Empfänger wieder ohne Umladen vor sich geht.

Der Container-Transport dient dem Haus-zu-Haus-Service. Nach Recherchen von Kapt. Rohlfs (Hapag-Lloyd; GL 11/77) laufen immer noch mehr als die Hälfte aller verschifften Container nicht vom Ablader zum Empfänger, sondern werden im Auftrag der Reederei im Seehafen gepackt und vor Auslieferung der Güter im Löschhafen wieder entleert. Man nennt dies LCL- bzw. P/P-Container (LCL = *L*ess than *C*ontainer-*L*oad; P/P = *P*ier to *P*ier). Der große Erfolg der seit Mitte der 60er Jahre international genormten und einheitlich geprüften Stückgutbehälter der ISO-Reihe 1 führte zur Entwicklung spezieller Tank-Container. Da sie auf Grund ihrer Umschlageinrichtungen mit allen modernen Verkehrsmitteln (all *modes* of transport) transportiert werden können, wurde recht bald weltweit die Bezeichnung „*Multimodal Tankcontainer*" ein Begriff. Gegenüber anderen Verpackungs- und Transporttypen hatte diese Beförderungsart den Vorteil einer Neuentwicklung und da-

mit der schnellen Bearbeitung durch das „Committee of Experts" und die „Group of Rapporteurs" des ECOSOC der UNO und ihrer Tochterorganisation IMO.

Die Verpackungsempfehlungen des Kapitel 9 der UN-Recommendations „Transport of Dangerous Goods" erfassen nicht Verpackungen mit einem Volumen über 450 Liter. Demnach wäre jedes transportable Behältnis mit einem Inhalt über 450 Liter ein Tankcontainer. Der Gastankcontainer beginnt definitionsgemäß bei einem Volumen von 1000 Liter.

Die 1979 vom „Committee of Experts" beschlossenen und 1980 im Kapitel 12 der UN-Recommendations „Transport of Dangerous Goods" veröffentlichten „Empfehlungen für den Multimodal Tanktransport" (Recommendations on Multimodal Tank Transport) legt eine Prüfsystematik fest, in die sich die höchstzulässigen Betriebsdrücke der verschiedenen IMCO-Typen und die Mindestprüfdrücke nach der ISO-Norm 1496/III ohne weiteres einordnen. Für Tankcontainer ist eine schnelle weltweite Harmonisierung aller Verkehrsbereiche möglich.

Es wird zwischen Tankcontainer für die Klassen 3, 4, 5, 6, 8 und 9 mit einem Volumen nicht unter 450 l und Tankcontainern für nicht tiefge-

Tabelle 62. Liste gefährlicher Güter der Klasse 2 (Auszug). Nicht tiefgekühlte, unter Druck verflüssigte Gase in Tankcontainern befördert

United Nations Serial Number	Substance	Subsidiary risk	Maximum allowable working pressure (bar) Small bare sun shield insulated	Openings below liquid level	Pressure relief	Filling (kg/l)	Special requirements
(1)	(2)	(3)	(4)	(5)	(6)	(7)	(8)
1011	Butane mixtures	3	See 12.24.6	Allowed	Normal	See 12.40	
1012	Butylene	3	8.0 7.0 7.0 7.0	Allowed	Normal	0.53	
1017	Chlorine	6.1	19.0 17.0 15.0 13.5	Not Allowed	12.30.3	1.25	The calculated wall thickness should be increased by 3 mm. Wall thickness should be verified ultrasonically at intervals midway between periodic hydraulic tests

Tabelle 63. Liste gefährlicher Güter der Klassen 3, 4, 5, 6, 8 und 9 in Tankcontainern befördert (Auszug)

United Nations Serial number	Substance	Class/ Group	Subsidiary risks	Minimum test pressure (bar)	Minimum shell thickness	Bottom openings	Pressure relief requirements	Degree filling
1161	Dimethyl carbonate	3/II		2.65	12.5.2	A/12.7.3	N.	12.22.2
1162	Dimethyldichlorosilane[9]	3/I	8	4	6 mm	N.A.	N.	12.22.3
1163	Dimethylhydrazine, unsymmetrical	3/I	8	4	12.5.2	N.A.	12.9.3	12.22.2
1164	Dimethyl sulphide	3/I		4	12.5.2	A/12.7.3	N.	12.22.2
1165	Dioxane	3/II		2.65	12.5.2	A/12.7.3	N.	12.22.2

kühlte, unter Druck verflüssigte Gase der Klasse 2 mit einem Rauminhalt von über 1000 l unterschieden.

Für beide Tankcontainertypen regelt man in Teil I die Behälterquerschnitte, Mindestwanddicken, Ausrüstung, Bodenöffnungen, Sicherheitseinrichtungen (Art, Einstellung, Anschlüsse und Anordnung, die Kapazität der Ventile, Schmelzsicherungen und Berstscheiben), Beschriftung, Prüfung, Füllgrade und Kennzeichnung, Rahmen, Sättel u.a.

Sehr wichtig ist auch der Teil II mit den Tabellen für einzelne Stoffe. Die eine Tabelle bringt Unterlagen für die Gastankcontainer (Tabelle 62) und die andere für Tankcontainer für die Klassen 3, 4, 5, 6, 8 und 9 (Tabelle 63). Im einzelnen enthalten die Tabellen die Rubriken: UN-Stoffnummer, Stoffbezeichnung, Klasse und Gefahrengruppe, Zweigefahr, Mindestprüfdruck, Mindestwanddicke, Bodenöffnungen, Füllgrad bei Gasen oder Flüssigkeiten, Einstelldruck für Sicherheitsventile.

Da die Tank-Container für den Seetransport wichtig wurden, beschäftigten sich schnell die IMO-Gremien mit diesem Problem. Statt wiederholter Umladung und Stauung von Fässern

u. a. Gefäßen und Sicherheitsrisiken durch unsachgemäße Stauung und einem dadurch verheerenden Einfluß bei langandauerndem Seegang, kann der großvolumige Tankcontainer im Schiff besser abgesichert werden. Rationalisierung und höhere Sicherheit ist der Gewinn. So wurden sehr schnell Vorschriften für die sog. IMO-Tankcontainer-Typen entwickelt.

IMO-Typ I sind Tankcontainer mit Druckentlastungseinrichtungen und einem zulässigen Arbeitsdruck von 1,72 bar oder mehr (25 psig). Sie sind zylindrisch, teilweise isoliert und mit Dampf- oder Elektroheizung konstruiert. Das Kesselblech besteht gewöhnlich aus Edelstählen oder aus normalen Stählen. Für bessere Produktverträglichkeit sind Stahltanks gelegentlich mit Auskleidungen (coatings), wie Gummi, Kunststoff etc., versehen. Die Tankcontainer haben eine vorschriftsmäßige Bodenentleerungseinrichtung für besonders gefährliche Ladegüter. Meistens haben die Einkammertankcontainer sehr unterschiedliche Volumina.

Diese Tankcontainer vom IMO-Typ I werden höchsten Ansprüchen, speziell der chemischen Industrie, gerecht. Ladegüter sind häufig neben brennbaren Flüssigkeiten auch Wasserstoffperoxid sowie viele giftige oder ätzende Produkte.

IMO-Typ II sind Tankcontainer mit Druckentlastungseinrichtungen und einem zulässigen Arbeitsdruck von 0,98 bar (14,2 psig) und mehr, aber unter 1,72 bar (25 psig). Sie sind zylindrisch, teilweise mit Isolierung und Dampf- oder Elektroheizung gebaute, vorwiegend Einkammertankcontainer mit unterschiedlichen Kapazitäten, Gewöhnlich ist ihr Fassungsvermögen größer als bei Typ I-Tanks üblich. Sie sind zugelassen für viele namentlich im IMGD-Code aufgeführte Stoffe mit einem Flammpunkt über 0 °C, sofern sie keine weiteren gefährliche Eigenschaften besitzen und der zulässige Druck von 1,72 bar im Tank nicht überschritten wird. Sie sind eine Alternative zum Straßentankzug.

IMO-Typ III sind Tankcontainer ohne Druckentlastungseinrichtungen (seit Jan. 1980 nicht mehr zulässig).

IMO-Typ IV sind Straßentankfahrzeuge mit Druckentlastungseinrichtungen und einem Tankinhalt von mehr als 450 l, die nicht den Anforderungen an Typ I- und Typ II-Tanks entsprechen.

IMO-Typ V sind Tankcontainer bis 1000 l Inhalt mit Druckentlastungseinrichtungen für den Transport unter Druck verflüssigter Gase.

Wie bei der IMO wurden auch für den Eisenbahn- und Straßenverkehr Vorschriften für Tankcontainer erarbeitet und international und national 1976 in Kraft gesetzt. Es sind dies der Anhang X zum RID bzw. zur GGVE und der Anhang B.1 b zum ADR bzw. zur GGVS. Wie bei den Richtlinien für die IMO-Tankcontainertypen sind auch hier keine bemerkenswerten Unterschiede zu den UN-Recommendations festzustellen.

Nach den Eisenbahn- und Straßenverkehrsvorschriften sind Tankcontainer Großbehälter zur Beförderung flüssiger, gasförmiger, staubförmiger und körniger Stoffe mit einem Fassungsraum über 0,45 m³. Sie haben Absetzeinrichtungen wie Füße, Stützen oder Kufen und werden gefüllt oder leer umgesetzt. Sie sind keine Gefäße wie z. B. Fässer, Flaschen oder Flaschenbündel.

Nach den Tankcontainer-Zulassungsrichtlinien (R 001), s. a. VkBl. 1980, S. 672, müssen sie mit besonderem Verfahren für den jeweiligen Stoff von der *Bundesanstalt für Materialprüfung* (BAM) zugelassen sein. Mit Ausnahme der Stoffe der Klasse 8 können sie nicht wie in der „freien Klasse" assimiliert werden. Sie sind wie Stoffe der „Nur-Klasse" zu behandeln, d. h., sie müssen in den bestimmten Klassen dieser Verkehrsvorschriften namentlich aufgeführt sein.

Abschließend zeigt die Abb. 49 einen typischen „Multimodal Tankcontainer" für gefährliche Flüssigkeiten.

d) Tanks

Ab 1966 arbeitete die Sachverständigengruppe „Beförderung gefährlicher Güter" bei der ECE (Economic Commission of Europe) an den ADR-Vorschriften für Tanks. Unabhängig davon beschäftigte sich auch der fachmännische Ausschuß des RID mit diesem Problem. Durch die RID/ADR-Harmonisierung wurden dann die Arbeiten gemeinsam fortgesetzt.

Da jedoch 1970 ein Entwurf der damaligen IMCO über Tankcontainer fertig war, überarbeitete ihn die RID/ADR-Gruppe und brachte ihn in der April-Sitzung 1972 zur Verabschiedung. Diese Vorschriften sind für RID/ADR am 1.1. 1974 in Kraft getreten. Ein neuer Vorschriftenentwurf für Eisenbahn-Kesselwagen und Straßentankwagen wurde dann als Anhang XI des RID vom fachmännischen Ausschuß auf seiner XIV. Tagung im April 1977 in Bern und als Anhang B 1 a des ADR von der ECE-Sachverständigengruppe „Beförderung gefährlicher Güter" auf ihrer 29. Tagung im Mai 1977 in Genf verabschiedet. Sie wurden

Abb. 49. Multimodal Tankcontainer

am 1.10. 1978 für die Vertragsstaaten verbindlich.

Die entsprechenden nationalen Vorschriften, wie in der GGVE und GGVS, sind am 1.9. 1979 in Kraft getreten. U.a. werden die Neufassung der Klasse 2 (Gase) und die neuen Vorschriften für Werkstoffe für den Bau von Gefäßen und Tanks für tiefgekühlt verflüssigte Gase behandelt. Analog zu den Vorschriften für Tankcontainer sind im Kapitel I der GGVS und im Teil I der GGVE die allgemein verbindlichen Bestimmungen für Tanks zum Transport aller Gefahrklassen festgelegt und im Kapitel II bzw. Teil II spezielle Sondervorschriften für die einzelnen Stoffklassen.

Im einzelnen sind beide Kapitel bzw. Teile wie folgt aufgeteilt:

1. Allgemeines, Geltungsbereich, Begriffsbestimmungen,
2. Bau,
3. Ausrüstung,
4. Zulassung des Baumusters,
5. Prüfungen bzw. Abnahme und wiederkehrende Prüfungen der Kesselwagen,
6. Kennzeichnung,
7. Betrieb,
8. Übergangsvorschriften.

Die Vorschriften gelten für festverbundene Tanks etc. bzw. Kesselwagen für die Beförderung von flüssigen, gas- und staubförmigen sowie körnigen Stoffen. Aufsetztanks müssen, wenn sie auf ein Trägerfahrzeug aufgesetzt sind, den Vorschriften für Tankfahrzeuge entsprechen. Dasselbe gilt auch bei der Beförderung von Gasen in Gefäßbatterien (Klasse 2).

Bei den Bauvorschriften war die Dimensionierung der Tanks, der Ausrüstungsteile und Befestigungen das Grundproblem. Neben den äußeren dynamischen Transporteinflüssen mußten die physikalischen und chemischen Eigenschaften des Ladegutes, wie Dampfdruck oder Korrosivität, und der Überdruck beim Umschlag, berücksichtigt werden. Auch ein geringer Betriebsdruck eines besonders gefährlichen Gefahrgutes würde wohl rein rechnerisch zu geringeren Wanddicken führen, macht aber trotzdem einen besonders sicheren Tank erforderlich. Diese Überlegungen gehen deutlich aus den Stofflisten des Kapitels 12 (Recommendations on Multimodal Tank Transport) der UN-Recommendations (s.a. Tabellen 62 und 63) hervor; die Überlegungen ergeben eine Berechnungsformel für die Mindestwanddicke. Der gesamte Tank bzw. Kessel wird dann mit dem tatsächlich auftretenden Prüfdruck berechnet; dabei ist die zulässige Spannung, d.h. das Streckgrenzenverhältnis zu berücksichtigen.

Für alle Stoffklassen gemeinsam gelten Vorschriften mit folgenden Berechnungsdrücken, die auch als Prüfdrücke anzuwenden sind:

1. der doppelt statische Druck der zu befördernden Flüssigkeit bei Stoffen bis zum Dampfdruck von 1,1 bar bei 50 °C,
2. 1,5 bar Überdruck bei Stoffen mit Dampfdruck bis 1,75 bar bei 50 °C,
3. 4,0 bar Überdruck bei Stoffen bis 3,0 bar Dampfdruck bei 50 °C oder
4. 1,3-facher Füll- oder Entleerungsdruck.

Je nach der Gefährlichkeit der Stoffe sind in den Sondervorschriften für die einzelnen Klas-

Tabelle 64. Sonderbestimmungen für Berechnungs- und Prüfdrücke

Stoff	Berechnungsdruck bar (Überdruck)	Prüfdruck bar (Überdruck)
Schwefelkohlenstoff	10	4
Siliciumchloroform	10	4
Wäßrige Lösung mit höchstens 20% reiner Blausäure (HCN)	15	4
Flußsäure (Ziffer 6 b)	21	10

sen die folgenden Berechnungsdrücke zu beachten:

4 bar – 10 bar – 15 bar – 21 bar.

In den Sondervorschriften ist festgelegt, daß normalerweise der Prüfdruck gleich dem Berechnungsdruck ist. Bei besonders gefährlichen Stoffen wurde aus Sicherheitsgründen ein hoher Berechnungsdruck ermittelt und der Prüfdruck niedriger angesetzt (Tabelle 64).

Die so errechneten Wanddicken berücksichtigen somit nicht nur die stoffspezifischen Eigenschaften und Betriebszustände, sie bringen auch eine zusätzliche Sicherheit gegen Unfallbeanspruchungen.

Wenn die Berechnungsdrücke unter 4 bar liegen, würde die errechnete Wanddicke keine ausreichende Sicherheit gegenüber einer Unfallbelastung aufweisen. In diesem Fall müssen die Wände und Böden der Tanks mit kreisrundem Querschnitt und einem Durchmesser von nicht mehr als 1,80 m eine Dicke von mindestens 5 mm haben. Sie müssen aus Baustahl (St 37) bestehen. Wenn sie aus einem anderen Material hergestellt sind, wird eine gleichwertige Dicke gefordert. Bei Tanks mit einem Durchmesser über 1,80 m, ist die Mindestdicke auf 6 mm zu erhöhen. Die Mindestdicke bei Kesselwagen ist unter denselben Voraussetzungen von vornherein auf 6 mm festgesetzt.

Bei anderen als kreisrunden Tanks, z. B. Koffertanks oder eliptische Tanks, wie sie beim drucklosen Transport von Mineralölen verwendet werden, entsprechen die angegebenen Durchmesser denjenigen, die sich aus einem flächengleichen Kreisquerschnitt errechnen. Bei dieser Querschnittsform dürfen die Wölbungsradien der Tankmäntel seitlich nicht größer als 2000 mm, oben und unten größer als 3000 mm sein.

Die in Abhängigkeit vom Durchmesser genannten Mindestwanddicken dürfen um 2,0 mm unterschritten werden, wenn der Tank einen zusätzlichen Schutz gegen Beschädigungen durch Unfälle aufweist.

Tanks für die Beförderung von flüssigen Stoffen mit einem Flammpunkt bis 55 °C und von brennbaren Gasen müssen mit dem Fahrgestell leitfähig verbunden sein und geerdet werden können. Jeder Metallkontakt, der zu elektrochemischer Korrosion führt, muß vermieden werden.

Die Tanks einschließlich ihrer Befestigungseinrichtungen müssen beim höchstzulässigen Füllgewicht folgende Kräfte aufnehmen können:

– 2faches Gesamtgewicht in Fahrtrichtung;
– 1faches Gesamtgewicht horizontal seitwärts zur Fahrtrichtung;
– 1faches Gesamtgewicht vertikal aufwärts und
– 2faches Gesamtgewicht vertikal abwärts.

Selbstverständlich müssen die Teile der *Ausrüstung,* wie Verschlüsse, Armaturen, Stutzen oder Flansche genau so sicher wie der Tank sein. Für die Untenentleerung werden zwei hintereinanderliegende, voneinander unabhängige Verschlüsse gefordert. Der erste der beiden Verschlüsse muß aus einer mit dem Tank verbundenen inneren Absperreinrichtung und der zweite aus einem Ventil oder einer ähnlichen an jedem Ende des Entleerungsstutzens angebrachten Einrichtung bestehen. Bei z. B. giftigen Flüssigkeiten wird gefordert, daß sich alle Öffnungen der Tanks oberhalb der Flüssigkeitsoberfläche befinden.

1. Tanks zur Beförderung von Flüssigkeiten mit einem Dampfdruck bis 1,1 bar (absolut) bei 50 °C müssen entweder eine Lüftungseinrichtung und eine Sicherung gegen Auslau-

Tabelle 65. Sondervorschriften für Gase der Ziffer 5

Bezeichnung des Stoffes	Ziffer	Mindest-prüfdruck (kg/cm^2)	Höchstgewicht der Füllung je Liter Fassungsraum (kg)
Bromtrifluormethan (R 13 Bl)	5 a)	120	1,50
Chlortrifluormethan (R 13)	5 a)	120	0,96
		225	1,12
Distickstoffoxid N_2O	5 a)	225	0,78
Hexafluorethan (R 116)	5 a)	160	1,28
		200	1,34
Kohlendioxid	5 a)	190	0,73
		225	0,78
Schwefelhexafluorid	5 a)	120	1,34
Trifluormethan (R 23)	5 a)	190	0,92
		250	0,99
Xenon	5 a)	120	1,30
Chlorwasserstoff	5 at)	120	0,69
Äthan	5 b)	120	0,32
Ethylen	5 b)	120	0,25
		225	0,36

Tabelle 66. Sondervorschriften für Gase der Ziffer 3

Bezeichnung des Stoffes	Ziffer	Mindestprüfdruck für Gefäße		Höchstgewicht der Füllung je Liter Fassungsraum (kg)
		mit	ohne	
		wärmeisolierender Schutzeinrichtung		
		(bar)	(bar)	
Bromchloridifluormethan (R 12 B 1)	3 a)	10	10	1,61
Chlordifluormethan (R 22)	3 a)	24	26	1,03
Chlorpentafluoräthan (R 115)	3 a)	20	23	1,08
Chlortrifluoräthan (R 133 a)	3 a)	10	10	1,18
Dichlordifluormethan (R 12)	3 a)	15	16	1,15
Dichlorfluormethan (R 21)	3 a)	10	10	1,23
Dichlortetrafluoräthan (R 114)	3 a)	10	10	1,30
Octafluorcyclobutan (RC 318)	3 a)	10	10	1,34
Ammoniak	3 at)	26	29	0,53

fen des Tankinhalts beim Umstürzen haben oder den Bedingungen nach den folgenden Positionen 2 und 3 entsprechen.

2. Tanks zur Beförderung von Flüssigkeiten mit einem Dampfdruck von mehr als 1,1 bar bis 1,75 bar (absolut) bei 50 °C müssen entweder ein Sicherheitsventil haben, das auf mindestens 1,5 bar Überdruck eingestellt ist und sich spätestens bei einem Druck, der dem Prüfdruck entspricht, vollständig öffnet oder

den Bestimmungen der folgenden Position 3 entsprechen.

3. Tanks zur Beförderung von Flüssigkeiten mit einem Dampfdruck von mehr als 1,75 bar bis 3 bar (absolut) bei 50 °C müssen entweder ein Sicherheitsventil haben, das auf mindestens 3 bar Überdruck eingestellt ist und sich spätestens bei einem Druck, der dem Prüfdruck entspricht, vollständig öffnet oder luftdicht verschlossen sein.

Für die *Zulassung* der Tanks inclusive Ausrüstung ist eine Baumusterprüfung erforderlich. Zuständig als Zulassungsstelle sind in der Bundesrepublik die Länder.

Die Rückseite des Fahrzeugs muß über die gesamte Breite des Tanks durch eine ausreichend feste Stoßstange gegen Auffahren geschützt sein.

Die Abnahme-*Prüfung* umfaßt die Übereinstimmung mit dem Baumuster, Bauprüfung, Wasserdruck- und eigentliche Abnahmeprüfung. Die wiederkehrende Prüfung besteht aus einer inneren und einer äußeren Prüfung, d.h. Wasserdruckprüfung, Dichtheitsprüfung und Funktionsprüfung der Ausrüstungsteile.

Die *Kennzeichnung* umfaßt die Zulassungsnummer, Hersteller oder Herstellerzeichen, Herstellungsnummer, Baujahr, Prüfüberdruck, Rauminhalt, Datum über die Prüfung etc. Diese Angaben müssen auf einem nicht korrodierenden Metallschild eingestanzt sein, welches an einer leicht zugänglichen Stelle zu befestigen ist.

Für den *Betrieb* wird verlangt, daß, wegen der beim Transport auftretenden Schwallwirkungen, die Tanks für die Beförderung von flüssigen Stoffen so mit Trenn- oder Schwallwänden auszurüsten sind, daß die Abteile höchstens 7 500 Liter Rauminhalt aufweisen. Die Forderung entfällt, wenn sichergestellt ist, daß der Tank mindestens zu 80% befüllt ist oder leer gefahren wird.

Die Tabellen 65 und 66 zeigen (Auszug) die Mindestprüfdrücke und Füllraten für einige Stoffe der Klasse 2.

13. Gefahrgut- und Unfall-Informations-Systeme

13.1 Einleitung

Bei der Entwicklung der Regelungen für die Beförderung gefährlicher Güter war man bestrebt, an dem Transportfahrzeug oder an der Verpackung eine Warnung anzubringen, die auf die gefährlichen Eigenschaften des Stoffes hinweist und andere Verkehrsteilnehmer zur Vorsicht mahnt. Dabei entstanden bei den einzelnen Verkehrsträgern ähnliche Systeme, die sich aber, besonders international, im Detail unterschieden (*Gefahrzettel* bzw. *Label*).

Aus größeren Entfernungen waren sie nicht immer zu erkennen, so daß Notfall-Einsatzkräfte dadurch größter Gefahr ausgesetzt wurden und Personenverluste eintraten (s. Kap. 6, Beispiel 1). Die Folge war die Schaffung von *Warntafeln* und *Gefahr-Kennzeichnungsnummern,* die schon von weitem auszumachen und damit auf potentielle Gefahren hinweisen sollen.

Bei einem Unfall bedarf es einer sachkundigen und schnellen Hilfe, um die Schäden möglichst in Grenzen zu halten. Nationale Maßnahmen führten zu differenzierten Lösungen von *Transport-Unfall-Informations-Systemen,* deren Harmonisierung bisher an Sprachbarrieren scheiterte.

13.2 Gefahrzettel (Label)

Mit dem Kapitel 13 (*Recommendations on Consignment Procedures* = Empfehlungen für Versandverfahren) versucht das „Committee of Experts" des ECOSOC in den UN-Recommendations „Transport of Dangerous Goods" u. a. auch die Gefahrzettel (Label) weltweit zu harmonisieren (s. Abb. 50). Die Gefahrzettel

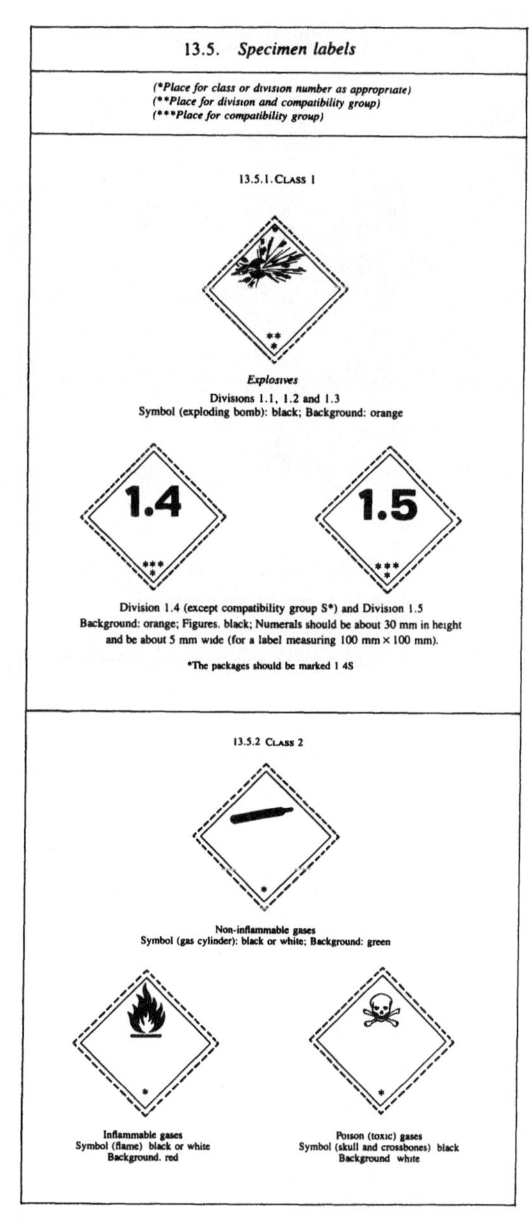

Abb. 50a. UN-Gefahrzettel (Label)

13.5. *Specimen labels*

13 5 3 CLASS 3

Inflammable liquids
Symbol (flame) black or white; Background. red

13 5 4 CLASS 4

Division 4 1

Inflammable solids
Symbol (flame): black,
Background white with vertical red stripes

Division 4 2

Substances liable to spontaneous combustion
Symbol (flame) black,
Background upper half white, lower half red

Division 4 3

Substances which, in contact with water, emit inflammable gases
Symbol (flame). black or white, Background blue

13 5 5 CLASS 5

Division 5 1

Oxidizing substances

Division 5 2

Organic peroxides

Symbol (flame over circle) black, Background yellow

13 5 6 CLASS 6

Division 6 1

Poisonous (toxic) substances
Packing Groups I and II
Symbol (skull and crossbones)
black, Background white

Division 6 1

Poisonous (toxic) substances
Packing Group III
The bottom half of the label
should bear the inscriptions
HARMFUL
Stow away from foodstuffs
Symbol (St Andrew's Cross over an ear of
wheat) black, Background white

Division 6 2

Infectious substances
The bottom half of the label should bear Infectious Substance (Optional) and the Inscription **"In case
of damage or leakage immediately notify Public Health authority"** (optional), Symbol (three crescents
superimposed on a circle) and Inscription black, Background white

13 5 8 CLASS 8

Corrosives

Symbol (liquids, spilling from two glass vessels and attacking a hand and a metal) black, Background
upper half white, lower half black with white border

13 5 7 CLASS 7

(a)   (b)   (c)

Radioactive substances

(a) Category I—White, Symbol (trefoil) black, Background white, Text (mandatory) black in bottom half of
label **"Radioactive"; "Contents . . . "; "Activity . . . "** One red vertical stripe must follow the word
"Radioactive"

(b) Category II—Yellow, Symbol (trefoil) black, Background top half yellow, bottom half white. Text
(mandatory) black in bottom half of label **"Radioactive"; "Contents . . . "; "Activity . . . ";** in a black
outlined box—**"Transport Index"** Two red vertical stripes must follow the word "Radioactive"

(c) Category III—Yellow, Symbol (trefoil) black, Background top half yellow, bottom half white. Text
(mandatory) black in bottom half of label **"Radioactive"; "Contents . . . "; "Activity . . . ";** in a black
outlined box—**"Transport Index"** Three red vertical stripes must follow the word "Radioactive"

Abb. 50 b. UN-Gefahrzettel (Fortsetzung)

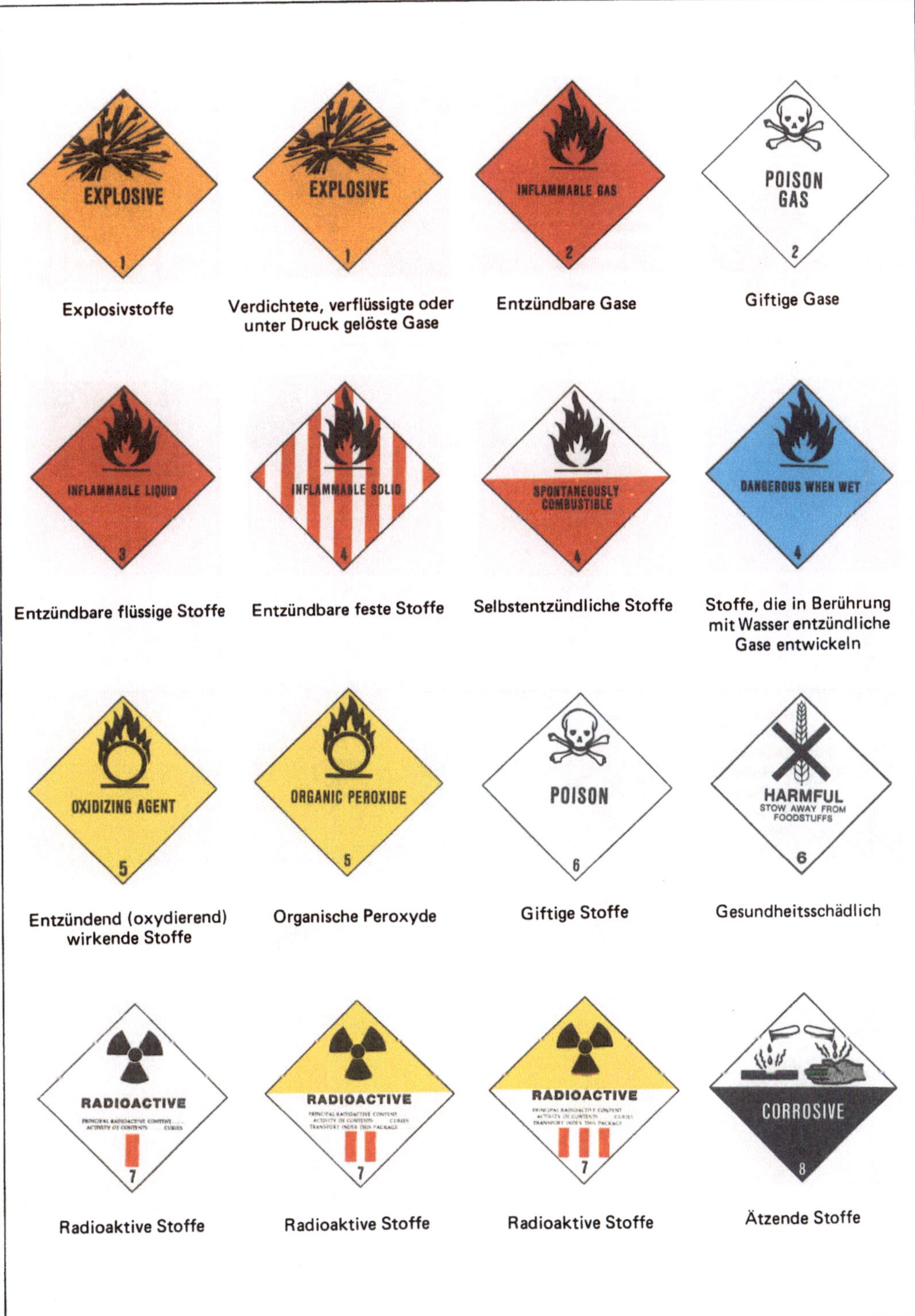

Explosivstoffe | Verdichtete, verflüssigte oder unter Druck gelöste Gase | Entzündbare Gase | Giftige Gase

Entzündbare flüssige Stoffe | Entzündbare feste Stoffe | Selbstentzündliche Stoffe | Stoffe, die in Berührung mit Wasser entzündliche Gase entwickeln

Entzündend (oxydierend) wirkende Stoffe | Organische Peroxyde | Giftige Stoffe | Gesundheitsschädlich

Radioaktive Stoffe | Radioaktive Stoffe | Radioaktive Stoffe | Ätzende Stoffe

Abb. 51. IMO-Kennzeichen für gefährliche Seefrachtgüter

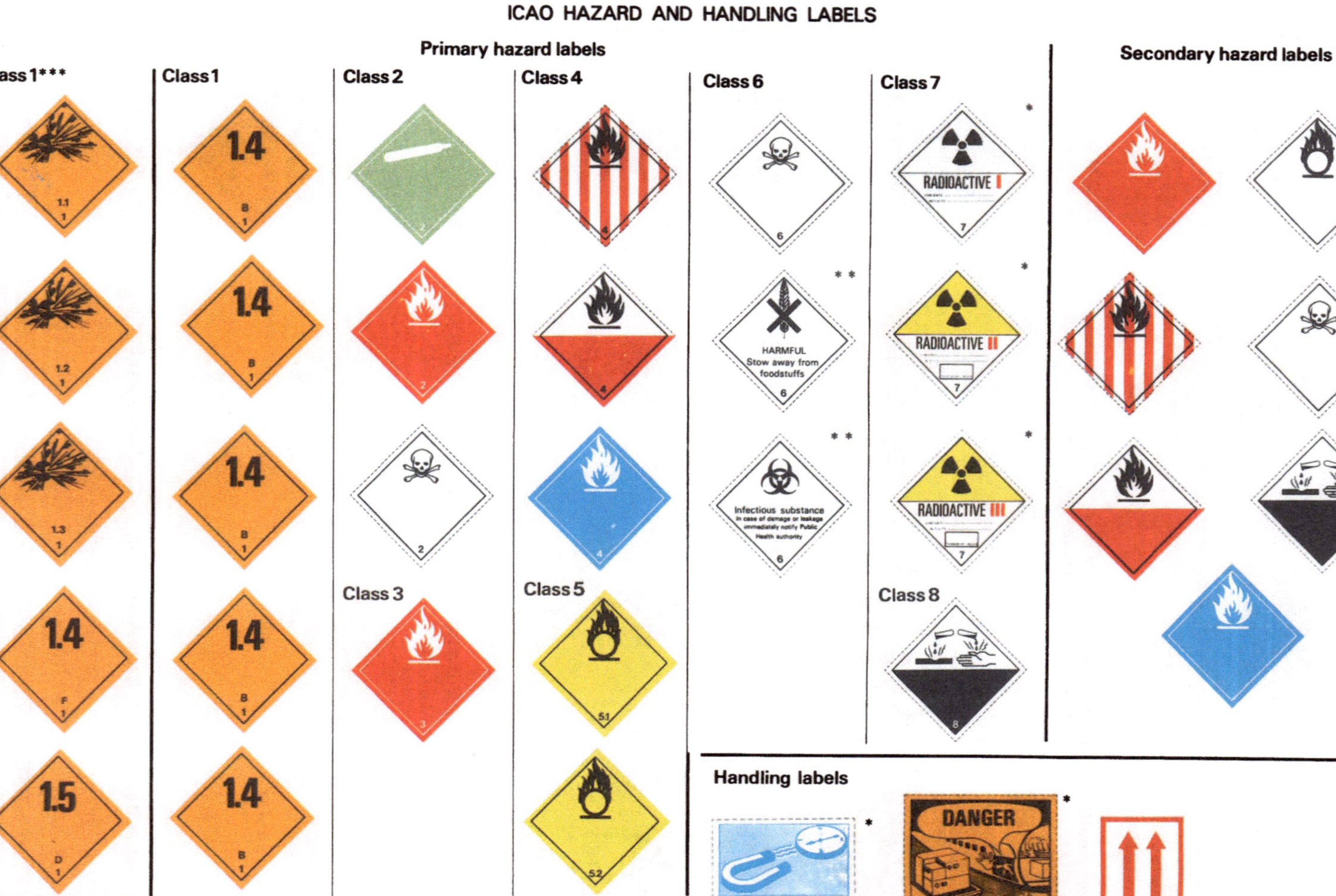

Abb. 52. ICAO-Label für gefährliche Luftfrachtgüter

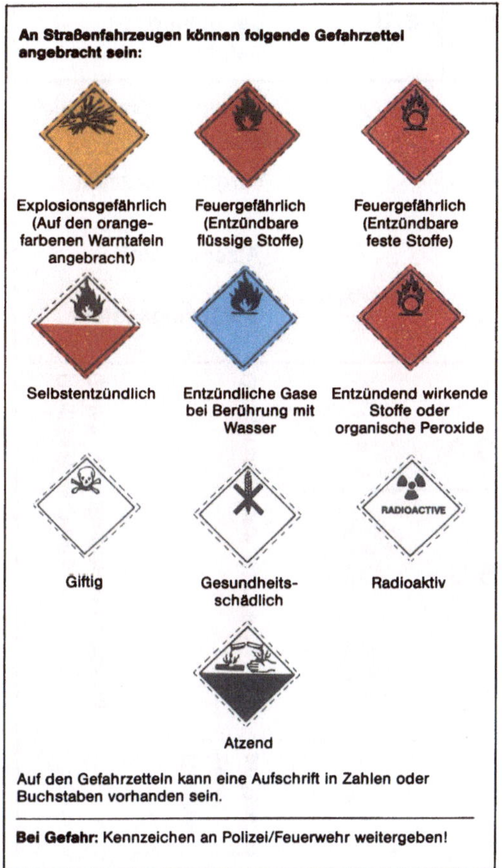

Abb. 53. Gefahrzettel für ADR-GGVS

Abb. 54 siehe nächste Seite

müssen auf der Spitze stehende Quadrate von 100 mm Seitenlänge sein. Die Seitenlänge an fest verbundenen Tanks beträgt 300 mm. Die untere Ecke des Labels kann die Ziffer der Gefahrenklasse tragen. Das ist bei der IMO bzw. GGVSee (Abb. 51) und ICAO (Abb. 52) so geregelt; beim ADR/GGVS (Abb. 53) sowie RID/GGVE (Abb. 54) ist es wahlweise möglich. RID/GGVE und ICAO haben als Ergebnis langjähriger Transporterfahrung zusätzlich noch verkehrsspezifische Gefahrzettel bzw. Label.

Eine Reihe von Stoffen haben aber mehrere gefährliche Eigenschaften. Sie müssen infolgedessen mit einem durch die Klassifizierung vorgeschriebenen Klassen-Label und einem Zusatz-Label gekennzeichnet werden. Das Zusatz-Label begründet sich auf das in der Stofflis-

te der UN-Recommendations festgelegten Zusatz-Risiko (subsidiary risk). Danach muß das Haupt-Label (links) in der unteren Ecke mit der Ziffer der Gefahrklasse bezeichnet werden (Abb. 55). Beim Zusatz-Label bleibt die untere Ecke leer.

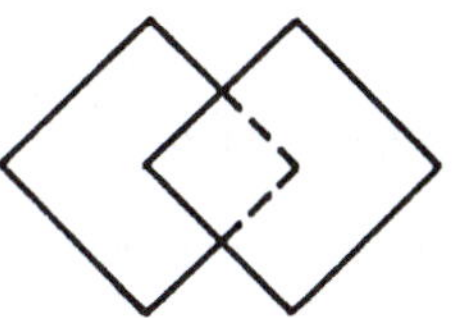

Abb. 55. Anordnung des Zusatzlabel

Nr.	Bild	Bedeutung / Gefahr	Nr.	Bild	Bedeutung / Gefahr
1		Explosionsgefährliche Stoffe — Explosionsgefahr	4 A		Gesundheitsschädliche Stoffe — Vergiftungsgefahr
2 A		Entzündbare Flüssigkeiten — Explosions- und Feuergefahr	5		Ätzende Stoffe — Verätzungsgefahr
2 B		Entzündbare feste Stoffe — Feuergefahr	6 A		
2 C		Selbstentzündliche Stoffe — Gefahr der Selbstentzündung an der Luft, Feuergefahr	6 B		Gefahrzettel auf Gutstücken — Radioaktive Stoffe — Gefahr von Strahleneinwirkung
			6 C		
2 D		Bei Berührung mit Wasser entstehen entzündbare Gase — Explosions-, Feuer- und Vergiftungsgefahr	6 D		Gefahrzettel an Wagen
3		Entzündend wirkende Stoffe — Feuergefahr, Verätzungsgefahr			Verflüssigte Gase — Berst- und Explosionsgefahr
4		Giftige Stoffe — Vergiftungsgefahr			**Zusatzkennzeichnung:** ⬤ sehr gefährliche, giftige Gase

In Verbindung mit Gefahrzettel Nr. 1

 = Wagen mit massenexplosionsgefährlichen Gegenständen

 = Wagen mit bestimmten explosionsgefährlichen Stoffen und Gegenständen

Abb. 54. Gefahrzettel für RID/GGVE

13.3 Warntafeln und Kennzeichnungsnummern

Das Explosionsunglück auf dem Bahnhof Hannover-Linden (s. Kap. 6, Beispiel 1) löste die Einführung eines internationalen Kennzeichnungssystems für Gefahrguttransporte, nämlich die *orangegelben Warntafeln* mit den Kennzeichnungsnummern, aus. Um nicht das Leben von Kollegen unnötig zu gefährden, machte der „Verband deutscher Berufsfeuerwehren" (VdBF) dem damaligen „Gewerbetechnischen Beirat" des BMV Vorschläge für ein derartiges Warnsystem. Es soll schnellstens und ohne Personen zu gefährden über die gefährliche Ladung aufklären, um sofort aus sicherer Position wirkungsvolle Maßnahmen,

auch für Bevölkerung und Umwelt, einleiten zu können.

Der deutsche Vorschlag wurde bei der *ECE* eingereicht und Mitte Feb. 1971 prinzipiell angenommen. Allerdings einigte man sich zunächst nur auf die sog. *UN-Nummer,* die am Fahrzeug oder am Tank auf einer *orangegelben Warntafel* aufgebracht werden soll. Die UN-Nummern sind im Kap. 2 der UN-Recommendations als „List of Dangerous Goods most commonly carried" (Liste von oft beförderten Gefahrgut) zusammengefaßt.

Ein später von Frankreich für eine weitere Gefahren-Kennzeichnungsnummer eingebrachter Vorschlag wurde 1973 vom ECE zusätzlich angenommen. Er leitet sich von der UN-Gefahrenklassifizierung ab (Tabelle 67).

Danach soll die erste Ziffer der Nummer zur Kennzeichnung der Hauptgefahr herangezogen werden, die zweite und evtl. eine dritte Ziffer weisen auf eine Zusatzgefahr hin (Tabelle 68). Die Verdopplung einer Ziffer unterstreicht die spezielle Gefährlichkeit. Wenn ein „X" den Ziffern vorangestellt ist, wird vor einer gefährlichen Reaktion mit Wasser gewarnt (s. Tabelle 69).

Zur weltweiten Harmonisierung beschloß das „UN-Committee of Experts" 1974 schließlich folgende Empfehlungen (s. Abb. 56):

a) Die gefährlichen Güter sollen weltweit durch die UN-Label (Gefahrenzettel) gekennzeichnet werden.

b) Weitere produktbezogene Informationen sind notwendig; sie sind entweder auf dem Label oder einer zusätzlichen Warntafel aufzubringen.

c) Eine Information nach Position b) kann durch einen Nummern-Code erfolgen; sei-

Tabelle 67. UN-Klassen (*3*)

Kl 1a	Explosive Stoffe und Gegenstände
Kl 1b	Mit explosiven Stoffen geladene Gegenstände
Kl 1c	Zündwaren, Feuerwerkskörper und ähnliche Güter
Kl 2	Verdichtete, verflüssigte oder unter Druck gelöste Gase
Kl 3	Entzündbare flüssige Stoffe
Kl 4.1	Entzündbare feste Stoffe
Kl 4.2	Selbstentzündliche Stoffe
Kl 4.3	Stoffe, die in Berührung mit Wasser entzündliche Gase entwickeln
Kl 5.1	Entzündend (oxidierend) wirkende Stoffe
Kl 5.2	Organische Peroxide
Kl 6.1	Giftige Stoffe
Kl 6.2	Ansteckungsgefährliche und ekelerregende Stoffe
Kl 7	Radioaktive Stoffe
Kl 8	Ätzende Stoffe

Tabelle 68. Ziffern für die Kennzeichnungsnummer

1. Ziffer = Hauptgefahr	2. und evtl. 3. Ziffer = Zusatzgefahr
	0 = ohne Zusatzgefahr
	1 = Explosion
2 = Gas	2 = Entweichen von Gas
3 = Entzündbarer flüssiger Stoff	3 = Entzündbarkeit
4 = Entzündbarer fester Stoff	5 = Entzündende (oxydierende) Eigenschaften
5 = Entzündend (oxidierend) wirkender Stoff oder organisches Peroxid	6 = Giftigkeit
6 = Giftiger Stoff	8 = Ätzende Eigenschaft
8 = Ätzender Stoff	9 = Gefahr einer heftigen Reaktion, die aus der Selbstzersetzung entsteht

ne erste Ziffer ist der speziellen UN-Gefahrenklasse zuzuordnen.

d) Die UN-Registrier-Nummer ist auf der Warntafel oder dem Label aufzubringen.

Großbritannien ging einen eigenen Weg. Es wurde eine gegenüber RID/ADR modifizierte orangefarbene Warntafel geschaffen, die ebenso vorn und hinten an den Tankfahrzeugen anzubringen ist (s. Abb. 57). Bei einer Mehrkammerbeladung ist jeder einzelne Tankinhalt wie Abb. 58 zu kennzeichnen. Das rückwärtige Schild ist dann nur ein weißes auf die Spitze gestelltes Quadrat mit einem Ausrufungszeichen und der Aufschrift „MULTI-LOAD". Im Ausland haben sich die britischen Fahrzeuge nach den internationalen RID/ADR-Reglements zu richten.

Tabelle 69. Gefahren-Kennzeichnungsnummern Europa

20	inertes Gas
22	tiefgekühltes Gas
223	tiefgekühltes brennbares Gas
225	tiefgekühltes (brandförderndes) Gas
23	brennbares Gas
236	brennbares Gas, giftig
239	brennbares Gas, das spontan zu einer heftigen Reaktion führen kann
25	oxydierendes (brandförderndes) Gas
26	giftiges Gas
265	giftiges Gas, oxydierend (brandfördernd)
266	sehr giftiges Gas
268	giftiges Gas, ätzend
286	ätzendes Gas, giftig
30	entzündbare Flüssigkeit (Flammpunkt von 21 bis 100 °C)
33	leicht entzündbare Flüssigkeit (Flammpunkt unter 21 °C)
X333	selbstentzündliche Flüssigkeit, die mit Wasser gefährlich reagiert[a]
336	leicht entzündbare Flüssigkeit, giftig
338	leicht entzündbare Flüssigkeit, ätzend
X338	leicht entzündbare Flüssigkeit, ätzend, die mit Wasser gefährlich reagiert[a]
339	leicht entzündbare Flüssigkeit, die spontan zu einer heftigen Redaktion führen kann
39	entzündbare Flüssigkeit, die spontan zu einer heftigen Reaktion führen kann
40	entzündbarer fester Stoff
X423	entzündbarer fester Stoff, der mit Wasser gefährlich reagiert, wobei brennbare Gase entweichen[a]
44	entzündbarer fester Stoff, der sich bei erhöhter Temperatur in geschmolzenem Zustand befindet
46	entzündbarer fester Stoff, giftig
50	oxydierender (brandfördernder) Stoff
539	entzündbares organisches Peroxid
558	stark oxydierender (brandfördernder) Stoff, ätzend
559	stark oxydierender (brandfördernder) Stoff, der spontan zu einer heftigen Reaktion führen kann
589	oxydierender (brandfördernder) Stoff, ätzend, der spontan zu einer heftigen Reaktion führen kann
60	giftiger oder gesundheitsschädlicher Stoff
63	giftiger oder gesundheitsschädlicher Stoff, entzündbar (Flammpunkt von 21 bis 55 °C)
638	giftiger oder gesundheitsschädlicher Stoff, entzündbar (Flammpunkt von 21 bis 55 °C) und ätzend
66	sehr giftiger Stoff
663	sehr giftiger Stoff, entzündbar (Flammpunkt nicht über 55 °C)
68	giftiger oder gesundheitsschädlicher Stoff, ätzend
69	giftiger oder gesundheitsschädlicher Stoff, der spontan zu einer heftigen Reaktion führen kann
80	ätzender Stoff
X80	ätzender Stoff, der mit Wasser gefährlich reagiert[a]
83	ätzender Stoff, entzündbar (Flammpunkt von 21 bis 55 °C)
839	ätzender Stoff, entzündbar (Flammpunkt von 21 bis 55 °C), der spontan zu einer heftigen Reaktion führen kann
85	ätzender Stoff, oxydierend (brandfördernd)
856	ätzender Stoff, oxydierend (brandfördernd) und giftig
86	ätzender Stoff, giftig
88	stark ätzender Stoff
X88	stark ätzender Stoff, der mit Wasser gefährlich reagiert[a]
883	stark ätzender Stoff, entzündbar (Flammpunkt von 21 bis 55 °C)
885	stark ätzender Stoff, oxydierend (brandfördernd)
886	stark ätzender Stoff, giftig
X886	stark ätzender Stoff, giftig, der mit Wasser gefährlich reagiert[a]
89	ätzender Stoff, der spontan zu einer heftigen Reaktion führen kann

[a] Wasser darf nur im Einverständnis mit Sachverständigen verwendet werden

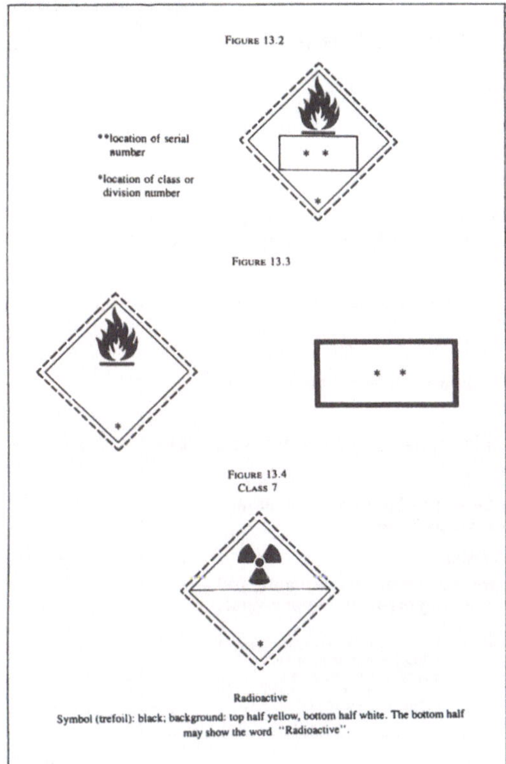

Abb. 56. Gefahrzettel und Warntafeln für die Kennzeichnung von Tanks und Fahrzeugen nach UN-Empfehlungen („Orange Book"). In das freie Feld ist jeweils die UN-Nummer einzutragen

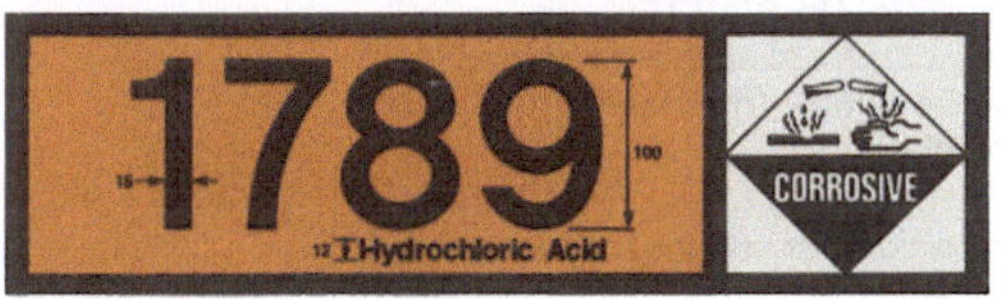

Abb. 57. Warnschild für die seitliche Bezeichnung von Tankkammern *(12)*

Abb. 58. Orangefarbene Warntafel des UK

Die Kennzeichnungsnummer für die Gefahr in der oberen Hälfte des Warnschildes ist durch den *„Hazchem-Code"* = Hazard Chemicals-Code/Code für Gefahr durch Chemikalien (s. Abb. 59) ersetzt worden. Er ist eine Sofort-Information für Feuerwehr und Polizei (von der Londoner Feuerwehr entwickelt), die danach zu ihrem eigenen Schutz und dem der Umgebung bis zum Eintreffen stoffspezifischer Anordnungen Erst-Maßnahmen treffen können (Abb. 58 und 59).

Diese Methode ist in ihrer Einfachheit und Durchführbarkeit beeindruckend und wenig kostenaufwendig. Sie ist sowohl ein Gefahren-Erkennungs- wie ein Notfall-Aktions-System. Leider war es beim „Committee of Experts" der UN nicht möglich, sie als Grundlage für ein weltweites Erkennungs- und Notfall-Programm durchzusetzen.

Die Lösung nach Abb. 56 ist ein Kompromiß, für den internationalen Gefahrguttransport aber dennoch relativ einheitlich. Ein Versender kann damit weltweit mit dem UN-Label, der UN-Registriernummer und einem zusätzlichen benachbarten orangefarbenen Warnschild auskommen. Mit Übernahme in die internationalen und nationalen Verkehrsreglements wurde diese Vereinbarung für alle Verkehrsträger und Staaten verbindlich.

Zusätzlich ist damit für die einzelnen regionalen Gebiete der obligatorische noch weiteren Aufschluß gebende Nummerncode („Nummer zur Kennzeichnung der Gefahr") vorgeschrieben. Für den Bereich des RID/ADR bedeutet das die orangefarbene Warntafel mit der Gefahrennummer (Tabelle 42 und der UN-Nummer.

Am 1. Juli 1974 hat der Bundesminister für Verkehr diese internationale Regelung des *„Anhangs B. 5"* zum ADR (Rn. 10500) in der GGVS in Kraft gesetzt. Wie erwartet, wurde dieses System dann auch im RID (Anhang VIII) für den europäischen Eisenbahnverkehr eingeführt (Abb. 60). Die Maße der Warntafel sind: mindestens 40 cm Grundlinie und 30 cm Höhe sowie einem schwarzen Rand von höchstens 15 mm Breite.

Wenn Tankfahrzeuge oder Fahrzeuge mit Aufsetztanks in der „B. 5-Liste" (ADR/GGVS) bzw. in dem „Anhang VIII" (RID/GGVE) aufgeführte Stoffe befördern oder wenn ihre Tanks von diesen Stoffen noch ungereinigt

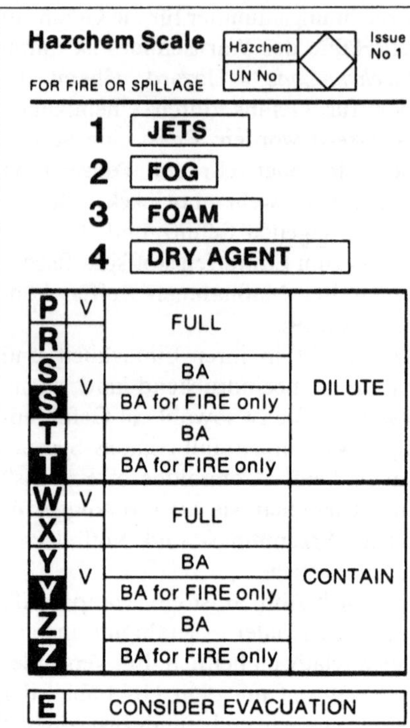

Notes for Guidance

FOG

In the absence of fog equipment a fine spray may be used.

DRY AGENT

Water **must not** be allowed to come into contact with the substance at risk.

V

Can be violently or even explosively reactive.

FULL

Full body protective clothing with BA.

BA

Breathing apparatus plus protective gloves.

DILUTE

May be washed to drain with large quantities of water.

CONTAIN

Prevent, by any means available, spillage from entering drains or water course.

Printed in England for Her Majesty's Stationery Office by Robendene (Chesham) Ltd.
Dd. 506846 K1200 5/75
3p net.
ISBN 0 11 340752 1

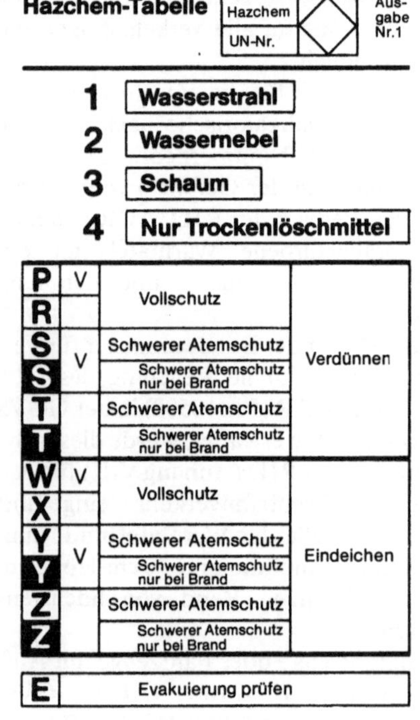

Erläuterungen

WASSERNEBEL

Falls kein Nebelgerät zur Stelle, kann auch Sprühwasser verwendet werden.

TROCKENLÖSCHMITTEL

Wasser darf nicht mit der Substanz in Kontakt kommen (Risiko einer heftigen Reaktion).

V

Kann heftig oder sogar explosionsartig reagieren.

VOLLSCHUTZ

Schutzanzug, der den ganzen Körper bedeckt und umluftunabhängiges Atemschutzgerät.

SCHWERER ATEMSCHUTZ

Umluftunabhängiges Atemschutzgerät, Schutzhandschuhe, Feuerwehreinsatzanzug.

VERDÜNNEN

Kann mit viel Wasser in die Kanalisation gespült werden.

EINDEICHEN

Eindringen des Stoffes in die Kanalisation oder in offenes Gewässer mit allen verfügbaren Mitteln verhindern.

Abb. 59. Hazchem-Code

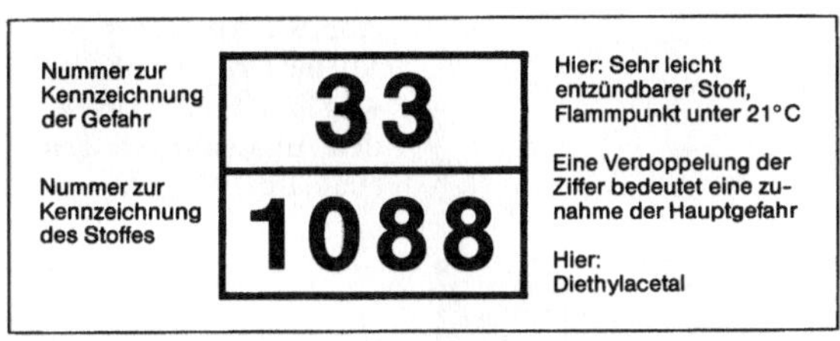

Abb. 60. Warntafel

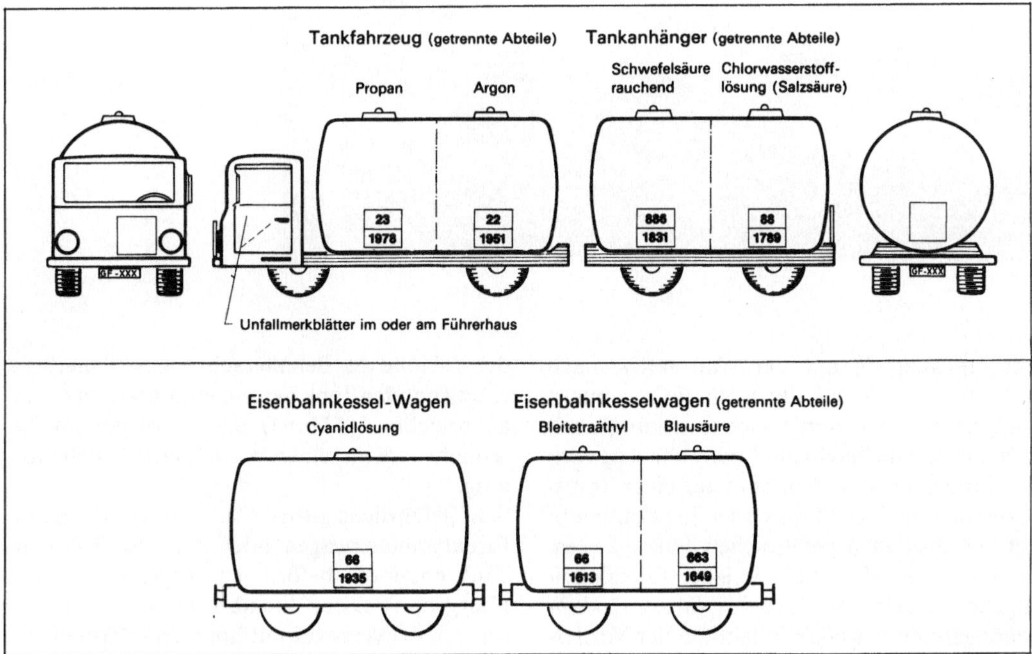

Abb. 61. Mehrkammertankfahrzeuge – beladen mit einem Füllgut, das im Anhang B.5 zur GGVS aufgeführt ist (B.5-Stoff). Das Fahrzeug führt vorn und hinten Warntafeln mit Kennzeichnungsnummern. Außerdem seitlich und hinten Gefahrzettel für giftige Stoffe. Die zusätzliche seitliche Kennzeichnung mit Warntafeln mit Kennzeichnungsnummern ist nicht erforderlich, kann aber zusätzlich vorgenommen werden. Unfallmerkblatt in diesem Fall nur im Führerhaus. [Diese Abbildung und Abb. 62 sind entnommen aus „Handbuch der gefährlichen Güter" (Hommel). Springer Berlin Heidelberg New York Tokyo]

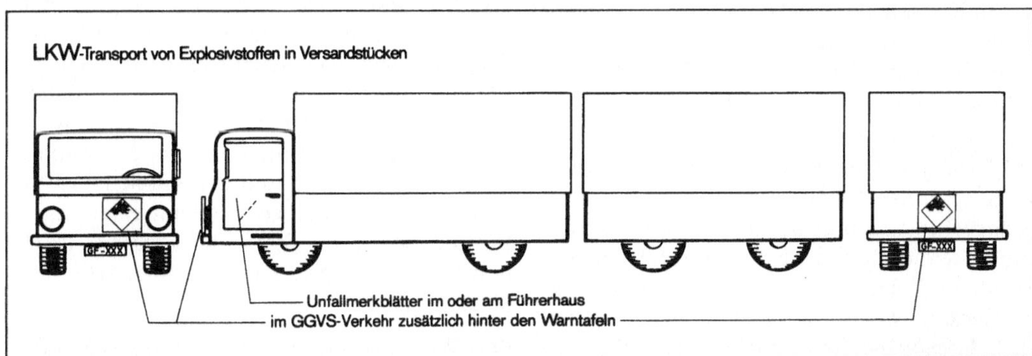

Abb. 62. Bezettelung von Explosivstoff-Fahrzeugen. Fahrzeuge, die Stoffe der Klassen 1a, 1b und 1c, das sind praktisch Sprengstoffe oder Gegenstände mit Sprengstoffen oder pyrotechnische Gegenstände ab 50 kg befördern, müssen ebenfalls mit orangefarbenen Warntafeln ausgerüstet sein. In diesen Fällen ist zusätzlich ein Gefahrzettel auf den Warntafeln anzubringen sowie die Aufschrift „Explosiv"

Abb. 63. Moderner 110 m³ Druckgas-Kesselwagen mit innenliegenden Aussteifungsringen (Baujahr 1975) *(22)*

sind, müssen sie mit den Warntafeln nach Abb. 60 versehen und allgemein die Nummern auch nach 15 Minuten Feuereinwirkung noch lesbar sein. Die Tafeln sind am Fahrzeug vorn und hinten anzubringen. Sind auf einer Transporteinheit mehrere Tanks oder Tankkammern mit verschiedenen gefährlichen Flüssigkeiten, so müssen die Warntafeln an jeder Tankeinheit angebracht sein (Abb. 61). Im *Straßenverkehr* benötigen die Warntafeln dann an der Vorder- und Rückseite keine Gefahrnummern. Im Straßenverkehr sind an Lkws, Sattelaufliegern und Lastzügen sog. neutrale Warntafeln (ohne Gefahrnummern) vorn und hinten anzubringen, wenn das Nettogewicht des geladenen Gefahrgutes

a) der Klassen 1 a, 1 b, 1 c und 6.2 zusammen mehr als 50 kg und

b) der Klassen 2, 3, 4.1, 4.2, 4.3, 5.2, 6.1, 8 und 9 insgesamt mehr als 3000 kg beträgt.

Sie müssen senkrecht zum Fahrzeug (Höhe 1,50 m ab Unterkante) angebracht sein. Auch wenn der Anhänger eines Lastzuges ungefährliches Gut transportiert, muß er an der Rückseite die für den Zugwagen erforderliche Warntafel führen. Sie ist zu entfernen oder zu überdecken, wenn kein Gefahrgut befördert wird. *Eisenbahnkesselwagen* sind zusätzlich zu den Warntafeln mit Gefahrzetteln zu kennzeichnen. So müssen Tanks für verflüssigte Gase der Ziffern 3–8 nach RID/ADR durch einen ca. 30 cm breiten, orangefarbenen Streifen,

der in Höhe der Behälterachse ohne Unterbrechung um den Tank herumgeführt sein muß, zu kennzeichnen (Abb. 63). Sie unterliegen im Eisenbahnverkehr einer vorsichtigeren Behandlung.

Sehr gefährliche giftige Gase, die verflüssigt in Eisenbahntankwagen oder per Eisenbahn in Tankcontainern befördert werden, wie Chlor, Phosgen, Stickstoffdioxid/Distickstofftetroxid (N_2O_4), Äthylenoxid mit höchstens 10 Gew.-% CO_2 (Kohlendioxid) und Ethylenoxid mit Stickstoff bis zu einem max. Gesamtdruck von 10 bar bei 50 °C (GGVE), müssen an beiden Längsseiten in oder neben dem Zettelhalter mit einem Rotringzettel (s. Abb. 63) versehen sein. Außerdem ist noch ein Zettel mit einem roten Dreieck und schwarzem Ausrufungszeichen anzubringen, das vorsichtige Verschiebevorgänge verlangt. Weitere Hinweise bei einem Eisenbahntransport mit explosionsgefährlichen Stoffen der Klasse 1 a (Ziffern 3, 4, 5, 8, 9 A, 11 (ausgenommen Schwarzpulver in best. Verpakkung), 13 a, 14 a, 14 b und der Klasse 1 b (Zi 10 und 11) sind ein weißer Zettel mit einem roten Ring sowie für alle Stoffe der Klassen 1 a, 1 b und 1 c (Zi 16, 21 bis 23) der Gefahrzettel 1 „Explosionsgefahr".

Bei Wagenladungen mit explosionsgefährlichen Gegenständen der Klasse 1 b ist auf beiden Seiten auf den Türen derselbe Gefahrzettel 1 und darüber ein gleichseitiges gelbes Dreieck (s. Abb. 62) anzubringen.

13.4 Unfallmerkblätter

Bei einem Verkehrsunfall mit einem Chemikalien-Transport benötigen die Einsatzkräfte Unterlagen über die Eigenschaften der gefährlichen Güter und über geeignete Notmaßnahmen. Aus diesem Grund entwickelte der „Verband der chemischen Industrie" der USA (MCA = Manufacturing Chemists' Association)[1] in den 60er Jahren Chemikalienkarten *(MCA-Chem-Card),* die als Anleitung für Notmaßnahmen bei Transportunfällen *(„Transportation Emergency Guide")* dienen sollten (Abb. 64).

Das MCA richtete dazu in seiner Zentrale in Washington einen 24stündigen telefonischen Auskunftsdienst unter Bezeichnung *„Chemtrec"* (Chemical Transportation Emergency Center = Chemikalientransport-Notfallzentrum) ein, der detailliertere Angaben über den Merkblatt-Inhalt hinaus geben kann.

Auch in Europa beschäftigte man sich Ende

---

1 Seit 1982: CMA = Chemical Manufacturing Association

der 60er Jahre mit diesem Problem. Ähnliche Stoffmerkblätter wurden sowohl von der Bundesrepublik Deutschland wie auch in den Niederlanden (V. N. C. I. = Niederländischer Chemieverband und E. V. O. = Transport-Vereinigung) herausgebracht. Hervorragend ist bei der niederländischen Entwicklung, daß der gleiche Text auf einem Din-A4-Format in niederländischer, englischer, französischer und deutscher Sprache verfaßt ist (Abb. 65).

In der Randnummer (Rn) 10185 des am 1. Januar 1970 in der Bundesrepublik Deutschland in Kraft getretenen ADR (BGBl. II S. 50) wurde von allen vertragsschließenden Staaten verlangt, daß dem Gefahrguttransport schriftliche Weisungen (später: Unfall-Merkblätter) mitzugeben seien. Sie müßten über das Beförderungsgut ausreichende Informationen über die gefährlichen Eigenschaften und über Notmaßnahmen nach Unfällen geben.

Entsprechend waren auch die Bestimmungen in der „Verordnung über den Schutz vor Schäden durch die Beförderung gefährlicher Güter auf der Straße" vom 23. Juli 1970 (BGBl. I S. 1133), kurz „Schadenschutz-Verordnung", aus der sich dann die „GefahrgutVerordnung-Straße" entwickelte.

Im § 5 dieser GGVS vom 23. August 1979 sind diese Forderungen präzisiert worden; sie besagen u. a.:

Unfallmerkblätter

(1) Für das Verhalten bei Unfällen oder Zwischenfällen, die sich während der Beförderung ereignen können, hat der Fahrzeugführer Unfallmerkblätter mitzuführen, die in knapper Form angeben

1. die Bezeichnung der beförderten gefährlichen Güter und die Art der Gefahr, die sie in sich bergen, sowie die erforderlichen Sicherheitsmaßnahmen, um ihr zu begegnen;
2. die zu ergreifenden Maßnahmen und Hilfeleistungen, falls Personen mit beförderten Gütern oder entweichenden Stoffen in Berührung kommen;
3. die im Brandfalle zu ergreifenden Maßnahmen, insbesondere die Mittel oder Gruppen von Mitteln, die zur Brandbekämpfung verwendet oder nicht verwendet werden dürfen;
4. die bei Bruch oder sonstiger Beschädigung der Verpackung oder der beförderten gefährlichen Güter zu ergreifenden Maßnahmen, insbesondere wenn sich diese Güter auf der Straße ausgebreitet haben, und
5. die mögliche Gefährdung von Gewässern beim Freiwerden der beförderten Güter und die für diesen Fall zu ergreifenden Sofortmaßnahmen.

Abb. 64. MCA-Chemcards *(11)*

In case of accident immediately notify the police and the fire brigade.

Cargo: **HYDROGEN SULPHIDE**

(Pressure vessel)   Class: 2 2131, 5 VLG / ADR.

Nature of hazard:
Pressure rise and bursting hazard when heated. The substance is inflammable. Severe intoxication which may become fatal when the gas has been inhaled. The gas will form an explosive mixture with air; is heavier than air and spreads along the ground. The gas has a strongly irritant effect on the eyes, the mucous membranes and the respiratory tract.

Protective devices:
Respiratory protective device, goggles giving complete protection of the eyes.

How to act in case of accident during transport:
- Stop the engine.
- No naked lights, no smoking.
- Keep bystanders away from danger spot.
- Mark roads.
- Keep upwind.
- In case of fire: keep charge cool by spraying with water.
- Extinguish a fire preferably with dry chemical or water.

First aid:
- Call a doctor immediately when someone shows signs of illness by inhaling the gas. Notify the doctor that hydrogen sulphide has been inhaled.
- When hydrogen sulphide has got into the eyes: immediately irrigate with copious supplies of water.

To obtain more detailed specific information dial   nr. ....

The rules given in this card have been drawn up by the Committee for Transport of Dangerous Goods (E.V.O. and V.N.C.I.) within the scope of the available knowledge and ability. For any imperfection in the rules or textual errors no responsibility whatever is undertaken.

Published by: "Algemene Verladers- en Eigen Vervoerders Organisatie (E.V.O.)" — P.O. Box 5092, The Hague, Netherlands.

Bij ongeval onmiddellijk politie en brandweer waarschuwen of doen waarschuwen.

Lading: **ZWAVELWATERSTOF**

(in drukhouder)   Gevarenklasse: Id 2131, 5 VLG / ADR.

Aard van het gevaar:
Drukverhoging bij verhitting van de drukhouder waardoor deze kan barsten. De stof is zeer brandbaar. Kans op vergiftiging met dodelijke afloop wanneer het gas wordt ingeademd. Het gas kan met lucht een explosief mengsel vormen; is zwaarder dan lucht en verspreidt zich over de grond. Het gas werkt sterk prikkelend op ogen, slijmvliezen en ademhalingsorganen.

Beschermingsmiddelen:
Adembescherming, aansluitende veiligheidsbril.

Maatregelen bij ongeval tijdens transport:
- Motor afzetten.
- Geen open vuur. Rookverbod.
- Omstanders op afstand houden.
- Boven de wind blijven.
- Wegen en gevaar markeren (afzetten).
- Bij brand lading koel houden door spuiten met water.
- Blussen bij voorkeur met poeder of water.

Eerste hulp:
- Direct doktershulp inroepen wanneer iemand onwel is geworden door inademen van het gas. Aan de arts meedelen dat zwavelwaterstof is ingeademd.
- Zwavelwaterstof in de ogen, direct uitspoelen met veel water.

Nadere informaties kunnen verstrekt worden door: Netnr. .... Tel. ....

De op deze kaart vermelde aanwijzingen zijn opgesteld door de Commissie Transport Gevaarlijke Goederen (E.V.O. en V.N.C.I.) naar beste weten en kunnen. Voor onjuistheid of onvolledigheid der gegevens of fouten in de redactie wordt generlei aansprakelijkheid aanvaard.

Uitgave: Algemene Verladers- en Eigen Vervoerders Organisatie (E.V.O.) — Postbus 5092, 's-Gravenhage.

GK-110

En cas d'accident prévenir immédiatement la police et le service d'incendie.

Charge: **HYDROGENE SULFURE**

(Réservoir sous pression)   Classe: 2_ 2131, 5 VLG / ADR.

Nature du danger:
Augmentation de la pression et danger de rupture en cas d'échauffement du réservoir sous pression. La matière est inflammable. Intoxication sévère et même mortelle quand le gaz a été respiré. Le gaz peut former un mélange explosif avec l'air; est plus lourd que l'air et se répand à terre. Le gaz a une réaction fort irritante sur les yeux, les membranes muqueuses et les organes de respiration.

Protection individuelle:
Appareil respiratoire, lunettes, écran protecteur du visage.

Mesures en cas d'accident pendant le transport:
- Arrêter le moteur.
- Pas de feu, défense de fumer.
- Tenir à distance les curieux.
- Signaliser la route et l'endroit du danger.
- Se mettre du côté du vent.
- En cas d'incendie: refroidir la cargaison en l'arrosant d'eau.
- Eteindre un incendie de préférence par poudre ou de l'eau.

Premier secours:
- Prévenir immédiatement un médecin quand quelqu'un se sent malade par inhalation du gaz. Notifier au médecin que l'hydrogène sulfuré a été inhalé.
- Hydrogène sulfuré dans les yeux rincer immédiatement et abondamment à l'eau.

Pour obtenir des informations plus détaillées téléphoner   le nr. ....

Les indications fournies sur cette carte ont été rédigées par la Commission du Transport de Marchandises Dangereuses (E.V.O. et V.N.C.I.) au mieux d'après ses connaissances et possibilités. Pour inexactitude ou insuffisance des recommandations ou fautes de rédaction aucune responsabilité n'est assumée.

Editions: "Algemene Verladers- en Eigen Vervoerders Organisatie (E.V.O.)" — Boîte postale 5092, La Haye, Pays-Bas.

Bei Unfall sofort Polizei und Feuerwehr verständigen.

Ladung: **SCHWEFELWASSERSTOFF**

(Druckgefäsz)   Gefahrenklasse: Id 2131, 5 VLG / ADR.

Art der Gefahr:
Drucksteigerung durch Erhitzung des Druckgefässes: Explosionsgefahr. Der Stoff ist brennbar. Schwere und sogar tödliche Erkrankung wenn der Stoff eingeatmet worden ist. Das Gas kann mit Luft ein explosives Gemisch bilden; ist schwerer als Luft und breitet sich über den Boden aus. Das Gas reizt die Augen, die Schleimhäute und die Atmungsorgane.

Schutzmittel:
Atemschutzgerät, Schutzbrille.

Massnahmen bei Transportunfall:
- Motor abstellen.
- Kein Feuer, nicht rauchen.
- Umstehende fernhalten.
- Strasse und Unfallstelle markieren (absperren).
- An der Windseite bleiben.
- Bei Brand: Ladung mit Wasser abkühlen.
- Feuer löschen vorzugsweise mit Löschpulver oder Wasser.

Erste Hilfeleistung:
- Sofort einen Arzt verständigen wenn jemand erkrankt ist durch einatmen des Gases. Dem Arzt mitteilen dass Schwefelwasserstoff eingeatmet worden ist.
- Schwefelwasserstoff im Auge sofort spülen mit vielem Wasser.

Für weitere spezifische Information anrufen   nr. ....

Die auf dieser Karte erwähnten Richtlinien sind nach bestem Wissen und Können von der Kommission Beförderung Gefährlicher Güter (E.V.O. und V.N.C.I.) aufgestellt worden. Für Ungenauigkeiten oder Unvollständigkeiten der Richtlinien oder Textfehler wird keinerlei Haftpflicht übernommen.

Ausgabe: "Algemene Verladers- en Eigen Vervoerders Organisatie (E.V.O.)" — Postfach 5092, Den Haag, Niederlande.

0.1167.1

Abb. 65. Niederländisches Stoffmerkblatt *(16)*

(5) Die für die tatsächliche Beförderung erforderlichen Unfallmerkblätter sind im oder am Führerhaus und, sofern nach § 8 Warntafeln erforderlich sind, in dem Behältnis an der Rückseite der Warntafeln mitzuführen. Sind für die Warntafeln besondere Kennzeichnungsnummern vorgeschrieben, brauchen Unfallmerkblätter in dem Behältnis an der Rückseite der Warntafeln nicht mitgeführt werden.

(6) Die Absätze 1 bis 5 sind anzuwenden, wenn
1. das Nettogewicht bei Gütern der Anlage A, Teil II,
   a) Klassen 1a, 1b, 1c und 6.2 insgesamt mehr als 50 Kilogramm oder
   b) Klassen 2, 3, 4.1, 4.2, 4.3, 5.1, 5.2, 6.1, 8 und 9 insgesamt mehr als 3000 Kilogramm
   beträgt;
2. die Beförderung nach § 7 Abs. 1 erlaubnispflichtig ist oder
3. es sich
   a) um Stoffe der Anlage A, Teil II, Klasse 7, Randnummer 2703, Blätter 5 bis 11, oder
   b) um gefährliche Güter in Tanks oder um ungereinigte leere Tanks
   handelt.

Den Absätzen 1 bis 5 unterliegen ohne Rücksicht auf das Gewicht nicht Sicherheitszündhölzer der Anlage A, Randnummer 2171, Ziffer 1, Buchstabe a und Stoffe der Anlage A, Randnummer 2651, soweit sie nicht unter § 11 Abs. 1 Nr. 1 fallen.

(7) Werden die in Absatz 6 Satz 1 Nr. 1 bezeichneten Güter in Versandstücken befördert und die dort angegebenen Gewichtsgrenzen überschritten, so ist den Absätzen 1 bis 5 genügt, wenn für die verschiedenen gefährlichen Güter ein gemeinsames Unfallmerkblatt für eine oder mehrere Klassen mitgeführt wird. Beträgt das Nettogewicht eines einzelnen gefährlichen Gutes jedoch mehr als 3000 Kilogramm, ist ein auf dieses gefährliche Gut bezogenes Unfallmerkblatt mitzuführen.

Sicherzustellen hat
– der *Absender,* daß die Unfallmerkblätter dem Beförderer vor Beginn des Transports übergeben werden und
– der *Beförderer,* daß das Fahrpersonal von den Weisungen der Unfallmerkblätter Kenntnis nimmt und sie sachgemäß anwen-

---

Tabelle 70. Auszug aus „Phrasenkatalog" (*13*)

Nature of hazard		Criteria
NH-20	May form explosive mixture with air particularly in empty uncleaned receptacles	
NH-21	The a) gas b) vapour is c) invisible d) heavier than air and spreads along ground e) and[a]/but[a] produces mist on contact with moist air f) lighter than air g) spreads along ground h) heavier than air i) slightly	
NH-22 CA-Ib)	Spilled liquid has very low temperature and a) unless contained evaporates quickly	For all liquefied pressure gases. A decision whether sub-clause a) should be used will depend on the properties of the gas in each case
NH-23	Heating will cause pressure rise with risk of bursting	For all liquids and gases which are not included in the criteria for NH-24 and NH-25 and for certain solid
NH-24	Heating will cause pressure rise with risk of bursting and subsequent explosion	NH-24 – for all inflammable liquids which are not included in the criterion for the phrase NH-25

[a] Appropriate word to be used

den kann. Das Fahrpersonal ist verpflichtet, diese Weisungen in dem nach den gegebenen Umständen möglichen Umfang zu befolgen.

Um bei einem Unfall Verwechselungen bei den Notmaßnahmen zu vermeiden, sind nur die für den Transport erforderlichen Unfallmerkblätter mitzuführen. Sie sind im oder am Führerhaus oder wenn Warntafeln verlangt werden, in dem Behältnis an dessen Rückseite unterzubringen.

Sind für die Warntafeln (s. Abschnitt 13.3) Nummern zur Kennzeichnung der Gefahr vor-

geschrieben, so kann das Gefahrgut durch diese schon aus der Entfernung identifiziert und durch das mitgeführte Unfallmerkblatt die notwendigen Maßnahmen eingeleitet werden.

Die *Unfallmerkblätter,* im englischen Urtext *„Tremcards"* (*T*ransport *Em*ergency *Card*) genannt, werden seit 1970 gemeinsam von Sachverständigen des CEFIC (*C*onseil *E*uropéen des *F*éderation de l'*I*ndustrie *C*himique[2] = Europäischer Rat der Verbände der chemischen Industrie) und des Beirats für die Beför-

---

2 Auch: European Council of Chemical Manufacturers' Federations

---

Tabelle 71. Deutscher „Phrasenkatalog" (*13*)

Gefahren		Kriterien
NH-20	Kann mit Luft explosionsfähige Gemische bilden, auch in leeren, ungereinigten Behältern	
NH-21	a) Gase b) Dämpfe sind c) unsichtbar d) schwerer als Luft, breiten sich am Boden aus e) bilden aber mit feuchter Luft Nebel f) leichter als Luft g) breiten sich am Boden aus h) schwerer als Luft i) etwas	
NH-22	Auslaufende Flüssigkeit ist sehr kalt und verdampft rasch a) falls nicht eingedämmt	Für alle unter Druck verflüssigte Gase Ob a) zu verwenden ist, hängt von den Eigenschaften des Gases ab
NH-23	Erhitzen führt zu Drucksteigerung – Berstgefahr	Für alle Flüssigkeiten und Gase, welche die Kriterien von NH-24 und NH-25 nicht erfüllen sowie für bestimmte feste Stoffe
NH-24	Erhitzen führt zu Drucksteigerung – Berst- und Explosionsgefahr	NH-24 Für alle entzündbaren Flüssigkeiten, die NH-25 nicht zutrifft
NH-25	Erhitzen führt zu Drucksteigerung – erhöhte Berst- und Explosionsgefahr	NH-25 1. Für alle entzündbaren Gase 2. Für alle Stoffe, die sich bei höheren Temperaturen in gefährlicher Weise zersetzen (chemische Reaktion) 3. Für alle Stoffe mit Polymerisationsgefahr bei höheren Temperaturen 4. Für bestimmte entzündbare Flüssigkeiten mit Dampfdruck über 1,1 bar bei 50 °C (gemäß Rn 211 1) (3) (4) ADR z. B. Pentan, 1-Penten, Isopenten, Ethylether, Isopren, Methylformiat

derung gefährlicher Güter des Bundesministers für Verkehr bezüglich Form und Inhalt international einheitlich erstellt. Sie wurden bis Ende 1982 vom BMV behördlich anerkannt und werden von allen, dem CEFIC angehörenden Chemieverbänden ihren Mitgliedern empfohlen.
Die Grundlage der Tremcards ist ein in englischer Sprache zusammengestellter sog. Phrasenkatalog (Ausschnitt s. Tabelle 70), der entsprechende Pendants in 14 europäischen Sprachen hat (Ausschnitt aus Phrasenkatalog in deutscher Sprache s. Tabelle 71). Mit Hilfe der Phrasen wird der Urtext in englischer Sprache verfaßt. Er behandelt die *gefährlichen physikalischen, chemischen und gesundheitsschädlichen Eigenschaften* des betreffenden Stoffes, die *persönliche Schutzausrüstung* und Maßnahmen nach dem Unfall. Diese gliedern sich in

- *allgemeine Notmaßnahmen,* wie „Zündquellen fernhalten" oder „Straße sichern und andere Straßenbenutzer warnen" oder „Schutzkleidung anlegen",
- Maßnahmen bei *Leck,* bei *Feuer* und für die *Erste Hilfe.*

Die Tabelle 72 zeigt Teile eines englischen Entwurftextes und die Abb. 66 und 67 je ein deutsches und ein englisches Unfall-Merkblatt. Da sich die Unfall-Merkblätter in den verschiedenen Sprachen nach Form und Inhalt genau gleichen, kann z. B. bei einer Havarie in Italien ein dänischer Fahrer ohne Beherrschung der Landessprache über die Maßnahmen sofort eine Verständigung herbeiführen. Nebeneinanderlegen des dänischen und italienischen Merkblatts ermöglicht der Polizei, der Feuerwehr, dem Ersthelfer und der Bevölkerung schnelle Information und Hilfe.
Die medizinischen Notmaßnahmen sind bis auf Ausnahmen nur als „Erste Hilfe" anzusehen. In diesen speziellen Fällen wird im Abschnitt der *„Schutzausrüstung"* auf eine ärztliche Notfallausrüstung und im Abschnitt *„Erste Hilfe"* auf die Beratung des Arztes, auf die medizinischen Maßnahmen etc. hingewiesen (Abb. 68).
Bis Ende 1981 wurden ca. 525 Unfallmerkblätter konzipiert, genehmigt und für die meist gehandelten Chemikalien in 15 europäischen Sprachen veröffentlicht.

Tabelle 72. Master Card (Auszug) *(13)*

GE-1	Transport Emergency Card (Road)		CEFIC TEC(R)–16 July 1981, Rev. 4
GE-2	Ethylene Oxide		Class 2 ADR item 3ct/4ct UN No. 1040
	CA-2a CA-1b Ca-3e	Colourless liquefied pressure gas with slight odour	
GE-3	NH-2a	Highly inflammable	
	NH-71bip	Spilled liquid evaporates creating serious explosion hazard	
	NH-21acd	The gas is invisible, heavier than air and spreads along ground	
	NH-5	Can form explosive mixture with air particularly in empty uncleaned receptacles	
	NH-25	Heating will cause pressure rise, severe risk of bursting and explosion	
	NH-13	May react vigorously with acids and alkalis creating explosion hazard	
	NH-40ba	Contact with liquid causes skinburns and severe damage to eyes	
	NH-45hpr st	The gas causes strong irritation to eyes, skin and air passages	
	NH-26	Toxic	
	NH-27cbm	The gas poisons by inhalation and absorption through skin	
	NH-36	Symptoms may develop after several hours	
	NH-35amn	The gas has narcotic effect and causes giddiness	
GE-4	PD-1	Suitable respiratory protective device	
	PD-3fiak emg	Apron or other light protective clothing, plastic or synthetic rubber gloves and anti-static boots	
	PD-9b	Eyewash bottle with clean water	
GE-5		EMERGENCY ACTION – Notify police and fire brigade immediately	

UNFALLMERKBLATT FÜR STRASSENTRANSPORT

CEFIC TEC(R)-54
Mai 1972
Klasse 6.1   ADR
Ziff. 13b)

DIMETHYLSULFAT

1595

Eigenschaften des Ladegutes:
Farblose geruchlose Flüssigkeit
Nicht mischbar mit Wasser
Schwerer als Wasser

Gefahren:
Giftig
Schwere, evtl. tödliche Vergiftung bei Einwirkung auf die Haut, durch Einatmen oder durch Verschlucken
Dämpfe sind unsichtbar, schwerer als Luft und breiten sich am Boden aus
Vergiftungssymptome können auch erst nach vielen Stunden auftreten
Entzundbar (Flammpunkt über 55°C bis 100°C)
Kann mit Luft explosionsfähige Gemische bilden, auch in leeren, ungereinigten Behältern
Erhitzen führt zu Drucksteigerung – Berst- und Explosionsgefahr

Schutzausrüstung:
Geeigneter Atemschutz
Dichtschließende Schutzbrille
Handschuhe, Stiefel, Schutzanzug, vollkommener Kopf-, Gesichts- und Nackenschutz aus synthetischem Gummi
Augenspülflasche mit reinem Wasser

NOTMASSNAHMEN   Sofort Feuerwehr und Polizei benachrichtigen
● Motor abstellen
● Zündquellen fernhalten (z. B. kein offenes Feuer) Rauchverbot
● Straße sichern und andere Straßenbenutzer warnen
● Unbefugte fernhalten
● Auf windzugewandter Seite bleiben
● Schutzausrüstung anlegen

Leck
● Flüssigkeit mit Erde oder dergleichen eindämmen, Fachmann beiziehen
● Eindringen der Flüssigkeit in Kanalisation, Gruben und Keller verhindern – Dämpfe verursachen Vergiftungsgefahr
● Kanalisation abdecken, Keller und Gruben evakuieren lassen
● Falls Produkt in Gewässer oder Kanalisation gelangt ist oder Erdboden oder Pflanzen verunreinigt hat, Feuerwehr oder Polizei darauf hinweisen

Feuer
● Bei Feuereinwirkung Behälter mit Wassersprühstrahl kühlen
● Löschen vorzugsweise mit Wassersprühstrahl, Schaum oder Löschpulver

ErsteHilfe
● Mit Produkt verunreinigte Kleidungsstücke unverzüglich entfernen und betroffene Haut mit viel Wasser waschen
● Falls Produkt in Augen gelangt, unverzüglich mit viel Wasser mindestens 15 Minuten spülen
● Ärztliche Hilfe erforderlich bei Symptomen, die offensichtlich auf Einatmen, Verschlucken oder Einwirkung auf Haut oder Augen zurückzuführen sind
● Wegen des verzögerten Vergiftungseffektes Personen, die Dämpfe eingeatmet haben oder mit der Substanz in Berührung gekommen sind, hinlegen und ruhig halten, ärztliche Überwachung während mindestens 48 Stunden
● Auch wenn sich keine Symptome bemerkbar machen, Arzt zuziehen und dieses Merkblatt zeigen

Zusätzliche Hinweise des Herstellers oder Absenders:

TELEFONISCHE RÜCKFRAGE:

Dieses in Zusammenarbeit mit dem CEFIC (Conseil des Fédérations de l'Industrie Chimique) aufgestellte Merkblatt ist vom Beirat für die Beförderung gefährlicher Güter beim Bundesverkehrsministerium im Einvernehmen mit dem Arbeitskreis „Lagerung und Transport wassergefährdender Stoffe" des Bundesministers des Innern am 4. Dezember 1979 (Az. A 13/26 20 70-12) gebilligt worden
Erhältlich bei:
Dössel & Rademacher, Formularverlag, Brandstwiete 42, 2000 Hamburg 11, Telefon (040) 32 14 81   Best.Nr. 4 179

Gilt nur während des Straßentransports   Deutsch

Abb. 66. Deutsches Unfallmerkblatt (13, 23)

TRANSPORT EMERGENCY CARD (Road)

CEFIC TEC(R)-54
May 1972
Class 6.1 ADR
Marg. 2601, 13°b

UN No. 1595

Cargo

DIMETHYL SULPHATE

Colourless, odourless liquid
Immiscible with water
Heavier than water

Nature of Hazard
Toxic
Severe poisoning perhaps fatal when splashed on skin, inhaled or swallowed
The vapour is invisible, heavier than air and spreads along ground
Symptoms may develop after several hours
Inflammable (flashpoint above 55 but not exceeding 100°C)
Can form explosive mixture with air particularly in empty uncleaned receptacles
Heating will cause pressure rise with risk of bursting

Protective Devices
Suitable respiratory protective device
Goggles giving complete protection to eyes
Synthetic rubber suit, hood giving complete protection to head, face and neck, gloves and boots
Eyewash bottle with clean water

EMERGENCY ACTION — Notify police and fire brigade immediately
· Stop the engine
· No naked lights. No smoking
· Mark roads and warn other road users
· Keep public away from danger area
· Keep upwind
· Put on protective clothing

Spillage
· Contain leaking liquid with sand or earth ; consult an expert
· Prevent liquid entering sewers, basements and workpits, vapour may create toxic atmosphere
· Sewers must be covered and basements and workpits evacuated
· If substance has entered a water course or sewer or contaminated soil or vegetation, advise police

Fire
· Keep containers cool by spraying with water if exposed to fire
· Extinguish preferably with waterspray, foam or dry chemical

First aid
· Remove contaminated clothing immediately and wash affected skin with plenty of water
· If substance has got into the eyes, immediately wash out with plenty of water for at least 15 minutes
· Seek medical treatment when anyone has symptoms apparently due to inhalation, swallowing, or contact with skin or eyes
· Due to delayed effect of poisoning, persons who have inhaled the vapour or been in contact with the substance must lie down and keep quite still. Patient should be kept under medical observation for at least 48 hours.
· Even if there are no symptoms send to a doctor and show him this card

Additional information provided by manufacturer or sender

TELEPHONE

Prepared by CEFIC (CONSEIL EUROPEEN DES FEDERATIONS DE L'INDUSTRIE CHIMIQUE, EUROPEAN COUNCIL OF CHEMICAL MANUFACTURERS' FEDERATIONS) Zürich, from the best knowledge available ; no responsibility is accepted that the information is sufficient or correct in all cases
Obtainable from
Acknowledgment is made to V.N.C.I. and E.V.O. of the Netherlands for their help in the preparation of this card

Applies only during road transport   English

Abb. 67. Englisches Unfallmerkblatt (12, 13)

UNFALLMERKBLATT FÜR STRASSENTRANSPORT

CEFIC TEC(R)-755 a
September 1973, ED 1
Klasse 6.1   ADR
Ziff. 81 a)

PESTIZIDE, flüssig
(Hochgiftige organische Phosphorverbindungen)

Eigenschaften des Ladegutes:
Meist farblose Flüssigkeit mit wahrnehmbarem Geruch

Gefahren:
Schwere, evtl. tödliche Vergiftung bei Einwirkung auf die Haut, durch Einatmen oder durch Verschlucken
Kann entzündbar und flüchtig sein
Dämpfe sind unsichtbar, schwerer als Luft und breiten sich am Boden aus
Kann mit Luft explosionsfähige Gemische bilden, auch in leeren ungereinigten Behältern
Erhitzen führt zu Drucksteigerung – Berst- und Explosionsgefahr
Beim Erhitzen entstehen giftige Gase

Schutzausrüstung:
Geeigneter Atemschutz
Dichtschließende Schutzbrille
Handschuhe, Stiefel und Schutzanzug aus Kunststoff oder synthetischem Gummi
Erste-Hilfe-Ausrüstung mit ärztlicher Weisung für Spezialbehandlung
Augenspülflasche mit reinem Wasser

NOTMASSNAHMEN   Sofort Feuerwehr und Polizei benachrichtigen

- Fahrzeug möglichst in freies Gelände bringen
- Motor abstellen
- Zündquellen fernhalten (z. B. kein offenes Feuer), Rauchverbot
- Straße sichern und andere Straßenbenutzer warnen
- Unbefugte fernhalten
- Auf windzugewandter Seite bleiben
- Schutzausrüstung vor Betreten der Gefahrenzone anlegen

Leck
- Eindringen der Flüssigkeit in Kanalisation, Gruben und Keller verhindern: Dämpfe verursachen Explosions- und Vergiftungsgefahr
- Mit Erde oder geeigneten Saugstoffen aufsaugen; Straße nicht mit Wasser abspülen
- Fachmann beiziehen
- Falls Produkt in Gewässer oder Kanalisation gelangt ist oder Erdboden oder Pflanzen verunreinigt hat, Feuerwehr oder Polizei darauf hinweisen

Feuer
- Bei Feuereinwirkung Behälter mit Wassersprühstrahl kühlen
- Nicht versuchen, das Feuer zu ersticken
- Fachmann beiziehen

Erste Hilfe
- Mit Produkt verunreinigte Kleidungsstücke unverzüglich entfernen und betroffene Haut mit Seife und Wasser waschen
- Erbrechen herbeiführen, wenn Verdacht auf Verschlucken des Stoffes besteht
- Bei Atemstillstand künstliche Beatmung vornehmen
- Bei Einwirkung des Stoffes oder seiner Dämpfe ist unverzüglich Spezialbehandlung durch einen Arzt erforderlich
- Auch wenn sich keine Symptome bemerkbar machen, Arzt zuziehen und dieses Merkblatt zeigen
- Falls Produkt in Augen gelangt, unverzüglich mit viel Wasser mehrere Minuten spülen

Zusätzliche Hinweise des Herstellers oder Absenders:

TELEFONISCHE RÜCKFRAGE:

Dieses in Zusammenarbeit mit dem CEFIC (Conseil des Fédérations da l'Industrie Chimique) aufgestellte Merkblatt ist vom Beirat für die Beförderung gefährlicher Güter beim Bundesverkehrsministerium im Einvernehmen mit dem Arbeitskreis „Lagerung und Transport wassergefährdender Stoffe" des Bundesministers des Innern am 4. Dezember 1979 (Az.: A 13/26.20.70-12) gebilligt worden.
Erhältlich bei
Dössel & Rademacher, Formularverlag, Brandstwiete 42, 2000 Hamburg 11, Telefon (040) 32 14 81   Best.-Nr. 4 257

Gilt nur während des Straßentransports   Deutsch

Abb. 68. Deutsches Unfallmerkblatt *(23)*

Die am 3. 8. 1980 im Verkehrsblatt (S. 588) erschienene „Einführung in die Systematik der Muster der Unfallmerkblätter (schriftliche Weisungen) für den Straßenverkehr[3], ging näher auf die Philosophie und den Inhalt der „Einzel- und Gruppen-Merkblätter" ein (auszugsweise):

1. Es werden für alle namentlich im Anhang B. 5 GGVS/ADR aufgeführten sowie für andere gefährlichen Stoffe, die in größeren Mengen befördert werden, Einzelmerkblätter aufgestellt. Allerdings ist es bei der großen Zahl der auf dem Markt befindlichen gefährlichen Zubereitungen (Stoffgemische, Lösungen etc). nicht möglich und aus Gründen der Übersichtlichkeit auch gar nicht wünschenswert, für jede Zubereitung ein gesondertes Stoffmerkblatt herauszugeben. Für solche Zubereitungen und auch für Stoffe, für die keine Einzelmerkblätter vorhanden sind, stehen Gruppenmerkblätter zur Verfügung (s. Pos. 3). Gruppenmerkblätter weisen zwangsläufig keine so große Informationsbreite auf wie Einzelmerkblätter.

2. Aufbau der Merkblätter

2.1 Stoffbezeichnung, Klassifizierung und Kennzeichnung

Als *Stoffbezeichnung* wird an erster Stelle die in der GGVS durch Kursivschrift hervorgehobene Benennung aufgeführt, sodann – wenn nötig – in Klammern weitere gebräuchliche Benennungen. In der rechten oberen Ecke ist der Entstehungsmonat des

---

3 Autor: Prof. Dr. Heinrich, BAM (s. a. Amts- und Mitteilungsblatt der BAM, Bd. 8, Nr. 2, Juni 1978)

Blattes, die Gefahrklasse, die Ziffer, ggf. auch der Buchstabe und – wenn für erforderlich gehalten – die Randnummer eingetragen. Stimmen Klassifizierung im ADR und in der GGVS überein, wird auf das ADR Bezug genommen. Bei Abweichungen werden beide Klassifizierungen – ggf. nur die der GGVS allein – angegeben. Weitere Nummern in der rechten oberen oder linken unteren Ecke sind interne Registriernummern.

Merkblätter für Stoffe, die im Anhang B.5 namentlich aufgeführt sind, enthalten in der rechten oberen Ecke unter dem roten Balken ein zweigeteiltes, schwarz umrandetes Feld, in dessen untere Hälfte die UN-Nummer eingetragen ist. Diese befindet sich an gleicher Stelle auch auf der nach § 8 Abs. 5 GGVS/ADR, Rn. 10500 Abs. 2 für Tankfahrzeuge – nach GGVS auch für Trägerfahrzeuge von Aufsetztanks – vorgeschriebenen zweigeteilten orangefarbenen Warntafel und ermöglicht so eine schnelle gegenseitige Zuordnung.

2.2 Eigenschaften des Ladegutes

Im Merkblatt aufgeführte Eigenschaften sind z.B. der Aggregatzustand des beförderten Stoffes, etwaige Zustandsänderungen, wenn diese im Bereich der Beförderungstemperaturen liegen, oder die Farbe des Stoffes. Am Auftreten eines ungewohnten Geruches wird oft zuerst das Leckwerden einer Verpackung erkannt. Ein einfacher Hinweis, ob überhaupt ein wahrnehmbarer Geruch vorhanden ist oder nicht, wurde für ausreichend befunden.

Von größerer Wichtigkeit ist dagegen ein Hinweis auf die Mischbarkeit mit bzw. die Löslichkeit in Wasser. Namentlich für eine Beurteilung der Erfolgsaussichten bei der Anwendung der verschiedenen Methoden zur Feuerbekämpfung erschien eine etwas differenzierte Betrachtung dieser Eigenschaften bedeutsam. Unter Löslichkeit bzw. Mischbarkeit wird hierbei die Anzahl Gramm eines Feststoffes bzw. einer Flüssigkeit verstanden, die sich in 100 g reinem Wasser von 15 °C lösen. Die Löslichkeit bzw. Mischbarkeit wird wie folgt gestuft:

Bei Feststoffen:
- „löslich in Wasser": bei einer Löslichkeit von mehr als 1 g in 100 g Wasser
- „unlöslich in Wasser": bei einer Löslichkeit von weniger als 1 g in 100 g Wasser

Bei Flüssigkeiten:
- „vollständig mischbar mit Wasser": bei einer Löslichkeit von mehr als 90 g in 100 g Wasser
- „teilweise mischbar mit Wasser": bei einer Löslichkeit von 10 g bis 90 g in 100 g Wasser
- „nicht mischbar mit Wasser": bei einer Löslichkeit von weniger als 10 g in 100 g Wasser.

Die Mischbarkeit mit Wasser ist u.U. wichtig für das Verdünnen (Herabsetzen der Konzentration), Niederschlagen von Dämpfen oder Nebel usw.

Des weiteren ist aufgeführt, ob eine Flüssigkeit leichter oder schwerer als Wasser ist, wenn sie mit Wasser wenig oder nicht mischbar ist. Wenn eine Flüssigkeit mit Wasser vollständig mischbar ist, unterbleibt dagegen ein entsprechender Hinweis, da Stoff und Wasser mehr oder weniger schnell ein einheitliches Medium (Lösung) bilden, das bei starker Verdünnung weniger gefährlich wird; so ist z.B. eine Mischung von Ethylalkohol mit der 33fachen Menge Wasser nicht mehr entzündbar.

2.3 Gefahren

Die im Abschnitt „Gefahren" angeführten Gefahrenhinweise berücksichtigen nur solche Gefahren, die bei der Beförderung der Stoffe als Folge von Unfällen auftreten können und von Bedeutung sind. Für den Einsatz beim Umgang mit gefährlichen Stoffen sind die Merkblätter deshalb nur begrenzt anwendbar. Insbesondere gilt dies für die Gesundheitsgefahren. Bei der Beförderung werden betriebsmäßig keine gefährlichen Stoffe freigesetzt. Dies geschieht vielmehr nur bei Unfällen, wenn die Verpackung beschädigt wird. In den Merkblättern sind deshalb Hinweise auf chronische Schäden unterblieben.

Für die Verwendung einiger Phrasen wurden Auswahlkriterien aufgestellt.

Als „leicht flüchtig" werden Flüssigkeiten bezeichnet, wenn ihr Siedepunkt unter 65 °C liegt, als „flüchtig", wenn ihr Siedepunkt zwischen 65 °C und 150 °C liegt.

Bei Einwirkung von Hitze auf Behälter mit gefährlichen Stoffen werden je nach der Gefährdung, die von den Stoffen ausgeht, verschiedene Phrasen verwendet:

a) Erhitzen führt zu Drucksteigerung – Berstgefahr
b) Erhitzen führt zu Drucksteigerung – Berst- und Explosionsgefahr
c) Erhitzen führt zu Drucksteigerung – erhöhte Berst- und Explosionsgefahr

a) wird verwendet, wenn bei Wärmeeinwirkung aufgrund des Ausdehnungsverhaltens des Stoffes odes des zunehmenden Dampfdrucks ein Bersten der Verpackung zu befürchten ist, ohne daß sich hieran – Gesundheitsgefahren ausgeschlossen – weitere Gefährdungen anschließen;

b) wird verwendet, wenn sich im Behälter entzündbare Flüssigkeiten befinden, die beim Bersten der Verpackung verdampfen oder vernebeln und explosionsfähige Atmosphäre bilden können;

c) wird verwendet für

1. alle entzündbaren Gase,
2. alle Stoffe, die sich bei höheren Temperaturen in gefährlicher Weise zersetzen (chemische Reaktion),
3. alle Stoffe mit Polymerisationsgefahr bei höheren Temperaturen,
4. bestimmte entzündbare Flüssigkeiten mit Dampfdruck über 1,1 bar bei 50 °C, (z.B. Pentan, 1-Penten, Isopenten, Ethylether, Isopren, Methylformiat).

2.4 Schutzausrüstung

Die im Merkblatt aufgeführte Schutzausrüstung genügt der in Rn. 10260 Abs. 2 GGVS geforderten Schutzausrüstung.

Jedoch sind – in Übereinstimmung mit dieser Vorschrift – Schutzanzug, vollkommener Kopf-, Gesichts- und Nackenschutz sowie die besondere Erste-Hilfe-Ausrüstung – soweit überhaupt erforderlich – nur bei der Beförderung der gefährlichen Güter in Tankfahrzeugen oder Tankcontainern mitzugeben. „Geeigneter Atemschutz" ist ein Atemschutz, der für die zu ergreifenden Maßnahmen nach Unfällen geeignet erscheint. So ist z. B. für viele der allgemeinen Notmaßnahmen, die vom Fahrer ausgeführt werden können, ein Fluchtfiltergerät ausreichend. Da indessen Fluchtfiltergeräte nur wenige Minuten schützen, sollten sie – insbesondere, wenn größere Mengen gesundheitsgefährdender flüchtiger Stoffe frei geworden sind – nicht bei der Bekämpfung von Leck oder Feuer verwendet werden. In Merkblättern für giftige oder gesundheitsschädliche Gase wird im Abschnitt „Zusätzliche Hinweise" hieraus besonders hingewiesen.

Die Phrase „Besondere Erste-Hilfe-Ausrüstung" ist bei Stoffen aufgeführt, die bei Vergiftungen sehr schnell wirken und bei denen der Fahrer nach vorheriger Unterweisung, jedoch ohne besondere medizinische Kenntnisse, schnelle gezielte Hilfe leisten kann. Auf eine Spezifizierung wurde bewußt verzichtet, um dem Fortschritt in der medizinischen Therapie nicht im Wege zu stehen.

Die Phrase „Erste-Hilfe-Ausrüstung mit ärztlicher Weisung für Spezialbehandlung" ist bei Stoffen aufgeführt, bei denen die Erste-Hilfe-Maßnahme von einem Arzt ausgeführt werden muß, aber nicht erwartet werden kann, daß das entsprechende Mittel zur Therapie immer beim Arzt vorrätig ist.

Anstelle einer Schürze, die sich in mancherlei Hinsicht als unpraktisch oder sogar als gefahrenträchtig erwiesen hat, wird zukünftig „leichte Schutzkleidung" gefordert werden. Leichte Schutzkleidung sind z. B. Kittel, Jacken oder Joppen aus geeigneten Kunststoffen.

Neuauflagen von Merkblättern tragen also statt „Schürze" den Hinweis „Leichte Schutzkleidung". Soweit ältere Merkblätter noch in Gebrauch sind, soll entsprechend verfahren werden und anstelle einer Schürze, wenn diese gefordert wird, leichte Schutzkleidung mitgegeben werden.

2.5 Notmaßnahmen

Die hier aufgeführten Notmaßnahmen sind allgemeiner Art und stellen die dringlichsten Maßnahmen dar, die nach einem Unfall zu ergreifen sind. Einige kehren auf jedem Blatt wieder. Die Phrase „Zündquellen fernhalten (z. B. kein offenes Feuer), Rauchverbot", wird auf jedem Blatt aufgeführt, auch wenn der beförderte Stoff selbst nicht brennbar ist. Gedacht ist hier u. a. an das Leckwerden eines Benzintanks als Folge eines Unfalls. Die Beseitigung von Unfallfolgen wird – auch wenn selbst unbrennbare Stoffe ausgetreten sind – sehr erschwert, wenn das Fahrzeug in Brand geraten ist.

2.6 Leck

Bei der Durchführung der im Merkblatt vorgesehenen Maßnahmen ist bei flüchtigen gesundheitsgefährdenden Stoffen geeigneter Atemschutz zu tragen. In vielen Fällen sind Fluchtfiltergeräte ausreichend, zumal wenn die Forderung „Auf windzugewandter Seite bleiben" befolgt wird.

Bei giftigen oder gesundheitsschädlichen Gasen oder leicht flüchtigen Stoffen sollte indessen bei Freiwerden größerer Mengen nur umluftunabhängiges Atemschutzgerät Verwendung finden. Die Bekämpfung größerer Leckagen muß deshalb der Feuerwehr überlassen bleiben.

Sehr häufig wird im Merkblatt verlangt, das ausgetretene Ladegut an einen sicheren Ort zu bringen. Sicher im Sinne des Merkblattes ist ein Ort dann, wenn von dem dorthin verbrachten Ladegut für Personen keine Gefahren oder beträchtlich verringerte Gefahren ausgehen. Ob dieser Ort auch sicher unter dem Aspekt des Umweltschutzes ist, muß geprüft werden. Die schnelle Abwendung von unmittelbaren Gefahren für Personen hat jedoch immer Vorrang.

In den Merkblättern wird häufig die Heranziehung eines Fachmannes gefordert. Fachleute können z. B. Angehörige von Feuerwehren, Gewerbeaufsicht, Berufsgenossenschaft, Wasserbehörden oder von Chemiefasern sein. Im allgemeinen ist es ratsam, sich mit der auf dem Merkblatt angegebenen Telefonnummer in Verbindung zu setzen.

Die Phrase „Falls Produkt in Gewässer oder Kanalisation gelangt ist oder Erdboden oder Pflanzen verunreinigt hat, Feuerwehr oder Polizei darauf hinweisen" wird bei jedem Stoff – ausgenommen einige schnell verdampfende tiefkalte oder unter Druck verflüssigte Gase – verwendet. Mit ihr sollen die genannten Stellen auf mögliche Gefahren für die Umwelt hingewiesen werden. Feuerwehr oder Polizei werden sich nach Kenntnisnahme des Merkblattes und Identifizierung des ausgetretenen Stoffes mit den für den Gewässerschutz zuständigen Behörden in Verbindung setzen.

2.7 Feuer

Die im Merkblatt angeführten Maßnahmen berücksichtigen Gefahren, die vom Ladegut ausgehen. Das Merkblatt geht z. B. nicht auf Bekämpfungsmaßnahmen eines bloßen Brandes der Fahrzeugaufbauten oder der Reifen ein. Es darf davon ausgegangen werden, daß die Bekämpfung derartiger Brände vom Fahrer beherrscht wird.

Die im Fahrzeug mitgeführten Feuerlöschgeräte sind nur für die Bekämpfung von Entstehungsbränden vorgesehen. So wird der Fahrer nur kleinere Brände mit Erfolg selbst bekämpfen können. Die Bekämpfung größerer Brände muß der Feuerwehr überlassen bleiben.

2.8 Erste Hilfe. Siehe Nummer 2.4.

2.9 Zusätzliche Hinweise des Absenders

In diesem Abschnitt kann der Absender[4] noch zusätzliche, ihm wichtig erscheinende Hinweise anbringen.

2.10 Telefonische Rückfrage

Hier soll eine Telefonnummer angegeben werden, über die fachmännischer Rat bezüglich des beförderten Gutes eingeholt werden kann.

Nachdem um die Mitte der 70er Jahre über 300 Einzel-Unfallmerkblätter entwickelt und in Kraft gesetzt worden waren, beschlossen die CEFIC und der Beirat für die Beförderung gefährlicher Güter des BMV sogenannte Gruppen-Unfallmerkblätter zu erstellen. Diese sollten typische gemeinsame Eigenschaften vieler Chemikalien und auch die in Frage kommenden Notfallmaßnahmen beinhalten.

Tabelle 73 enthält die Liste gebräuchlicher Gruppenunfallmerkblätter (Abb. 69).

3. Gruppenmerkblätter (Tabelle 73)

3.1 Allgemeines

Durch die Erstellung von mehr als 525 Einzelmerkblätter dürfte der größte Teil der als Massengüter auf der Straße beförderten gefährlichen Chemikalien abgedeckt sein. Allerdings werden außer diesen Grundstoffen noch erhebliche Mengen gefährlicher Zubereitungen in den Verkehr gebracht. Diese Produkte können von unterschiedlicher Zusammensetzung sein; bedingt durch den Verwendungszweck unterliegt die Zusammensetzung solcher Zubereitungen einem häufigen Wechsel. Für solche Produkte durch den Arbeitskreis stoffspezifischer Merkblätter aufstellen zu wollen, wäre ein nicht durchführbares Unterfangen.

Um hier Abhilfe zu schaffen, wurden Gruppenmerkblätter entwickelt. Sie sind notwendigerweise etwas weniger präzise als Einzelmerkblätter. In den meisten Fällen wird der Verwender zwischen verschiedenen Alternativen die richtige Auswahl treffen müssen. Zwei Arten von Gruppenmerkblättern müssen unterschieden werden.

3.11 Stoffgruppenmerkblätter

In GGVS und ADR werden unter einzelnen Ziffern oft Sammelbegriffe für bestimmte, verwandte Stoffe verwendet, so z.B. in Klasse 5.1, Ziff. 8 „Anorganische Nitrite" oder in Klasse 6.1, Ziff. 6 „Aliphatische Isocyanate". Die unter solchen Sammelbezeichnungen zusammengefaßten Stoffe ähneln einander im chemischen Aufbau, im Verhalten und in den Eigenschaften. Durch die Gruppenbezeichnung im Titel wird der betroffene Stoffkreis angesprochen und eingeschränkt. Solche Gruppenmerkblätter haben fast

---

4 Nach ADR-Rn. 10185 auch der Hersteller

Tabelle 73. CEFIC-Gruppen-Unfallmerkblätter (Auszug)

Class 3 ADR – Inflammable Liquids

30G30	Highly inflammable Liquids, flashpoint below 21 °C
30G31	Highly inflammable liquids, flashpoint below 21 °C, corrosive
30G32	Highly inflammable liquids, flashpoint below 21 °C, toxic
30G33	Highly inflammable liquids, flashpoint below 21 °C, toxic and corrosive
30G34	Highly inflammable liquids, flashpoint below 21 °C, giving off toxic fumes in a fire
30G35	Inflammable liquids, flashpoint between 21 °C and 55 °C
30G36	Inflammable liquids, flashpoint between 21 °C and 55 °C, giving off toxic fumes in a fire
30G37	Inflammable liquids, flashpoint 55 °C–100 °C
30G38	Inflammable liquids, flashpoint 55 °C–100 °C, giving off toxic fumes in a fire

Class 4.1 – Inflammable Solids

41G01	Inflammable solids (transported as solid)
41G02	Inflammable solids (transported in a molten state)
41G03	Inflammable solids which when burning give off toxic fumes
41G04	Inflammable solids prepared from Nitrocellulose and Camphor (Celluloids)
41G05	Inflammable solids prepared from Nitrocellulose

---

noch den Charakter von Einzelmerkblättern. Sie werden als Stoffgruppenmerkblätter bezeichnet.

3.12 Allgemeine Gruppenmerkblätter

Eine andere Kategorie von Gruppenmerkblättern ist (auch im Titel) nur noch an Kombinationen von Eigenschaften, wie z.B. „leicht entzündlich", „entzündlich", „mit Wasser unmischbar oder teilweise mischbar", „ätzend", „giftig", „im Feuer giftige Gase entwickelnd" orientiert. Im Text sind für manche Eigenschaften mehrere verschiedene Phrasen zur Alternative gestellt. Durch entsprechende Streichung wird die zutreffende Phrase ausgewählt. Gruppenmerkblätter dieser Art werden als allgemeine Gruppenmerkblätter bezeichnet.

3.2 Auswahl eines Gruppenmerkblattes

Zunächst hat der Absender zu prüfen, ob für den zu befördernden gefährlichen Stoff ein amtlich gebilligtes Einzelmerkblatt existiert. Ist dies nicht der Fall, ist zu prüfen, ob für den Stoff ein Stoffgruppenmerkblatt vorhanden ist. Erst wenn auch dies zu verneinen ist, ist zu prüfen, ob unter den allgemeinen Gruppenmerkblättern ein Blatt vorhanden ist, das den Eigenschaften und Gefahren des zu befördernden Stoffes entspricht. Stellt der Absender fest, daß keines der

UNFALLMERKBLATT FÜR STRASSENTRANSPORT

CEFIC TEC(R)-30G03
Oktober 1977
Klasse 3 ADR
Ziff. 1 a)

LEICHT ENTZÜNDBARE FLÜSSIGKEITEN,

Flammpunkt unter 21°C, mit Wasser nicht oder nur teilweise mischbar, giftig

Produktname(n): ________________________

Eigenschaften des Ladegutes:

Meist farblose Flüssigkeit mit wahrnehmbarem Geruch
Nicht oder teilweise mit Wasser mischbar
Leichter als Wasser * / Schwerer als Wasser *

Gefahren:

Leicht entzündbar (Flammpunkt unter 21°C)
Flüchtig (Siedepunkt zwischen 65°C und 150°C) * / Leicht flüchtig (Siedepunkt unter 65°C) *
Dämpfe sind unsichtbar, schwerer als Luft und breiten sich am Boden aus
Bildet mit Luft explosionsfähige Gemische, auch in leeren, ungereinigten Behältern
Erhitzen führt zu Drucksteigerung — erhöhte Berst- und Explosionsgefahr
Giftig
Kann Vergiftung verursachen durch Einatmen, Verschlucken / oder bei Aufnahme durch die Haut **.
Vergiftungssymptome können auch erst nach vielen Stunden auftreten
Reizwirkung auf Augen, Haut und Atemwege möglich

Schutzausrüstung:

Geeigneter Atemschutz
Dichtschließende Schutzbrille
Handschuhe aus Kunststoff oder Gummi, Stiefel, leichte Schutzkleidung
Augenspülflasche mit reinem Wasser

* Nichtzutreffendes streichen   ** Kann gestrichen werden, wenn wirklich nicht erforderlich

NOTMASSNAHMEN — Sofort Feuerwehr und Polizei benachrichtigen

- Motor abstellen
- Zündquellen fernhalten (z. B. kein offenes Feuer), Rauchverbot
- Straße sichern und andere Straßenbenutzer warnen
- Unbefugte fernhalten
- Explosionsgeschützte Leuchten und Elektrogeräte benutzen
- Auf windzugewandter Seite bleiben

Leck

- Wenn möglich, Undichtheiten beseitigen
- Eindringen der Flüssigkeit in Kanalisation, Gruben und Keller verhindern — Dämpfe verursachen Explosions- und Vergiftungsgefahr
- Auslaufende Flüssigkeit mit Erde oder dergleichen eindämmen; Fachmann beiziehen
- Alle warnen — Explosions- und Vergiftungsgefahr. Falls notwendig, evakuieren
- Falls Produkt in Gewässer oder Kanalisation gelangt ist oder Erdboden oder Pflanzen verunreinigt hat, Feuerwehr oder Polizei darauf hinweisen

Feuer

- Bei Feuereinwirkung Behälter mit Wassersprühstrahl kühlen
- Vorzugsweise mit Löschpulver, Schaum oder Wassersprühstrahl löschen
- Niemals scharfen Wasserstrahl verwenden

Erste Hilfe

- Falls Produkt in Augen gelangt, unverzüglich mit viel Wasser mindestens 15 Minuten spülen
- Mit Produkt verunreinigte Kleidungsstücke unverzüglich entfernen und betroffene Haut mit Seife und Wasser waschen
- Ärztliche Hilfe erforderlich bei Symptomen, die offensichtlich auf Einatmen oder Verschlucken oder auf die Einwirkung auf Haut oder Augen zurückzuführen sind
- Wegen des verzögerten Vergiftungseffektes müssen Personen, die mit der Flüssigkeit in Berührung gekommen sind oder Dämpfe eingeatmet haben, mindestens 48 Stunden unter ärztlicher Überwachung bleiben

Zusätzliche Hinweise des Herstellers oder Absenders:

TELEFONISCHE RÜCKFRAGE:

Dieses in Zusammenarbeit mit dem CEFIC (Conseil des Fédérations de l'Industrie Chimique) aufgestellte Merkblatt ist vom Beirat für die Beförderung gefährlicher Güter beim Bundesverkehrsministerium im Einvernehmen mit dem Arbeitskreis „Lagerung und Transport wassergefährdender Stoffe" des Bundesministers des Innern am 4. Dezember 1979 (Az.: A 13/28.20.70-12) gebilligt worden.

Erhältlich bei
Dössel & Rademacher, Formularverlag, Brandstwiete 42, 2000 Hamburg 11, Telefon (040) 32 14 81   Bestell-Nr. 4 438

Gilt nur während des Straßentransports   Deutsch

Abb. 69. Gruppenunfallmerkblatt *(13, 23)*

veröffentlichten Gruppenmerkblätter für sein Produkt anwendbar ist, ist er verpflichtet, selbst ein Merkblatt unter Beachtung von § 5 Abs. 1 GGVS/ADR-Rnd. 10185 aufzustellen.

3.3 Anwendung der allgemeinen Gruppenmerkblätter

Ist ein zutreffendes allgemeines Gruppenmerkblatt ausgewählt, soll der Name des Produktes an der dafür vorgesehenen Stelle unmittelbar unter dem Gruppentitel eingetragen, unzutreffende Ziffern der Gefahrklasse und unzutreffende Phrasen im Text bei angebotenen Alternativen gestrichen werden. Andere Streichungen dürfen nicht vorgenommen werden. Im Abschnitt „Zusätzliche Informationen" können weitere stoffspezifische Informationen vom Absender[5] unter Beachtung von Nr. 2.9 eingetragen werden.

4. Verantwortlichkeit

Für die Richtigkeit der angeführten Eigenschaften und der im Notfall zu ergreifenden Maßnahmen übernimmt für Einzelmerkblätter und für Stoffgruppenmerkblätter (Gruppenmerkblätter für im Titel angesprochene Stoffgruppen) der Beirat für die Beförderung gefährlicher Güter die Verantwortung. Die an Stoffeigenschaften orientierten allgemeinen Gruppenmerkblätter decken nach Ansicht des Arbeitskreises und des Beirats für die Beförderung gefährlicher Güter die meisten erfaßten Stoffe und Zubereitungen zutreffend ab. Für die richtige Auswahl und Anwendung der allgemeinen Gruppenmerkblätter trägt jedoch der Absender die alleinige Verantwortung.

---

5 Nach ADR-Rn. 10185 Abs. 2 auch die Hersteller

Formel: $CH_2 = CHCOOC_2H_5$	WLN: 2OV1O1	U.N.-Nr. 1917	Merkblatt **6**

Stoffname

Deutsch	*Englisch*	*Französisch*
Äthylacrylat stabilisiert	**Ethylacrylate inhibited**	**Acrylate d'éthyle stabilisé**
Acrylsäureäthylester, monomer	Acrylic acid ethyl ester, Acrylo ethylic ester, monomer, Ethyl propenoate, 2-Ethyl propenoate	Ester acryloéthylique, monomère, Ester éthylique de l'acide acrylique, Propénoate d'éthyle

Gefahren-Diamant

3 / 2 / 4

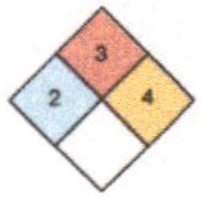

Hazchem-Code: 3 WE

Technische Daten		**Feuerbekämpfungsdaten**	
Siedepunkt	100°C	Flammpunkt	9°C c.c.
Dampfdruck in mbar	39 bei 20°C	Zündfähiges Gemisch, Vol.-%	1,8–14
Dampfdichteverhältnis, Luft=1	3,45	Zündtemperatur	350°C
Schmelzpunkt	<−75°C		
Mischbarkeit mit Wasser	geringfügig (1,5 Gewichts%)		
Spez. Gewicht, Wasser=1	0,92		

Transport- und Gefahrenklasse	
IMDG-Code (D-GGVSee):	Europarat-Gelbes Buch 78/79: Nr. 607–032–00–X
D 3294/*E-F 3075* Kl. 3.2 U.N.-Nr. 1917	CAS Nr. 140–88–5
RID (D-GGVE): Kl. 3 Rn 301 Ziff. 1a	EWG-Richtl./D VgAst: Nr. 607–032–00–X
ADR (D-GGVS): Kl. 3 Rn 2301 Ziff. 1a	D Land (VbF): A I
ADNR: Kl. 3 Rn 6301 Ziff. 1a	GB Blue Book: Fla. L & IMDG-Code E 3075
Kategorie Kx	USA CFR 49: § 172.101, Fla. L nos
	IATA RAR: Art.-Nr. 694/695 Fla. L

Erscheinungsbild: Farblose Flüssigkeit; stechender Geruch.

Verhalten bei Freiwerden und Vermischen mit Luft: Brennbare Flüssigkeit. Dämpfe leicht entzündbar. Flüssigkeit verdunstet schnell. Dämpfe bilden mit Luft explosible Gemische, die schwerer als Luft sind. Sie kriechen am Boden entlang und können bei Zündung über weite Strecken zurückschlagen. Entzündung durch heiße Oberflächen, Funken oder offene Flammen.

Verhalten bei Freiwerden und Vermischen mit Wasser: Schwimmt auf der Wasseroberfläche und löst sich langsam in der 70fachen Menge Wasser auf. Es können sich über der Wasseroberfläche, besonders bei geringer Luftbewegung, explosible Gemische bilden. Bei fließenden Gewässern ist die Gefahr geringer, wenn keine schwimmende Schicht von Acrylsäureäthylester vorhanden ist.

Gesundheitsgefährdung: Dämpfe reizen die Augen und die Atemwege. Kontakt mit der Flüssigkeit führt zu Reizung der Haut und der Augen. Die Flüssigkeit wird durch die Haut aufgenommen.
Symptome: Erhöhte Herztätigkeit, Hustenanfälle, Kurzatmigkeit, Brennen der Haut und der Augen.

Geruchsschwelle = 8 ppm (US-Wert)	MAK-Wert = 25 ppm H

Bemerkungen: Polymerisiert plötzlich, wenn es nicht mit Hemmstoffen vermischt ist. Trotz Mischung mit Hemmstoffen kann die Polymerisation eintreten, wenn Acrylsäureäthylester erhitzt wird. Der Stoff kann heftig polymerisieren bei Kontakt mit folgenden Katalysatoren: Organische Peroxide (wie Benzoyl-, Acetyl-, Lauroyl- und t-Butylhydroperoxid); und Persulfate. Stahl, rostfreier Stahl und Aluminium sind als Behälter beständig. Kupfer kann bei Anwesenheit von Azetylen angegriffen werden
D Bei Straßentransporten in der Bundesrepublik Deutschland **Fahrzeugkennzeichnung** nach § 8 GGVS.
 Im **ADR-Verkehr** Fahrzeugkennzeichnung nach Randnummer 10500.

Sicherheitsmaßnahmen für Fahrzeugbesatzung, Polizei und Rettungskräfte: Polizei und Feuerwehr alarmieren.
Im Gefahrenbereich Maschine stoppen. Zündung abstellen, nicht rauchen, kein offenes Feuer und keinen Schalter mit Funkenbildung betätigen. Schweres Atemschutzgerät und volle Schutzkleidung tragen.
Wasserschutzpolizei und Feuerwehr: Kein Boot mit Ottomotor einsetzen. Bei Dieselantrieb Sicherheitsschaltung veranlassen. Radar- und Kommandorufanlage nicht benutzen. Beim Retten nicht ins Wasser springen.

Schutz- und Einsatzmaßnahmen: Alle unbeteiligten Personen nach Luv (gegen den Wind) entfernen. Achtung, falls auslaufendes Gut in die Kanalisation oder Abwasserleitungen auf Schiffen gerät, entsteht Explosionsgefahr. Experten hinzuziehen. Auf Wasserstraßen Schiffahrtssperre. An Land gefährdetes Gebiet absperren. Bei größeren Mengen ausgelaufenen Gutes große Sicherheitszone bilden. In Wohn- und Industriegebieten Anwohner warnen. Brände am Behälter mit Acrylsäureäthylester können spontane Selbsterhitzung und Behälterexplosion hervorrufen. Daher bei Brand gefährdetes Gebiet evakuieren und Katastrophenalarm prüfen.

Konzentrationsmessung explosibler bzw. giftiger Dämpfe siehe Tabelle (Anhang 1 der Erläuterungen).

Zuständige Behörden unterrichten.

Bekämpfung der Unfallfolgen:
Feuer: Bei kleinem Brandherd Wasser, Trockenlöschpulver oder Kohlensäure. Bei großem Brandherd Schaum oder Sprühwasser. Behälter mit Sprühwasser kühlen und soweit irgend möglich Erwärmung verhindern, da sonst Explosionsgefahr. Behälter wenn möglich aus der Gefahrenzone ziehen. Bekämpfung großer Feuer nur hinter besonderem Schutz.
Leckage: Leck schließen, wenn ohne Risiko möglich.
Fließendes Gewässer: Trink-, Brauch- und Kühlwasserentnehmer verständigen.
Stehendes Gewässer: Absperren. Alle Zündquellen beseitigen. Fahrzeuge im gefährdeten Gebiet räumen.
An Land: Eindeichen und abpumpen. In Wohn- und Industriegebieten alle tiefliegenden Räume abdichten. Alle Zündquellen beseitigen. Restmengen mit nicht brennbarem, saugfähigem Material wie z.B. trockener Erde, Sand, gemahlenem Kalkstein oder Vermiculit abdecken und in geschlossenem Behälter an sicheren Deponieort zur Vernichtung transportieren.

Experten hinzuziehen.

Gewässerverunreinigung: Wirkung auf Fische. Augen- und Kiemenschädigung wahrscheinlich (Lit. 201).

Erste Hilfe:
Verletzte an die frische Luft bringen, bequem lagern, beengende Kleidungsstücke lockern. Bei Atemstillstand sofort Atemspende oder Gerätebeatmung, gegebenenfalls Sauerstoffzufuhr. Benetzte Kleidungsstücke, Schuhe und Strümpfe ausziehen und entfernen. Betroffene Körperstellen mit Wasser spülen. Bei Augenkontakt die Augen 10–15 Minuten mit Wasser spülen. Augenlider dazu mit Daumen und Zeigefinger aufspreizen und gleichzeitig das Auge nach allen Seiten bewegen lassen. Arzt zum Unfallort rufen. Verletzte nicht auskühlen lassen. Verletzte nur liegend transportieren. Bei Gefahr der Bewußtlosigkeit Lagerung und Transport in stabiler Seitenlage.

Hinweise für den Arzt:
Symptomatische Behandlung, z.B. auch Hustenbekämpfung mit Codein. Cave: Lungenödem. Während der Latenzzeit prophylaktisch hohe Prednisolongaben i.v. (150–300 mg Prednisolonpräparate, z.B. Ultracorten-H „wasserlöslich", CIBA AG Wehr/Baden; Solu-Decortin H, E. Merck AG, Darmstadt). Evtl. Infusionen von insgesamt etwa 0,5 g THAM/kg [z.B. Triesteril-Konzentrat „Fresenius", Dr. E. Fresenius AG, Bad Homburg v.d.H.; Tris (THAM)-Konzentrat „Pfrimmer/Braun", J. Pfrimmer & Co., Erlangen]. Absolute Ruhe. Wärme. Infektionsprophylaxe. Atemwege durch Absaugen freihalten. Morphin darf nur in kleinsten Dosen angewandt werden! Bluteindickung durch perorale Flüssigkeitszufuhr oder Tropfklistier, nicht aber durch weitere i.v. Infusionen beheben. O_2-Zufuhr. Neuerdings wird die lokale Anwendung von Auxiloson-Dosier-Aerosol zur Hemmung des Lungenödems empfohlen. Prophylaktische Anwendung (möglichst frühzeitig beginnen): Anfangsdosis 4 Hübe, dann alle 3 Minuten 1 Hub bis Packung geleert ist (1 Packung = 140 Hübe), u.U. kürzere Intervalle wählen (bis 150 Hübe in 2–3 Stunden).

Abb. 70. Merkblatt aus dem Handbuch der gefährlichen Güter

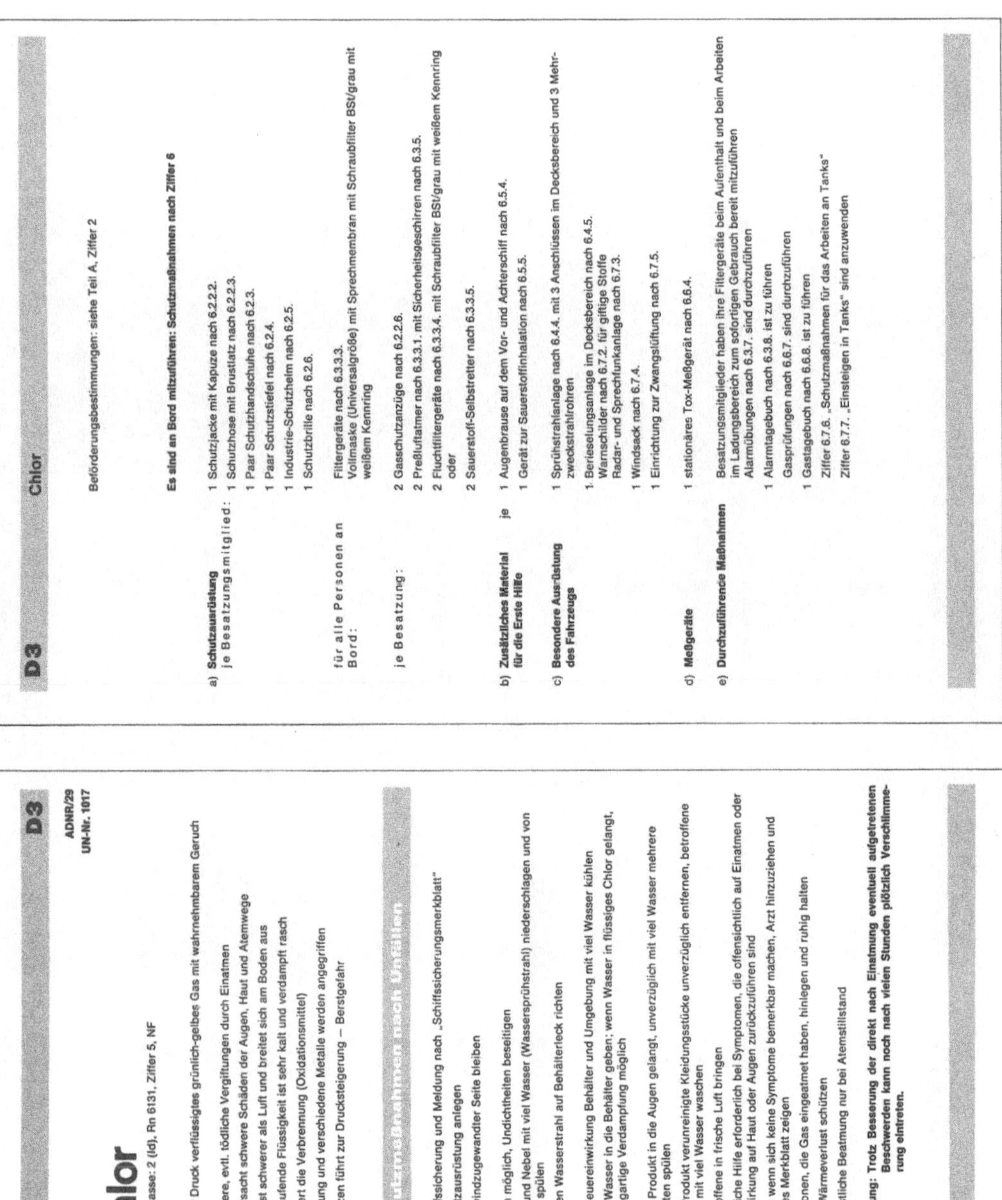

Abb. 71. Unfallmerkblatt für die Binnenschiffahrt *(14)*

UNFALLMERKBLATT FÜR EISENBAHNTRANSPORT

Mbl-Nr.: **20.024**
Anlage zur GGVE/RID
Klasse 2, Ziff. 3c)
UN-Nr.: **1086**

VINYLCHLORID

Eigenschaften des Ladegutes:	Meist farbloses, unter Druck verflüssigtes Gas mit wahrnehmbarem Geruch
Gefahren:	Leicht entzündbar Bildet mit Luft explosionsfähige Gemische, auch in leeren, ungereinigten Behältern Erhitzen führt zu Drucksteigerung; erhöhte Berst- und Explosionsgefahr Auslaufende Flüssigkeit ist sehr kalt und verdampft rasch, falls nicht eingedämmt Flüssigkeit verursacht Erfrierungen und schwere Augenschäden Gase sind unsichtbar, bilden aber mit feuchter Luft Nebel, sie sind schwerer als Luft und breiten sich am Boden aus Gas führt in hoher Konzentration zu Bewußtlosigkeit Zersetzung durch Feuer unter Bildung giftiger Gase. Vergiftungssymptome können auch erst nach vielen Stunden auftreten
Schutzausrüstung:	Umluftunabhängiges Atemschutzgerät Dichtschließende Schutzbrille Handschuhe aus Kunststoff oder synthetischem Gummi, Stiefel Augenspülflasche mit reinem Wasser
DB-Schutzzeug:	Umluftunabhängiges Atemschutzgerät Filtergerät mit Kombinationsfilter Typ B2–P3 oder A2–P3 zur Durchführung von Notmaßnahmen im Freien geeignet Körperschutz einfacher Art

NOTMASSNAHMEN

- Fahrzeug möglichst in freies Gelände bringen
- Gefahrzone absperren, Warnschilder Nr. 201, 204 und 207 aufstellen
- Zündquellen fernhalten (z. B. kein offenes Feuer), Rauchverbot
- Unbefugte fernhalten
- Funkenarmes Werkzeug und explosionsgeschützte Leuchten und Elektrogeräte benutzen
- Auf windzugewandter Seite bleiben

Leck

- Flüssigkeit mit Erde oder dergleichen eindämmen, alle Zündquellen entfernen oder unwirksam machen. Fachmann beiziehen
- Eindringen der Flüssigkeit in Kanalisation, Gruben und Keller verhindern
- Kanalisation abdecken, Keller und Gruben evakuieren lassen

Feuer

- Alle warnen – Explosionsgefahr. Falls notwendig, evakuieren
- Bei Feuereinwirkung Behälter mit Wassersprühstrahl kühlen
- Flammen an Behälterlecks nicht löschen, Fachmann beiziehen
- Wenn Löschen unbedingt erforderlich, dann mit Löschpulver, Schaum, Halonen oder Wassersprühstrahl
- Niemals scharfen Wasserstrahl verwenden

Erste Hilfe

- Falls Produkt in Augen gelangt, unverzüglich mit viel Wasser mehrere Minuten spülen
- Von kalter Flüssigkeit vereiste Körperteile mit Wasser auftauen, dann Kleidungsstücke vorsichtig entfernen
- Ärztliche Hilfe erforderlich bei Symptomen, die offensichtlich auf Einatmen oder Einwirkung auf Haut oder Augen zurückzuführen sind
- Personen, die die bei einem Brand entwickelten Rauchgase eingeatmet haben, zeigen nicht unbedingt sofort Symptome. Sie hinlegen und ruhighalten, zum Arzt bringen und dieses Merkblatt vorzeigen. Ärztliche Überwachung ist während mindestens 48 Stunden notwendig
- Vor Wärmeverlut schützen
- Künstliche Beatmung nur bei Atemstillstand

Abb. 72. Unfallmerkblatt für den Eisenbahntransport *(3)*

Gefahrzettel Nr. 2D	Eigenschaften und Gefahren bei Freiwerden der Stoffe	Hinweise, Maßnahmen

 *Entzündliche Gase bei Berührung mit Wasser*	• feste oder flüssige Stoffe, entwickeln mit Wasser entzündliche Gase
	• Gase oft schwerer als Luft
	• Selbstentzündung in einigen Fällen möglich
	• Brandgase können giftig, ätzend sein
	• Explosionsgefahr
	• Brandgefahr
	• Vergiftungsgefahr
		• Kontakt der Stoffe mit Wasser oder Luftfeuchtigkeit verhindern
		• unbeschädigte Behälter entfernen
		• bei Kontakt mit Feuchtigkeit:
		  – Gefahrenbereich räumen und absperren
		  – Zündquellen entfernen
		• bei Ausbreitung entzündlicher, giftiger Gase: Umgebung warnen

Gefahrzettel Nr. 3	Eigenschaften und Gefahren bei Freiwerden der Stoffe	Hinweise, Maßnahmen
Entzündend wirkende Stoffe oder organische Peroxyde	• erhöhte Entzündungsgefahr bei Vermischung mit entzündlichen Stoffen • im Brandfall oder bei Kontakt mit Säuren Bildung giftiger Gase möglich • Gase oft schwerer als Luft • Explosionsgefahr • Brandgefahr • Vergiftungsgefahr • brennbar – oxydierend • bei Stoß, Reibung explosionsartige Zersetzung möglich • wassergefährdend • teilweise sehr giftig	• unbeschädigte Behälter entfernen • Kontakt der Stoffe mit brennbaren Stoffen verhindern • Zündquellen entfernen • im Brandfalle Unfallstelle großflächig räumen und absperren • bei Ausbreitung entzündlicher, giftiger Gase: Umgebung warnen • Haut- und Augenkontakt unbedingt vermeiden
Gefahrzettel Nr. 4	Eigenschaften und Gefahren bei Freiwerden der Stoffe	Hinweise, Maßnahmen
Giftig	• gesundheitliche Schäden oder Tod bei Einnahme oder Berührung der Haut oder Einatmen • wassergefährdend • teilweise entzündbar • meist Bildung giftiger Gase bei Zersetzung durch Wärmeeinwirkung • Gase oft schwerer als Luft • Brandgefahr • Vergiftungsgefahr	• Gefahrenbereich (bei verdampfenden Stoffen großflächig) räumen und absperren • Kontakt mit Stoff oder Dampf unbedingt vermeiden • Zündquellen entfernen • Eindringen in Gewässer, Kanalisation verhindern • bei Ausbreitung giftiger Gase: Umgebung warnen
Gefahrzettel Nr. 4A	Eigenschaften und Gefahren bei Freiwerden der Stoffe	Hinweise, Maßnahmen
Gesundheitsschädlich	• gesundheitliche Schäden bei Einnahme • im Brandfall giftige Dämpfe möglich • Dämpfe oft schwerer als Luft • Vergiftungsgefahr	• Gefahrenbereich räumen und absperren • Eindringen in Gewässer, Kanalisation verhindern • bei Ausbreitung giftiger Dämpfe: Umgebung warnen

Abb. 73. Ratgeber für die Praxis (Auszug) *(3)*

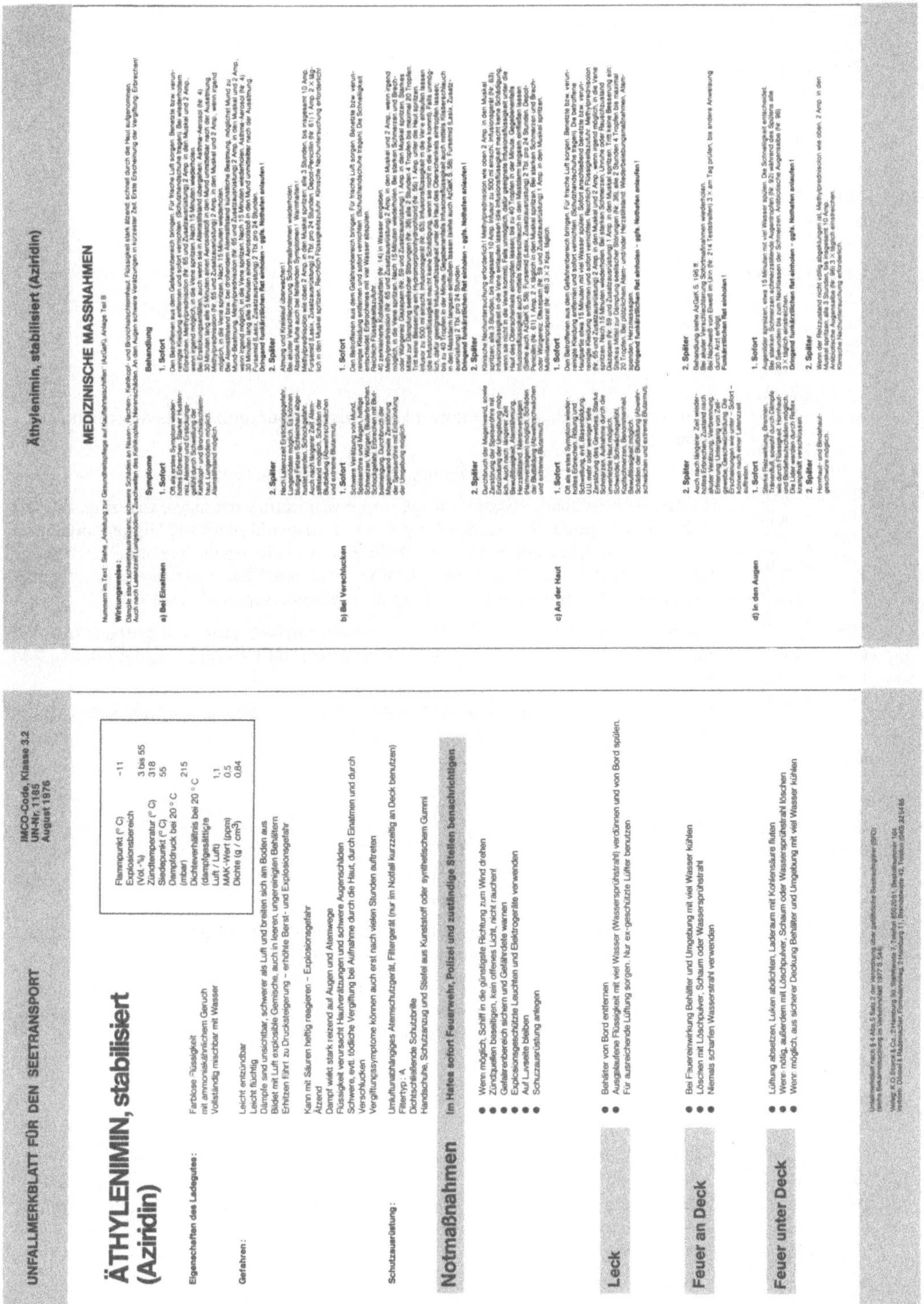

Äthylenimin, stabilisiert (Aziridin)

MEDIZINISCHE MASSNAHMEN

UNFALLMERKBLATT FÜR DEN SEETRANSPORT

IMCO-Code, Klasse 3.2
UN-Nr. 1185
August 1976

ÄTHYLENIMIN, stabilisiert (Aziridin)

Flammpunkt (° C)	−11
Explosionsbereich (Vol.-%)	3 bis 55
Zündtemperatur (° C)	318
Siedepunkt (° C)	55
Dampfdruck bei 20 ° C (mbar)	215
Dichteverhältnis bei 20 ° C (dampfgesättigte Luft / Luft)	1,1
MAK-Wert (ppm)	0,5
Dichte (g / cm³)	0,84

Eigenschaften des Ladegutes: Farblose Flüssigkeit mit ammoniakähnlichem Geruch. Vollständig mischbar mit Wasser

Gefahren: Leicht entzündbar. Leicht flüchtig. Dämpfe sind unsichtbar, schwerer als Luft und breiten sich am Boden aus. Bildet mit Luft explosible Gemische, auch in leeren, ungereinigten Behältern. Erhitzen führt zu Drucksteigerung – erhöhte Berst- und Explosionsgefahr.

Kann mit Säuren heftig reagieren – Explosionsgefahr. Ätzend. Dampf wirkt stark reizend auf Augen und Atemwege. Flüssigkeit verursacht Hautverätzungen und schwere Augenschäden. Schwere, evtl. tödliche Vergiftung bei Aufnahme durch die Haut, durch Einatmen und durch Verschlucken. Vergiftungssymptome können auch erst nach vielen Stunden auftreten.

Schutzausrüstung: Umluftunabhängiges Atemschutzgerät, Filtergerät (nur im Notfall kurzzeitig an Deck benutzen). Filtertyp: A. Dichtschließende Schutzbrille. Handschuhe, Schutzanzug und Stiefel aus Kunststoff oder synthetischem Gummi.

Notmaßnahmen

Im Hafen sofort Feuerwehr, Polizei und zuständige Stellen benachrichtigen

- Wenn möglich, Schiff in die günstigste Richtung zum Wind drehen
- Zündquellen beseitigen, kein offenes Licht, nicht rauchen!
- Gefahrenbereich sichern und Gefährdete warnen
- Explosionsgeschützte Leuchten und Elektrogeräte verwenden
- Auf Luvseite bleiben
- Schutzausrüstung anlegen

Leck

- Behälter von Bord entfernen
- Ausgelaufene Flüssigkeit mit viel Wasser (Wassersprühstrahl) verdünnen und von Bord spülen. Für ausreichende Lüftung sorgen. Nur ex-geschützte Lüfter benutzen

Feuer an Deck

- Bei Feuereinwirkung Behälter und Umgebung mit viel Wasser kühlen
- Löschen mit Löschpulver, Schaum oder Wassersprühstrahl
- Niemals scharfen Wasserstrahl verwenden

Feuer unter Deck

- Lüftung absetzen, Luken abdichten, Laderaum mit Kohlensäure fluten
- Wenn nötig, außerdem mit Löschpulver, Schaum oder Wassersprühstrahl löschen
- Wenn möglich, aus sicherer Deckung Behälter und Umgebung mit viel Wasser kühlen

Abb. 74. Unfallmerkblatt für den Seetransport *(22, 23)*

Tabelle 74. MFAG (Auszug)

300. 400. 500.	Nervous system poisons
	Group of poisons

| 310. | Aldehydes and
ketones |

UN	(IMCO)

UN	(IMCO)	
1088	(3018)	*Signs and symptoms*
1089	(3019)	
1090	(3020)	
1091	(3054)	
1092	(3021)	Skin contact: burning, reddening and yellowish colouration. Contact dermatitis may appear later.
1109	(3118)	
1110	(3118)	The eyes: acute irritation, reddening, spasm of eyelids, conjunctivitis.
1128	(3063)	If inhaled: headache, irritation of the upper respiratory passages, sneezing, tickling
1129	(3063)	in the throat, cough, reddening of mucosae of nose and pharynx. Higher concentra-
1143	(3067)	tions cause sharp cough, pain and a feeling of constriction in the chest, shortness of
1156	(3070)	breath, dizziness, palpitation, perspiration. Prolonged exposure to the poison may
1157	(3129)	cause bronchitis, pneumonia or pulmonary oedema (see pp. 14 and 15).
1178	(3077)	
1190	(3033)	If ingested: this is hardly probable for the acute irritant gases but possible in small
1193	(3080)	quantities for the solids. There could be no effect until dizziness, agitation, fits, loss
1198	(3139)	of consciousness.
1198	(9021)	Note: formaldehyde, acrolein and croton aldehyde are especially irritant. Metal-
1199	(3140)	dehyde is not, but if ingested may cause fits.
1207	(3141)	
1224	(3084)	
1224	(3142)	
1232	(3088)	*First aid*
1234	(3038)	
1243	(3041)	Skin contact: for any of the irritants (e. g. formaldehyde) wash thoroughly with water
1245	(3089)	and apply a compress of 2% sodium bicarbonate (*44*) solution.
1246	(3092)	The eyes: immediate washing with water, administration of 1–2 drops anaesthetic
1249	(3093)	eye drops (*30*). Place an ointment with antibiotic (*50*) in the eyelids.
1251	(3094)	
1264	(3150)	If inhaled: remove the patient to the fresh air and in severe cases give oxygen inhala-
1275	(3100)	tion (P. T. C. *121*) or artificial respiration if needed. (see p. 24). If cough troublesome
1281	(3103)	give a codeine tablet (*10*) 3 times a day for two days.
1332	(4039)	Seek medical advice.
1841	(−)	
1862	(3078)	
1988	(3084)	*Prevention*
1988	(3142)	
1989	(3084)	General measures: hermetical sealing of containers; ventilation of cargo spaces. If
1989	(3142)	there is a sharp smell or signs of irritation of respiratory passages, stop working and
1990	(3119)	ventilate the spaces.

Protective equipment: wear breathing apparatus.

Personal hygiene: neither eat, drink nor smoke on location. If drops of the poison get on the clothing, strip, shower and change.

Wie in den anderen Signatarstaaten des ADR entfällt nach der 4. GGVS-Änderungsverordnung ab 1.7. 1983 auch in der Bundesrepublik Deutschland die behördliche Verantwortung für die Unfallmerkblätter. Allerdings sollen die vom Bundesminister für Verkehr bekanntgegebenen Muster für Unfallmerkblätter verwendet werden. Die Erstellung und Verwendung hat der Betreiber, d. h. in diesem Falle vor allem die chemische Industrie zu verantworten.

Da die chemische Industrie durch ihren Mitgliedsverband in Rahmen des CEFIC von Anfng an an der internationalen Erarbeitung und Herausgabe der Unfallmerkblätter beteiligt ist, ändert sich mit Ausnahme der ministeriellen Kontrolle nichts.

Die Unfall-Merkblätter sind ein wichtiger Teil der Transport-Unfall-Informationssysteme, auf die im Kapitel 16 näher eingegangen werden soll.

Nach ADR, Rn. 10185, aber auch nach ADNR, fordern alle Signatarstaaten ab 1.1. 1970, dafür zu sorgen, daß jeder Gefahrguttransport schriftliche Weisungen (Unfallmerkblätter) mit sich führt. Parallel dazu erarbeitete die Wasserschutzpolizei des Landes Baden-Württemberg unter der Federführung von G. Hommel und unter Beteiligung von Fachleuten der chemischen Industrie, der Universität Heidelberg und der Feuerwehr ein *„Handbuch der gefährlichen Güter"*, das mit der 5. Lieferung nun 802 Merkblätter für gefährliche Stoffe umfaßt (Abb. 70, Ethylacrylat). Diese detaillierten Merkblätter geben weitreichende Informationen über physikalische, chemische und gesundheitsschädliche Eigenschaften. Sie sind aber auch sehr instruktiv durch Angaben des Hazchem-Codes sowie über nationale und internationale Transport- und Gefahrenklassen, wie IMDG-Code, RID, ADR, ADNR, „gelbes Buch" des Europarats, US-DOT u. a. Neben Maßnahmen bei Gewässerverunreinigungen fehlen auch nicht die allgemeinen und speziellen Notmaßnahmen der Hilfs-, Feuerwehr- und Polizeikräfte.

Mehr als 100 Unfallmerkblätter erarbeitete auch der *ADNR*-Arbeitskreis des BMV und der „Zentralen Rheinschiffahrtskommission" in 3 Sprachen (deutsch, französisch, niederländisch) für die Binnenschiffahrt (Abb. 71, Vorder- und Rück-Seite).

Seit 1972 gibt es ferner Unfallmerkblätter (ca. 350) für den Gefahrguttransport auf der Eisenbahn (Abb. 72). Sehr aufschlußreich und vorbildlich für Schulung und Notfallsituationen ist der „Ratgeber die Praxis" der „Deutschen Bundesbahn" (Auszug in Abb. 73).

Seit 1972 wurden vom Beirat des BMV auch Unfallmerkblätter für den Seeverkehr entwickelt (Abb. 74, Vorder- und Rückseite). Neben der Behandlung der Stoffeigenschaften und Notmaßnahmen beschäftigen sie sich auch ausführlich mit medizinischen Maßnahmen. Das ist besonders wichtig für die Schiffe, die weniger als 75 Personen (Besatzung und Passagiere) und bestimmungsgemäß keinen Arzt an Bord haben. Demzufolge muß einer der Schiffsoffiziere die Aufgabe der medizinischen Hilfe übernehmen. Die deutschen Schiffsoffiziere erhalten bei ihrer Ausbildung auch eine Schulung am „Institut für Schiffahrtsmedizin" in Hamburg. Mit der 1. GGVSee-Änderungs-VO (7.8. 1982) sind sie durch den überarbeiteten *„Medical First Aid Guide"*, *MFAG* (Handbuch für Erste Hilfe-Maßnahmen bei Unfällen mit gefährlichen Gütern) der IMO ersetzt worden (Tabelle 74).

EMERGENCY SCHEDULE 8-05

CORROSIVE SUBSTANCES, COMBUSTIBLE

Special Emergency Equipment to be carried
Protective clothing (boots, gloves, coveralls, headgear).
Self-contained breathing apparatus.
Spray nozzles.

EMERGENCY PROCEDURES
Wear protective clothing and self-contained breathing apparatus when dealing with SPILLAGE or FIRE.

EMERGENCY ACTION

	On deck	*Under deck*
SPILLAGE	Wash overboard with copious quantities of water.	Collect spillage, where practicable, (using absorbent material for liquids) for safe disposal.
FIRE	Use water spray.	Batten down, use ship's fixed fire-fighting installation. Otherwise adopt action as for "on deck".

First Aid — See IMCO Medical First Aid Guide (MFAG)

UN No.	Substance or Article	Remarks
1779	FORMIC ACID	) Turn ship off wind.
1940	THIOGLYCOLIC ACID	)
2028	BOMBS, SMOKE, ...	)
2262	N, N-DIMETHYLCARBAMOYL CHLORIDE	)
2565	DICYCLOHEXYLAMINE	)

Abb. 75. EmS-Musterseite

Daneben entstand bei der IMO eine Broschüre, die sich mit *„Notfall-Maßnahmen für Schiffe, die gefährliche Güter befördern"* (Emergency Procedures for Ships carrying Dangerous Goods) = *EMS* befaßt (Abb. 75).

13.5 Transport-Unfall-Informations-Systeme

In der „Group of Rapporteurs" des ECOSOC fand im August 1974 eine Aussprache statt, wie man nach 5 Jahren Diskussion ein Transport-Unfall-Informations-System weltweit regeln könne. Aus interessanten Vorschlägen verschiedener Staaten hatte Kanada eine eindrucksvolle Recherche zusammengestellt. Sie unterschied grundsätzlich zwischen dem sog. *„HIS"* (Hazard Identification System = Gefahren-Erkennungssystem) und dem *„ERO"* (Emergency Response Organisations = Notfall-Aktions-Organisationen).

Die USA haben für ihr HIS die große Organisation der *MCA* (Manufacturing Chemists' Association = Verband der chemischen Industrie)[6]

---

6 Siehe Fußnote Seite 143

WHAT IS CHEMTREC?

CHEMTREC stands for Chemical Transportation Emergency Center, a public service of the Chemical Manufacturers Association at its offices in Washington, D. C.

CHEMTREC provides immediate advice for those at the scene of emergencies, then promptly contacts the shipper of the hazardous materials involved for more detailed assistance and appropriate follow-up.

CHEMTREC operates around the clock—24 hours a day, seven days a week—to receive direct-dial toll-free calls from any point in the continental United States through a wide area telephone service (WATS) number: CALL

CHEMTREC TOLL-FREE (800) 424-9300

For calls originating in the District of Columbia or outside the continental US change the CHEMTREC (800) number to (202) 483-7616 on each guide page of your guidebook.

In emergencies, collect calls are accepted from outlying states or territories.

CHEMTREC can usually provide hazard information warnings and guidance when given the IDENTIFICATION NUMBER or the NAME OF THE PRODUCT and the NATURE OF THE PROBLEM. For more detailed information and/or assistance, or if product is unknown, attempt to provide as much of the following information as possible:

    Name of caller and callback number
    Nature and location of the problem
    Guide number you are using
    Shipper or manufacturer
    Container type
    Rail car or truck number
    Carrier name
    Consignee
    Local conditions

Incidents involving hazardous materials frequently occur at inconvenient locations making communication difficult. It is important that **every effort should be made to keep a phone line open** so that the shipper can make contact with the on-scene leader to provide guidance and assistance.

The successful use of this guide depends heavily upon your contact with CHEMTREC as soon as you have established yourself as the on-scene leader, surveyed the incident and have seen to the immediate needs of people involved in the situation. CHEMTREC usually will be able to contact the shipper of the material or other experts and get help on the way to you.

Abb. 76. Was ist „Chemtrec"? *(11)*

mit ihrem telefonischen Auskunftsdienst „Chemtrec" (Chemical Transportation Emergency Center = Chemikalientransport-Notfallzentrum) in Washington (11) zur Verfügung (Abb. 76). Bei Wahl einer bestimmten Telefonnummer kann diese Zentrale über den gesamten nordamerikanischen Kontinent (USA und Kanada) bei einem Transportunfall Auskunft über Gefahrgut-Eigenschaften und über Notmaßnahmen geben.

Zu diesem Zweck war ein zweistelliges Zahlensystem (1–99) mit einer entsprechenden Blattsammlung von Gruppenunfall-Merkblättern (Hazard Information Manual) entwickelt worden (Abb. 64). Von der im Frühjahr erschienenen Ausgabe wurden 390 000 Exemplare an alle Hilfsorganisationen, wie Polizei, Feuerwehr etc., ausgegeben. Die Zahlen befanden sich in der unteren Ecke des UN- oder IMO-Labels und die Klasseneinstufung in der Mitte desselben. Das Label mußte auf Verpackung oder Tanks, in denen Gefahrgut transportiert wurde, aufgebracht werden. Die am Unfallort eintreffende Polizei und Feuerwehr konnte sich nun grob über Frachtgut und Sofortmaßnahmen informieren. Die ausführliche Expertise erhielt man dann über Telefon bei „Chemtrec".

Dieses System ist für die nordamerikanischen Verhältnisse praktikabel, es wurde noch weiter verbessert und hat folgende Vorteile:

1. einheitliches Sprachgebiet,
2. nur zwei Regierungen bzw. zwei Staaten,
3. ein einsprachiges Auskunftszentrum mit nur einer Telefonnummer,
4. ähnlich organisierte Polizei, Feuerwehr und Hilfsmannschaften und
5. einheitliche Nothilfe- und Löschgeräte.

Nicht vergleichbar ist der europäische Raum mit:

1. mehr als 20 Landessprachen,
2. verschiedenartigen Schriftsystemen (Label-Beschriftung!),
3. mehr als 20 Staaten bzw. Regierungen,
4. differierenden Nothilfe- und Löschgeräten und
5. ohne einsprachiges Auskunftszentrum.

Dazu kommen unterschiedliche Umweltschutz-Bestimmungen. Ähnlich wie die europäischen Verhältnisse sind die weltweiten.

Ammonia, Anhydrous
(Nonflammable Gas, Corrosive)

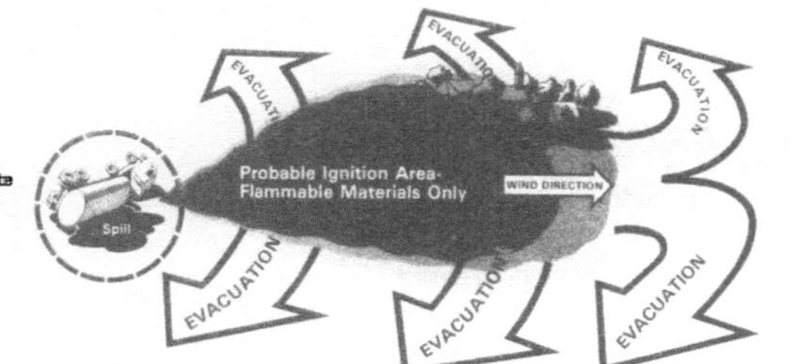

Potential Hazards

Fire.—May catch fire

Explosion.—Container may explode due to heat of fire

Health.—Vapors extremely irritating. Contact may cause burns to skin and eyes. *If inhaled, may be harmful.*
—Runoff may pollute water supply.

Immediate Action

—Get helper and notify local authorities.
—If possible, wear self-contained breathing apparatus and full protective clothing.
—Keep upwind and estimate *Immediate Danger Area.*
—Evacuate according to *Evacuation Table.*

Immediate Follow-up Action

Fire:—**Small Fire:** Dry chemical or CO_2.
—**Large Fire:** Water spray or fog.
—Move containers from fire area if without risk.
—Cool containers with water from *maximum distance* until well after fire is out.
—Stay away from ends of tanks.

Spill or Leak.—Do not touch spilled liquid.
—Stop leak if without risk.
—Use water spray to reduce vapors.
—Do not put water on liquid ammonia pool.
—Isolate area until gas has dispersed.

First Aid:—Remove victim to fresh air. Call for emergency medical care.
—If victim is not breathing, give artificial respiration. If breathing is difficult, give oxygen.
—If victim contacted material, immediately flush skin or eyes with running water *for at least 15 minutes.*
—Remove contaminated clothes.
—Keep victim warm and quiet.

For Assistance Call Chemtrec toll free (800) 424-9300

In the District of Columbia, the Virgin Islands, Guam, Samoa, Puerto Rico, and Alaska, call (202) 483-7616.

Additional Follow-up Action

—For more detailed assistance in controlling the hazard, call Chemtrec (Chemical Transportation Emergency Center) toll free (800) 424-9300. You will be asked for the following information:
- Your location and phone number.
- Location of the accident.
- Name of product and shipper, if known.
- The color and number on any labels on the carrier or cargo.
- Weather conditions.
- Type of environment (populated, rural, business, etc.)
- Availability of water supply.

—Adjust evacuation area according to wind changes and observed effect on population.

Water Pollution Control

—Ammonia is water soluble and can kill fish. Prevent runoff from fire control or dilution water from entering streams or drinking water supply. Dike for later disposal. Runoff to storm sewers or sanitary system is acceptable if a water deluge and/or flooding is possible. Notify Coast Guard or Environmental Protection Agency of the situation through Chemtrec or your local authorities.

Evacuation Table — Based on Prevailing Wind of 6-12 mph.

Approximate Size of Spill	Distance to Evacuate From Immediate Danger Area	For Maximum Safety, Downwind Evacuation Area Should Be
200 square feet	40 yards (48 paces)	1,056 feet long, 528 feet wide
400 square feet	60 yards (72 paces)	1,584 feet long, 1,056 feet wide
600 square feet	80 yards (96 paces)	2,112 feet long, 1,056 feet wide
800 square feet	90 yards (108 paces)	2,112 feet long, 1,584 feet wide

In the event of an explosion, the minimum safe distance from flying fragments is 2,000 feet in all directions

Abb. 77. Notfallführer für wasserfreies Ammoniak *(5)*

Propane/LPG

(Flammable Gas)

Potential Hazards

Fire:— May be ignited by heat, sparks, flames.
— Flammable vapors may spread from spill.

Explosion — Container may explode due to heat of fire
— Gas explosion hazard indoors, outdoors or in sewers.

Health:— Contact with liquid may cause burns to skin and eyes.
— Vapors indoors may cause dizziness or suffocation.

Immediate Action

— Get helper and notify local authorities
— If possible, wear full protective clothing
— Eliminate all open flames No smoking. No flares. Keep internal combustion engines *at least* 35 yards away from vapor cloud
— Keep upwind Isolate hazard area
— Evacuate by *at least* 2,000 feet

Immediate Follow-up Action

Fire:— Let burn unless leak can be stopped immediately.
— **Small Fire:** Dry chemical or CO_2.
— **Large Fire:** Water spray or fog.
— Move containers from fire area if without risk.
— Cool containers with water from *maximum distance* until well after fire is out. Apply water from sides of tank.
— For massive fire in cargo area, use unmanned hose holder or monitor nozzles. If this is impossible, withdraw from area and let fire burn
— Stay away from ends of tanks.
— Withdraw immediately in case of rising sound from venting safety device

Spill or Leak.— Do not touch spilled liquid
— Stop leak if without risk
— Isolate area until gas has dispersed.

First Aid:— Remove victim to fresh air
— Use standard first aid procedures

For Assistance Call Chemtrec toll free (800) 424-9300

In the District of Columbia, the Virgin Islands, Guam, Samoa, Puerto Rico and Alaska, call (202) 483-7616.

Additional Follow-up Action

—For more detailed assistance in controlling the hazard, call Chemtrec (Chemical Transportation Emergency Center) toll free (800) 424-9300. You will be asked for the following information:

- Your location and phone number.
- Location of the accident.
- Name of product and shipper, if known.
- The color and number on any labels on the carrier or cargo.
- Weather conditions.
- Type of environment (populated, rural, business, etc.)
- Availability of water supply.

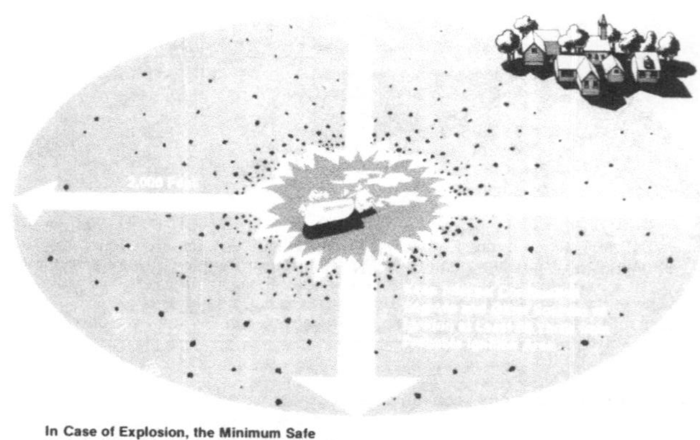

Abb. 78. Notfallführer für verflüssigtes Propan *(5)*

Das britische *„Hazchem"-System* (Hazard Chemicals = Gefährliche Chemikalien), entwickelt durch die Londoner Feuerwehr, benutzt ebenfalls ein kombiniertes Ziffer/Buchstaben-System. Es gibt im Gegensatz zu den bisher erörterten Möglichkeiten den Einsatzkräften in sehr handlicher Form (s. Abb. 57, 58 u. 59) Hinweise auf die gefährlichen Eigenschaften des Transportgutes. Polizei und Feuerwehr finden erste Informationen über Atemschutz, Feuerbekämpfung, Explosionsgefahren, Evakuierung etc. Aus der Informationszentrale in Harwell Laboraties können rasch umfangreiche Informationen und Experten zum Einsatz vor Ort abgerufen werden. Es ist ein rationelles, wenig kostspieliges, sehr wirksames System, das mit einem Spezialcode auch über Ländergrenzen wirksam werden könnte.

Das US-Department of Transportation *(5)* gab übrigens 1976 noch einen „Notfall-Führer für 42 ausgewählte gefährliche Güter" (Emergency Action Guide für Selected Hazardous Materials) heraus. Er ist als Ergänzung für die Chem-Cards (s. Abb. 64) des Chem-Trec- bzw. MCA-Systems gedacht. Er behandelt neben Chlor und Sauerstoff korrosive, giftige und brennbare Flüssigkeiten und Gase.

Der Notfallführer ist gegliedert in

– Gefährliche Eigenschaften
– Sofortige Maßnahmen
– Anschließende Maßnahmen
– Maßnahmen gegen Leckagen
– Erste Hilfe
– Weitere Maßnahmen
– Kontrolle der Wassergefährdung und eine besonders informative und bildliche Darstellung der Gefahren- und
– Evakuierungs-Distanzen (s. Abb. 77 für wasserfreies Ammoniak und Abb. 78 für verflüssigtes Propan).

Im Jahre 1980[7] gab das Department of Transportation der USA *(5)* einen „Notfallaktions-Führer für gefährliche Materialien" heraus (Emergency Response Guidebook „Hazardous Materials"). Er ist eine Kombination zwischen den MCA-Chem-Cards und dem Emergency Action Guide (Notfallführer). Man erarbeitete 55 Gruppen-Unfallmerkblätter, sog. *Guides*. Sie sind nach typischen Klasseneigenschaften, wie brennbare oder giftige Flüssigkeiten oder Gase, erarbeitet. Jeder „Guide" gliedert sich in 1. Gesundheitsgefahren, 2. Feuer und Explosionen, 3. Notfallaktionen, die in a) allgemeine Aktionen, b) Feuer, c) Leckagen und d) Erste Hilfe unterteilt sind. Den „Guides" sind zwei Listen vorgegliedert. Man hat die erste Liste nach der UN-Nummer, hier Identifikationsnummer, und die zweite alphabetisch geordnet.

---

7 Neue verbesserte Auflage 1984

Tabelle 75. Evakuierungsentfernungen nach Emergency Response Guidebook (USA) 1980, Auszug *(5)*

Name of material spilling or leaking (ID No.)	Initial isolation	Initial evacuation		
	Spill or leak from (drum, smaller, container, or small leak from tank)	Large spill from a tank (or from many containers, drums, etc.)		
	Isolate in all directions feet	First isolate in all directions feet	Then evacuate in a downwind direction	
			Width miles	Length miles
Ammonia, anhydrous (1005)	100	200	0.4	0.7
Ammonia solution, not less than 44% (2073)	100	200	0.4	0.7
Boron trifluoride (1008)	320	670	1.7	2.6
Bromine (1744)	300	620	1.5	2.4
Carbon bisulfide (1131) Carbon disulfide (1131)	30	70	0.2	0.2
Chlorine (1017)	250	520	1.3	2.0

Neben der Identifikationsnummer steht die Guide-No., die auf das Merkblatt hinweist, und der Name des Stoffes. Eingangs wird die Benutzung erklärt. Er schließt mit einer sehr interessanten Liste, die Absperrungs- und Evakuierungs-Distanzen empfehlen (Tabelle 75). Sie basieren u. a. auf wissenschaftlichen Untersuchungen der NASA über Absperrungs- und Evakuierungs-Distanzen nach Freiwerden gefährlicher Stoffe. Sie stützen sich auch auf Recherchen über 98 Eisenbahnunfälle, die sich von 1958–1961 ereignet haben. Darin waren 84 Gefahrgut-Tankwagen mit 44 Explosionen verwickelt. Besondere Aufmerksamkeit fanden die Reichweiten der weggeschleuderten Bruchstücke beim Zerbersten der Tanks.

Danach besteht noch bis 300 m Entfernung höchste Gefahr (Abb. 79), das bei Evakuierungsmaßnahmen immer beachtet werden sollte. Eine so gefährliche Situation kann noch eine Stunde nach dem Unfallereignise entstehen.

In Europa gibt es bisher kein gemeinsames *Transport-Unfall-Informations-System (TUIS)*. Es gibt indessen europaweit gemeinsam entwickelte Unfallmerkblätter. Das ist mit ein Erfolg der Vereinigung der europäischen Chemieverbände (CEFIC). Diese Organisation bemüht sich auch um die Entwicklung eines gemeinsamen europäischen TUIS (*„Emergency Response System = ERS"*). Dieses entsteht, ähnlich wie in den USA, durch enge Zusammenarbeit zwischen staatlichen Instanzen und dem CEFIC. Die administrativen Möglichkeiten müssen durch spezielle Sachkenntnisse ergänzt werden. Diese können nur von der chemischen Industrie kommen, da nur sie ihre Produkte genau genug kennt. In diesen Staaten entwickelte sich etwas zögernd ein TUIS. Es baut teils auf behördlichen Vorschriften auf:

Fahrzeuge mit Gefahrgut weisen durch die weit erkennbaren orangefarbenen Warntafeln inclusive Kennzeichnungsnummern auf die potentielle Gefahr hin. Da die Unfall-Merkblätter mit diesen Gefahr-Kennzeichnungsnummern versehen sind und der Fahrer es mit sich führen muß, können die Hilfsorganisationen, die übrigens über die Sammlung verfügen, schnell eingreifen.

Die Hilfe der chemischen Industrie in der Bundesrepublik Deutschland ist regional bei Chemieunternehmen abzurufen. Dort wird weitgehend ein 24-Stunden-Alarmdienst unterhalten (Abb. 80). Im Notfall führen diese Firmen schnellstens mit Fachleuten, Feuerwehr und wenn notwendig mit Spezialeinrichtungen vor Ort Hilfeleistungen durch. Zu den Spezialeinrichtungen gehören Universal-Tankwagen, die

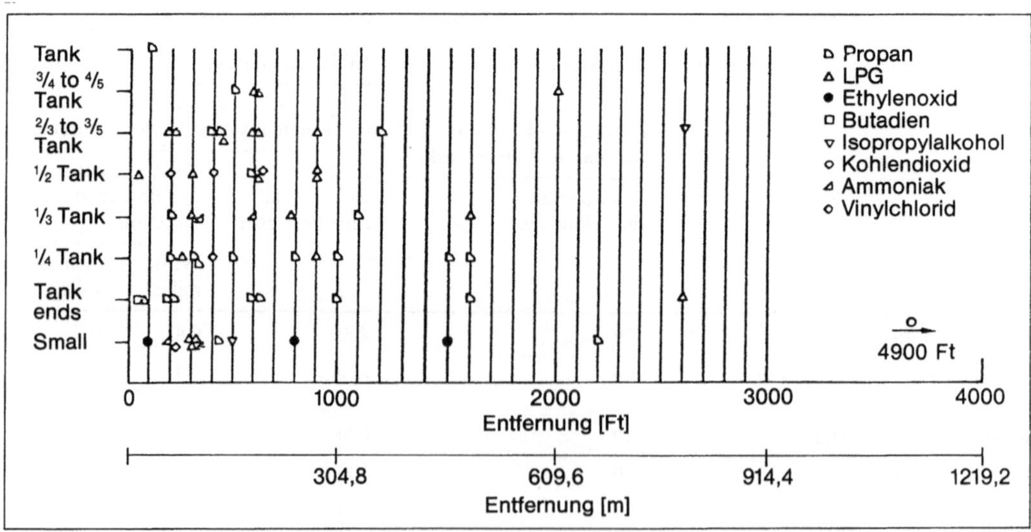

Abb. 79. Entfernungen von Trümmern bei Kesselwagen-Unfällen in USA (1958–1970). Die Ordinate gibt die Größe der Tank-Bruchstücke an *(5)*

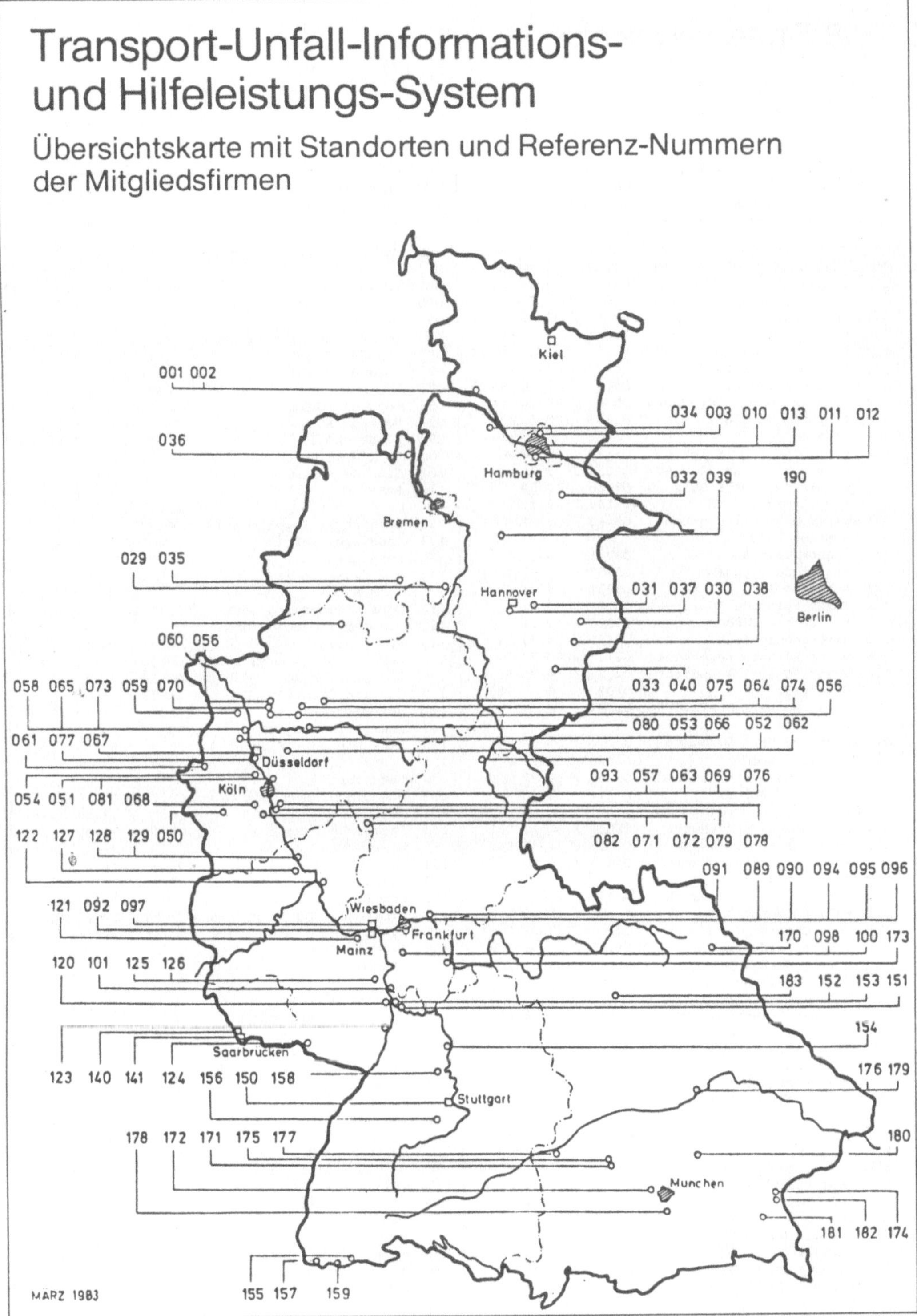

Abb. 80a. Transportunfall-Informations- und -Hilfeleistungssystem *(8)*

TUIS-Firmenverzeichnis

Lfd. Nr.	Name des Unternehmens	Unfall-Ruf-Nr.
001	Bayer AG	04852 / 81 30 30
002	Chemische Werke Hüls AG	04852 / 82 20 60
003	Schülke & Mayr GmbH	040 / 5 24 81
010	Gerling, Holz & Co	040 / 85 70 31
011	Joh. Haltermann GmbH & Co	040 / 33 33 88-1
012	Deutsche Shell AG Raffinerie Harburg	040 / 7 51 91 11
013	Tivoli Werke AG	040 / 5 40 10 51
029	Dynamit Nobel Steyerberg	05764 / 29 10
030	Amersham Buchler GmbH & Co KG	05307 / 80 80
031	Chemische Fabrik Lehrte	05132 / 5 30 41
032	Chemische Werke Hüls AG	04134 / 3 55
033	Chemische Fabrik Hüls AG	05326 / 10 54
034	Dow Chemical GmbH	04146 / 9 10
035	Elastogran-Polyurethan-Systeme GmbH	05443 / 1 21
036	Guano-Werke AG	04731 / 30 31
037	Riedel-de Haen AG	05137 / 7 07-1
038	Schering AG	05331 / 4 01
039	Wolff Walsrode AG	05161 / 4 41
040	MSW Chemie GmbH	05326 / 10 31
050	Akzo-Chemie GmbH	02421 / 59 53 71
051	Bayer AG Werk Leverkusen	0214 / 30 74 77
052	Bayer AG Werk Wuppertal-Elberfeld	0202 / 36 75 41 0202 / 36 75 78
053	Bayer AG Werk Krefeld-Uerdingen	02151 / 88 33 33
054	Bayer AG Werk Dormagen	02106 / 51 42 33
055	Bakelite GmbH	02374 / 51-2 32
056	Chemische Werke Hüls AG	02365 / 49 22 32
057	Chemische Fabrik Kalk GmbH	0221 / 82 96
058	Duisburger Kupferhütte	0203 / 60 13 53
059	Deutsche Solvay-Werke	02843 / 7 35 55
060	Elektro-Chemie Ibben-büren GmbH	05459 / 5 00
061	Enka AG Werk Oberbruch	02452 / 15-2 22
062	Enka AG Werk Wuppertal	0202 / 60 99-2 22
063	Esso Chemie	0221 / 77 03-1
064	Gewerkschaft Victor	02305 / 7 06-4 29
065	Grillo-Werke AG	0203 / 55 57 1
066	Guano-Werke AG	02151 / 57 91
067	Henkel KGaA	0211 / 7 97-33 50
068	Hoechst AG Werk Knapsack	02233 / 48 66 66
069	Lindgens & Söhne	0221 / 67 87-1
070	Phenolchemie GmbH	02043 / 58 23 0
071	Union Rhein. Braunkohle Kraftstoff AG	02236 / 79-25 48
072	Rheinische Olefinwerke GmbH	02236 / 7 21
073	Rütgerswerke AG	0203 / 45 63 44
074	Rütgerswerke AG	02305 / 70 52 00
075	Schering AG	02307 / 19-7 77
076	Deutsche Shell AG	02236 / 7 52 97
077	ICI Wiederhold GmbH	02103 / 7 71
078	Dynamit Nobel Troisdorf	02241 / 85 23 33
079	Dynamit Nobel Nieder-kassel	02208 / 6 91
080	Dynamit Nobel Witten	02302 / 17 81
081	Dynamit Nobel Leverkusen	0214 / 35 71
082	Dynamit Nobel Burbach-Würgendorf	02736 / 59 01
089	Cassella AG	0611 / 41 09 1
090	Degesch GmbH	0611 / 41 00 21
091	Degussa AG	06181 / 59 32 22
092	Du Pont de Nemours GmbH	06102 / 24 03 00
093	Enka AG	0561 / 50 31
094	Enka AG	06107 / 7 11
095	Hoechst AG	0611 / 3 05-64 18
096	Hoechst AG	0611 / 38 00- 5 82
097	Hoechst AG	06121 / 67 46 97
098	E. Merck	06151 / 72 24 40
100	Röhm GmbH	06151 / 18 43 42
101	Ciba-Geigy GmbH	06206 / 50 21
120	BASF AG	0621 / 60 33 33 0621 / 51 42 80
121	Boehringer Ingelheim KG	06132 / 77 23 22
122	Chemische Fabrik Roth GmbH	02603 / 40 26
123	Joh. Haltermann GmbH & Co	06232 / 50 21
124	Gebr. Kömmerling GmbH	06331 / 8 87
125	Procter & Gamble GmbH	06241 / 85 71
126	Röhm GmbH	06241 / 84 52 64
127	Gebr. Rhodius GmbH & Co	02636 / 5 51
128	Kali Chemie AG	02635 / 7 31
129	Peroxid Chemie GmbH	02635 / 7 31
140	Saarbergwerke AG	06898 / 1 93 23
141	Saarbergwerke AG	0681 / 4 05-33 08
150	BASF Farben + Fasern AG	0711 / 89 57- 2 67
151	Benckiser-Knapsack Ladenburg	06203 / 77 41 11
152	Boehringer Mannheim GmbH	0621 / 7 59-22 03 0621 / 7 59-23 36
153	Chemische Fabrik Weyl GmbH	0621 / 75 01-0
154	Kali Chemie AG	07063 / 77 11
155	Lonza-Werke GmbH	07751 / 8 21
156	Schill & Seilacher	07031 / 62 02 1
157	Ciba-Geigy AG	07624 / 12 22 31
158	Dynamit Nobel Cleebronn	07135 / 60 71
159	Dynamit Nobel Rhein-felden	0723 / 8 02 16
170	Chemische Fabrik Marktredwitz AG	09231 / 40 04
171	Chemische Fabrik Pfersee	0821 / 52-1 11
172	Elastogran-Polyurethan-System GmbH	08142 / 17 81
173	Enka AG	06022 / 81-5 51
174	Hoechst AG	08679 / 7-2 22
175	Hoechst AG	0821 / 49 17 14
176	Hoechst AG	09441 / 9 91
177	Luperox GmbH	08221 / 9 80
178	Peroxid Chemie GmbH	089 / 72 79-0
179	Süd-Chemie AG	09441 / 36 36
180	Süd-Chemie AG	08761 / 8 20
181	Süddeutsche Kalk-Stick-stoffwerke AG	08621 / 8 67 76
182	Wacker-Chemie GmbH	08677 / 22 22
183	Dynamit Nobel Fürth	0911 / 7 43 31
190	Schering AG	030 / 4 68-42 08

Abb. 80 b. TUIS-Firmenverzeichnis *(8)*

das ausgelaufene Gefahrgut aufnehmen oder aus einem leck gewordenen Kesselwagen umpumpen können. Die Bayer AG hat im Frühjahr 1982 ein derartiges Spezialfahrzeug (Abb. 81) in Dienst gestellt. Es ist in Dormagen stationiert und kann bei einem Unfall den Bereich zwischen Bonn und dem westlichen Ruhrgebiet betreuen.

Die Sparte „Pflanzenschutz" der Bayer AG plante, wie durch einen Unfall freigesetzte Chemikalien wirksam aufzunehmen und möglichst gefahrlos für die Umwelt zu beseitigen seien. Dazu wird eine Hilfseinheit konstruiert, die eine möglichst weit gefächerte Palette gefährlicher Güter aufnehmen kann. Explosionsschutz, unerwartet sich entwickelnde Gase, aber auch Erdboden-Spezialreinigung, wurden in die Entwicklungsüberlegungen mit einbezogen. Das Sonderfahrzeug (Abb. 81), genannt „Hilfszug-Chemie", besteht aus einem Anhänger und einer Zugmaschine. Auf dem Anhänger sind Druckbehälter und Reinigungsanlage, bestehend aus Gaswaschturm, A-Kohle-Adsorber, Abscheider, Behälter für Betriebswasser und Pumpen, angeordnet, während auf dem Zugwagen nicht explosionsgeschützte Aggregate und Schalteinrichtungen, sowie Behälter für Hilfsstoffe untergebracht sind. Die Trennung zwischen Zugmaschine und Anhänger erlauben es, an der Unfallstelle den Zugwagen außerhalb der unmittelbaren Gefahrzone abzustellen.

Um möglichst viele unterschiedliche gefährliche Stoffe zu beseitigen, wurde der Druckbehälter (10 bar Prüfdruck) aus einer Nickelbasis-Legierung der Bezeichnung NiMo16Cr16Ti, Werkst.-Nr. 2.4610 (Markenbezeichnung: Hastelloy C 4, bzw. Novonox C 4 L) gebaut. Vor Beginn der Arbeiten mußte der Hersteller des Tanks eine Verfahrensprüfung gemäß Forderungen des AD-Regelwerkes durchführen.

Auf dem Anhänger befindet sich neben dem eigentlichen Tank, der bis zu 20 m³ Produkt aufnehmen kann, eine Abluftreinigungsanlage, die den Austritt von Dampf-Luft-Gemischen verhindern soll. Füllen und Entleeren des Tankes erfolgen über einen schwenkbaren Gelenkarm (Abb. 82), der mit elektrisch leitfähigem Teflon® ausgekleidet ist und hydraulisch angetrieben wird. Als Verlängerung dienen Teflon- und Edelstahlschläuche, die eine aufzunehmende Flüssigkeit über den Gelenkarm und ein Tauchrohr in den Tank leiten. Zur Vermeidung elektrostatischer Aufladungen ist das Tauchrohr unmittelbar bis zur unteren Scheitellinie des Tanks geführt.

Das Füllen selbst erfolgt mit Vakuum, das von einer Flüssigkeitsringpumpe erzeugt wird. Diese Flüssigkeitsringpumpe ist regeltechnisch so abgesichert, daß sie nur eingeschaltet werden kann, wenn das Betriebsflüssigkeitssystem funktioniert. Das Abschalten im Gefahrfall ist in sicherer Position vom stehenden Zugfahrzeug aus möglich.

Sollte bei Produkten mit niedrigem Dampfdruck die Förderhöhe durch Vakuum nicht zu überwinden sein, kann das Füllen des Tanks mit Hilfe einer pneumatisch angetriebenen Membranpumpe durchgeführt werden. Zur Lieferung der Preßluft ist ein Flügelzellenverdichter installiert, der auch zur Druckentleerung des Tanks herangezogen werden kann. Eine Druckentleerung ist jedoch erst dann möglich, wenn ein Rohrleitungs-Paßstück eingebaut ist.

Der Tank selbst ist mit zwei Grenzstandmessern ausgerüstet, die auf einem Füllvolumen von 70% und 95% eingstellt sind, wobei nach Erreichen der oberen Marke Alarm ausgelöst wird. Sollte der Druck im Tank über 6 bar ansteigen, dann entspannt der Druck über eine Berstscheibe, Sicherheitsventil und flammendurchschlagsicherer Armatur. Zwischen Berstscheibe und Sicherheitsventil ist ein Manometer angebracht, um eine Kontrolle über die Dichtheit der Berstscheibe zu haben.

Der Tankanhänger ist mit 6 Druckgasflaschen à 50 l und 200 bar ausgerüstet, durch die der Tank beim Transport von brennbaren Flüssigkeiten mit Stickstoff überlagert werden kann. Die anfallenden Dampf/Luftgemische werden über Abscheider in einen Wäscher und einen nachgeschalteten A-Kohle-Adsorber geleitet und gereinigt. Die Waschflüssigkeit wird einem Betriebsbehälter entnommen, der u.a. einen Anschluß hat, um im Bedarfsfall durch Zugabe von Säure oder Lauge den p-H-Wert einzustellen. Säure und Lauge befinden sich in Behältern auf der Zugmaschine. Die Betriebsflüssigkeit der Vakuumpumpe die evtl. auch Adsorbtionswärme mit sich führt, wird durch einen Luftkühler gekühlt.

Alle mit der Atmosphäre offen in Verbindung stehenden Behälter sind mit flammendurch-

Abb. 81. Anhänger mit Spezialeinrichtungen des „Chemiehilfszuges" *(18)*

Abb. 82. Gelenkarm *(18)*

schlagsicheren Armaturen ausgerüstet, mit Ausnahme der Fülleitung, die zu Beginn des Füllvorganges kurzzeitig den Gasraum des Tankes mit der Atmosphäre verbinden kann. Diese Abweichung von den Vorschriften muß in Kauf genommen werden, da die Gefahr besteht, daß diese Leitung verstopft und damit der wirksame Einsatz des Hilfszuges in Frage gestellt wäre.

Als Standort für den Hilfszug wurde das Werk Dormagen gewählt, da von dort die in Nordrhein-Westfalen gelegenen Bayer-Werke am schnellsten zu erreichen sind; auch für den Einsatz in den Ballungsgebieten Köln-Düsseldorf-Wuppertal liegt Dormagen verkehrstechnisch günstig.

Im Einsatzfall wird der Hilfszug Chemie von einem Kommandofahrzeug der Werksfeuerwehr begleitet. Beide Fahrzeuge sind mit Funk ausgerüstet, so daß während des Füllvorganges bereits durch die Kommandozentrale der Fahrweg für die Rückfahrt auf Grund des Brückenatlasses festgelegt und per Funk an die Fahrzeugbesatzung durchgegeben werden kann. Des weiteren ist vorgesehen, daß besonders geschulte Chemiker und Chemie-Meister den Hilfszug begleiten und die Feuerwehrbesatzung vor Ort beim Aufnehmen spezieller chemischer Produkte beraten.

Bei einem Gefahrgutunfall darf auch der Umweltschutz nicht vernachlässigt werden. Eine zu jeder Zeit abrufbare EDV-gestützte Datenbank für wassergefährdende Stoffe (Dabawas) im Institut für Wasserforschung GmbH, Dortmund, ergänzt das für die Bundesrepublik Deutschland geschilderte TUIS.

In der Schweiz hat die enge Zusammenarbeit zwischen dem „Schweizer Verband der chemischen Industrie" und den schweizer Feuerwehren zu einem vorbildlichen Meldesystem ähnlich dem deutschen TUIS-System unter aktiver Teilnahme der Bevölkerung geführt (Abb. 83–85 und Tabellen 76, 77). Aufschlußreich sind auch die Leitlinien für einen Feuerwehreinsatz nach einem Gefahrgutunfall. Ein allgemeines Merkblatt behandelt die Alarmmeldung, die Sicherheit und den Einsatz der Feuerwehr.

Einsatzschemata beschäftigen sich mit dem Einsatz an Straßenkreuzungen in bewohnten Gebieten, mit Brandschutzaufbau mit leichten und schweren Mitteln, wie Wasser, Schaum

---

Transport gefährlicher Güter

Merkblatt

Maßnahmen bei Unfällen

1. *Alarm*
   - Alarmierung des Öl- bzw. Chemiewehr-Stützpunktes Tel.-Nr. ....
   - Meldung:
     - Art des Gefahrenzettels auf dem verunglückten Straßenfahrzeuges oder Eisenbahnwagens.
     - Nummer auf der orangefarbenen Tafel.
   - Alarmierung der Polizei, Tel.-Nr.: ....
   - Alarmierung des Gewässerschutz- bzw. Wasserwirtschaftsamtes, Tel.-Nr.: ....

2. *Sicherheit*
   - Absperren der Schadenzone, 30 bis 60 Meter von der Unfallstelle entfernt.
   - Evakuieren gefährdeter Personen und Tiere aus der Schadenzone.
   - Zündquellen fernhalten, Motor ausschalten, Rauchverbot in der Schadenzone (Heizung, Beleuchtung etc.).

3. *Einsatz*
   - Retten
   - Aufbau des Brandschutzes mit den vorhandenen eigenen Mitteln.
   - Sicherstellung der Löschwasserversorgung.

4. *Wichtige Hinweise*
   - Einsatzfahrzeuge müssen mindestens 30 Meter von der Unfallstelle entfernt aufgestellt werden.
   - Einsatzdistanzen sind den örtlichen und den Windverhältnissen des Schadenplatzes anzupassen.
   - Kontakt mit Produkten ist zu vermeiden (Atmung, Haut).

---

und Löschpulver, mit einem Unfall ohne Brand bei starkem oder wenig Wind, mit einem Unfall mit Brand und mit der Situation nach einem gelöschten Brand. Feuerwehrtechnisch sehr informativ sind Gruppenmerkblätter, die Einsatzhinweise beim Freiwerden der verschiedenen Gefahrgüter geben (Beispiel s. Abb. 85).

Das TUIS des Vereinigten Königreichs (UK) ist unkompliziert, aber wirksam. Die für das UK vorgeschriebene Warntafel (Abb. 58) enthält neben der UN-Nummer inclusive Stoffbezeichnung den Gefahrzettel, die Telefonnummer der Notfall-Auskunft, den Hinweis auf den Hersteller und schließlich noch den „HazChem"-Code. Letzterer ist eine Sofort-Information für Polizei und Feuerwehr (Abb. 58 u. 59).

Gefahrgut- und Unfall-Informations-Systeme

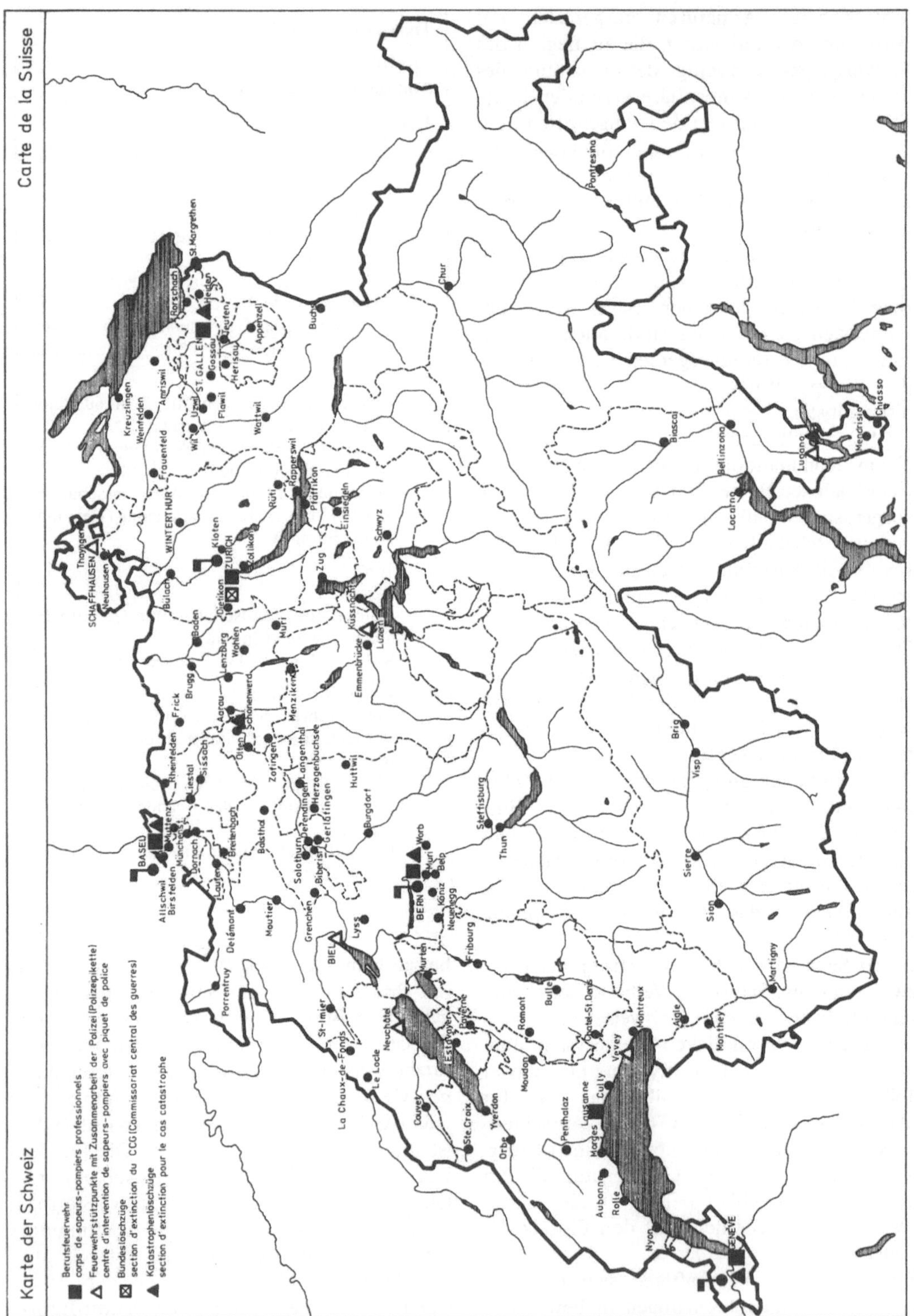

Abb. 83. Karte der Schweiz *(9)*

	1	3	4	5	6	7	8	9	10	12	13	15	16	17	18	19	20	21	22	23	24	25	26	27	29	30	31
Additive/Additifs				5		7	8														24			27			
Agrochemikalien (inkl. Pestizide) exkl. Kunstdünger/Produits agrochimiques (incl. pesticides) à l'except. des engrais synthétiques				5	6	7	8						16		18			21			24	25		27			31
Bisulfite & Ablaugen/Bisulfites et léssives sulfitiques			4																			25					
Blausäure und deren Derivate, Cyanide, Nitrile/Acide cyanhydrique et ses dérivés, cyanures, nitriles									10					17		19											
Diazoechtsalze/Sels solides Diazo																				23							
Diazos für Reprozwecke/Sels Diazo pour repro																				23							
Medizinische Drogen (pflanzliche)/Drogues médicinales (plantes)																					24						31
Echtbasen/Bases solides																				23							
Farbstoffe/Colorants				5			8														24						
Flüssiggase/Gaz liquides																						25				30	
Fotochemikalien/Produits pour la photographie				5																							
Haushaltchemikalien/Produits domestiques		3	4	5									16											27			
Klebstoffe auf Kunststoffbasis/Colles à base de matières plastiques				5		7			10																		
Kunstdünger/Engrais synthétiques			4											17													
Kunstharzlösungen/Solutions de résines synthétiques																			22								
Laborchemikalien/Produits chimiques pour Laboratoires											13																31
Laugen/Bases		3	4	5	6	7	8	9				15		17							24	25					31
Lederchemikalien/Produits chimiques pour cuirs				5																	24						
Lösungsmittel/Solvants		3						9				15		17	18	19		21			24		26	27	29		31
Papierchemikalien/Produits chimiques pour papiers	1		4	5					10	12											24	25					
Pharmazeutische Produkte/Produits pharmaceutiques				5				9				15				19					24						31
Phenole, Kresole/Phénols, crésols																19										30	31
Pigmente/Pigments				5			8														24						
Polyesterharze/Résines polyesters																			22								
Säuren/Acides		3	4					9				15		17							24	25			29		31
Teerprodukte & Bitumen/Produits du goudron et bitumes																										30	
Textilchemikalien/Produits chimiques pour textiles			4	5		7	8		10	12							20				24	25					
Waschmittel & Waschrohstoffe/Produits de lessive et matières de base de ces produits	1	3							10								20										

Abb. 84. Referenznummern für hilfeleistende Chemie-Firmen, s. a. Tabellen 77 und 78 *(9)*

Gruppen-Merkblatt **99**

Klasse 6.1 **Giftige Flüssigkeiten**

Gefahren-Schnell-information

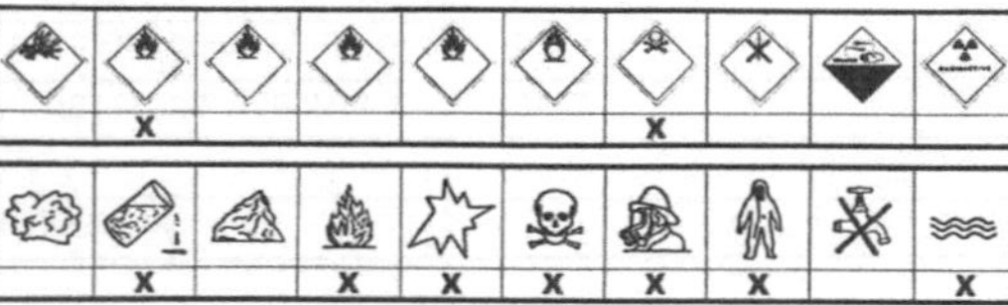

- brennbar, Flammpunkt zwischen 21° und 100 °C bzw. über 100 °C, giftig, meist farbig mit oder ohne Geruch
- mit Wasser mischbar
- leichtflüchtig oder flüchtig, Siedepunkt unter 65 °C bzw. 65 – 100 °C
- die Dämpfe können unsichtbar und schwerer als Luft sein
- sie bilden mit Luft explosionsfähige Gemische, auch in leeren, ungereinigten Behältern
- erhitzen des Behälters führt zu Drucksteigerung – Berst- und Explosionsgefahr!
- das Einatmen, Verschlucken oder Aufnahme durch die Haut, kann Vergiftung, evtl. tödliche, zur Folge haben. Vergiftungssymptome können auch erst nach vielen Stunden auftreten
- die Flüssigkeit kann sich durch Feuer zersetzen unter Bildung giftiger Gase; die Vergiftungssymptome derselben können auch erst viel später auftreten und erkennbar werden
- schwere Reizung, evt. Schädigung der Augen, Haut und Atemwege ist möglich

Schutzausrüstung

- Brandschutz- bzw. Einsatzkleidung, Einsatz ausserhalb Sicherheitszone
- Vollschutzkleidung, Einsatz in der Schadenzone ohne Brand
- Hitzeschutzkleidung, Einsatz in der Schadenzone mit Brand
- Atemschutzgeräte, KG oder PA
- Explosimeter, Gasspürgerät, Sauerstoffmessgerät

Hauptlöschmittel: Wasser, Pulver , Mehrbereichschaum

Zu treffende Massnahmen

- Strasse sichern, signalisieren, absperren, umleiten
- Zündquellen fernhalten, Motor abstellen, Rauchverbot
- der Windrichtung angepasste Absperrung, Sicherheitsdistanz 30 – 60 m
- ex-geschützte Beleuchtungs- und Elektrogeräte verwenden
- alle Personen warnen – Explosions- und Vergiftungsgefahr, evakuieren der Schadenzone, bzw. des Wohngebietes falls notwendig
- in der Schadenzone alle Abläufe, Kanalisationen usw. abdichten

Havarie ohne Brand **99**

- ausserhalb der Sicherheitszone, Aufbau des dreifachen Brandschutzes Wasser, Pulver, Schaum
- die Flüssigkeit darf nicht in offene Gewässer oder Kanalisationen fliessen
- unter Vollschutz Leckstelle dichten, bzw. schliessen, (evtl. umpumpen) und ausgelaufene Flüssigkeit eindämmen. Mit entsprechenden Bindemitteln aufnehmen oder um- bzw. abpumpen
- es ist unbedingt ein Fachmann (am besten Chemiker) beizuziehen
- über Reinigung der Strasse bzw. Entsorgung entscheiden Chemiker bzw. zuständige Kantonsinstanzen

Havarie mit Brand

- der Hitzestrahlung angepasster dreifacher Löschangriff aufbauen, Wasser, Pulver, Schaum, Löschmittel einzeln oder kombiniert einsetzen, Rohrführer und Unterstützung sind mit Hitze- und Atemschutz auszurüsten
- Behälter und Metallteile mit Wassersprühstrahl kühlen, Lösch- und Kühlwasser darf nicht in Abläufe oder offene Gewässer fliessen
- nach dem Löschen, gleiches Vorgehen wie Havarie ohne Brand

Fahrzeugbrand ohne Behälterleck

- bei Feuer- bzw. Wärmeeinwirkung auf Behälter, dieselben mit Wassersprühstrahl kühlen – Berst- und Explosionsgefahr!
- Fahrzeugbrand löschen

1. Hilfemassnahmen

- ärztliche Hilfe ist erforderlich bei Symptomen, die offensichtlich auf Einatmen, Verschlucken, Einwirken des Stoffes auf Haut oder Augen zurückzuführen sind
- falls der Stoff in Augen gelangt, unverzüglich mit viel Wasser mindestens während 15 Minuten spülen
- mit dem Stoff verunreinigte Kleidungsstücke unverzüglich entfernen. Betroffene Haut mit Wasser und Seife gründlich waschen
- Erbrechen herbeiführen, wenn Verdacht auf Verschlucken des Stoffes besteht, aber nur wenn die Person bei Bewusstsein ist
- künstliche Beatmung (nie durch Drücken des Brustkorbes) vorsichtig **nur** bei Atemstillstand oder unter ärztlicher Überwachung anwenden
- Personen, die mit der Flüssigkeit in Berührung gekommen sind, deren Dämpfe oder Rauchgase eingeatmet haben, zeigen nicht unbedingt sofort Vergiftungssymptome. Es ist unbedingt ein Arzt beizuziehen; eine ärztliche Überwachung ist je nach Stoff während mind. 48 Stunden notwendig
- wenn immer möglich dem behandelnden Arzt den (chemischen) Namen des Stoffes nennen, der die medizinische Behandlung notwendig macht
- bei Verbrennungen ist **sofort** die betroffene Haut solange wie möglich mit kaltem Wasser zu kühlen, ein Arzt ist beizuziehen.

Abb. 85. Schweizer Gruppenmerkblatt *(9, 10)*

Tabelle 76. Schweizer Chemie-Firmen die Hilfe leisten (Auszug) (9)

Referenz- nummer Numéro de référence N° di riferimento	Firma Firma Ditta	Adresse Adresse Indirizzo	Tel. Tel. Tel.	Diese Nummer kann von … bis … ange- rufen werden Ce numéro ré- pond de .. à .. Questo numero risponde dalle … alle …	Außerhalb der links angegebenen Zeit kann angerufen werden En dehors des heures indiquées à gauche on peut appeler Fuori dalle ore indicate qui a sinistra si può chiamare	Tel. Tel. Tel.
1	Van Baerle & Co. AG	4142 Münchenstein	061/468900	07.30–17.30	Dr. E. Schütz, 4143 Reinach Dr. A. Tschopp, 4133 Arlesheim	061/7611 061/7254
2	BASF	8820 Wädenswil ↓ D-67 Ludwigshafen	0049621/ 603333 oder 0049621/ 514280	24 Std. heures ore	–	–
3	Chemische Fabrik Schweizerhall	4013 Basel	061/577722 Intern 231	08.00–17.00	Dr. A. Koller, 4123 Allschwil	061/632
4	Chemische Fabrik Uetikon	8707 Uetikon a/See	01/9221141	07.30–17.30	–	01/9201
5	Ciba-Geigy AG Basel	4002 Basel	Alarmzentrale 061/363333	24 Std. heures	–	–
6	Ciba-Geigy AG Werk Kaisten	4336 Kaisten	Porte 064/642222	24 Std. heures	–	–
7	Ciba-Geigy AG Usine de Monthey	1870 Monthey	Porte 025/703333	24 Std. heures	–	–
8	Ciba-Geigy AG Werk Schweizerhalle	4133 Schweizerhalle	Porte 061/615050	24 Std. heures	–	–
9	Cilag AG	8200 Schaffhausen	053/81025	07.30–12.00 13.00–17.30	J. Kobel H. Ebner U. Iselin Dr. E. Hammer	053/314 053/330 053/312 053/681

Im Fall der Abb. 58 liegt der Code *2SE* vor. Ohne eine Auskunft von Spezialisten abzuwarten wird von den Einsatzkräften am Unfallort das „Haz-Chem"-Informationskärtchen (Abb. 59) zu Rate gezogen. Danach bedeutet die *2* für die Feuerwehr, sofort den Wassersprühstrahl einzusetzen. Nach dem Code *S* ist ein umluftunabhängiges Atemschutzgerät anzulegen und nach *E* eine Evakuierung der Bevölkerung zu überprüfen. Inzwischen werden Erläuterungen für weitere Maßnahmen bei der Notfallauskunft bzw. beim Hersteller eingeholt.

Den Einsatzkräften steht schließlich die zentrale Auskunftstelle des UK zur Verfügung. Es besteht ein 24-Stunden-Dienst. Es ist das *„National Advice Centre"* beim *„National Chemical Emergency Centre"* (Nationales Zentrum für chemische Notfälle in Harwell Laboratories, Oxfordshire). Dort besteht eine computerisierte Datendank, in der seit 1973 Informationen über mehr als 15 000 chemische Produkte ge-

Tabelle 77. Schnellinformation für die Einsatzkräfte (Schweiz) (*10*)

Gefahrenzettel Bedeutung	Ausrüstung	Gefahren – Vorsicht!	Zu treffende Maßnahmen	
			ohne Brand	mit Brand
Entzündbare flüssige Stoffe oder Gase	Hauptlöschmittel Wasser BC-Pulver Mehrbereich-Schaum Schutzkleidung Brandschutzkleidung Hitzeschutzkleidung Geräte Atemschutz Explosimeter Gasspürgerät	– Die Verbrennungsgase können giftig sein – Bei Dampf- bzw. Gas-Luftgemischen Explosionsgefahr – Zündquellen entfernen – Gasbrände können nur mit Pulver, Kohlensäure oder Halonen gelöscht werden.	– Der Windrichtung angepaßte Absperrung, Sicherheitsdistanz 30 m, bzw. 60 m – Mit entsprechender Schutzkleidung ausrüsten – Retten von Menschen und Tieren – Brandschutz dreifach aufbauen (Wasser, Pulver, Schaum) – Alle Zündmöglichkeiten im Gefahrenbereich entfernen, bzw. ausschalten – Schächte, Abläufe, Kanalisationen, Keller etc. abdichten.	– Der Windrichtung, bzw. Hitzestrahlung angepaßte Absperrung – Mit Hitzeschutzkleidung und evtl. Atemschutz ausrüsten, mindestens Rohrführer und Unterstützung – Retten von Menschen und Tieren – Löschangriff dreifach aufbauen (Wasser, Pulver, Schaum) einzeln oder kombiniert einsetzen – Schächte, Abläufe, Kanalisationen, Keller etc. abdichten.
Entzündbare feste Stoffe	Hauptlöschmittel Wasser AC-Pulver Mehrbereich-Schaum Schutzkleidung Brandschutzkleidung Hitzeschutzkleidung Geräte Atemschutz Gasspürgerät	– Es können Verpuffungen vorkommen – Die Verbrennungsgase können giftig sein.	– Der Windrichtung angepaßte Absperrung, Sicherheitsdistanz 30 m, bzw. 60 m – Retten von Menschen und Tieren – Brandschutz dreifach aufbauen (Wassern, Pulver, Schaum).	– Der Windrichtung, bzw. Hitzestrahlung angepaßte Absperrung – Retten von Menschen und Tieren – Löschangriff dreifach aufbauen (Wasser, Pulver, Schaum) einzeln oder kombiniert einsetzen, evtl. mit Hitzeschutzkleidung und Atemschutz – Bei Löschwasser-Einsatz Schächte und Abläufe abdichten.

speichert wurden. Die Auskünfte über die gefährlichen Eigenschaften und Notfallmaßnahmen nach einem Unfall sind sehr weitgehend und reichen vom Feuerwehreinsatz bis zum Gewässerschutz.

Wie in anderen Staaten werden auch im UK diese Maßnahmen in engen Kontakt mit der chemischen Industrie und unter Regie des britischen Chemieverbandes (CIA = Chemical Industries Associations) durchgeführt. Grundlage dafür ist ein „Programm der chemischen Industrie zur Unterstützung bei Gefahrgutunfällen" (*Chem*ical Industry *S*cheme for *As*sistance in *F*reight *E*mergencies = *CHEMSA-FE*). Die Entwicklung in der Mikrocomputer-Technik führte dazu, diese Daten auf Magnetplatten (disc) zu speichern und die Computer in jedem County (Grafschaft) des UK in der Zentralstelle für Gefahrgutunfälle oder in Feuerwehr-Kontrollstellen aufzustellen. Dort sind

Tabelle 78. Gefahren-Code Chemsafe-System (Auszug) (*15*)

11 100	H71	Erstickend
11 200	H72	Kontakt mit Flüssigkeit verursacht Hautverätzung und schwere Schäden der Augen
11 300	+	
11 400	H73	Geringe Giftigkeit
11 500	H74	In hohen Konzentrationen narkotisch
11 600	H75	Mit Säuren oder Wasser können sich entzündbare und/oder giftige Gase entwickeln
11 700	+	
11 800	H76	Fachmann beiziehen
11 900	H77	Keine Information verfügbar, an Hersteller verweisen
1 200	H78	Giftigkeit unbekannt
12 100	H79	Feuchtigkeit verursacht Feuergefahr
12 200	H80	Beim Erhitzen entwickeln sich entzündbare Dämpfe
12 300	H81	Gesundheitsschädlicher Staub
12 400	H82	Zersetzung in Wasser
12 500	H83	Besonders ätzend
12 600	H84	Brandgefahr, wenn Material trocken geworden ist
12 700	H85	Beim Erhitzen heftige Zersetzung möglich
13 200	PR1	Zündquellen fernhalten
13 300	PR2	Funkenarme Werkzeuge benutzen
13 400	PR3	Bei Feuereinwirkung Behälter kühlen
13 500	PR4	Kontakt mit Sauerstoff vermeiden
13 600	PR5	Auf windzugewandter Seite bleiben
13 700	PR6	Wenn nötig, evakuieren
13 800	PR7	Dämpfe vermeiden
13 900	PR8	Staub vermeiden
14 000	PR9	Jeden persönlichen Kontakt vermeiden
14 100	PR10	Fachmann beiziehen
14 200	PR11	Eindringen der Substanz in Wasserläufe und Kanalisation verhindern
14 300	PR12	Mit Erde oder Sand aufsaugen und an einen sicheren Ort verbringen

Tabelle 79. Chemdata Output Document: Tetrachloromethane (*75*)

Doc ref no.
6217

Product name
Carbon tetrachloride
Tetrachloromethane

Emergency action code (hazchem)
2Z

Protection
Full breathing apparatus * PVC gloves, boots * Substance attacks protective clothing and exposure to high concentrations should be limited * Additional personal protection – Code A

Hazards
Toxic and gives off toxic fumes in a fire – Keep upwind * Immiscible or partly miscible with water * Can be absorbed through skin * Narcotic in high concentrations

Form
Liquid

Precautions
Keep container(s) cool if involved in a fire * Prevent substance entering water courses and sewers * Absorb in earth or sand and remove to a safe place

Fire
Non-flammable

Substance ident. no. (UN)
1846
UN hazard class
6.1.0
ADR/RID no.
60
Tremcard
TEC(R)-102

Company names include
Anytown chemicals LTD
Anytown (1234) 12345

Decontamination
Wash with water/detergent

auch die regionalen Fachleute und Spezial-
hilfseinheiten der chemischen Industrie abruf-
bar. Die Standardsätze (Phrases) sind auszugsweise dem Gefahrencode (Tabelle 78) zu entnehmen. Das Beispiel des „Tetrachlormethan"

soll ein schnelles und auch erfolgreiches Aufsuchen der EDV-Daten demonstrieren (Tabelle 79). Auch der einschlägige französische und
deutsche Text (Tabelle 80) ist eingespeist worden.

Tabelle 80. Chemdata-Dokument „Tetrachlormethan" (*15*)

Doc. Ref. Nr.: 6217	*Aggregatzustand:* flüssig
Produkt-Name: Tetrachlormethan/Tetrachlorkohlen-stoff (D)	*Warnungen:* Bei Feuereinwirkung Behälter kühlen – Eindringen der Substanz in Wasserläufe und Kanalisation verhindern – Mit Erde oder Sand aufsaugen und an einen sicheren Ort verbringen
Hazchem-Code: 2 Z	
Schutzausrüstung: Voller Atemschutz – PVC-Hand-schuhe, -Stiefel – Substanz greift Schutzanzug an, be-sonders, wenn er aus Gummi besteht – Zusätzliche persönliche Schutzausrüstung – Code A	*Feuer:* Nicht entzündbar
	Substanz-Identifikations-Nummer (UN): 1846
	UN-Gefahrenklasse: 6.1.0
Gefahren: Giftig und entwickelt im Feuer giftige Dämpfe – auf windzugewandter Seite bleiben – Mit Wasser nicht oder teilweise mischbar – Kann durch die Haut aufgenommen werden – In hohen Konzen-trationen narkotisch	*ADR/RID-Nr.:* 60
	Tremcard: TEC(R)-102
	Hersteller: Anytown Chemicals LTD, Anytown (1234) 12345
	Dekontamination: Mit Wasser/Reinigungsmittel waschen

14. Spezielle Probleme und Regelungen in der See- und Binnenschiffahrt

14.1 Seeschiffahrt

Nach einem Urteil des Bundesgerichtshofs (BGH) vom 9. 12. 1971 (II ZR 141/69 – OLG Hamburg, LG Hamburg) bestehen für den Schiffsmakler, der die Abfertigung einer Warenladung oder eines Schiffes, auch mit gefährlichen Gütern, übernommen hat, grundlegende Rechtspflichten. Aber auch die Schiffsleitung, besonders der Ladeoffizier kann sich nicht der Verantwortung entziehen. Was war die Ursache für dieses Urteil? – *Kalisalpeter (Kaliumnitrat)*, in Jutesäcken mit Polyethylen-Innensäcken, sollte nach Ostasien verschickt werden. Die Säcke waren nach der damaligen Seefrachtordnung (SFO) mit dem richtigen Aufkleber versehen; auch der Makler machte mit dem Stempelaufdruck „Separat unter Deck" noch einmal auf ein Zusammenladeverbot aufmerksam. Das reichte nicht aus. Nach dem BGH hat er darüber hinaus die Pflicht, dafür zu sorgen, daß bei der Güterverladung keine vermeidbaren Gefahrenquellen für Dritte geschaffen werden. – Die deutsche Bundesbahn hatte aber bei 50 der 600 Jutesäcke eine feuchte Befleckung festgestellt und diesen Tatbestand dem Makler mitgeteilt!

Trotzdem wurde die Partie im Unterraum der Luke I des Motorschiffes verladen. Es lief dann (Dez. 1966) von Hamburg nach Bremen aus, um dort eine andere Ladung zu übernehmen. Es handelte sich um weitere Chemikalien, wie *Natriumchlorit, Netzschwefel, „rotes Kaliumsalz"* und *leinölhaltige Produkte.* Der Netzschwefel wurde auf dem Kalisalpeter gestaut! Die Erfinder des Schwarzpulvers hätten an dieser Ladungsweise ihre helle Freude gehabt. Zur Herstellung von *Schwarzpulver* fehlte nur noch die Holzkohle. Da aber genügend kohlenstoffhaltige Produkte und Verpackungsmittel vorhanden waren, bedurfte es danach nur der Zündung. Auch diese Voraussetzungen waren gegeben: Durch die *Selbsterhitzung* und *Selbstentzündung* des *feuchten Jutegewebes* war der erste Schritt getan. Schon bei *400°C* findet eine *Zersetzung* des *Kaliumnitrats* statt! Das trotz Zusammenladeverbot entstandene *Gemenge explodierte!* Das Schiff wurde schwer beschädigt und die Ladung vernichtet.

Der Ladeoffizier hatte das Zusammenladeverbot nicht beachtet und der Makler war der Meldung über die feuchten Jutesäcke nicht nachgegangen. Er hätte die Schiffsleitung nachdrücklich auf diese Gefahr aufmerksam machen müssen.

Die Prozeßakten bringen es einem Chemiker und Sachverständigen für die Beförderung gefährlicher Güter erst richtig zum Bewußtsein, daß sich bei der Schiffahrt das Frachtsortiment verändert hat. Chemische Güter gewinnen gegenüber der „klassischen" Fracht, wie Maschinen, „Kolonialwaren", Holz, Kohle u. a. immer mehr an Boden. So ist der Nautiker oder Schiffer, aber auch der Makler oder Lagerist trotz aller Reglements, wie IMDG-Code oder ADNR, gezwungen, sich noch zu qualifizieren. Sie müssen über chemische Kenntnisse verfügen, um zu verstehen, warum es Zusammenladeverbote gibt. Allerdings sind bei vielen Reedereien gewissenhafte Nautiker mit überraschend guten chemischen und physikalischen Kenntnissen tätig. Ähnliches gilt auch für die Binnenschiffahrt.

Nun ist es gar nicht so einfach, ein Schiff mit Stückgut zu beladen und dabei zu berücksichtigen, daß die Ladekapazität voll ausgenutzt, aber auch nicht unnötige, kostspielige Hafenliegezeit vergeudet wird, weil in oder zwischen den Luken umgestaut werden muß. Und das z. B. nur aus dem Grund, weil beim Anlaufen eines Zweit- oder Dritthafens neue Güter an Bord kommen und die eine oder die andere Chemikalie eine besondere und spezielle Reak-

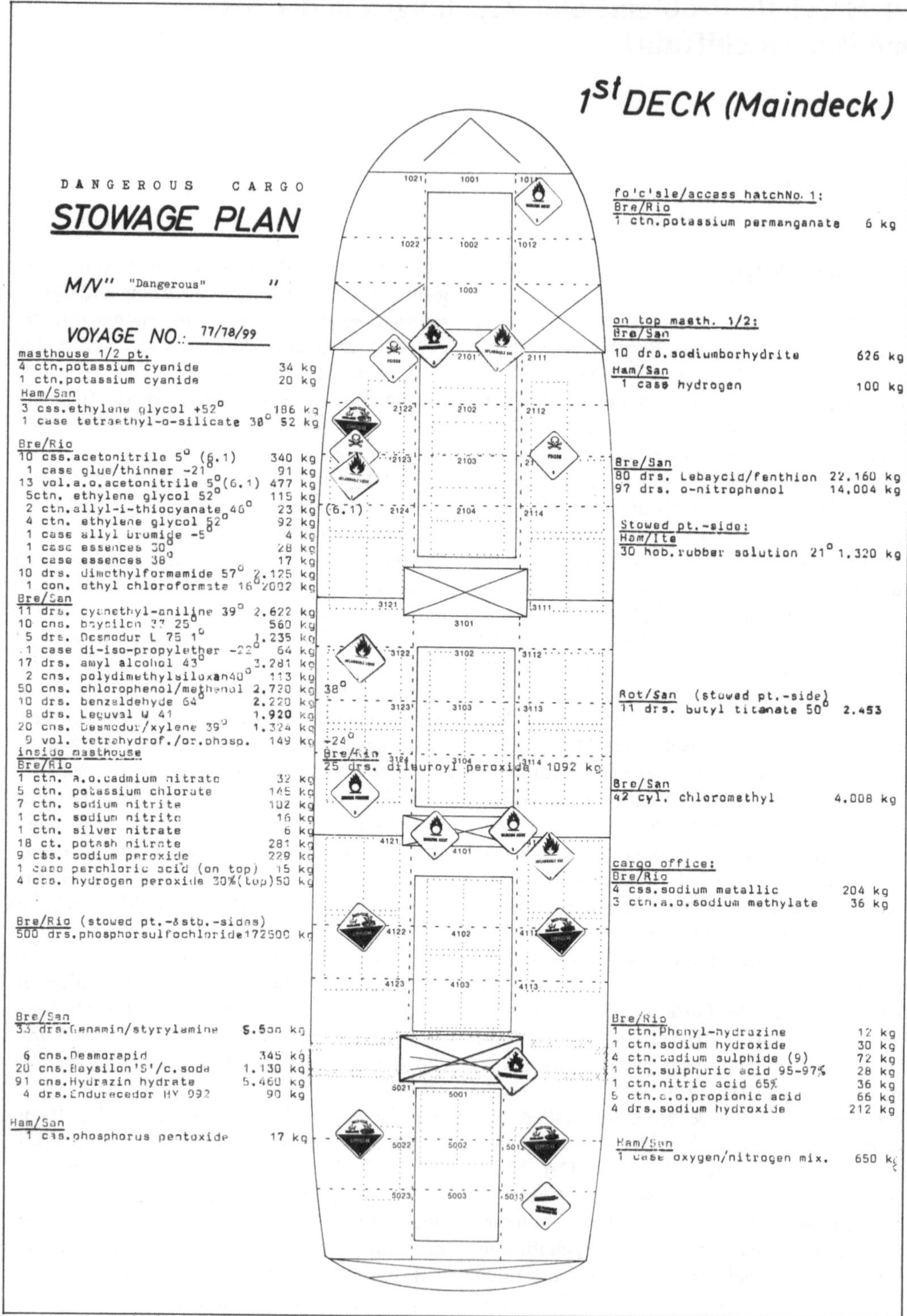

Abb. 86. Stauplan eines Schiffes *(22)*

tionsfähigkeit haben könnte. In den Kapiteln des Teils I wurde versucht, gerade diese letzteren Probleme an eindrucksvollen Beispielen zu erläutern.

Für einige Reedereien ist die Gefahrgutstauung eine Wissenschaft geworden. Mit Musterstauplänen werden durch Fachleute in den Reedereistäben und unter Einsatz moderner Computerverfahren, teilweise in Zusammenarbeit mit den Maklern oder Versendern, nach den Vorschriften des IMDG-Codes und unter Berücksichtigung der Route und der Anlaufhäfen Staupläne für Schiffe erarbeitet, die – erst in einigen Wochen im Heimathafen erwartet und beladen werden. Dabei wird nicht nur die Unterbringung des Gefahrguts berücksichtigt. Auch eine Feuerbekämpfung und persönliche Schutzbekleidung inklusive Atemschutz werden eingeplant.

Für die Staupläne verwendet man Risse (Übersichtszeichnungen, Projektionen) des betreffenden Schiffs und vermerkt für die einzelnen Luken die günstigste Staufolge für die Güter, wobei man zur Gefahrenkennzeichnung z.B. kleine „IMDG-Label" (Abb. 86) benutzt. Hilfreich bei diesen Planungen sind Führer zum IMDG-Code für Stauungen und Zusammenladeverbote. Wertvolle Hinweise geben auch Ausführungen, in denen die Stauung der wichtigsten gefährlichen Güter der verschiedenen Klassen „An Deck und unter Deck" behandelt werden.

Dieses Fracht- und Stausystem ist schon seit der Antike gebräuchlich. In diesem Jahrhundert entwickelte sich durch den zunehmenden Fährverkehr in der Ostsee, dem Kanal oder in Nordamerika, speziell auch für den Verkehr zwischen dem Festland und davor liegenden Inseln, ein Schiffstyp (Abb. 87 u. 88), dessen Transportmethode als „Ro/Ro-Verkehr" bekannt ist. „Ro/Ro" bedeutet in der englischen Terminologie „roll on/roll off" (hinauffahren/ herunterfahren), d.h., der Ladungsumschlag erfolgt nicht mittels Hebezeugen; das Transportgut wird einfach in einer Ebene an Bord gefahren und ebenso gelöscht (entladen). Der *Vorteil* dieses Umschlags ist seine schnelle und rationelle Abwicklung. Damit ist eine relativ geringe Hafenliegezeit der Schiffe gewährleistet. Auch die Hafeneinrichtungen sind weniger kostenaufwendig. Sehr günstig ist dabei die Wetterunabhängigkeit während des Um-

schlags. Als *Nachteil* wirkt sich im Verhältnis zum Transportgut das hohe Eigengewicht und der Platzbedarf der Fahrzeuge aus. Auch der Leerraum über den Fahrzeugen kann im Gegensatz zum Containerverkehr nicht genutzt werden.

Ro/Ro-Schiffe werden in zwei Grundtypen gebaut:

1. Fähren, die rollende Ladung und Fahrgäste auf bestimmten Routen nach einem Fahrplan befördern und
2. (Fähr)-Frachtschiffe, die ausschließlich rollende Ladung und bis zu 25 Fahrgäste bzw. nicht mehr als 1 Fahrgast pro 3 m Schiffslänge befördern und deren Routen und Fahrpläne weniger eng gefaßt sind.

Abschnitt 17 des IMDG-Codes (Abb. 89) gibt die Vorschriften für diesen Schiffstyp, seine Ladung und Umschlagsmethode wieder.

Es ist demnach zu unterscheiden zwischen relativ küstennahen Ro/Ro-Routen und dem Überseeverkehr. Im ersteren Fall mit festen Fahrplänen steht nur eine geringe Zeit für die Ladungssicherung, wie Festzurren oder Aufbocken, zur Verfügung. Dadurch kann sich bei der Hauptladung, wie Lkw's, Lastzügen, Containerfahrzeugen und Straßentankwagen – we-

Abb. 87 Auffahrt auf ein Ro/Ro-Schiff *(22)*

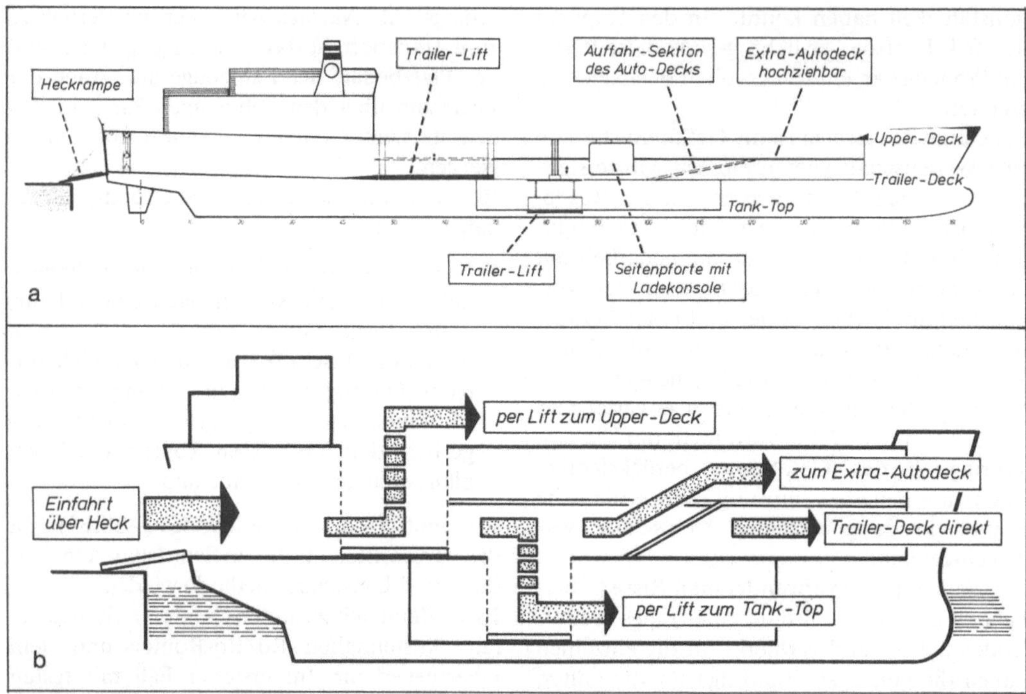

Abb. 88 a, b. Ro/Ro-Schiffe benötigen spezielle Einrichtungen für den Ladungsfluß (Pohl) *(22).* **a** Plan eines 1976 gebauten 2500 tdw Ro/Ro-Schiffes, welches im Mittelmeer eingesetzt ist. An Bord sind Einrichtungen installiert, wie sie von der Zuliefer-Industrie speziell für Ro/Ro-Schiffe entwickelt wurden: Heckrampe, Trailer-Lifte, Extra-Autodeck und Seitenpforten mit Ladekonsolen. **b** Die Pfeile auf dieser zusammengedrängten Zeichnung des Schiffes lassen deutlich erkennen, wie die eingebauten Spezial-Einrichtungen den Ladungsfluß zu den verschiedenen Decksebenen ermöglichen.

niger bei Eisenbahnkesselwagen –, bei starkem Seegang, auf Grund der mechanischen Beanspruchungen, eine gefährliche Situation entwickeln.

Durch die Federung der Straßenfahrzeuge besteht nämlich kein fester Verbund zwischen Ladung und Schiff. Beim Stampfen im schweren Seegang oder bei einer starken Dünung mit daraus resultierenden Rollbewegungen des Schiffes mit Rollwinkeln bis zu 30° in Frequenzen von 15 Sekunden können nicht nur die Fahrzeuge in Bewegung geraten, sondern auch die darauf beförderten Ladungen. Ein Aufschaukeln ist dann nicht mehr beherrschbar und kann zu großen Schäden und sogar zu Schiffsverlusten führen.

Bei Ro/Ro-Frachtschiffen für den Überseeverkehr werden die Güter transportierender Fahrzeuge aufgebockt und festgelascht und deren Ladungen nach dem IMDG-Code seemäßig verstaut.

Besondere Probleme bestehen im sog. Kurz-

strecken-Fährverkehr, wie in der Ostsee zwischen Dänemark, Schweden, Finnland und der Bundesrepublik Deutschland oder im Kanalverkehr, wie zwischen Frankreich oder Belgien und England. Die Verpackungen, Gefahrenkennzeichen oder Zusammenladungsanweisungen sind gemäß dem Landverkehr nach RID und ADR anzuwenden. Diese internationalen Vereinbarungen stimmen aber mit dem IMDG-Code nur teilweise überein. Die Ursache liegt in den verschiedenen Gefahrengraden im Land- und Seeverkehr.

Im küstennahen Verkehr zu den Inseln oder in der westlichen Ostsee mit den relativ kurzen Transportwegen und der die Seefahrt schützenden geographischen Situation sind durch gefährliche Seestürme ähnliche Bedrohungen der Schiffe wie im Überseeverkehr nicht zu erwarten. Eine alle Beteiligten befriedigende Lösung für einen gut frequentierten rationellen Fährverkehr ist das *„Memorandum of Understanding"*, eine Vereinbarung zwischen der Bundes-

Abschnitt 17 IMDG-Code

Internationaler Code für die Beförderung von gefährlichen Gütern mit Seeschiffen

17. Beförderung von gefährlichen Gütern mit ROLL-ON/ROLL-OFF-Schiffen

17.1 Einleitung

17.1.1 Wegen der schiffbaulichen Unterschiede zwischen Roll-on/Roll-off-Schiffen und herkömmlichen Schiffen enthält der Abschnitt unter Ziffer 17 besondere oder zusätzliche Bestimmungen und Empfehlungen hinsichtlich der Beförderung von gefährlichen Gütern auf diesen Schiffen.

17.1.2 Es ist vorgesehen, daß die Bestimmungen des IMCO-Codes bezüglich der Bedingungen für die Beförderung auf herkömmlichen Schiffen auf Roll-on/Roll-off-Schiffe übertragen werden. Bis dahin soll mit den nachstehenden Empfehlungen eine sichere Beförderung auf Roll-on/Roll-off-Schiffen ermöglicht werden.

17.1.3 Passagieren und anderen unbefugten Personen ist das Betreten der Fahrzeugdecks zu verbieten. Ein solches Betreten ist nur unter besonderen Umständen zu gestatten und dann nur in Begleitung eines befugter Besatzungsmitgliedes. Wenn Passagiere oder unbefugte Personen von den Fahrzeugdecks nicht ferngehalten werden können, dürfen keine gefährlichen Güter auf diesen befördert werden.

17.1.4 „Units", die gefährliche Güter enthalten, sollen in jeder Weise für die vorgesehene Reise geeignet sein. Sie sollen äußerlich untersucht sein auf Schäden, Anzeichen von Leckagen oder durchgerieseltem Inhalt. Jeder Behälter, der beschädigt ist, Leckagen aufweist oder sonst durchlässig ist, darf nicht zur Verschiffung angenommen werden.

17.2 Anwendbarkeit

17.2.1 Die Empfehlungen dieses Abschnittes kommen auch zur Anwendung, wenn das Laden und Löschen von gefährlichen Gütern in Fahrzeugen, Anhängern geschieht oder, wenn z.B. Container und andere Behälter mit Gabelstaplern usw. geladen werden.

17.3 Begriffsbestimmungen

17.3.1 Roll-on/Roll-off-Schiffe sind solche, die ein oder mehrere geschlossene oder offene Decks haben, die normalerweise nicht unterteilt sind und im allgemeinen über die ganze Länge des Schiffes laufen und in bzw. auf denen verpackte oder unverpackte Güter in oder auf Schienen oder Straßenfahrzeugen, sonstigen Fahrzeugen (einschl. Tanklastzügen), Anhängern, Containern, Paletten, abnehmbaren oder ortsbeweglichen Tanks oder in bzw. auf ähnliches „Units" oder an deren Behältern in horizontaler Richtung geladen und gelöscht werden können.

17.3.2 Fahrzeuge sind Straßen- oder Schienenfahrzeuge, die aus einem Rahmengestell mit Rädern oder einem Chassies mit Rädern bestehen und gefährliche Güter enthalten und als „Unit" geladen, verstaut und gelöscht werden. Gemeint sind hiermit auch Anhänger und ähnliche transportable „Units"; ausgenommen solche, die nur zum Zwecke der Be- und Entladung verwendet werden.

17.3.3 Container im Sinne dieses Abschnittes sind für die Beförderung gefährlicher Güter abnehmbare Behälter, die auf Straßen- oder Schienenfahrzeugen befördert werden und fest oder zusammenlegbar sind und ein Nettogewicht von mehr als 400 kg haben, ortsbewegliche Tanks, Druckbehälter und jeder Behälter mit einem Inhalt von 450 l und mehr, die von der zuständigen Behörde geprüft und zugelassen sind.

17.3.4 „Unit" ist jedes Fahrzeug, jeder Container, jede Palette, jeder abnehmbare oder ortsbewegliche Tank, oder jeder Behälter, welche bzw. welcher als Einzelstück geladen, verstaut und gelöscht wird.

17.3.5 Eine „Geschlossene Unit" ist ein „Unit", in dem gefährliche Güter vollständig von ausreichend starken Wandungen umgeben sind, wie es bei einem Container bei abnehmbaren oder ortsbeweglichen Tanks und Fahrzeugen der Fall ist. Besondere Bestimmungen im Hinblick auf die Widerstandsfähigkeit einer „Geschlossenen Unit" gegen Feuer und Flüssigkeiten sollen, falls erforderlich, von den jeweils zuständigen Behörden erlassen werden unter Berücksichtigung der Eigenschaften der Stoffe bzw. Gegenstände, die in solchen „Units" befördert werden, wobei auch evtl. Trenn- und Zusammenladevorschriften zu berücksichtigen sind.

17.3.6 Ein „Offenes Fahrzeugdeck" ist ein Deck oder der Teil eines Decks, das durch den Eintritt der Außenluft so durchlüftet wird, daß eine zusätzliche Ventilation für den sicheren Transport nicht erforderlich ist.

17.3.7 Ein „Geschlossenes Fahrzeugdeck" ist ein Deck oder der Teil eines Decks, in das kein freier Eintritt der Außenluft erfolgt, so daß eine Ventilation erforderlich ist.

17.3.8 Ein Wetterdeck im Sinne dieses Abschnittes ist ein Deck, auf dem nach den Begriffsbestimmungen des IMCO-Codes eine „An Deck Verladung" vorgeschrieben ist.

17.3.9 Trennung/Zusammenladung bedeutet eine getrennte Stauweise der gefährlichen Güter von anderen unverträglichen Gütern und von Wohnräumen, Maschinen- bzw. Geräteräumen oder anderen Arbeits- und Betriebsräumen.

17.4 Beschriftung und Kennzeichnung

17.4.1 „Units", die gefährliche Güter enthalten, sollen mit den Kennzeichen (Label) versehen sein, die für die einzelnen Klassen des IMCO-Codes vorgeschrieben sind. Diese Kennzeichen sind an einer gut sichtbaren Stelle an der Außenseite der „Unit" anzubringen.

17.4.2 Die Verschiffungspapiere sollen den Forderungen des Abschnittes 9 in der „Allgemeinen Einleitung" zum Code entsprechen.

17.4.3 Das nach Regel 5(c) Kapitel VII der SOLAS-Konvention von 1960 geforderte Verzeichnis oder Manifest kann auch in der Art eines Stauplanes erstellt werden, der den Stauplatz der „Units", die gefährliche Güter enthalten, ausweist und Angaben über die Bezeichnung der Güter und über die Klassenzugehörigkeit enthält.

17.5 Allgemeine Hinweise

17.5.1 Schotte oder Türen in Öffnungen zwischen dem Fahrzeugdeck und Maschinen-, Geräte- und Wohnräumen sollen so beschaffen sein, daß entzündbare, giftige und andere gefährliche Dämpfe nicht in solche Räume eindringen können. Solche Öffnungen sollen solange geschlossen sein, wie sich gefährliche Ladung an Bord befindet.

17.5.2 Wenn bei der Beförderung von gefährlichen Gütern die Möglichkeit besteht, daß entzündbare Gase freiwerden, müssen die elektrischen Einrichtungen im Fahrzeugdeck den Forderungen der zuständigen Behörde entsprechen und so beschaffen sein, daß die Möglichkeit einer Explosion ausgeschlossen ist.

17.5.3 Für bestimmte gefährliche Güter besteht die Forderung nach einer Verstauung in einem gut belüfteten Raum. Wenn solche Güter in einem geschlossenen Fahrzeugdeck befördert werden, muß dieses gut belüftet werden.

17.5.4 Container oder Spezialfahrzeuge, die zur Einhaltung bestimmter Temperaturen mechanisch betrieben werden, dürfen ihren Kühl- oder Heizbetrieb während der Reise in einem geschlossenen Fahrzeugdeck nur unter den von der zuständigen Behörde erlassenen Bedingungen in Betrieb halten.

Container oder Spezialfahrzeuge, die zur Einhaltung bestimmter Temperaturen elektrisch betrieben werden, dürfen ihren Kühl- oder Heizbetrieb während der Reise in einem geschlossenen Fahrzeugdeck nicht betreiben, wenn die Möglichkeit des Freiwerdens von entzündbaren Dämpfen von Ladung besteht, die in demselben Deck verstaut ist. Die Kühl- oder Heizeinrichtungen der Container oder Spezialfahrzeuge dürfen nur dann betrieben werden, wenn sie von einem zugelassenen Typ sind, die Genehmigung der zuständigen Behörde vorliegt und die Möglichkeit einer Explosion ausgeschlossen ist.

17.5.5 Der Kapitän eines Roll-on/Roll-off-Schiffes, welches gefährliche Güter im Fahrzeugdeck befördert, soll sicherstellen, daß während des Ladens und Löschens und während der Reise regelmäßig von einer geeigneten Person Kontrollen in solchen Decks durchgeführt werden, um das Entstehen einer jeden Gefahr so früh wie möglich zu erkennen.

17.5.6 Leere „Units", die nicht gasfrei sind oder solche, die leere, nicht gasfreie Verpackungen enthalten, sind so zu behandeln, als wären sie noch mit dem gelöschten Ladegut gefüllt.

17.6 Verstauung und Trennung/Zusammenladung

17.6.1 In einem Fahrzeugdeck verstaute „Units" mit gefährlichen Gütern sollen stets zugänglich gestaut sein insbesondere im Hinblick auf eine evtl. Brandbekämpfung.

17.6.2 Ortsbewegliche Tanks mit gefährlichen Flüssigkeiten sollten entsprechend den Forderungen des Abschnittes 13, Ziffern 13.15 und 13.35, verstaut werden.

17.6.3 Die Verstauung und Trennung/Zusammenladung von miteinander unverträglichen Stoffen innerhalb eines Containers oder innerhalb eines Fahrzeuges soll den Forderungen des Abschnittes 12 entsprechen.

17.6.4 Bei der Verstauung von gefährlichen Stoffen in „Units" sollen die Forderungen eingehalten werden, wie sie für diese Stoffe im IMCO-Code aufgeführt sind, mit der Ausnahme, daß die Stoffe der Klasse 3, Unterklasse 3.1 und 3.2 nur unter den von der zuständigen Behörde festgelegten Bedingungen auf offenen oder in geschlossenen Fahrzeugdecks befördert werden dürfen.

17.6.5 Wenn gefährliche Stoffe auf Roll-on/Roll-off-Schiffen nicht in Fahrzeugdecks, sondern in herkömmlichen Laderäumen, Wetterdecks usw. befördert werden, gelten für die Verstauung solcher Stoffe die Bestimmungen des IMCO-Codes, wie sie in den einzelnen Klassen für diese Stoffe festgelegt sind.

17.6.6 Gefährliche Güter, die nur an Deck befördert werden dürfen, sollen nicht in geschlossenen Fahrzeugdecks verladen werden. Eine Verladung auf einem offenen Fahrzeugdeck ist zulässig, wenn die hierfür von der zuständigen Behörde festgelegten Bedingungen für die Trennung/Zusammenladung eingehalten werden.

17.6.7 Für die Trennung/Zusammenladung von gefährlichen Gütern in „Units" gelten im Allgemeinen die im IMCO-Code festgelegten Bedingungen. Können diese Bedingungen nicht erfüllt werden, soll so verfahren werden, wie es unter den Ziffern 17.6.7.1, 17.6.7.2 und 17.6.7.3 angegeben ist.

17.6.7.1 Entfernt von

„Units", die gefährliche Stoffe enthalten, die mit dem Inhalt anderer „Units" unverträglich sind, können mindestens 3 m horizontal voneinander entfernt gestaut werden. Der Platz zwischen solchen „Units" kann mit verträglichen Stoffen oder Gegenständen ausgefüllt werden. Werden jedoch gefährliche Stoffe in geschlossenen „Units" befördert, die von der zuständigen Behörde hierfür für geeignet gehalten werden, ist keine räumliche Trennung erforderlich.

17.6.7.2 Getrennt von

„Units", die gefährliche Stoffe enthalten, die mit dem Inhalt anderer „Units" unverträglich sind, sollen, wenn sie unter Deck verstaut werden, durch ein Schott oder durch ein dazwischenliegendes Deck, das gegen Feuer widerstandsfähig und flüssigkeitsdicht ist, voneinander getrennt werden. Wenn diese Stoffe jedoch in geschlossenen „Units" befördert werden, die von der zuständigen Behörde hierfür für geeignet gehalten werden, können diese im selben Fahrzeugdeck oder in einem Laderaum zusammen geladen werden, wenn sie in horizontaler Richtung wenigstens 12 m voneinander entfernt verstaut werden. Der Platz zwischen solchen „Units" kann mit verträglichen Stoffen oder Gegenständen ausgefüllt werden.

Werden solche „Units" auf dem Wetterdeck verstaut, gilt das unter 17.6.7.1 Gesagte.

17.6.7.3 Getrennt durch eine vollständige Abteilung oder einen vollständigen Laderaum von

„Units", die gefährliche Stoffe enthalten, die mit dem Inhalt anderer „Units" unverträglich sind, sollen, wenn sie unter Deck verstaut werden, entweder horizontal durch zwei Schotte oder vertikal durch zwei dazwischenliegende Decks, die gegen Feuer widerstandsfähig und flüssigkeitsdicht sind, voneinander getrennt werden. Wenn diese Stoffe jedoch in geschlossenen „Units" befördert werden, die von der zuständigen Behörde hierfür für geeignet gehalten werden, sollten diese wenigstens durch ein Schott oder ein Deck, das gegen Feuer widerstandsfähig und flüssigkeitsdicht ist, getrennt werden, wobei in horizontaler Richtung ein räumlicher Abstand von wenigstens 20 m zwischen solchen „Units" einzuhalten ist.

Werden solche „Units" auf dem Wetterdeck verstaut, ist der vorgenannte Abstand von 20 m zwischen solchen „Units" ebenfalls einzuhalten. Für die auf einem angrenzenden Fahrzeugdeck gestaute unverträgliche Ladung gelten die Bestimmungen des vorstehenden Absatzes.

17.6.7.4 In Längsrichtung getrennt durch eine dazwischen liegende vollständige Schottenabteilung von:

„Units", die gefährliche Stoffe enthalten, die mit dem Inhalt anderer „Units" unverträglich sind, sollen, wenn sie unter Deck verstaut werden, durch zwei Schotte, die gegen Feuer widerstandsfähig und flüssigkeitsdicht sind, voneinander getrennt werden. Wenn diese Stoffe jedoch in „Geschlossenen Units" befördert werden, die von der zuständigen Behörde hierfür für geeignet gehalten werden, können diese durch zwei Decks, die gegen Feuer widerstandsfähig und flüssigkeitsdicht sind, getrennt werden, wobei in horizontaler Richtung ein räumlicher Abstand von wenigstens 40 m zwischen solchen „Units" einzuhalten ist.

Werden solche „Units" auf dem Wetterdeck verstaut, soll der horizontale Abstand wenigstens 40 m zwischen solchen „Units" betragen.

Abb. 89. Abschnitt 17 des IMDG-Code

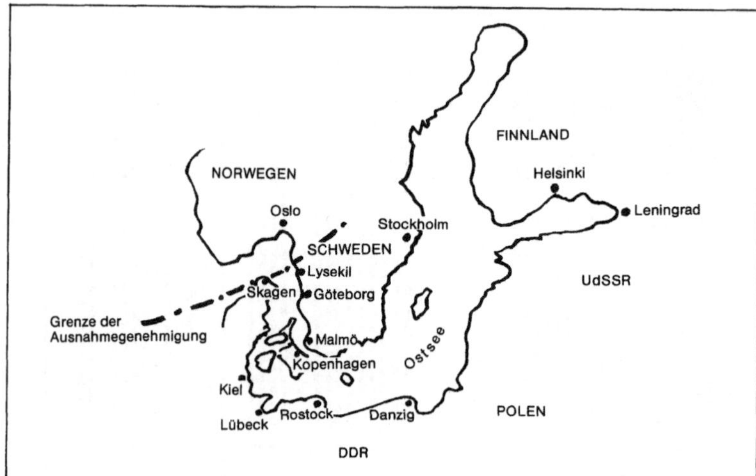

Abb. 90. Der örtliche Geltungsbereich der Genehmigung *(22, 29)*

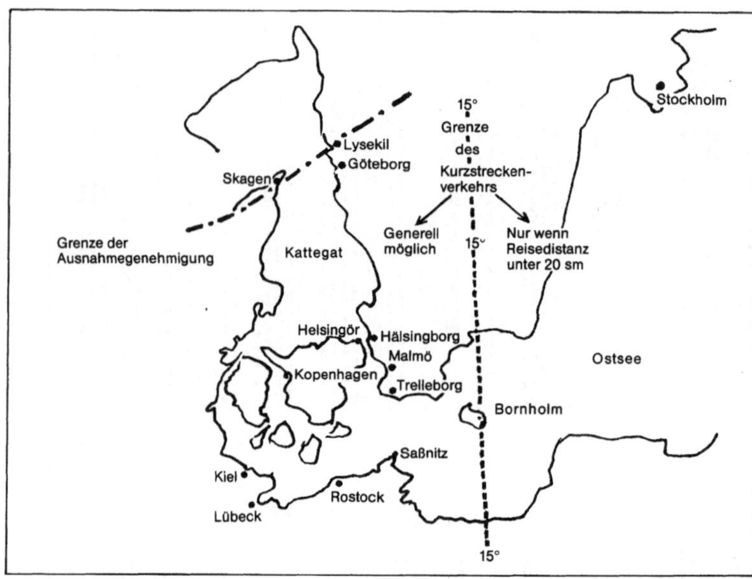

Abb. 91. Außerhalb dieses Bereichs nur östlich von 15° Ost und nur dann, wenn die Reisedistanz höchstens 20 sm beträgt *(22, 29)*

republik Deutschland, Finnland, Schweden und Dänemark.

Für die Bundesrepublik Deutschland ist das Memorandum durch die Ausnahmegenehmigung Nr. See 10/80 vom 23. Sept. 1980 mit Wirkung vom 1. Okt. 1980 in Kraft gesetzt worden. Der volle Wortlaut der Genehmigung einschließlich des Memorandums, das in deutscher und englischer Sprache Bestandteil der Ausnahmegenehmigung ist, wurde im Verkehrsblatt am 31. Okt. 1980 veröffentlicht (Heft 20/1980 s. 720).

Danach ist festgelegt, daß abweichend von § 1 Abs. 5 der GefahrgutVSee gefährliche Güter auf Ro/Ro-Schiffen in der Ostsee bis einschließlich zur Linie Skagen/Lysekil unter den Bedingungen des Memorandums befördert werden dürfen (s. Abb. 90 und 91).

Für den Fährverkehr ab deutsche Häfen ist die GefahrgutVSee anzuwenden (Abschn. 13 und 17 der „Allg. Einleitung"). Für bauliche und technische Ausrüstung und Sicherheitseinrichtungen deutscher Ro/Ro-Schiffe hat der „Germanische Lloyd" die Aufgaben der zuständigen Behörde wahrzunehmen. Dazu gehört auch die Festlegung, welche Decksbereiche für die Beförderung gefährlicher Güter geeignet und welche Bedingungen dazu einzuhalten sind. Das Memorandum gilt für alle Verpakkungs- und Beförderungsmittel des RID und ADR. Allerdings sind die gefährlichen Güter nach dem IMDG-Code zu klassifizieren, bezüglich der Gefahr zu kennzeichnen, zu verpakken und nach Zusammenladeverboten und Trennvorschriften zu stauen. Das Memorandum legt die Anforderungen an die Tankfahrzeuge und Eisenbahnkesselwagen, sowie die Definitionen für die verschiedenen Decksarten auf Ro/Ro-Schiffen fest, die der IMDG-Code nicht enthält.

Erleichterungen gibt es im *Kurzstreckenverkehr* (Abb. 90 u. 91), dessen Bereiche zwischen der Linie Skagen/Lyskil und 15° Ost liegt. Danach gelten für Klassifizierung, Verpackung, Kennzeichnung, Zusammenladung, Dokumentation etc. die Bestimmungen des ADR/RID. Brennbare Flüssigkeiten der Klasse 3, Gefahrengruppe III (Flammpunkt über 61 °C) sind z. B. nur nach RID/ADR ein gefährliches Gut und daher auf Ro/Ro-Schiffen nach den Landbestimmungen zu befördern. Wegen des hohen Sicherheitslevels des RID/ADR dürfen auf Ro/Ro-Schiffen im Kurzstreckenverkehr Zusammenladungen in Fahrzeugeinheiten, wie Waggons, Lastzügen u. a., entsprechend den Landvorschriften transportiert werden. Die Dokumentation erfolgt nach RID/ADR (Beförderungspapiere, Unfallmerkblätter etc.). Im Seegebiet östlich 15° gelten diese Vereinbarungen ebenfalls, wenn die Reisedistanz 20 Seemeilen nicht überschreitet. Die Abb. 92 gibt eine Stauübersicht für Ro/Ro-Schiffe.

Die IMO ist dabei, für andere Seebereiche („Englischer Kanal" u. a.) ähnliche Regelungen im Rahmen des IMDG-Codes zu erarbeiten. Es ist eine bedeutende Entwicklung für eine weitere Harmonisierung entsprechender Vorschriften für land- und seegestützte Verkehrsträger.

Schließlich sei noch auf die Kennzeichnung von Seeschiffen hingewiesen, die bestimmte gefährliche Güter transportieren, wie

a) die der Klassen 1a und 1b von mehr als 100 kg Gesamtmente,

b) Tankschiffe mit Ladungsgütern der Klassen 2 und 3,

c) nicht entgaste Tankschiffe, die nicht inertisiert sind und

d) bestimmte nach § 30 Abs. 1 der Seeschiff-

fahrtstraßen-Ordnung bekanntgemachte Stoffe, bei deren Beförderung besondere Gefahren von den Schiffen ausgehen.

Nach der Seeschiffahrtstraßen-Ordnung (Bekanntmachung der Neufassung vom 9. 8. 1977/ BGBl. I S. 1519) müssen diese Schiffe am Tage mit der Flagge „B" des Internationalen Signalbuches und bei Nacht mit einem roten Rundumlicht gekennzeichnet sein.

14.2 Binnenschiffahrt

Schwere Unfälle durch Schiffsbrände und Explosionen mit Personenverlusten und großen Sachschäden waren Anfang der 70er Jahre die Folge der steigenden Transportvolumina von Chemikalien. Auch Umweltverschmutzungen beim Umschlag zwischen Binnenschiffen und Landanlagen mußten registriert werden.

Deshalb bildete der damalige „Gewerbetechnische Beirat" (GB) des BMV den Arbeitskreis „Harmonisierung der Sicherheitsanforderungen beim Umschlag gefährlicher Güter in der Binnenschiffahrt" mit Fachleuten aus Behörden des Bundes und der Länder, wissenschaftlichen Bundesanstalten, Berufsgenossenschaften, des Germanischen Lloyds, des Schiffahrtsgewerbes, des Schiffbaus, der Verbände der chemischen und der Mineralöl-Industrie, der Zubehörindustrie, der Wasserschutzpolizei, der Feuerwehr und der Häfen. Auch Vertreter aus den Niederlanden und der Schweiz beteiligten sich aktiv als Beobachter und Berater. Der Arbeitskreis konnte außerdem noch Ergebnisse eines CEFIC-Ausschusses (Umschlagseinrichtungen nach den „UN"-Normen) verwerten.

Das Ziel war, auf der Schiffs- wie auf der Landseite Einrichtungen zu schaffen, Maßnahmen zu treffen und Reglementierungen zu erlassen, die den Transport und den Umschlag gefährlicher Güter so sicher gestalten, daß diese nicht frei werden und sich dadurch Unfälle und Umweltverschmutzungen möglichst nicht mehr ereignen können. Die Ergebnisse wurden vom Bundesverkehrsministerium bei der „Zentralen Rheinschiffahrtskommission" (ZKR) in Straßburg und beim ECE in Genf zur Einarbeitung in das ADNR bzw. ADN eingereicht.

Beispiel 1

Frachtschiff

Stauung
Güter der Klassen 2, 4.1 und 8 Stauung „An Deck"
1. IMDG-Code
1.1 Alle Units+) — ausgenommen ortsbewegliche Tanks vom Typ 1, 2, 4 und 5 — dürfen „An Deck" gestaut werden; es sei denn für einzelne Stoffe ist nach den Stoffseiten die Stauung „An Deck" ausdrücklich verboten.
1.2 Alle ortsbeweglichen Tanks vom Typ 1, 2 und 4 dürfen „An Deck" gestaut werden. Für Stoffe der Klasse 4.1 gilt dies nicht, da diese als feste Stoffe nicht in ortsbeweglichen Tanks befördert werden dürfen.
1.3 Alle ortsbeweglichen Tanks vom Typ 5 dürfen „An Deck" gestaut werden. Bei giftigen Gasen unter Beachtung der besonderen Bedingungen der zuständigen Behörde++).
2. Memorandum — kein Kurzstreckenverkehr —
2.1 Alle Units+) — ausgenommen Straßentankfahrzeuge, Eisenbahnkesselwagen und Tankcontainer — wie Nr. 1.1
2.2 Straßentankfahrzeuge, Eisenbahnkesselwagen und Tankcontainer dürfen „An Deck" gestaut werden.
3. Konzipierte Regelung für den Kanalverkehr. Übereinstimmend mit Nr. 2
4. Britischer und deutscher Antrag zu Abschnitt 17 IMDG Änderungen nicht beantragt; im Fortgang der internationalen Verhandlungen jedoch nicht ausgeschlossen.

Trennung
Güter der Klassen 2 (andere als entzündbare Gase) und 4.1 Trennung im gleichen Deck untereinander (1)
Güter der Klassen 4.1 und 8 Trennung im gleichen Deck untereinander (2)
1. IMDG-Code
Zu (1): Es bestehen keine generellen Trennvorschriften, es sei denn für einzelne Stoffe nach den Stoffseiten.
Zu (2): Es ist der Trenngrad 1 „Entfernt von" = 3 m horizontaler Mindestabstand einzuhalten.
2. Memorandum — kein Kurzstreckenverkehr —. Übereinstimmend mit Nr. 1.
3. Konzipierte Regelung für den Kanalverkehr.
Zu (1) und (2): Trennung durch den normalen Abstand z.B. Pufferlänge, Gleisabstand, Abstand zwischen Lastkraftwagen und Anhänger.
4. Britischer und deutscher Antrag zu Abschnitt 17 IMDG-C. Änderungen nicht beantragt.

Keine Trennung für diese Klassen erforderlich!
(Hinweis zur Tabelle in Nr. 15.8.6 der Allgemeinen Einleitung)

Horizontaler Mindestabstand muß eingehalten werden
(Nr. 17.6.7.1 in Verbindung mit Tabelle in Nr. 15.8.6 AE.)

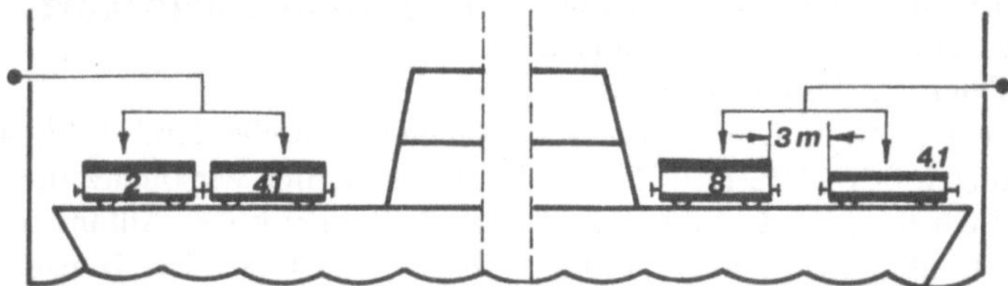

Beispiel 2

Frachtschiff

Stauung
Güter der Klassen 2, 4.1 und 8 Stauung „Unter Deck"
Güter der Klasse 6.1 Stauung „An Deck"
1. IMDG-Code
1.1 Alle Units+) — ausgenommen ortsbewegliche Tanks vom Typ 1, 2, 4 und 5 — dürfen „Unter Deck" gestaut werden; es sei denn für einzelne Stoffe ist nach den Stoffseiten die Stauung „Unter Deck" ausdrücklich verboten.
Güter der Klasse 6.1 dürfen „An Deck" gestaut werden.
1.2 Alle ortsbeweglichen Tanks vom Typ 1, 2 und 4 dürfen „Unter Deck" gestaut werden. Für Stoffe der Klasse 4.1 gilt dies nicht, da diese als feste Stoffe nicht in ortsbeweglichen Tanks befördert werden dürfen.
Güter der Klasse 6.1 dürfen „An Deck" gestaut werden unter Beachtung der besonderen Bedingungen der zuständigen Behörde++)
1.3 Alle ortsbeweglichen Tanks vom Typ 5 dürfen „Unter Deck" wie folgt gestaut werden:
— mit nicht entzündbaren verdichteten Gasen unter Beachtung der besonderen Bedingungen der zuständigen Behörde++)
— mit entzündbaren und giftigen Gasen ist die Stauung „Unter Deck" verboten; es sei denn die zuständige Behörde++) hat Ausnahmen zugelassen.
2. Memorandum — kein Kurzstreckenverkehr —
2.1 Alle Units+) — ausgenommen Straßentankfahrzeuge, Eisenbahnkesselwagen und Tankcontainer — wie Nr. 1.1
2.2 Straßentankfahrzeuge, Eisenbahnkesselwagen und Tankcontainer dürfen „Unter Deck" wie folgt gestaut werden:
— mit nicht brennbaren Gasen (verdichtet, verflüssigt, tiefkalt) und ätzenden Stoffen ohne weiteres.
— bei den übrigen Gasen sowie den entzündbaren festen Stoffen ist die Stauung „Unter Deck" verboten; es sei denn, die zuständige Behörde+++) hat Ausnahmen zugelassen.
3. Konzipierte Regelung für den Kanalverkehr. Übereinstimmend mit Nr. 2
4. Britischer und deutscher Antrag zu Abschnitt 17 IMDG-C Änderungen nicht beantragt; im Fortgang der internationalen Verhandlungen jedoch nicht ausgeschlossen.

Trennung
Güter der Klassen 2 (andere als entzündbare Gase), 4.1 und 8 im gleichen Deck untereinander und Güter der Klasse 6.1 im darüberliegenden Deck.
Trennung übereinstimmend mit Beispiel 1. Es bestehen keine Einschränkungen für die im darüberliegenden Deck verladenen Güter der Klasse 6.1.

Unschädlich für die Trennung zu den im anderen Deck verladenen Gütern.

Keine Trennung für diese Klassen erforderlich! Ggf. jedoch Stoffseiten beachten.

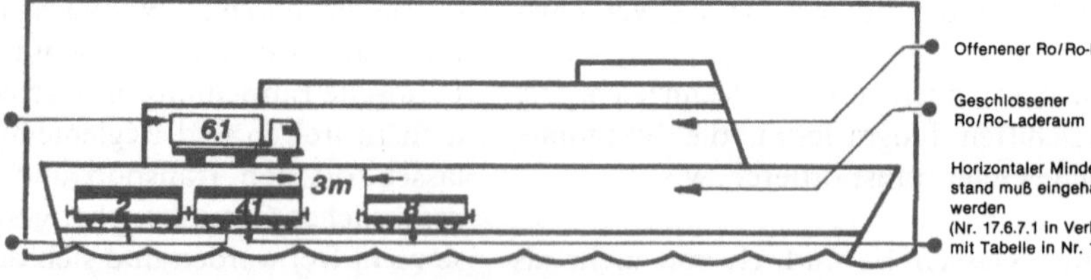

+   ) Umfaßt Schienen- und Straßenfahrzeuge sowie Container mit verpackten und unverpackten gefährlichen Gütern (auch in loser Schüttung).
++   ) In der Bundesrepublik Deutschland die nach Landesrecht zuständige Behörde.
+++) In der Bundesrepublik Deutschland der Germanische Lloyd.

Abb. 92 a. Ro/Ro-Stauübersicht *(22, 29)*

Beispiel 3

Frachtschiff

Stauung
Güter der Klassen 5.1, 5.2 und 8 Stauung „Unter Deck"
Güter der Klasse 8 Stauung „An Deck"
Bemerkung: Für die Klasse 8 wie in den Beispielen 1 + 2 abgehandelt.
1. IMDG-Code
1.1 Alle Units[+]) mit Stoffen der Klasse 5.1 und 5.2 — ausgenommen ortsbewegliche Tanks vom Typ 1, 2, und 4 — dürfen „Unter Deck" gestaut werden, wenn für den einzelnen Stoff auf der Stoffseite die Stauung „Unter Deck" ausdrücklich zugelassen ist.
1.2 Alle ortsbeweglichen Tanks vom Typ 1, 2 und 4 mit Stoffen der Klasse 5.1 dürfen „Unter Deck" gestaut werden unter Beachtung der Bedingungen der zuständigen Behörde[+ +]). Mit Gütern der Klasse 5.2 ist die Stauung „Unter Deck" verboten; es sei denn, die zuständige Behörde[+ +]) hat Ausnahmen zugelassen.
2. Memorandum — kein Kurzstreckenverkehr —
2.1 Alle Units[+]) — ausgenommen Straßentankfahrzeuge, Eisenbahnkesselwagen und Tankcontainer — wie Nr. 1.1
2.2 Straßentankfahrzeuge, Eisenbahnkesselwagen und Tankcontainer dürfen „Unter Deck" wie folgt gestaut werden:
— mit Gütern der Klasse 5.1 mit Genehmigung der zuständigen Behörde[+ + +]).
— mit Gütern der Klasse 5.2 ist die Stauung „Unter Deck" verboten.
3. Konzipierte Regelung für den Kanalverkehr. Übereinstimmend mit Nr. 2
4. Britischer und deutscher Antrag zu Abschnitt 17 IMDG-C Änderungen nicht beantragt; im Fortgang der internationalen Verhandlungen jedoch nicht ausgeschlossen.

Trennung
Güter der Klassen 5.1 und 8 Trennung im gleichen Deck untereinander und Güter der Klasse 8 im darüberliegenden Deck
1. IMDG-Code
Es muß der Trenngrad 2 „Getrennt von" = 12 m horizontaler Mindestabstand eingehalten werden.
Das darüberliegende Deck muß gegen Feuer widerstandsfähig und wasserdicht sein.
2. Memorandum — kein Kurzstreckenverkehr —. Übereinstimmend mit Nr. 1.
3. Konzipierte Regelung für den Kanalverkehr. Trennung durch 12 m horizontalen Abstand oder in Längsrichtung eine zwischenstehende leere oder mit ungefährlichen Gütern beladene Unit von mindestens 9 m Länge.
Für die im darüberliegenden Deck verladenen Güter bestehen keine Anforderungen.
4. Britischer und deutscher Antrag zu Abschnitt 17 IMDG-C. Änderungen nicht beantragt.

Keine Trennung zu den im unteren Deck verladenen Gütern nötig!

Horizontaler Mindestabstand muß eingehalten werden (Nr. 17.6.7.2 in Verbindung mit Tabelle in 15.8.6 AE).

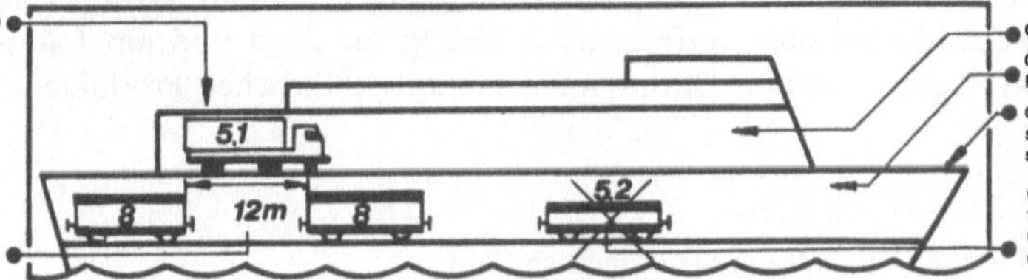

Beispiel 4

Frachtschiff

Stauung
Güter der Klassen 3.3, 8 und 9 Stauung „An Deck"
1. IMDG-Code
1.1 Alle Units[+]) — ausgenommen ortsbewegliche Tanks vom Typ 1, 2 und 4 — dürfen „An Deck" gestaut werden.
1.2 Alle ortsbeweglichen Tanks vom Typ 1, 2 und 4 dürfen „An Deck" gestaut werden.
2. Memorandum — kein Kurzstreckenverkehr —
2.1 Alle Units[+]) — ausgenommen Straßentankfahrzeuge, Eisenbahnkesselwagen und Tankcontainer — wie Nr. 1.1
2.2 Straßentankfahrzeuge, Eisenbahnkesselwagen und Tankcontainer dürfen „An Deck" gestaut werden.
3. Konzipierte Regelung für den Kanalverkehr. Übereinstimmend mit Nr. 2
4. Britischer und deutscher Antrag zu Abschnitt 17 IMDG-C. Änderungen nicht beantragt; im Fortgang der internationalen Verhandlungen jedoch nicht ausgeschlossen.

Trennung
Güter der Klassen 8 und 9 Trennung im gleichen Deck untereinander (1)
Güter der Klassen 3.3 und 8 Trennung im gleichen Deck untereinander (2)
1. IMDG-Code
Zu (1): Es bestehen keine generellen Trennvorschriften, es sei denn für einzelne Stoffe nach den Stoffseiten.
Zu (2): Es ist der Trenngrad 1 „Entfernt von" = 3 m horizontaler Mindestabstand einzuhalten.
2. Memorandum — kein Kurzstreckenverkehr —. Übereinstimmend mit Nr. 1.
3. Konzipierte Regelung für den Kanalverkehr.
Zu (1) und (2): Trennung durch den normalen Abstand z.B. Pufferlänge, Gleisabstand, Abstand zwischen Lastkraftwagen und Anhänger.
4. Britischer und deutscher Antrag zu Abschnitt 17 IMDG-C. Änderungen nicht beantragt.

Keine Trennung für diese Klassen erforderlich! Ggf. jedoch Stoffseiten beachten.

Horizontaler Mindestabstand muß eingehalten werden (Nr. 17.6.7.1 in Verbindung mit Tabelle in Nr. 15.8 6 AE)

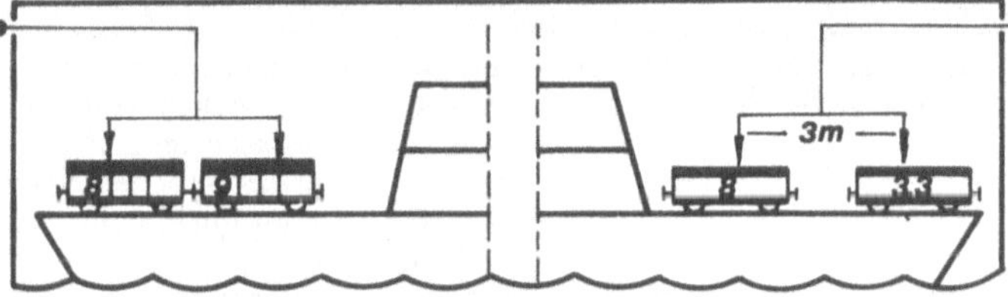

Beispiel 5

Frachtschiff im Kurzstreckenverkehr

Stauung
Güter der Klassen 4.3 des RID/ADR Stauung „An Deck"
Güter der Klasse 2 und 5.2 des RID/ADR „Unter Deck"
1. IMDG-Code
Keine Sonderregelung für den Kurzstreckenverkehr vorgesehen.
2. Memorandum
Alle Fahrzeugarten dürfen „An Deck" gestaut werden. Fahrzeuge mit Gütern der Klasse 2 dürfen „Unter Deck" wie folgt gestaut werden:
— mit nicht brennbaren Gasen ohne weiteres.
— mit tiefgekühlten brennbaren Gasen ist die Stauung „Unter Deck" verboten.

Trennung
Güter der Klassen 2 (brennbare Gase) und 5.2 des RID/ADR Trennung im gleichen Deck untereinander und Güter der Klasse 4.3 im darüberliegenden Deck.
1. IMDG-Code
Keine Sonderregelung für den Kurzstreckenverkehr vorgesehen.
2. Memorandum
Trennung durch 40 m horizontalen Abstand oder in Längsrichtung 4 zwischenstehende leere

Abb. 92 b. Ro/Ro-Stauübersicht (Fortsetzung) *(22, 29)*

Das Ergebnis der Arbeiten war richtungsweisend für die Sicherheit in der Binnenschiffahrt inklusive Umschlag und sah wie folgt aus:

1. Es wurden die „Richtlinien für Anforderungen an Anlagen zum Umschlag gefährdender Flüssigkeiten im Bereich von Wasserstraßen" überarbeitet, in denen Positionen berücksichtigt und eingearbeitet wurden, die Bestandteile weiterer Richtlinien oder Beschlüsse wurden und die nachfolgend erörtert werden sollen.
2. Pos.1 und die neue „Hafenpolizeiverordnung" der Länder, die von einem Länderarbeitskreis unter Mitarbeit des o.a. GB-Arbeitskreises erarbeitet und als Rahmenrichtlinie 1973 verabschiedet wurde, machen es möglich, z.B. brennbare Flüssigkeiten oder verflüssigte Gase unter diesen Bedingungen am Strom, im

Kanal oder im Hafen sicher umzuschlagen. Nichtdiensthabende Besatzungsmitglieder oder Familienangehörige dürfen während des Umschlags nur dann an Bord bleiben, wenn diese und die folgenden Sicherheitsvoraussetzungen gegeben sind.
Die Landseite darf erst dann mit dem Umschlag beginnen, wenn der verantwortliche Schiffer den arbeitssicheren Zustand des Schiffes und seiner Verladeeinrichtungen durch eine ausgefüllte und unterschriebene „Checkliste" bestätigt hat. Die Checkliste ist vom ZKR für alle Rheinanliegerstaaten obligatorisch und in das ADNR eingearbeitet worden (Tabelle 81).
3. Durch „Richtlinien für Sicherheitseinrichtungen an Bord und am Land für den Umschlag gefährlicher Produkte in der Binnen-

Tabelle 81. Check-Liste für Umschlag in der Binnenschiffahrt

Ist ihr Schiff zur Beförderung des Umschlaggutes zugelassen?	Für die Zulassung des Schiffes bedarf es eines Sonderzeugnisses, das an Bord mitzuführen ist.
Haben Sie vom Absender die schriftlichen Weisungen nach Rn 101 185 erhalten?	Hierbei handelt es sich um die sogenannten Unfallmerkblätter nach ADNR, rot-weiße Drucke, in denen genau erklärt wird, was bei einem Unfall mit dem Stoff zu tun ist. Die Eigenschaften der Ware werden genau erklärt, ob ätzend oder nicht oder ob mit Pulver bzw. Wasser gelöscht werden muß.
Ist Ihr Schiff mit Stahlseilen festgemacht?	Hierauf wird deswegen geachtet, weil mit Kunststoff- oder Hanfseilen sehr viel passiert ist. Die Seile sind durch Feuer zerstört worden, die Nylons sind geschmolzen, und die Schiffe sind als brennende Fackeln durch den Hafen getrieben.
Ist das Schiff durch Erdungskabel mit der Rohrleitung an Land elektrisch leitend verbunden?	Alles was sich mit oder durch Flüssigkeit bewegt, unterliegt einer statischen Aufladung. Schiffe oder Tankwagen müssen beim Laden oder Löschen geerdet werden, um die statische Aufladung sofort wieder abzuleiten. Sonst kann es Funkenbildung bei Metallberührung geben.
Sind die schiffsseitig bereitgestellten beweglichen Umschlagleitungen fristgerecht geprüft worden und ohne sichtbaren Schaden?	In den meisten Fällen ist eine schiffsseitige Bereitstellung unüblich. Anderenfalls müssen diese Leitungen natürlich einwandfrei sein.
Sind die beweglichen Umschlagleitungen an Bord einwandfrei angebracht worden und so gehaltert, daß sie durch die üblichen Schiffsbewegungen nicht gefährdet werden können? Das heißt: Sind alle Verbindungsflansche mit geeigneten Dichtungen versehen? Sind alle Verbindungsbolzen eingesetzt und angezogen? Haben die Schläuche genügend Bewegungsspielraum?	Die Normallänge der Schläuche beträgt sechs Meter. Wenn die Gefahr besteht, daß durch den wechselnden Tiefgang beim Umschlagvorgang die eine Schlauchlänge nicht ausreicht und diese an Bordwand oder Reeling abgeklemmt werden könnte, müssen zwei Schläuche angeschlagen werden.

Tabelle 81 (Fortsetzung)

Sind unter den Anschlußstutzen leere Tropfbleche vorhanden?	Das ist eine Umweltschutzmaßnahme, um leckendes Ladegut nicht an Deck oder ins Wasser gelangen zu lassen.
Sind alle unbenutzten Anschlüsse der Lade- und Löschleitungen einwandfrei blindgeflanscht?	Auf jeder Öffnung muß ein Deckel sein. Auch unbenutzte Ventile müssen, obwohl zugedreht, auf der Seite, wo das Verbindungsstück fehlt, mit einem Deckel verschlossen sein.
Sind die abnehmbaren Teile zwischen den Ballast- und Lenzleitungen sowie Lade- und Löschleitungen ausgebaut?	Das hat nur noch Bedeutung für Schiffstypen aus den 50er und 60er Jahren.
Sind alle Schieber bzw. Ventile auf richtige Stellung kontrolliert?	Auch Ventile von Lüftungsleitungen an Filtern und Pumpen müssen kontrolliert werden.
Sind die vorgeschriebenen Feuerlöscheinrichtungen fristgerecht geprüft und einsatzbereit?	Feuerlöscher werden jedes Jahr geprüft und erhalten ein Attest der Prüffirma. Die Löscher müssen an vorgeschriebenen Stellen angebracht und schnell einsatzbereit sein.
Ist die schiffsseitige Überwachung des Umschlags sichergestellt?	Mindestens ein Mann muß an Deck sein für die schiffsseitige Überwachung des Umschlags.
Ist die Verständigung zwischen Schiff und Land sichergestellt?	Eine Kommunikationsbasis zwischen Schiff und Landanlage muß vorhanden sein. Während des Umschlags darf kein Personal zusammenarbeiten, das sich untereinander nicht verständigen kann.
Sind Sie und Ihre Besatzung über die vorhandenen Möglichkeiten der Alarmgebung bei Brand oder Unfall informiert?	Schiffsleitung und Besatzung müssen sich über die Möglichkeiten der Alarmgebung informieren. Man findet die Alarmknöpfe und Sprechanlagen an den Steigern oder am Ladearm selbst.
Wurde die Lade-/Löschleistung mit der Umschlagstelle verabredet?	Wenn eine hohe Pumpgeschwindigkeit beim Laden vorliegt, läuft man Gefahr, daß durch den überhöhten Druck die Leitungen beschädigt werden.
Ist das Rauchverbot angeordnet?	Beim Umschlag bestimmter Produkte muß an Bord striktes Rauchverbot an und unter Deck sowie in den Unterkünften erteilt werden.

schiffahrt", die gemeinsam mit dem CEFIC, den Mineralölverbänden der Rheinanliegerstaaten und den Vertretern der internationalen Binnenschiffahrt erarbeitet wurden, soll ein Höchstmaß an Sicherheit für den Umschlag von Flüssigkeiten und Gasen der Klassen III a, IV a, V und I d des ADNR und des ADN gewährleistet werden. Dadurch wird sichergestellt, daß bei einem Zwischenfall während des Umschlags eine automatische Vorrichtung auf dem Schiff oder an der Landseite ein Ausströmen von Flüssigkeiten oder Gasen verhindert.

Durch einen Knopfdruck oder das Öffnen eines Luftventils des Steuerluftkreises, an dem auch die Förderpumpen angeschlossen sind, wird der Lösch- oder Ladevorgang sofort unterbrochen, die Hauptübergabeventile sowohl land- als auch schiffsseitig geschlossen und die Lade- oder Löschpumpe abgestellt.
Das System ist international unter dem Synonym „UN" genormt. In der „UN 101" wird das System inclusive der Sicherheitsziele und Anforderungen beschrieben; Anhänge behandeln Technik und Konstruktion. So beschreibt Anhang 11 zu UN 101 das Sicherheitssystem

Anlage 9

Beförderung bestimmter feuergefährlicher Güter

Gefährliche Güter des ADNR im Sinne des § 3.14 Nr. 1 und des § 3.32 Nr. 1 sind

1. bei der Beförderung in Versandstücken,

   a) soweit das Bruttohöchstgewicht der auf einem Fahrzeug beförderten Güter 5 Tonnen überschreitet:

   – feuergefährliche Gase F der Klasse I d mit Ausnahme der Gase nach Anlage 10;

   – Güter der Klasse III a, Kategorien Kx, KOs, KOn, K1s, K1n;

   – Güter der Klasse V mit einem Flammpunkt unter 21° C;

   b) soweit das Bruttohöchstgewicht der auf einem Fahrzeug beförderten Güter 25 Tonnen überschreitet:

   – Güter der Klasse III a, Kategorie K2;

   – Güter der Klasse V mit einem Flammpunkt zwischen 21° C und 55° C;

2. bei Tankschiffen

   die in Nummer 1 aufgeführten Güter ohne Gewichtsbegrenzung sowie die gefährlichen Gase, die bei der Beförderung dieser Güter entstanden sind und sich noch in den Tanks befinden.

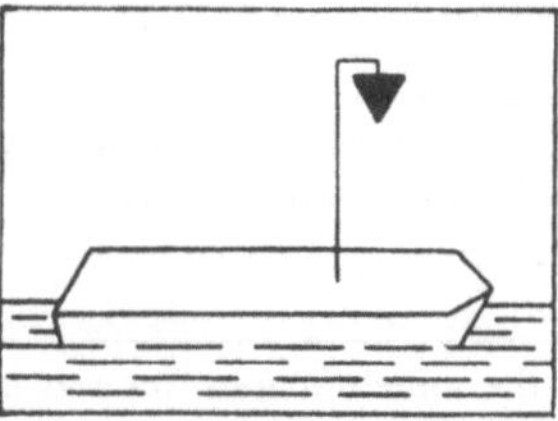

Güter nach Anlage 9
Zusätzliche Bezeichnung:
Ein blauer Kegel mit der Spitze nach unten.

Anlage 10

Beförderung von Ammoniak und anderen gleichgestellten Gütern

Gefährliche Güter des ADNR im Sinne des § 3.14 Nr. 2 und des § 3.32 Nr. 2 sind

1. bei der Beförderung in Versandstücken,

   soweit das Bruttohöchstgewicht der auf einem Fahrzeug beförderten Güter 1 Tonne je Gut oder 5 Tonnen insgesamt überschreitet:

   a) folgende Güter der Klasse I d:

   – Borfluorid und Fluor der Ziffer 3;

   – Güter der Ziffern 5 und 8 a;

   – Chlorwasserstoff der Ziffer 10;

   – Ammoniak der Ziffer 14;

   b) folgende Güter der Klasse IV a:

   – die Güter der Ziffern 1, 2, 3, 4, 5, 11, 12, 13, 14 und 31;

   – Natriumazid der Ziffer 32 a;

   – die Güter der Ziffern 81 a und 81 b;

   – Natriumfluoracetat und Fluoracetamid der Ziffer 81 g;

   c) folgende Güter der Klasse V:

   – die Güter der Ziffern 2 a, 3 a, 6 a, 7, 9 und 14;

2. bei Tankschiffen

   die in Nummer 1 aufgeführten Güter ohne Gewichtsbegrenzung sowie die gefährlichen Gase, die bei der Beförderung dieser Güter entstanden sind und sich noch in den Tanks befinden.

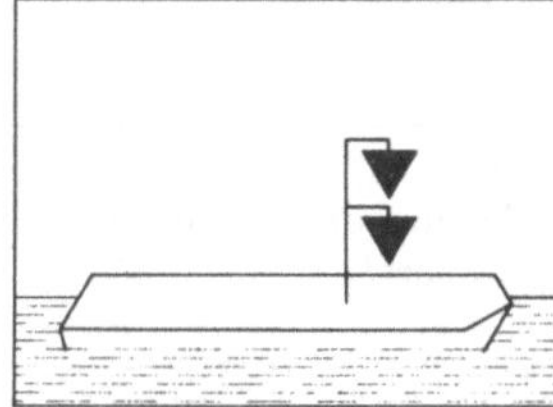

Güter nach Anlage 10
Zusätzliche Bezeichnung:
zwei blaue Kegel mit der Spitze nach unten.

Anlage 11

Beförderung von explosionsgefährlichen Gütern

Gefährliche Güter des ADNR im Sinne des § 3.14 Nr. 3 und des § 3.32 Nr. 3 sind, soweit das Bruttohöchstgewicht der auf einem Fahrzeug beförderten Güter 50 kg je Klasse überschreitet:

– Güter der Klasse I a mit Ausnahme der Güter der Ziffer 15;

– Güter der Klasse I b;

– Güter der Klasse I c mit Ausnahme der Güter der Ziffer 1 a;

– Güter der Klasse VII mit Ausnahme der Güter der Ziffer 99.

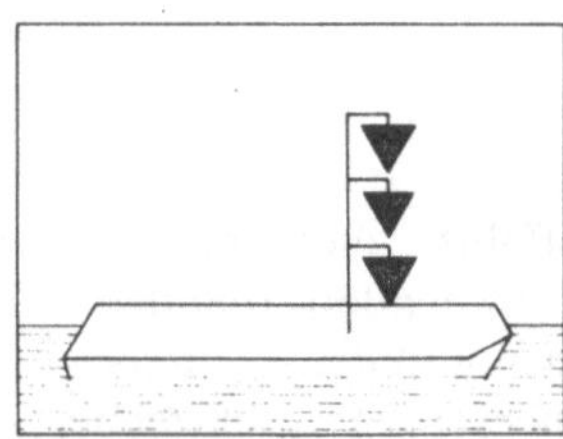

Güter nach Anlage 11
Zusätzliche Bezeichnung:
drei blaue Kegel mit der Spitze nach unten.

Anlagen 9. 10 und 11 zur Binnenschiffahrtsstraßen-Ordnung mit Aufzählung der Stoffe, für die ab bestimmten Mengen eine Kennzeichnung mit blauen Kegeln erforderlich ist.

Abb. 93. Kennzeichnung von Binnenschiffen, die bestimmte gefährliche Güter geladen haben

für flüssige Stoffe, die entweder durch eine Bordpumpe gelöscht oder mit einer Pumpe beladen werden. Anhang 12 zu UN 101 beschreibt die Entleerung von Tankschiffen mittels Druckluft, Anlage 14 das Sicherheitssystem mit Schnelltrennkupplung und Anhang 21 den Umschlag von unter Druck verflüssigten Gasen der Klasse I d des ADNR. Die UN 102 enthält die Maße der land- und schiffsseitigen Anschlußorgane sowie der Umschlag- und Steuerleitungen für Flüssigkeiten der Klassen III a, IV a und V des ADNR; die UN 103 erfaßt verflüssigte Gase der Klasse I d des ADNR. Während in den Anhängen 11, 12 und 14 das pneumatische Steuersystem behandelt wird, beschreibt der Anhang 21 ein elektrisches System für den Umschlag von unter Druck verflüssigten Gasen.

4. Da das Brechen von Umschlagsleitungen meist eine Brandkatastrophe in der Binnenschiffahrt verursachte, wurden „Richtlinien für bewegliche Umschlagsleitungen für gefährliche flüssige Stoffe in der Binnenschiffahrt" erarbeitet. Sie befassen sich mit der Herstellung, Bedienung und Wartung von Schläuchen, Metallschläuchen und Gelenkrohren bzw. sogenannten „Marineladern". Damit soll weitgehend sichergestellt werden, daß diese beweglichen Leitungen, auch bei hohen Scherkräften, beim Umschlag nicht mehr defekt werden.

5. Bezugnehmend auf die Punkte 3 und 4 ist beim Umschlag die Verwendung von Überfüllsicherungen, Kesselfüllstandsanzeigern und speziellen Alarmeinrichtungen wichtig.

6. An Bord befindliche Umschlagsstellen und Wohnräume erforderten Vorschriften über die „Schutzzonen auf dem Binnenschiff".

7. Zur Brandbekämpfung und -Vorbeugung erarbeitete man auch Methoden für eine rationelle und sichere Umschlagsüberwachung im Hafengebiet.

8. Zur Kategorisierung der Binnenschiffahrtstypen wurden von verschiedenen Ländern Vorschläge erarbeitet, die beim ZKR zu einer Typenbereinigung führte.

Ungelöste Probleme sind:

a) Tankentgasung, Tankreinigung und die Beseitigung der wassergefährdenden Reste des Tankinhalts (Umweltschutz!).

b) Mit der Stromversorgung für explosionsgeschützte elektrische Bordgeräte muß sichergestellt werden, daß während des Umschlags brennbarer Flüssigkeiten keine gefährlichen Zündquellen in Betrieb genommen werden können (Heizung, Kühlschrank, Kochgelegenheit). Das würde ein sicheres Verbleiben der dienstfreien Besatzung und der Familienangehörigen des Schiffes an Bord ermöglichen.

Binnenschiffe mußten bisher bei Gefahrguttransporten je nach dem Gefahrengrad rote oder blaue Kegel führen. Mit der Neufassung der *„Binnenschiffahrtstraßen-Ordnung"* vom 23. 6. 1981 (BGBl. I Nr. 22) entfällt diese Vorschrift, da man bei schlechter Sicht die rote und blaue Farbe nicht immer unterscheiden konnte. Nach der Neufassung müssen je nach Beförderungsgut bis zu drei Kegel geführt werden (s. Abb. 93).

15. Beförderung radioaktiver Stoffe

Die „International Atomic Energy Agency" (IAEA) = Internationale Atom-Energie-Behörde in Wien gibt seit 1973 die *Regulations for the Safe Transport for Radioactive Materials* (1973 Revised Edition (As Amended)) heraus (s. Kap. 12 c). Diesen „Vorschriften über die sichere Beförderung radioaktiver Materialien (1973 revidierte Ausgabe, berichtigt) folgten 1973 und 1977 weitere revidierte Ausgaben, die nächste wird 1984/85 herauskommen.

15.1 Physikalische Grundlagen[1]

Radioaktive Stoffe senden energiereiche Strahlen aus. Die Ursache liegt in der Größe und Zusammensetzung der *Atome* (Abb. 94). Sie

---

1 Vereinfachte Darstellung

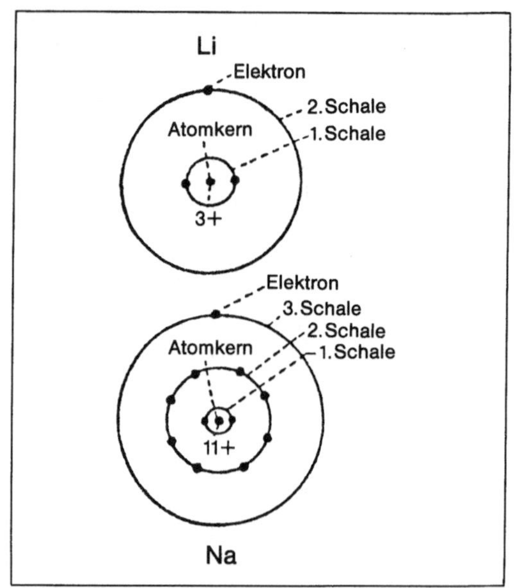

Abb. 94. Atomaufbau-Schema

sind der kleinste Teil eines chemischen Grundstoffs (Element), das ohne Verlust seiner chemischen Eigenschaften nicht weiter geteilt werden kann. Es besteht aus einem *Kern* und der ihm umgebenden, im Umfang viel größeren, aber wesentlich leichteren *Hülle aus Elektronen,* die die chemischen Eigenschaften bestimmen. Der *Kern* besteht u. a. aus elektrisch *positiv geladenen Protonen* und *elektrisch neutralen Neutronen* mit einer annähernd gleichen, jedoch viel größeren Masse als die *negativ geladenen Elektronen.* Da das Atom elektrisch neutral ist, enthält es die gleiche Anzahl Protonen und Elektronen. Die Summe der *Kernbausteine* (Protonen und Neutronen) ergibt die *Massenzahl,* die dem Atomgewicht entspricht. Atome mit gleicher Anzahl Protonen und verschiedener Anzahl Neutronen haben gleiche chemische Eigenschaften, aber verschiedene Massenzahlen bzw. Atomgewichte. Sie werden als *Isotope* bezeichnet.

Ein Beispiel ist *Uran.* Es besteht aus Isotopen mit dem Atomgewicht 234 (0,006%), 235 (0,720%) und 238 (99,274%). Das ^{235}Uran ist der „Brennstoff" von Kernreaktoren. Atome mit hohen *Kernladungszahlen* (Summe der Kernbausteine), damit einer Anhäufung von vielen Protonen und Neutronen, machen den Kern instabil. Dadurch zerfallen die Kerne und schleudern „Urbausteine (auch *„Elementarteilchen")* heraus. Damit werden die den Protonen entsprechenden Elektronen frei. Alle Teilchen erreichen dabei eine so hohe Geschwindigkeit, daß bei diesem radioaktiven Zerfall energiereiche Strahlen *(Korpuskularstrahlen)* entstehen:

α-*Strahlen:* doppelt positiv geladene Heliumkerne,
β-*Strahlen:* negativ geladene Elektronen und
γ-*Strahlen:* Röntgenstrahlen sehr kleiner Wellenlänge.

Künstliche Isotope entstehen durch Neutronenstrahlung. Das Neutron ist elektrisch neutral und dadurch von großer Durchdringungskraft. Es kann nur durch einen Atomkern eingefangen werden. Die Folge ist eine Kernumwandlung mit der Möglichkeit eines weiteren Kernzerfalls. Dadurch sind die Neutronenstrahlen für den Menschen höchst gefährlich.

Die kinetische Energie[2] der Teilchen ist von der Masse abhängig. So besitzen die

α-Strahlen Energien von durchschnittlich 6 MeV[2] (Energie eines Protons nach Durchlaufen einer Spannungsdifferenz von 6 Mio Volt)

β-Strahlen eine Energie von durchschnittlich 1 MeV

γ-Strahlen eine ungefähr gleiche Energie wie *β*-Strahlen

Neutronen-Strahlen eine Energie von 0,4 eV bis 11 MeV (s. Tabelle 82).

Tabelle 82. Neutronenflußdichten, die als Äquivalent einer Dosisleistung von 1 mrem/h anzusehen sind

Neutronenenergie	Äquivalente Flußdichte für 1 mrem/h (Neutronen/$cm^2 \times s$)
Thermisch	268
5 keV	228
20 keV	112
100 keV	32
500 keV	12
1 MeV	7,2
5 MeV	7,2
10 MeV	6,8

Bem.: Die Flußdichten für Energien zwischen den oben genannten Werten ergeben sich durch lineare Interpolation

Die Neutronen haben die Eigenschaft, daß bei ihrem Durchgang durch die Materie bei sinkender Geschwindigkeit der absorbierende Querschnitt (Tabelle 82), d.h. die Wechselwirkung mit den Atomkernen, steigt; eine schädi-

gende Wirkung der Strahlen wird z.B. durch Abschirmung in Cadmium, Gadolinium oder Bor, aber auch Wasser oder Paraffin, herabgesetzt.

Gegenüber der enormen Energie der radioaktiven Strahlen beträgt die thermische Energie der Atome eines *weißglühenden Körpers* weniger als 0,5 eV und die bei der Vereinigung von Wasserstoff und Sauerstoff zu Wasser in der Knallgasexplosion freiwerdende Energie weniger als 3 eV je Molekül Wasser.

Die Reichweiten dieser gefährlichen Strahlen und ihre Abschirmung sind:

α-Strahlen werden von der Materie rasch abgebremst, haben eine kurze Reichweite (etwa 0,1 mm in Aluminium, einige cm in Luft) und durchdringen eine normale Verpackung nicht.

β-Strahlen haben eine größere Reichweite und können durch eine geringe Bleischicht abgeschirmt werden.

γ-Strahlen haben eine relativ große Reichweite. Die Materialdicke, die die Strahlung auf die Hälfte abklingen läßt, die *Halbwertschicht*, kann in Luft viele Meter, in Materialien mit hohem spezifischen Gewicht, wie Blei, etwa 1,3 cm betragen.

Für den sicheren Umgang mit diesem Gefahrgut bedarf es der Strahlenkontrolle mit Maßeinheiten bzw. Definitionen. Radioaktive Stoffe, auch als *Radionuklide* bezeichnet, werden mit ihrem *Atomgewicht* gekennzeichnet, wie ^{60}Co = Cobalt-60; ^{85}Kr = Krypton-85 oder ^{235}Uran = Uran-235.

Die gefährliche Strahlung eines radioaktiven Stoffes setzt eine Kernreaktion voraus, die *Aktivität*. Diese ist von der Menge des Radionuklids und damit von der Zahl der Atomkerne abhängig, die in einer Sekunde zerfallen. Erfolgt das 37000 Mio mal (3,7 × 10^{10}), so ist das die *Aktivität* von 1 Ci *(Curie)*. 1 *mCi* (Millicurie) = 1/1000 Ci und 1 *μCi* (Mikrocurie) = 1/1000000 Ci. Ab 1986 ist nur noch die Maßeinheit *Becquerel (Bq)* gültig. 1 Ci = 37 GBq (Gigabecquerel) = 37000000000 Bq.

Der Umgang mit radioaktiven Stoffen kann zu einer *Strahlengefährdung* und zu einer *Strahlenbelastung* führen. Diese ist wieder von der *Dosis* abhängig, die z.B. vom menschlichen *Körper aufgenommen* werden kann. In diesem Fall spricht man von der *Äquivalentdosis*, dem Produkt aus *Energiedosis* (1 Gray bzw. Rad) und einem Bewertungsfaktor der Dimension 1,

---

2 *1 eV* ist die *Energie eines Elektrons,* das die *Spannung* von *1 Volt* durchlaufen hat. *1 eV* (Elektronenvolt) = *96 490 Joule;* 1 Mio eV = 10^6 eV = 1 MeV (Megaelektronenvolt)

dem *Sievert (SV)*, neben dem bis Ende 1985 noch die Einheit *1 rem (röntgen equivalent men)* = 1/100 *J/kg* bzw. 1/1 000 rem = 1 *Millirem (mrem)* verwendet werden kann.

Die *Energiedosis* ist ein Maß für die *absorbierte Energie*, d. h. die durch eine ionisierende Strahlung übertragene Energie von 1 Joule auf eine homogene Materie der Masse 1 kg. Die Einheit ist *1 Gray (Gy)*. Die bis Ende 1985 gültige Einheit *1 Rad* (radiation absorbed dosis) ist 1/ 100 Gy oder 1 *Zentigray (cGy)*.

Eine andere Maßeinheit ist die *Ionendosis*, die Bestrahlungsdosis einer beliebigen ionisierenden Strahlung. Es ist das *Coulomb pro kg (C/kg)*, bis Ende 1985 noch das *Röntgen (R)*: 1 R = 258 C/kg.

Wichtig für die Beförderung des Gefahrguts ist die *Ionendosisleistung*, die innerhalb eines bestimmten Zeitintervalls *absorbierte Strahlungsdosis: 1 Sievert pro Sekunde (Sv/s)* und bis Ende 1985 *1 Milliröntgen pro Stunde* (mR/h).

Die Dosisleistung kann mit einem Dosisleistungsmeßgerät, das bei genehmigungspflichtigen Transporten immer mitgeführt werden sollte, bei einfacher Handhabung sofort gemessen werden. In diesem Zusammenhang ist auch das Äquivalent der Dosisleistung zur Neutronenflußdichte von Bedeutung (s. Tabelle 82).

Die *Strahlengefährdung* besteht durch eine

a) *Bestrahlung von außen*, wenn sich die Strahlenquelle außerhalb des menschlichen Körpers befindet; sie ist abhängig von der Entfernung, der zeitlichen Belastung und der Abschirmung zwischen Strahlenquelle und Mensch,

b) *Kontamination*, die durch eine Verunreinigung (Körper, Kleidung, Gegenstände) durch Radionuklide hervorgerufen wird und

c) *Inkorporation*, einer körperlichen Aufnahme dieser Stoffe mit Atemluft, Nahrung, Wunden oder Hautresorption.

Die Strahlenbelastung darf die von der *Internationalen Kommission für Strahlenschutz* für Einzelpersonen festgelegte *Jahreshöchstdosis* von 0,5 rem nicht überschreiten.

Die schädliche Strahleneinwirkung dauert an bis zum völligen Abklingen der Aktivität, d. h. dem totalen Ausscheiden des radioaktiven Stoffs aus dem Körper. Körperorgane sind unterschiedlich strahlenempfindlich, besonders

Blut, blutbildende Organe, Geschlechtszellen und Dünndarm. Sehr bedenklich ist die unbeabsichtigte, unkontrollierte Aufnahme radioaktiver Substanzen in den Körper. Krankheitserscheinungen bei akuter Strahlenkrankheit sind Blutbildungsstörungen, Magen-Darm-Störungen und Infektionen wegen mangelnder Abwehrschwäche.

Beachtenswert ist auch bei radioaktiven Stoffen hoher Aktivität, daß sie bei Nichteinhaltung der verpackungstechnischen Vorschriften einen Wärmestau und bei speziellen nuklearen Stoffen durch einen Neutronenüberschuß einen kritischen Zustand („zunehmende Spaltrate = Spaltungen pro Zeiteinheit") hervorrufen könnten (Kritikalität = engl.: criticality).

15.2 Beförderung radioaktiver Stoffe

Bei der Konfrontation mit dieser neuen und im Umgang gefährlichen Technik mußte auch eine neue Beförderungsphilosophie entwickelt werden. Der Transport brennbarer Flüssigkeiten, wie Erdölprodukte, hatte den Vorteil, sich über einen relativ langen Zeitraum hinweg vom Transportbehälter „Eichenfaß" bis zu den verschiedenen Tankwagentypen entwickeln zu können. Wenn heute weltweit Gesetzgeber nach einer ähnlich kurzen zeitlichen Erfahrung, wie mit radioaktiven Stoffen, Benzintankwagen-Konstruktionen genehmigen müßten, so würde demgegenüber daraus wahrscheinlich ein Druckbehälter entstehen. Der eingeschlagene Weg der Beförderung der Radionuklide bewirkte aber, daß bei Nukleartransporten weltweit noch kein Gefahrgut freigesetzt wurde.

Die weltweit harmonisierten Beförderungsbestimmungen führten zu einer einheitlichen Transportklasse, der *Klasse 7*. In ihr sind u. a. Verpackungen, Transportkontrollen, Transportkennzahlen (Transport index), Gefahrenkennzeichen und Schutz der Beförderer von Isotopen geregelt. Es gibt *Nukleare Sicherheitsklassen* (General Provisions for Nuclear Safety) und *Verpackungs-Kategorien* (Categories of Packages and Containers). Danach werden die Versandstücke mit radioaktiven Stoffen je nach

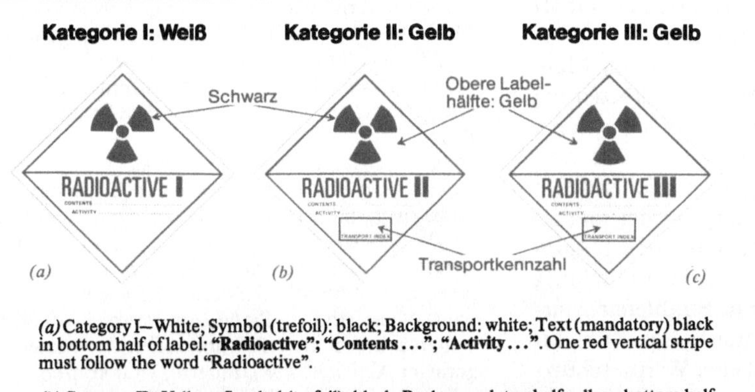

(a) Category I—White; Symbol (trefoil): black; Background: white; Text (mandatory) black in bottom half of label: **"Radioactive"**; **"Contents ... "**; **"Activity ... "**. One red vertical stripe must follow the word "Radioactive".

(b) Category II—Yellow; Symbol (trefoil): black; Background: top half yellow, bottom half white; Text (mandatory) black in bottom half of label: **"Radioactive"**; **"Contents"** ... "; "**Activity ... **"; in a black outlined box— **"Transport Index"**. Two red vertical stripes must follow the word "Radioactive".

(c) Category III—Yellow; Symbol (trefoil): black; Background: top half yellow, bottom half white; Text (mandatory) black in bottom half of label: **"Radioactive"**; **"Contents"** ... "; "**Activity ... **"; in a black outlined box—**"Transport Index"**. Three red vertical stripes must follow the word "Radioactive".

Abb. 95. Gefahrenzettel für Klasse 7 (Radioaktive Stoffe)

der Stärke der Aktivität in 3 Sicherheitsklassen eingeteilt:

I: Versandstücke, die unter allen vorhersehbaren Transportumständen in jeder Zahl und Anordnung nuklear sicher sind.

II: Versandstücke, die unter allen vorhersehbaren Transportumständen in beschränkter Zahl und in jeder beliebigen Anordnung nuklear sicher sind.

III: Versandstücke, die nur unter besonderen Voraussetzungen nuklear sicher sind.

Die entsprechenden Gefahrzettel bzw. Kennzeichen gibt Abb. 95 wieder:

Die Versandstücke sind nach Strahlungsdosisleistung in eine der folgenden Kategorien einzuordnen (s. Tabelle 83):

Versandstücke und Container, deren Inhalt den nuklearen Sicherheitsklassen II und III bzw. den Verpackungskategorien II-GELB oder III-GELB zuzuordnen sind, müssen mit einer *Transportkennzahl* gekennzeichnet werden. Sie ist

a) die Zahl, die die höchste Dosisleistung in mrem/h in Abstand von 1 m von der Außenfläche des Versandstücks ausdrückt oder

b) die Zahl, die die höchste Dosisleistung nach a) ausdrückt oder die sich ergibt, wenn 50 durch die zulässige Anzahl der Versandstücke geteilt wird.

Die Behälter sind an zwei gegenüberliegenden Seiten mit den entsprechenden *Gefahrzetteln* zu versehen, in deren unteren Hälfte der Inhalt,

Tabelle 83. Maximale Strahlungsdosisrate

Kategorie	An der Oberfläche	In 1 m Abstand von der Oberfläche	Transportkennzahl		Versandstück in Container
			Versandstück	Container	
I-WEISS	0,5 mrem/h	—	—	—	nur Kat. I
II-GELB	50 mrem/h	1 mrem/h	1	1	Kat. I u. II
III-GELB	200 mrem/h	10 mrem/h	10	über 1	Kat. III oder Sondervereinb.

die Aktivität und bei den Kategorien II und III die Transportkennzahl einzutragen ist.

Zur Vermeidung einer Gefährdung von Menschen und Umwelt muß für die Beförderung radioaktiver Stoffe eine entsprechende sichere, *baumustergeprüfte Verpackung* eingesetzt werden. Sie muß das Gefahrgut ausreichend fest umschließen, sie kann aus einem oder mehreren Gefäßen bestehen und muß einen saugfähigen Stoff, Einrichtungen für die Einhaltung des Sicherheitsabstandes, eine Strahlenabschirmung, bei hochaktivem Material eine Kühleinrichtung, Stoßdämpfer und eine Wärmeschutzeinrichtung enthalten.

Zur Vermeidung jeglichen Risikos sind für die verschiedenen radioaktiven Stoffe entsprechende Behälter vorgeschrieben:

1. *Handelsübliche Verpackung,* die unter normalen Transportbedingungen das Entweichen radioakti-

ver Stoffe verhindert. Dieser Verpackungstyp kann für freigestellte Stoffe und für *Stoffe mit geringer spezifischer Aktivität* (*LSA* = Low specific activity material), wie Uhren mit Leuchtziffern und -Zahlen oder Uranerze oder -Konzentrate benutzt werden.

2. *Widerstandsfähige Industrieverpackung* ist ein relativ einfacher Behältertyp, der jeden Verlust des Inhalts zu verhindern hat und der für *radioaktive Stoffe in fixierter Form* (*LLS* = Low-level solid radioactive material), wie unlösliche, feste Stoffe (verdichteter Abfall; aktivierte Stoffe etc.) benutzt wird. Meist sind es *Stahlfässer* unterschiedlicher Bauart mit bestimmten Wandstärken für Material geringer Aktivität, wie Uranerze, Urankonzentrate oder schwach radioaktiven Abfall aus Kernkraftwerken zur Endlagerung.

3. *Typ A-Verpackung* muß so beschaffen sein, daß sie außer den normalen Beförderungsbedingungen einer *rauhen Behandlung* und *Transportzwischenfällen* so standhält, daß kein Gefahrgut nach außen gelangen kann. Sie muß einen *Falltest von 1,20 m*

Tabelle 84. A_1- und A_2-Werte für Radionuklide

Symbol des Radionuklids	Element und Ordnungszahl	A_1 (Cl)	A_2 (Cl)	Spezifische Aktivität (Cl/g)
^{227}Ac	Actinium (89)	1000	0,003	$7,2 \cdot 10$
^{228}Ac		10	4	$2,2 \cdot 10^6$
^{241}Am	Americium (95)	8	0,008	3,2
^{243}Am		8	0,008	$1,9 \cdot 10^{-1}$
^{131}Ba	Barium (56)	40	40	$8,7 \cdot 10^4$
^{133}Ba		40	10	$4,0 \cdot 10^2$
^{140}Ba		20	20	$7,3 \cdot 10^4$
^{7}Be	Beryllium (4)	300	300	$3,5 \cdot 10^5$
^{206}Bi	Wismut (83)	5	5	$9,9 \cdot 10^4$
^{207}Bi		10	10	$2,16 \cdot 10^2$
^{210}Bi (RaE)		100	4	$1,2 \cdot 10^5$
^{212}Bi		6	6	$1,5 \cdot 10^7$
^{249}Bk	Berkelium (97)	1000	1	$1,8 \cdot 10^3$
^{82}Br	Brom (35)	6	6	$1,1 \cdot 10^6$
^{14}C	Kohlenstoff (6)	1000	100	4,6
^{45}Ca	Calcium (20)	1000	40	$1,9 \cdot 10^4$
^{47}Ca		20	20	$5,9 \cdot 10^5$
^{109}Cd	Cadmium (48)	1000	70	$2,6 \cdot 10^3$
^{249}Cf	Californium (98)	2	0,002	3,1
^{250}Cf		7	0,007	$1,3 \cdot 10^2$
^{252}Cf		2	0,009	$6,5 \cdot 10^2$
^{242}Cm	Curium (96)	200	0,2	$3,3 \cdot 10^3$
^{243}Cm		9	0,009	$4,2 \cdot 10$
^{244}Cm		10	0,01	$8,2 \cdot 10$
^{245}Cm		6	0,006	$1,0 \cdot 10^{-1}$
^{246}Cm		6	0,006	$3,6 \cdot 10^{-1}$
^{56}Co	Kobalt (27)	5	5	$3,0 \cdot 10^4$
^{57}Co		90	90	$8,5 \cdot 10^3$
^{58}Co^m		1000	1000	$5,9 \cdot 10^6$
^{58}Co		20	20	$3,1 \cdot 10^4$
^{60}Co		7	7	$1,1 \cdot 10^3$

Abb. 96. Typ B-Verpakkung *(25)*

Höhe bestehen und das *Eindringen eines Stahldorn in die Gefäßwand verhindern.* Der Hersteller kann sie ohne Genehmigung konstruieren und verantwortlich testen. In ihr darf Material der Aktivitäten A_1 und $A_2{}^3$ befördert werden (Tabelle 84).

4. *Typ B(U)-Verpackung* muß besonders rauhen, auch unnormalen Transportbedingungen ohne jeglichen Verlust des Inhalts widerstehen. Da die Verpackungen nach festgelegten Kriterien für Konstruktion und *dichte Umschließung* gebaut sein müssen (Abb. 96), bedürfen sie lediglich *unilateraler Genehmigung* (zuständige Behörde des Ursprungslandes). Es werden auch die Verpackungsart und die Stauung, soweit sie für die *Wärmeableitung* notwendig ist, vorgeschrieben. Die Aktivität ist größer als A_1 und A_2 und wird begrenzt durch die von der zuständigen Behörde erteilten Zulassung. Zu den Prüftests gehören: ein Fall aus *9 m Höhe* (Abb. 97) auf eine unnachgiebige Oberfläche mit der schwächsten Stelle des Behälters, ein *Fall aus 1,20 m Höhe auf einen Stahldorn* (Abb. 98), ein halbstündiger *Hitzetest bei 800°C* und *Wassereintauch- und -besprühungs-Versuche.* Nach diesen Prüfungen muß der Behälter noch dicht sein. Er widersteht auch einem Fall aus 200 m Höhe (Abb. 99).

5. *Typ B(M)-Verpackung* entspricht mit der Ausnahme der Typ B(U)-Verpackung, daß die Bauart einem oder mehreren der *spezifischen zusätzlichen Konstruktionskriterien* nicht entspricht und somit *multilateraler Genehmigung* des Baumusters (zu-

ständige Behörden aller Länder, die von der Sendung berührt werden) und unter gewissen Umständen auch zusätzliche Beförderungsbedingungen erfordern. Wie bei Typ B(U)-Verpackung ist die Aktivität des Inhalts größer als A_1 und A_2.

Für die Beförderung muß also jeder Stoff mit einer *spezifischen Aktivität von mehr als 0,002 μCi je Gramm* als radioaktiver Stoff behandelt, deklariert und verpackt werden. Die Verpackung ist dazu bestimmt:

a) den Stoff sicher zu umschließen;

b) als Abschirmung zu dienen, um die Strahlung auf einen zulässigen Pegel herabzusetzen;

c) die Kritikalität zu verhindern;

d) die Wärmeabgabe zu fördern.

Die Beförderung solchen Gefahrgutes beginnt im nuklearen Kreislauf bei der Gewinnung der uranhaltigen Erze. Wegen der geringen Konzentration des strahlenden bzw. radioaktiven Anteils sind für den Umgang mit diesem Transportgut meist keine speziellen Sicherheitsvorschriften notwendig. Ähnlich ist es bei der Behandlung der aufbereiteten Erze, die als Urankonzentrat von der Hütte zur *Konversionsanlage* befördert werden. In einer Konversionsanlage wird in einem Reaktor, auch Konverter genannt, ein Teil normal nicht spaltbaren Materials, wie U-238 oder Th-232, in spaltbares umgewandelt („Konversion").

Für diesen Zweck benutzt man die *Widerstandsfähige Industrieverpackung.* Wichtig für den Vorbereitungsprozeß zur Herstellung der „Brennstäbe" ist das *Uranhexafluorid.* Die da-

---

3 A_1 und A_2: A_1 ist die höchste Aktivität eines radioaktiven Stoffes in besonderer Form, der für eine Typ A-Verpackung zugelassen ist. – A_2 ist die höchste Aktivität eines radioaktiven Stoffes, außer solchen in besonderer Form, der für eine Typ A-Verpackung zugelassen ist. Die Werte sind in einer Tabelle der IAEA-Regulations angegeben (auszugsweise s. Tabelle 84).

Abb. 97. Falltest *(25)*

Abb. 98. Perforationstest (Lochungstest) *(25)*

für verwendete *Widerstandsfähige Industrieverpackung* wird konstruktiv nicht nur vom radioaktiven Anteil, sondern auch von dessen physikalischen (es geht bei 60 °C durch Sublimation

direkt vom festen in den gasförmigen Zustand über), korrosiven und gesundheitsschädlichen Eigenschaften bestimmt (Fluorwasserstoff); dementsprechend setzt man für Lager- und Transportzwecke Druckbehälter aus Stahl mit einem Nettogewicht bis zu 12,5 t und einem Gesamtgewicht bis zu 15 t ein. Während für natürliches Uranhexafluorid (UF$_6$) Behälter in dieser Größenordnung eingesetzt werden, haben die für schwach angereichertes (bis 1%) ein Nettogewicht bis 1,5 t.

Ein Beispiel für die Vielseitigkeit der Anforderungen an derartige Verpackungen sei das Gefäß für die Beförderung von *Uranhexafluorid* mit einer Anreicherung von spaltbarem Material über 1%. Es besteht aus verschraubten Halbschalen, die mit Phenolharzschaum gefüllt sind. Das Harz dient der *Stoßdämpfung,* der *Hitzeisolierung* bei einem Unfall mit Brandfolgen und stellt den für das *Kritikalitätsrisiko* erforderlichen *Mindestabstand* zwischen den Materialbehältern ein. Auch für höher angereichertes UF$_6$ werden ähnliche Druckbehälter, wenn auch mit kleinerem Durchmesser verwendet.

Die nächste Stufe des Nuklidkreislaufs ist der Transport des Kernbrennstoffs Urandioxid (UO$_2$) oder sehr giftiger Plutoniumverbindungen, sowie die Beförderung der Brennelemente für Kernreaktoren. Für UO$_2$-Brennstoffe reicht der *Typ A-Behälter* aus, für das Plutonium ist aber der *Typ B-Behälter* erforderlich, der auch unter Unfallbedingungen absolut dicht bleiben

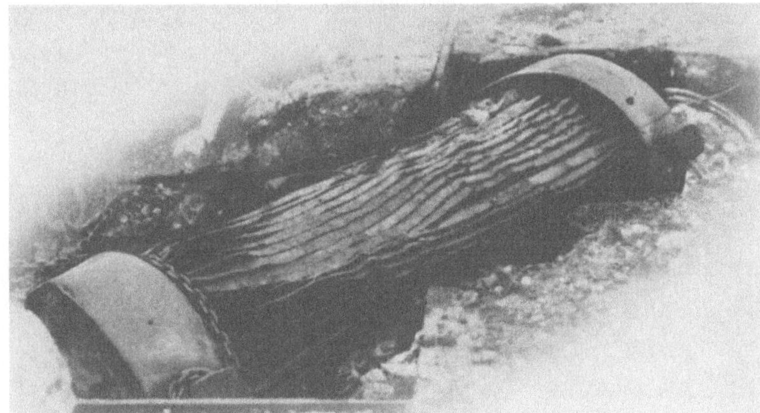

Abb. 99. Abwurf eines Behältermodells aus 200 m Höhe. Aufprallstelle eines TN 8/9-Behälters (1:2 Modell) auf massiven Untergrund nach dem Abwurf aus 200 m Höhe. Testergebnis: Der Behälter blieb dicht *(25)*

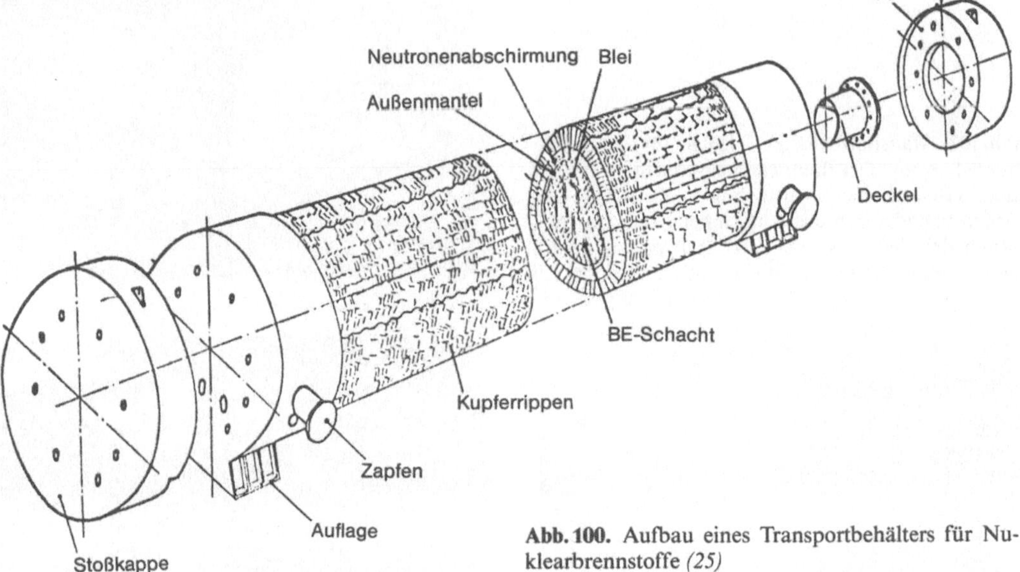

Abb. 100. Aufbau eines Transportbehälters für Nuklearbrennstoffe *(25)*

muß. Die sehr empfindlichen Brennelemente brauchen besondere Transportbehälter, denn es sind über 2 m lange Rohre, in deren Innern der Brennstoff ist. Die dünne Hülle (Canning) besteht aus Aluminium, Zirkonlegierungen oder rostfreiem Stahl. Sie soll Reaktionen zwischen Brennstoff und Kühlmittel verhindern. Wegen der Empfindlichkeit der Brennelemente (BE) müssen die Behälter so konstruiert sein, daß die Rohre während der Beförderung nicht verwinden, durchgebogen oder erschüttert werden. Die Zahl der Elemente im Behälter sind auch wegen der Kritikalität zu beachten. Den Behälteraufbau geben die Abb. 100 und 101 wieder.

Die Spezial-Transportbehälter für die Brennelemente dienen der Beförderung zum Atomkraftwerk bzw. nach dem Einsatz im Reaktor zum Transport zur *Wiederaufbereitungsanlage* oder in eine *Spezialdeponie.* Zunächst müssen die „abgebrannten" bzw. bestrahlten Brennelemente nach der Entnahme aus dem Reaktor einer mindestens halbjährigen *Zwischenlagerung* unterworfen werden. Der Grund ist die *Radioaktivität* und *Zerfallswärme* der Spaltprodukte in den Brennelementen. Demzufolge bestehen weitgehende Anforderungen an die Behälter. Sie müssen die Bedingungen für *Typ B-Behälter* erfüllen, d.h. eine maximale *Wärmeableitung* und *Abschirmung gegen β-, γ- und Neutronen-*

Abb. 101. Transportbehälter für Nuklearbrennstoffe *(25)*

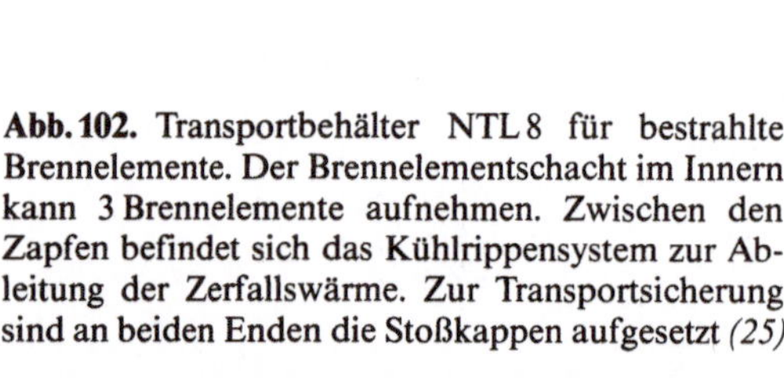

Abb. 102. Transportbehälter NTL 8 für bestrahlte Brennelemente. Der Brennelementschacht im Innern kann 3 Brennelemente aufnehmen. Zwischen den Zapfen befindet sich das Kühlrippensystem zur Ableitung der Zerfallswärme. Zur Transportsicherung sind an beiden Enden die Stoßkappen aufgesetzt *(25)*

Abb. 103. Versandstück für Radiopharmazeutika *(26)*

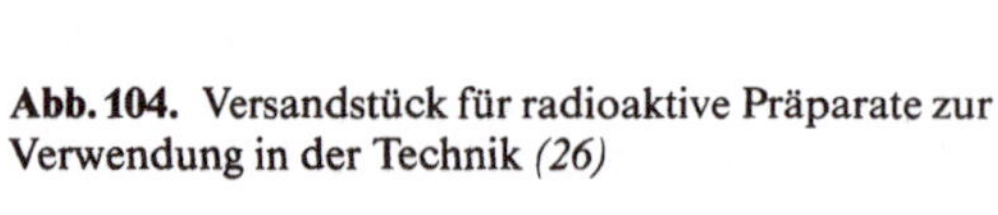

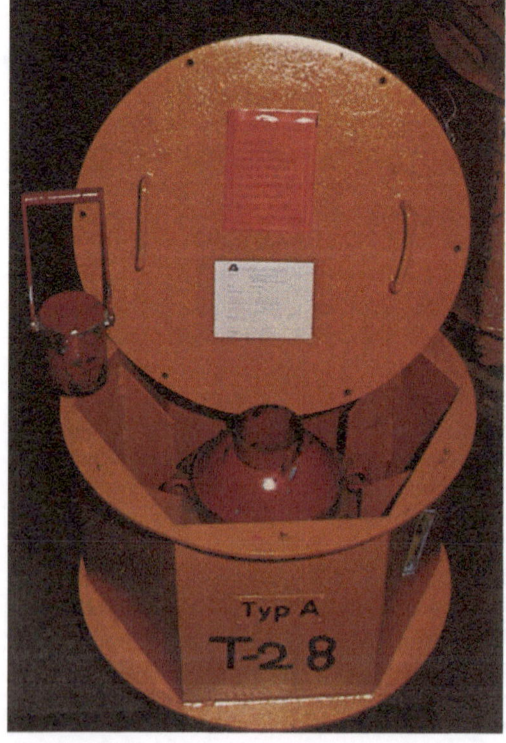

Abb. 104. Versandstück für radioaktive Präparate zur Verwendung in der Technik *(26)*

Strahlen, sowie eine bestmögliche *Dekontamination* sicherstellen. Ihr Gewicht (Abb. 102) kann 100 t erreichen. Bei der Anordnung der bestrahlten Brennelemente muß immer eine evtl. Kritikalität berücksichtigt werden. Die Beförderung erfolgt mit allen Verkehrsmitteln.

Mit der 1985 in Kraft tretenden revidierten Ausgabe der *„Regulations for the Safe Transport of Radioactive Materials"* ist eine weitere Harmonisierung bei allen Verkehrsträgern zu erwarten. Die *ICAO-Regulations* basieren, abgesehen von luftfahrtspezifischen Bestimmungen, auf den IAEA-Vorschriften. Übersichtlich werden sie z. B. auch im *IMDG-Code* und im *ADR/GGVS* behandelt.

Die zu beachtenden Vorschriften werden je nach Eigenschaften der radioaktiven Stoffe auf „Blättern" aufgeführt. Tabelle 85 bringt ein Beispiel der GGVE.

Abschließend darf nicht unerwähnt bleiben, daß Transporte mit radioaktivem Gefahrgut vor Diebstahl zu schützen und ständig zu überwachen sind. Besondere Aufmerksamkeit verdient in dieser Hinsicht auch die Kontrolle der *Dosisleistung.* Danach darf diese die folgenden Werte nicht übersteigen:

a) 1 000 mrem/h an jeder Stelle der Außenfläche eines beliebigen Versandstücks, wenn das Fahrzeug sicher verschlossen ist, die Versandstücke sicher verstaut sind und während der Beförderung keine Be- oder Entladung stattfindet.

b) 200 mrem/h ist die maximale Grenze, wenn Manipulationen nach a) stattfinden.

c) 200 mrem/h darf die Dosisleistung an den Außenflächen eines Fahrzeugs oder Großcontainers betragen. In 2 m Abstand nur 10 mrem/h.

Die entsprechenden Werte für die *Kategorie II* sind, wenn

a) 50 mrem/h oder dessen Äquivalent an irgendeiner Stelle der Außenfläche des Packstücks und

b) 1 mrem/h oder dessen Äquivalent in einer Entfernung von 1 Meter von der Oberfläche des Packstücks nicht überschritten werden.

Bei radioaktiven Stoffen der *Kategorie I* darf die vom Packstück ausgehende Strahlendosisleistung an keinem Punkt der Oberfläche 0,5 mrem/h oder dessen Äquivalent überschreiten.

Auch für Verpackungen geringeren Umfangs und Gewichts, wie für Radiopharmazeutika (Abb. 103) und für technische Zwecke (Dikken-, Dichte- und Niveau-Messungen; Abb. 104) bestehen dieselben Sicherheitsanforderungen.

Tabelle 85. RID-Vorschriften für Typ B(U)-Versandstücke Klasse 7 (Auszug)

---

1. Stoffe
Radioaktive Stoffe in Typ B(U)-Versandstücken
Die Stoffmenge je Versandstück ist nicht beschränkt, sofern die Bestimmungen in den Genehmigungszeugnissen nicht etwas anderes vorsehen.
Sofern spaltbare Stoffe vorhanden sind, müssen außer den Bestimmungen dieses Blattes auch die des Blattes 11 beachtet werden.

Gefahrzettel auf den Versandstücken
(Siehe Rn. 1656 des Anhangs VI und Anhang IX) 6 A, 6 B oder 6 C, die an zwei gegenüberliegenden Seiten anzubringen sind; wegen der Versandstückkategorien siehe Rn. 1653 bis 1655 des Anhangs VI.

2. Verpackung/Versandstück

Typ B(U) entsprechend den Bestimmungen der Rn. 1600 bis 1603 des Anhangs VI, der einer einseitigen Genehmigung durch die zuständige Behörde bedarf (siehe Rn. 1672 des Anhangs VI).

3. Höchstzulässige Dosisleistung an Versandstücken

200 mrem/h an der Außenseite des Versandstücks,
  10 mrem/h in 1 m Abstand von dieser Außenseite (siehe Rn. 1653 bis 1655 des Anhangs VI).
Bei Wagenladungen beträgt der Grenzwert 1 000 mrem/h an der Außenseite des Versandstücks; er kann in 1 m Abstand von dieser Außenseite 10 mrem/h übersteigen [siehe Rn. 1659 (8) des Anhangs VI].

4. Zusammenpackung
Siehe Rn. 1650 des Anhangs VI.

Tabelle 85. (Fortsetzung)

---

5. Kontamination an der Außenseite der Versandstücke

Grenzwert der nicht festhaftenden äußeren Kontamination:

Beta- oder Gammastrahler sowie Alphastrahler von geringer Toxizität $10^{-4}\,\mu\mathrm{Ci}/\mathrm{cm}^2$
Natürliches oder abgereichertes Uran oder natürliches Thorium $\qquad$ $10^{-3}\,\mu\mathrm{Ci}/\mathrm{cm}^2$
Andere Alphastrahler $\qquad$ $10^{-5}\,\mu\mathrm{Ci}/\mathrm{cm}^2$
Siehe auch Rn. 1651 des Anhangs VI.

6. Aufschriften auf Versandstücken

Die Versandstücke müssen an der Außenseite deutlich und dauerhaft mit folgenden Vermerken versehen sein:
i)   „Typ B(U)";
ii) Kennzeichen der zuständigen Behörde;
iii) Angabe des Gewichts, wenn das Versandstück schwerer ist als 50 kg;
iv) Strahlensymbol, das auf dem äußersten feuer- und wasserbeständigen Gefäß eingestanzt oder eingeprägt
     sein muß.

7. Beförderungspapiere

a) Siehe die Vorschriften für die Genehmigungen und Benachrichtigungen in Rn. 704.
b) Der Frachtbrief muß folgende Eintragungen enthalten: *„Radioaktive Stoffe [in Typ B(U)-Versandstücken], 7,
   Blatt 9, RID"*, wobei die Bezeichnung des Gutes rot zu unterstreichen ist, sowie die Angaben nach Rn. 1680
   und 1681 des Anhangs VI.
c) Ein Zeugnis der zuständigen Behörde über die einseitige Genehmigung des Versandstückmusters ist erforderlich (siehe Rn. 1672 des Anhangs VI).
d) Vor der Beförderung eines Versandstücks muß der Absender im Besitze aller erforderlichen Zeugnisse sein.
e) Falls die Aktivität $3 \times 10^3\,A_2$ oder $3 \times 10^3\,A_1$ (je nach dem Fall) oder 3×10^4 Ci übersteigt, wobei von diesen
   Werten der niedrigste maßgebend ist, muß sich der Absender vor der ersten Beförderung vergewissern, daß
   Kopien der erforderlichen Genehmigungszeugnisse den zuständigen Behörden aller an der Beförderung
   beteiligten Länder zugestellt worden sind. [siehe Rn. 1682 (1) des Anhangs VI].
f) Falls die Aktivität $3 \times 10^3\,A_2$ oder $3 \times 10^3\,A_1$ (je nach dem Fall) oder 3×10^4 Ci übersteigt, wobei von diesen
   Werten der niedrigste maßgebend ist, muß der Absender vor jeder Beförderung die zuständigen Behörden
   aller an der Beförderung beteiligten Länder entsprechend den Bestimmungen der Rn. 1682 des Anhangs VI
   möglichst 15 Tage im voraus benachrichtigen.
g) Wird bei Stoffen in besonderer Form von der Möglichkeit Gebrauch gemacht, die Aktivität je Versandstück
   zu erhöhen [siehe Buchstaben e) und f)], so ist ein einseitiges Genehmigungszeugnis des Musters für diese
   Stoffe erforderlich (siehe Rn. 1671 des Anhangs VI).

8. Lagerung und Verladung

a) Die im Genehmigungszeugnis enthaltenen Anweisungen der zuständigen Behörde müssen beachtet werden.
b) Lagerung und Trennung von anderen gefährlichen Gütern siehe Rn. 1658 (1) des Anhangs VI.
c) Lagerung und Trennung von Versandstücken mit der Aufschrift „FOTO"; wegen der Sicherheitsabstände
   siehe Rn. 1657 des Anhangs VI.
d) Beschränkung der Summe der Transportkennzahlen für die Lagerung: 50 je Gruppe, mit einem Abstand
   von 6 m zwischen den Gruppen [siehe Rn. 1658 (2) bis (5) des Anhangs VI].
e) Der Absender muß vor der ersten Verwendung und vor jeder Aufgabe zur Beförderung die Vorschriften in
   Rn. 1643 und 1644 des Anhangs VI beachten.
f) Die Temperatur an den berührbaren Außenseiten der Versandstücke darf im Schatten 50 °C nicht übersteigen, es sei denn, die Beförderung erfolge als Wagenladung; in diesem Fall beträgt der Grenzwert 82 °C im
   Schatten siehe Rn. 1602 (3) b) und 1603 (8) des Anhangs VI].
g) Übersteigt der mittlere Wärmefluß an der Außenseite des Versandstücks 15 W/m², so muß dieses als
   Wagenladung befördert werden.

9. Beförderung der Versandstücke in Wagen und Containern

a) Trennung von den Versandstücken mit der Aufschrift „FOTO"; wegen der Sicherheitsabstände siehe
   Rn. 1657 des Anhangs VI.
b) Beschränkung der Summe der Transportkennzahlen: 50. Diese Beschränkung gilt nicht für Wagenladungen unter der Bedingung, daß bei Vorhandensein von Versandstücken der nuklearen Sicherheitsklassen II
   oder III die zulässige Anzahl nicht überschritten wird [siehe Rn. 1659 (6) des Anhangs VI].
c) Höchstzulässige Dosisleistung für Wagen und Großcontainer bei Beförderung als Wagenladung:
   200 mrem/h an der Außenseite
   10 mrem/h in 2 m Abstand von der Außenseite [siehe Rn. 1659 (8) des Anhangs VI].

16. Brand-Verhütung und -Bekämpfung

Berufsgenossenschaftliche Unfallstatistiken zeigen, daß sich ca. 50% der Unfälle im innerbetrieblichen und Überland-Transport und im Lagerbereich ereignen. Der Unfallanteil von Explosionen und Feuer macht nur ca. 0,25% aus, allerdings ist dann die Zahl der Todesopfer sechsmal so hoch. Die jährlichen Brandschäden in der Bundesrepublik Deutschland entwickelten sich nach dem Geschäftsbericht des Bundesaufsichtsamtes für das Versicherungswesen von 1966 mit 796 Millionen DM bis 1981 auf 3,3 Milliarden DM. Transportunfälle verursachten Brände, die besonders Ortschaften katastrophal schädigten.

Neben diversen und sehr erfolgreichen Brandvorbeugungsmaßnahmen versuchen Feuerwehr und Löschmittelindustrie ständig, die Feuerbekämpfungsmethoden, die Feuerlöschmittel und -Geräte zu verbessern; auch dieser Sektor ist international zu harmonisieren.

Zur Entstehung eines Brandes oder einer Explosion müssen immer die folgenden 3 Komponenten (s. a. Kap. 1, Abb. 5) vorhanden sein: 1. Brennstoff, 2. Sauerstoff und 3. die Zündquelle. Es gibt aber auch Substanzen, die den notwendigen Sauerstoff in der Verbindung selbst enthalten und für ihre explosive Zersetzung den Luftsauerstoff nicht benötigen (s. Kap. 6), oder die mit brennbaren Stoffen einen Brand entwickeln und unterhalten können (s. Kap. 4, Beispiel 3 u. 4). Das sind z. B. organische und anorganische Nitrate, Wasserstoffperoxid, Chlorate etc.; alles Stoffe der Klassen 1a, 1b, 1c, 5.1 und 5.2 des ADR, RID und ADNR.

Aber auch Metalle kann man zünden und verbrennen (s. Kap. 1, Abb. 6 u. 7), z. B. die Thermit-Mischung:

$$8\,Al/Mg + 3\,Fe_3O_4 \xrightarrow[\text{Kaliumchlorat}]{\text{Zündung mit}} 4\,Al_2O_3 + 9\,Fe + 3406\,kJ$$

| Aluminium/ Magnesium- Gemisch | Eisenoxid o. Rost | | Aluminiumoxid | Eisen | kiloJoule |

Es entstehen Temperaturen bis 2400 °C. Ähnlich ist es auch mit dem Vakuumblitz, wo Aluminium und Sauerstoff reagieren. Solche Oxidationsprozesse durchlaufen die Metallteile unter Bildung fester Glutpartikel.

Um die Entwicklung heißer Flammen, Gase und Glut zu verhindern, müssen Löschmittel folgende Aufgaben erfüllen:

1. Den Sauerstoffgehalt zu senken, d. h. das Mischungsverhältnis mit dem Brennstoff muß unter die untere Explosions- bzw. Zünd-Grenze gesenkt werden. Sehr wirksam sind Wasser, aus dem sich durch Hitzeeinwirkung Wasserdampf bildet und Kohlendioxid (CO_2), auch Kohlensäure genannt.

2. Brennbare Flüssigkeiten sind unter die Temperatur ihres Flammpunktes zu kühlen. Wasser mit seiner hohen Verdampfungswärme entzieht der Umgebung Wärme und kühlt. Der dabei entstehende Wasserdampf wirkt nach Pos. 1.

Neben Wasser und Kohlensäure (CO_2) werden mit großem Erfolg auch Löschschaum, Löschpulver und „Halone" eingesetzt. Die Brandbekämpfung mit *Löschschaum* hängt von der Art des Brennstoffs und der Situation ab. Man unterscheidet zwischen Schwer-, Mittel- und Leichtschaum, die je nach Größe und Gestaltung der Brandfläche und der Eigenschaften der Brennstoffe eingesetzt werden. Leichtschaum ist bei einer dem Wind ausgesetzten Fläche weniger sinnvoll, als in einer großen Schiffsluke. Schaum wirkt erstickend, aber auch etwas kühlend. Er wird aus Wasser erzeugt, dem man 1,5–3,5% Netz- oder Schaummittel zusetzt und dann Luft hineinbläst. Er wird erzeugt aus:

a) *Schaummitteln* auf Proteinbasis (wasserlösliche Eiweißprodukte) mit Stabilisatoren (Schwermetallsalze); damit entsteht Schwerschaum.

b) *synthetischen Schaummitteln*, z. B. aus Fettalkoholsulfonaten oder Fettalkoholamidoverbindungen mit Stabilisatoren. Je nach dem Verschäumungsgrad (10 bis mehr als tausendfach) bildet sich Mittel- oder Leichtschaum. Wichtig bei Schäumvorgang ist die Reinheit der verwendeten Luft.

Die Löschschäume bleiben auf der Brandfläche und decken sie ab. Unter der Schaumdecke schwimmt ein dünner Wasserfilm, der die Verdampfung des Brennstoffs schnell und nahezu vollständig unterbindet. Auch in diesem Fall spielt die hohe Verdampfungswärme des Wassers eine große Rolle.

Die *Trockenlöschmittel* bestehen hauptsächlich aus Natriumbicarbonat (für Brandklassen B und C geeignet). Diese Pulver können auch gefahrlos in der Nähe elektrischer Anlagen bis zu 110000 V eingesetzt werden, wenn ein Sicherheitsabstand von 3 m gewährleistet ist und die elektrischen Anlagen trocken sind. Dieses Löschpulver wird auch als „normales Löschpulver" (BC-Pulver) bezeichnet.

Das sogenannte Glutbrand-Löschpulver (ABC-Pulver) enthält hauptsächlich Ammoniumphosphate und -sulfate. Es eignet sich für die gleichzeitige Bekämpfung von Flammen- und Glutbränden, ist in seiner Wirkung nicht so gut wie Wasser, aber gerade bei Kraftfahrzeugbränden interessant, bei denen Stoffe der Klassen A, B und C gleichzeitig brennen und das Wasser nicht sofort zur Hand ist.

Der Löscheffekt der Trocken- oder Lösch-Pulver hat vielseitige Ursachen:

1. Anti-Katalyse, d. h. der direkte Eingriff des Pulvers in den Verbrennungsprozeß, damit erfolgt eine Reduzierung und die Beendigung des Brandgeschehens.
   Dieser sog. *„anti-katalytischer Effekt"* spielt die *wesentliche* Rolle bei der Brandbekämpfung mit Löschpulver.

2. Das sekundenschnelle Aufbringen der riesigen Oberfläche winziger Pulverteilchen führt zu einem sofortigen Wärmeentzug.

3. Das Feuer zersetzt das Trockenpulver chemisch oder spaltet es auf. So zerfällt z. B. Natriumhydrogencarbonat in Natriumcarbonat (Soda), Wasser und Kohlendioxid (CO_2). Während Soda die Glutteilchen umhüllt und damit den Sauerstoffzutritt verwehrt, führen

die beiden anderen Zersetzungskomponenten zu einem Abkühl- und Erstickungseffekt.

Halone greifen neben der Sauerstoff-Verdrängung und Abkühlung chemisch in den Brandprozeß ein. Sie sind halogenierte Kohlenwasserstoffe (*hal*ogenated hydrocarb*on*s). Da sie unter Normalbedingungen gasförmig sein sollen, verwendet man halogenierte Methan-Verbindungen. Sie besitzen einen Nummerncode, der den Halontyp weltweit identifiziert. Er besteht aus einer vierstelligen Nummer, deren erste Ziffer die Anzahl der Kohlenstoff-, die zweite die Anzahl der Fluor-, die dritte die Anzahl der Chlor- und die vierte die Anzahl der Bromatome in Moleküle bedeutet. Das Halon 1211 ist somit ein Monochlor-monobromdifluor-Methan (CF_2ClBr) und das Halon 1301 ein Monobrom-trifluor-Methan (CF_3Br). Die Reinheitsanforderungen und Eigenschaften sind in der DIN 14270 (Feb. 1977) festgelegt.

Die Halone 1211 und 1301 lassen sich bei geringem Druck verflüssigen. Halon 1211 hat einen Siedepunkt von $-4\,°C$. Als Gase löschen sie rückstandsfrei. Sie wirken, wie Löschpulver, „anti-katalytisch", also reaktionshemmend. Die Reaktionsfähigkeit freiwerdender Valenzen von Molekülen ist im Stadium der Entwicklung (statu nascendi) am höchsten. Während der Verbrennung entstehen im steigenden Maße diese freien Valenzen, die sofort Sauerstoff binden. Bei diesem Oxidationsvorgang wird immer mehr Wärme erzeugt und damit steigert sich der Verbrennungsprozeß weiter. Beim Einsprühen der verflüssigten Halone in die Brandatmosphäre erfolgt Vergasung und bei über 550 °C Zersetzung. Dabei bilden sich Halogenradikale, wie Fluor und Brom, die eine wesentlich größere Reaktionsfähigkeit als Sauerstoff haben. So stoppen sie die Bildung weiterer Oxidationsketten und bringen die Verbrennung zum Stillstand. Für Schwelbrände, die oft unter 500 °C, somit unterhalb der Zersetzungstemperatur für Halone ablaufen, sind die Halone wenig wirksam. Sie wirken aber hervorragend bei Bränden von Flüssigkeiten und Gasen (Brandklassen B und C). Für *Entstehungsbrände* der Brandklasse A, nämlich Feststoffe, wie Kohle, Holz u. a., sind sie geeignet, löschen aber als Gas nicht die tiefsitzende Glut, wie sie bei Holz nach ca. 10 min entsteht. Dann ist es kein „Entstehungsbrand" mehr und muß mit den weitergehenden Möglichkeiten und Regeln der Feuerwehr bekämpft werden.

Jedes aufgeführte Löschmittel hat Vor- und Nachteile. Wichtig ist, ob es während des Löschvorganges die Sicht behindert, wie Pulver, oder ob es in Räumen Menschen durch Verdrängung von Luftsauerstoff gefährdet, wie Kohlensäure. Die Zersetzung des früher verwendeten „Tetra"-chlorkohlenstoffs in der Hitze zu Phosgen ruft beim Einatmen ein Lungenödem hervor, das nicht selten zum Tod führt. Bei den Halonen 1211 und 1301 ist das ausgeschlossen.

Zusammengefaßt: Je nach Eignung, abhängig vom Brandort und anderen Umständen benutzt man zur Bekämpfung Löschmittel wie:

1. feste Stoffe (Löschpulver, Sand, Graugußspäne, Mineralpulver)
2. flüssige Stoffe (Wasser, Schweröl bei Metallbränden)
3. gasförmige Stoffe:
   a) Gase (Kohlensäure, Stickstoff)
   b) Dämpfe (Wasserdampf, Halone)
4. kombinierte Löschmittel (verschiedene mit Wasser und/oder Alkohol inclusive netzbildender Schäume)

In vielen Ländern hat man die brennbaren Stoffe im Hinblick auf geeignete Feuerlöschmittel- und Geräte in Brandklassen eingeteilt. Seit Feb. 1973 hat man die Brandklasseneinteilung im europäischen Rahmen harmonisiert

Tabelle 86. Brandklassen

Löschmittel	Löscher	A Brennbare feste Stoffe, flammen- und glutbildend, z. B. Holz, Faserstoffe, Kohlen, Gummi, Kunststoffe	B Brennbare flüssige Stoffe, flammenbildend, z. B. Erdölprodukte, Lacke, Alkohole, Ether, Fette	C Unter Druck austretende gasförmige Stoffe, flammenbildend, z. B. Erdgas, Stadtgas, Acetylen, Propan	D Brennbare Leichtmetalle, glutbildend, evtl. gering flammenbildend, z. B. Aluminium, Magnesium, mit Ausnahme von Natrium und Kalium, die wegen ihrer Eigenart eine Sonderstellung einnehmen

Wasser
  Vollstrahl
  Sprühstrahl
	W	+3
		+2
			−2
			+1/0
				0
				+1/0
					−2
					−1

Schaum	S	+2	+3	0	−1
Löschpulver normal	P	+1/0	+2	+3	0/−1
Löschpulver Glutbrand-	PG	+2	+2	+2	(+1)
Löschpulver für Metallbrand	PM	0	0	0	+2
Halone	HA	0	+2	0	−2
Kohlensäure Schnee/Nebel	K	0/+1[a]	+2	+1	0
Kohlensäure Gas	K	0/+1[a]	0/+1[a]	+3	0

[a] In geschlossenen Räumen unter bestimmten Voraussetzungen und unter Beachtung von Sicherheitsmaßnahmen

Erläuterungen:
+3 = sehr gute Löschwirkung
+2 = gute Löschwirkung
+1 = nur bedingt geeignet
0 = nicht geeignet
−1 = Anwendung bedenklich
−2 = Anwendung gefährlich

(Norm EN 2). Damit wird die deutsche DIN 14406 abgelöst. Es gibt vier Brandklassen, die durch die Natur des Brennstoffs festgelegt sind:

Klasse A: Brände fester Stoffe, hauptsächlich organischer Natur, die normalerweise unter Glutbildung verbrennen;

Klasse B: Brände von flüssigen oder flüssig werdenden Stoffen;

Klasse C: Brände von Gasen

Klasse D: Brände von Metallen

Tabelle 86 zeigt Brandklassen und gebräuchliche Löschmittel. Sie berücksichtigt nur die „konventionellen" Brände, die ohne den Luftsauerstoff nicht möglich wären. Explosionen durch sauerstoff-abgebende Substanzen (Explosivstoffe) reagieren so schnell, daß die Feuerwehr meist erst an der Schadensstelle erscheint, wenn die Explosion vorüber ist und die „konventionellen" Brände wüten.

Die Tabelle 86 soll einen Überblick über die Brandklassen und die gebräuchlichen Löschmittel geben.

Für die verschiedenen Verkehrszweige zeigten sich Löschmittel unterschiedlich geeignet, wenn ein Feuer in einer tiefen Schiffsluke zu bekämpfen oder ein Tankwagenbrand auf offener Landstraße oder in einer Ortschaft oder ein Feuer in einem chemischen Betrieb zu löschen ist. Die Schiffsführung kann die gesamte Luke, die einem großen Behälter oder Silo an Land ähnlich ist, mit *Kohlensäure* (CO_2) beschicken. Wenn der Sauerstoff-Gehalt der Luft dann auf unter 8 Vol.-% reduziert ist, geht das Feuer aus, außer Glimmresten! Zusätzlich könnte man mit Wasser „kühlen". Das sind die gebräuchlichsten Maßnahmen zur Brandbekämpfung auf Seeschiffen. Beim Entstehungsbrand sollte man auch Löschpulver einsetzen, dabei aber nicht vergessen, daß nachglühende oder heiße Stoffe wieder zu einer Rückzündung führen können. – *Da der Sauerstoff-Gehalt der Luft in den Luken bei einem Brand schnell unter 15% absinken kann, ist es unbedingt erforderlich, daß die Feuerlöschtrupps dabei umweltunabhängiges Atemschutzgerät benutzen.*

Bei „Sauerstoff-Selbstversorgern" (Kap. 4, Beispiel 4: Calciumhypochlorit) kann nur Prophylaxe helfen, d. h. Kenntnisse über Chemie und die Eigenschaften der beförderten Güter. Täg-

lich benutzt man Holz- und Sägespäne, um im Hafen die Schiffdecks und Lukenböden u. a. rutschfest zu machen. Diese großen Holzoberflächen (s. a. Kap. 1) reagieren mit allen möglichen Chemikalien und bilden giftige Gase (z. B. nitrose Gase aus Salpetersäure und Holz). Sand oder Kreide wären dagegen vollkommen ungefährlich. Man muß die Gefahr kennen, mit der man umgeht. Im technischen Zentrum der Binnenschiffahrt in Duisburg wird u. a. das Wissen um Brandgefahren bei den Schiffen vertieft. Die Arbeit anderer einschlägiger Berufsgenossenschaften, Seefahrtsakademien, Tankfahrerschulung etc. lassen eine Verbesserung erhoffen.

Wie bekämpft man aber ein Feuer im Straßen- oder Eisenbahntransport? Gegenüger dem Schiffspersonal hat das Fahrpersonal den Vorteil, daß es das Fahrzeug jederzeit verlassen kann. Wenn keine Gefahren für die Umwelt bestehen, kann man das Fahrzeug ausbrennen lassen. Bei einem mit Flüssig-Gas gefüllten Tank, der an einer undichten Stelle Gas austreten läßt, sollte man das Gas sogar zünden und abbrennen lassen, damit sich keine gefährliche explosible Atmosphäre bildet! Die inzwischen eingetroffene Feuerwehr übernimmt dann die Überwachung. Sie sorgt gegen Schluß dafür, daß die Flamme nicht mit dem Luftsauerstoff in den Behälter ein- bzw. rückgesaugt wird und eine Explosion auslöst.

Folgende Unfallberichte zeigen die Gefahren:

„Tanklaster explodiert" (*22*)
Haushohe Stichflammen und schwarze Rauchwolken: Auf einer Tankstelle in Achering (Bayern) explodierte ein 40000-Liter-Benzintankzug und setzte die Tankstelle in Brand. Neun abgestellte Autos verglühten. Der Tankwart, seine Frau und der Tankwagenfahrer wurden mit schweren Brandverletzungen gerettet. Schaden etwa eine Million Mark. Etwa 200 Feuerwehrleuten gelang es, die unterirdischen Tanks durch meterhohe Schaumdecken vor dem Brand zu schützen.

„36000 l Benzin ausgelaufen" (*22*)
Über zwölf Stunden schwebten die Bewohner des Sulmtales (bei Heilbronn) am 16. Februar 1974 am Rand einer Katastrophe. Ein Tanklaster war am frühen Morgen in der engen Ortsdurchfahrt umgekippt und 24000 l Superbenzin und 12000 l Normalbenzin flossen aus den Tanks in die Kanalisation. Obwohl die Feuerwehren der Umgebung sofort versuchten das auslaufende Benzin abzusaugen, floß der größte Teil in den Fluß Sulm (Nebenfluß des Neckars) und die Gemeinden im Flußtal Sülzbach, Ellhofen,

Weinsberg, Erlenbach, Binswangen und die Stadt Neckarsulm an der Mündung zum Neckar waren gefährdet.

Wegen der akuten Explosionsgefahr wurde die Bevölkerung angewiesen, offenes Feuer zu vermeiden und auch keine elektrischen Geräte anzuschalten. Die Bewohner von 20 Häusern in unmittelbarer Nähe des Unfallortes wurden evakuiert.

Die Feuerwehr muß vom ersten Augenblick an informiert sein, was brennt. Abgesehen vom vorsorglichen Schutz der Löschmannschaft, die aus dem Gefahren-Kennzeichnungs- und Nummerierungssystem (Kap. 14) aus sicherer Entfernung die Bekämpfung des Feuers einleiten kann, ist es nun auch ausgeschlossen, ein ungeeignetes Löschmittel einzusetzen, das die Gefahr vergrößern könnte.

Die „GefahrgutVerordnungStraße" (GGVS) fordert in der Rn 10240, daß

a) jeder Lkw oder Straßentankfahrzeug mindestens zwei tragbare Feuerlöscher nach DIN 14406 in der Größe III für die Brandklassen ABCE mit einer Füllmenge von 6 kg (P 6 G) in einer Lkw-Spezialaufhängevorrichtung mitführen muß,

b) nach der „Verordnung über brennbare Flüssigkeiten" (VbF) vom 31. Dezember 1980 bezugnehmend auf die Pos. a) anstelle von zwei Feuerlöschern auch *ein* Feuerlöscher mit einer Füllmenge von 12 kg (P 12 G) ausreicht,

c) die Feuerlöschmittel, weder unter normalen Umständen wie unter der Hitzeeinwirkung eines Brandes, keine giftigen Gase entwickeln dürfen,

d) auch ein abgehängter Anhänger mindestens einen Feuerlöscher nach Pos. a) mitführt und

e) das Fahrpersonal mit der Handhabung der Löscher vertraut gemacht werden muß (§ 35 g, Abs. 3–5 StVZO).

Das entspricht den Unfallverhütungsvorschriften der Berufsgenossenschaften, die in der VBG 1 von dem Unternehmer verlangen, daß er zur Rettung von Personen (§ 30) und zum Löschen von Bränden (§ 43 Abs. 4 usw.) Vorkehrungen zu treffen hat und Feuerlöschgeräte, in Art und Größe dem Betrieb entsprechend, bereitzustellen, gebrauchsfähig zu erhalten und in bestimmten Zeitabständen zu überprüfen hat.

Bei einem Löscheinsatz ist die Löschzeit von der Art des Löschmittels abhängig (Tabelle 87):

Tabelle 87. Löschzeiten

Die Löschzeit beträgt je nach Umfang der Brandentwicklung

bei	Löschmittel	Löschdauer (s)	
Pulver	1 kg	ca.	6– 8
	2 kg	ca.	8–10
	6 kg	ca.	10–14
	12 kg	ca.	14–20
	50 kg	ca.	50
Kohlensäure	2 kg	ca.	15
	6 kg	ca.	20
Wasser	10 l	ca.	70
Halon	2 kg	mind.	6
	4 kg	mind.	9
	6 kg	mind.	9

17. Verordnungen (Arbeitsrecht) und Unfallverhütungsvorschriften im Rahmen des Gefahrguttransportes

Die im Teil I geschilderte Explosionskatastrophe durch das Freiwerden von Dimethylether und der Bildung einer explosiven Atmosphäre hatte Folgeschäden von 300 Toten und über 1 200 Verletzten. Wie steht es mit der Entschädigung und Versorgung der Unfallopfer? Z. Zt. würden dafür 200–300 Mio DM benötigt. Eine Belastung der Firma mit der Rentenlast käme dann noch zu den hohen materiellen Verlusten. Ein Großunternehmen könnte eine derartige Belastung noch verkraften, bei einer kleineren Firma wäre der Konkurs unausbleiblich. Damit wäre aber eine Entschädigung der Betroffenen sehr fraglich, ihre Not desto sicherer.

Die Regierung Bismarck versuchte um 1880 diese Zustände zu beseitigen. Nach dem bis dahin dafür in Frage kommenden Haftpflichtgesetz war der Verunfallte beweispflichtig und bei einem schuldhaften Unfallereignis ohne Rentenentschädigung; sonst war der Unternehmer voll haftpflichtig. Das aber war für beide Seiten und nicht zuletzt für den Staat eine unsichere Zukunftsregelung.

Am 6. Juli 1884 wurde vom deutschen Reichstag das *„Unfallversicherungsgesetz"* angenommen und damit Sicherheit für die arbeitende Bevölkerung und für die gewerbliche Wirtschaft geschaffen. Dieses Gesetz, die *„gesetzliche Unfallversicherung"*, ist ein Teil der Sozialversicherung, die noch die *Krankenversicherung,* die *Altersrenten-* und die *Invaliden-Versicherung* umfaßt. Die gesamtgesetzliche Grundlage dieser Versicherungen ist die *Reichsversicherungs-Ordnung (RVO),* deren 3. Buch die Unfallversicherung behandelt. Die Unfallversicherung, die jedes Unternehmen, welches Arbeitnehmer beschäftigt, als Pflichtversicherung abschließen muß, ist genossenschaftlich aufgebaut. Das bedeutet, daß die Gemeinschaft der Unternehmen bei einem Unfall solidarisch für die personellen Schäden, wie

1. die Heilung der Unfallverletzten oder der unter einer Berufskrankheit Leidenden,
2. die Berufshilfe für den Personenkreis nach Pos. 1 (Arbeits- und Berufsförderung) und
3. die Entschädigung für Unfallfolgen durch Geldleistungen, wie Renten für Verletzte und Hinterbliebene,

aufkommen muß. Damit verfügen Beschäftigte und Unternehmen über die notwendige soziale und kommerzielle Sicherheit.

Die dafür erforderlichen Geldsummen bringen alle Unternehmen durch jährliche Beitragsleistungen wie folgt auf:

1. Die Jahresbeiträge der Unternehmen hängen von der Zahl der Beschäftigten ab und richten sich nach dem durchschnittlichen Unfallaufkommen der Betriebe, deren Produktion ähnlichen Gefahrengraden (z. B. Sprengstoff- oder kosmetischer Betrieb oder Reifenhersteller) unterliegt. Unterdurchschnittliche Unfallzahlen führen zur Beitragsrückvergütung, überdurchschnittliche zu einem Beitragszuschlag.
2. Nach dem Unfallverhütungs-Neuregelungsgesetz von 1963 üben Arbeitgeber und Arbeitnehmer in paritätischer Mitbestimmung durch ihre gewählten Delegierten in Gremien, wie Vorstand und Vertreterversammlung, Verwaltungs- und Aufsichtsaufgaben aus.

Nun arbeiten Fleischerei, Bergbau, Seefahrt oder chemische Industrie nicht unter gleichem Gefahrengrad. Demzufolge wurden die Unternehmen nach der *Berufs-*Ausübung in *Berufsgenossenschaften* zusammengeschlossen. Es gibt neben 19 landwirtschaftlichen und den Gemeinde-Unfallversicherungsverbänden 35 gewerbliche Berufsgenossenschaften. Sie sorgen auf Grund gesetzlicher Verpflichtung nach genossenschaftlichem Prinzip mit allen Mitteln für die Verhütung von Arbeitsunfällen und für eine wirksame Erste Hilfe. Die Unfallverhütung beruht auf:

a) Technischer Unfallverhütung und
b) Unfallverhütung durch Aufklärung, Schulung und Werbung.

Dieses Programm betreuen fachlich ausgebildete und erfahrene technische Aufsichtsbeamte, die u. a. die Durchführung der Unfallverhütung überwachen und die Mitglieder ihrer Berufsgenossenschaft beraten.

Die gesetzlichen Grundlagen für die Unfallverhütung sind die Unfallverhütungsvorschriften, Richtlinien und Merkblätter, ein hundertjähriges Erfahrungsgut für Arbeitssicherheit. Neben den *„Allgemeinen Vorschriften"* (VGB 1) und speziellen Anhängen, die sich z. B. mit gefährlichen Stoffen, dem Befahren von Behältern oder Atemschutz befassen, behandelt man in den Unfallverhütungsvorschriften (UVV) und Richtlinien: Einrichtungen von Räumen oder Betriebsteilen, Explosionsschutz, Laboratorien, Kälteanlagen, Laserstrahlen sowie diverse Probleme im laufenden Betrieb, Wartung und Prüfung.

Folgende UVVen sind wichtig für Transportbetriebe und für Unternehmen, die eine Beförderung gefährlicher Güter veranlassen:

VBG-Nummer	Fassung vom	Titel der UVVen	Durchführungsanweisung vom
1	1. 4. 1977	Allgemeine Vorschriften	4. 1981
1 a	1. 12. 1965 u. 1. 3. 1969	Schutz gegen gefährliche chemische Stoffe (enthält u. a. Durchführungsanweisungen zu VBG 1, § 47)	
4	1. 4. 1979	Elektrische Anlagen und Betriebsmittel	10. 1980
7 a	1. 4. 1934	Arbeitsmaschinen (Allgemeines)	
8	1. 4. 1980	Winden, Hub- und Zuggeräte	4. 1980
9	1. 12. 1974	Krane	4. 1979
9 a	1. 4. 1979	Lastaufnahmeeinrichtungen im Hebezeugbetrieb	4. 1979
10	1. 4. 1977	Stetigförderer	12. 1978
11 a	1. 7. 68/1. 4. 78	Eisenbahnen	4. 1978
11 b	1. 4. 64/1. 4. 78	Straßenbahnen	
12	1. 4. 1980	Fahrzeuge	4. 1980
12 a	1. 10. 56/1. 4. 73	Flurförderzeuge	4. 1973
16	1. 4. 1979	Verdichter	4. 1979
18	1. 4. 1968	Druckbehälter für den Schiffsbetrieb	
20	1. 12. 1974	Kälteanlagen	12. 1977
23	1. 4. 1979	Verarbeitung von Anstrichstoffen	10. 1980
34	1. 10. 77/1. 4. 82	Schiffbau	4. 1982
40 a	1. 10. 1970	Schwimmende Geräte	10. 1970
55 a	1. 8. 1978	Explosivstoffe und Gegenstände mit Explosivstoff – Allgemeine Vorschrift	8. 1978
60	1. 4. 1934	Erzeugung und Verwendung von Kohlensäure	
61	1. 4. 74/1. 4. 77	Gase	4. 1977
62	1. 4. 1969	Sauerstoff	3. 1970
75	1. 4. 1978	Be- und Entladen von Wasserfahrzeugen	4. 1978
78	20. 12. 1974	Luftfahrt	12. 1974
107		Vorschriften der Binnenschiffahrts-BG	
107 a	1. 4. 68/1. 4. 72	Fähren	4. 1972
107 b	1. 4. 1972	Maschinenanlagen auf Wasserfahrzeugen und schwimmenden Geräten	4. 1972
108	1. 1. 1981	Unfallverhütungsvorschrift für Unternehmen der Seefahrt (UVVSee)	10. 1981
109	1. 4. 1979	Erste Hilfe	4. 1980
121	1. 12. 1974	Lärm	12. 1970
122	1. 12. 1974	Sicherheitsingenieure und andere Arbeitskräfte für Arbeitssicherheit	4. 1980
123	1. 12. 1974	Betriebsärzte	4. 1980

Für den Umschlag und für die Beförderung gefährlicher Güter sind auch die Anhänge zu der Unfallverhütungsvorschrift VBG 1 wichtig, wie

- Anhang 3: Liste der Berufskrankheiten,
- Anhang 4: Gefährliche chemische Stoffe,
- Anhang 5: Maximale Arbeitsplatzkonzentrationen gesundheitsschädlicher Arbeitsstoffe (MAK-Werte)

sowie die

- Richtlinien für das Reinigen und Ausbessern von Tankwagen (Eisenbahnkesselwagen und Straßentankwagen),
- Richtlinien zur Vermeidung von Zündgefahren infolge elektrostatischer Aufladungen (Statische Elektrizität), 1980,
- Richtlinien für die Vermeidung der Gefahren durch explosionsfähige Atmosphäre (Ex-RL) 1979, mit Entwurf der Beispielsammlung,
- Richtlinien für Flüssigkeitsstrahler

und diverse Merkblätter, wie

- Merkblatt über das Entleeren von Säuren und Laugen aus Eisenbahnkesselwagen (1971) – Ausgabe 1967,
- Mein Lastkraftwagen und ich (1972),
- Merkblatt für den Umgang mit Phosphorsäureestern (1971) – Ausgabe 1965,
- Ätzende Stoffe (1982),
- Ammoniak (1976),
- Chlor (1977),
- Merkblatt für die Überprüfung von Kraftfahrzeugen,
- Merkblatt für Rangierer,
- Sicherheitsregeln für das Instandsetzen, Warten und Pflegen von Fahrzeugen und ähnliche Arbeiten (Fahrzeuginstandhaltung),
- Sicherheitsregeln für den Betrieb von Mineralöl-Tankwagen,
- Merkheft für das Reinigen von Behältern,
- Merkblatt zur Verhütung gewerblicher Hauterkrankungen,
- Anleitung zur Ersten Hilfe bei Unfällen (Broschüre),
- Erste Hilfe bei Verbrennungen – Merkblatt für Ersthelfer –,
- Sicheres Arbeiten mit Straßenkesselfahrzeugen,
- Merkblatt über den Gesundheitsschutz beim Umgang mit Vergaserkraftstoffen u. a.

Durchführungsregeln und Erläuterungen zum § 43 der VBG 1 hat die Binnenschiffahrts-Berufsgenossenschaft für „Feuerlöschgeräte auf Wasserfahrzeugen und schwimmenden Geräten" herausgegeben. Der „Deutsche Ausschuß für Atemschutzgeräte" hat das Atemschutz-Merkblatt (ZH 1/134) herausgegeben und den Anhang zu der UVV (VBG 1) „Hinweise für die Verwendung von Atemschutzgeräten gegen schädliche Gase, Dämpfe und Stäube und bei Sauerstoffmangel", wertvolle Unterlagen für die Arbeitssicherheit.

Stäube können z. B. zu Erkrankungen, wie Asbestose, Silikose oder Chromatkrebs, führen, die als Berufskrankheiten im Rahmen der „*Berufskrankheitenverordnung*" (BeKV) vom 8. 12. 1976 (BGBl. I, S. 3329) anerkannt sind.

Während ein Betriebsunfall ein einmaliges, plötzliches, innerhalb einer Arbeitsschicht eingetretenes, schädigendes Ereignis ist, das ursächlich mit der Betriebstätigkeit in Zusammenhang steht, gehören zum Begriff der Berufskrankheiten im weitesten Sinne alle Erkrankungen, die durch längere Zeit hindurch dauernde Einwirkungen der beruflichen Tätigkeit oder an der Arbeitsstätte hervorgerufen werden. Als Berufskrankheiten kommen demnach nur Erkrankungen in Frage, die nach den Erkenntnissen der medizinischen Wissenschaft durch besondere Einwirkungen verursacht sind, denen bestimmte Personengruppen durch ihre Arbeit in erheblich höherem Grade als die übrige Bevölkerung ausgesetzt sind (also keine Allgemeinkrankheiten wie Rheuma usw.). Im Sinne der Verordnung sind dies:

1. durch chemische Einwirkungen verursachte Krankheiten,
2. durch physikalische Einwirkungen verursachte Krankheiten,
3. durch Infektionserreger oder Parasiten verursachte Krankheiten sowie Tropenkrankheiten,
4. Erkrankungen der Atemwege und der Lungen, des Rippenfells und des Bauchfells,
5. Hautkrankheiten und
6. Krankheiten sonstiger Ursache.

Diese Liste kann nie abgeschlossen sein. Es gibt immer wieder überraschende Erkenntnisse über gefährliche Stoffe, die z. B. zu spezifischen, sehr oft tödlichen Organerkrankungen führen. Wenn dann Gewißheit über den ursächlichen Zusammenhang zwischen der Erkrankung und dem Umgang mit dem gefährlichen Stoff besteht, wird dann dieser Stoff der Liste der Berufskrankheiten zugeordnet.

Damit es aber gar nicht zu derartigen Erkrankungen kommt, „hat der Unternehmer, soweit es nach dem Stand der Technik möglich ist, alle Baulichkeiten, Arbeitsstätten, Betriebseinrichtungen, Maschinen und Gerätschaften so einzurichten und zu erhalten, daß die Versicherten gegen Unfälle und Berufskrankheiten (§ 551 der Reichsversicherungsordnung) geschützt sind (VBG 1 § 2 (1))."

Neben den in den vorangehenden Kapiteln erörterten nationalen Verkehrs-Gesetzen und -Verordnungen hat der Gesetzgeber weitreichende Regelungen getroffen, die auch den mit der Beförderung gefährlicher Güter betroffenen Personenkreis ansprechen. Die Palette reicht von der Arbeitszeitregelung über die Lärmreduzierung bis zur Luftverunreinigung.

Im internationalen Bereich ist für den Umgang mit gefährlichen Gütern von besonderer Bedeutung die vom *Rat der Europäischen Wirtschaftsgemeinschaft* herausgegebene *„Richtlinie zur Angleichung der rechts- und Verwaltungsvorschriften für die Einstufung, Verpackung und Kennzeichnung gefährlicher Stoffe"* vom 27.6. 1967 (Amtsblatt der Europäischen Gemeinschaft Nr. L 68), die mit ihren Anlagen I und II die *Grundlage für die „Verordnung über gefährliche Arbeitsstoffe'* vom 17.9. 1971 (BGBl. I, S. 507) mit den Anhängen, Kennzeichnungsbeispielen, Technischen Regeln und Durchführungsverordnungen bildet.

Die Verordnung bestimmt die Begriffe und unterscheidet gefährliche Eigenschaften wie giftig, gesundheitsschädlich, entzündlich etc. Hersteller, Importeure und Vertreiber haben für eine sachgerechte Verpackung und Kennzeichnung, für Gefahrenhinweise und Sicherheitsvorschläge zu sorgen. Diese Gefahrensymbole, -Hinweise und Sicherheitsratschläge sind neben der Liste der gefährlichen Arbeitsstoffe und der Liste der Zubereitungen, die giftige und gesundheitsschädliche Lösemittel enthalten, im Anhang I (Nr. 1.2–1.4) vorgeschrieben (s. Abb. 105–107).

In dem § 4 wird die Verpackung der Stoffe und Zubereitungen, im § 5 die Kennzeichnung der Stoffe und im § 6 die Kennzeichnung der Zube-

reitungen vorgeschrieben. Dabei wird in den §§ 5 und 6 jeweils unter Abs. 1 Satz 1 Nr. 3 auf die Verpflichtung zur Anwendung der oben erörterten Gefahrensymbole und -Bezeichnungen hingewiesen.

Nun sind diese wohl ähnlich den Gefahrzetteln der UN und damit auch denen, die weltweit durch die harmonisierten Verkehrsreglements

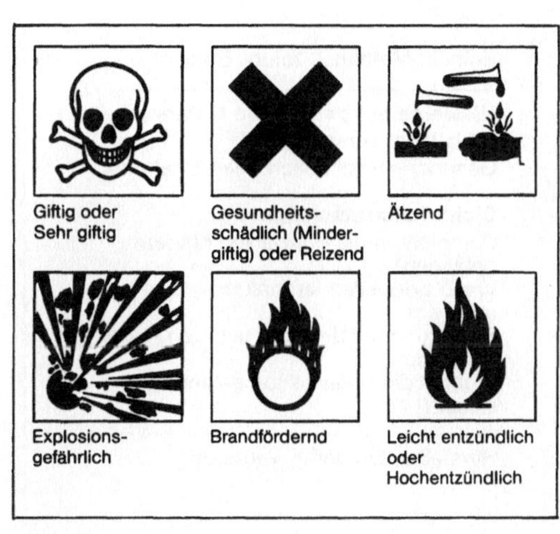

Abb. 105. Gefahrensymbole und Gefahrenbezeichnungen

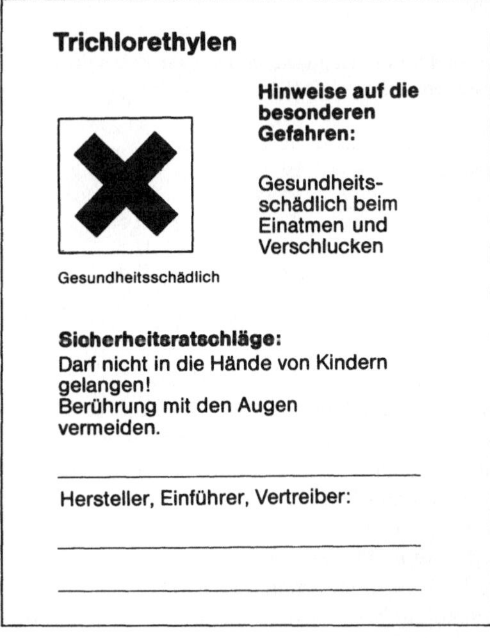

Abb. 106. Gefahrenhinweise und Sicherheitsratschläge

Lack-Verdünnung

Enthält: Methanol, Toluol, Butanol

Hinweise auf besondere Gefahren:
Giftig beim Verschlucken.
Gesundheitsschädlich beim Einatmen.

Sicherheitsratschläge:
Darf nicht in die Hände von Kindern
gelangen!
Vor Zündquellen fernhalten – nicht
rauchen!
Berührung mit der Haut und den Augen
vermeiden!
Nicht in die Kanalisation gelangen
lassen!

Hersteller, Einführer, Vertreiber:

Abb. 107. Kennzeichnung gefährlicher Zubereitungen

Beispiel für die Kennzeichnung einer Zubereitung
bestehend aus:

Stoffanteilen	Gew. %	Klasse
Methanol	19	I c
Toluol	20	II c
Xylol	3	II c
Ethylbenzol	0,6	II c
Butanol	30	II d
Ethylacetat	27,4	–

angewendet werden. Leider sind sie in Form
und Inhalt nicht identisch und lassen deren
Vielseitigkeit vermissen. Eine Angleichung der
arbeitsrechtlichen Regelung nach dem EG-
System und dem verkehrsrechtlichen ist aber
vorläufig nicht zu erwarten.
Das würde zu enormen Erschwerungen im Arbeitsablauf bzw. Kosten und zu Handelshemm-
nissen führen. So kam es am 8. 10. 74 zu einer
Vereinbarung zwischen den Bundesministern

für Verkehr und für Arbeit und Sozialfürsorge.
Danach „ist es rechtspolitisch geboten, das
Recht der Beförderung gefährlicher Güter
möglichst in einem einheitlichen Vorschriftenwerk zusammenzufassen, wobei zu berücksichtigen ist, daß das Verkehrsrecht eine stärkere
internationale Verflechtung aufweist als andere
Rechtsgebiete und es im Interesse von Industrie und Verkehr geboten ist, möglichst Fahrzeuge, Behälter und Verpackungen zu haben,
die national und international verwendbar
sind".
Dieses Rechtsverständnis behandelt aber in
diesem Zusammenhang der *§ 9 der Arbeitsstoff-
Verordnung.*
Danach gelten die §§ 4 bis 6 für das Versandstück als erfüllt, wenn es nach den verkehrsrechtlichen Vorschriften über die Beförderung
gefährlicher Güter verpackt und gekennzeichnet ist. Ist die Verpackung des Versandstücks
die einzige Verpackung, so muß sie außerdem
nach den §§ 5 und 6, mit Ausnahme der Verpflichtung zur Anwendung der arbeitsrechtlichen Gefahrensymbole- und -Bezeichnungen
(Abs. 1 Satz 1 Nr. 3), gekennzeichnet sein.
Im einzelnen sind für die Beförderung gefährlicher Güter u. a. die folgenden gesetzlichen Regelungen zu beachten:

Arbeitsstoffe, Gesetz zum Schutz vor gefährlichen
Stoffen (Chemikaliengesetz-ChemG) vom 16. Sep-
tember 1980 (BGBl. I S. 1718);
VO über gefährliche – vom 29. Juli 1980 (BGBl. I
S. 1071/1531), geändert durch Neufassung vom
11. Februar 1982 (BGBl. I S. 144);
Verordnung über die Gefährlichkeitsmerkmale von
Stoffen und Zubereitungen nach dem Chemikalien-
gesetz vom 18. Dezember 1981 (BGBl. I S. 1487);
Beschlüsse und technische Regeln (TRgA) für ge-
fährliche Arbeitsstoffe, aufgestellt vom Ausschuß für
gefährliche Arbeitsstoffe, Bekanntmachungen des
BMA

Berufskrankheiten, – VO in der Fassung der VO vom
8. Dezember 1976 (BGBl. I S. 3329) (siehe auch Seite 60)

Brennbare Flüssigkeiten, VO über Anlagen zur Lagerung, Abfüllung und Beförderung -r – zu Lande (Verordnung über brennbare Flüssigkeiten-VbF) vom
27. Februar 1980 (BGBl. I S. 229);
Allgemeine Verwaltungsvorschrift zur VO über – –
vom 27. Februar 1980 (BAnz. Nr. 43 vom 1. März
1980);

Technische Regeln für – – (TRbF), aufgestellt vom Deutschen Ausschuß für – –, Bekanntmachungen des BMA

Druckbehälter, VO über –, Druckgasbehälter und Füllanlagen (Druckbehälterverordnung-DruckbehV) vom 27. Februar 1980 (BGBl. I S. 184);
Allgemeine Verwaltungsvorschrift zur – VO vom 27. Februar 1980 (BAnz. Nr. 43 vom 1. März 1980);
Technische Regeln Druckbehälter (TRB), aufgestellt vom Fachausschuß Druckbehälter bei der Zentralstelle für Unfallverhütung und Arbeitsmedizin des Hauptverbandes der gewerblichen Berufsgenossenschaften, veröffentlicht vom BMA

Druckgas, siehe Druckbehälter;
Technische Regeln -e (TRG), aufgestellt vom Deutschen -ausschuß (DGA), ab 1. Juli 1980 vom Deutschen Druckbehälterausschuß (DBA), veröffentlicht vom BMA

Fahrzeuge, VO über die Beschäftigung von Frauen auf -n vom 2. Dezember 1971 (BGBl. I S. 1957)

Gerätesicherheit, Gesetz über technische Arbeitsmittel (Gerätesicherheitsgesetz) vom 24. Juni 1968 (BGBl. I S. 717), zuletzt geändert durch Gesetz vom 13. August 1980 (BGBl. I S. 1310);
Allgemeine Verwaltungsvorschrift zum Gesetz über technische Arbeitsmittel vom 27. Oktober 1970 (BAnz. Nr. 205) in der Fassung vom 11. Juni 1979 (BAnz. Nr. 108);
Verzeichnisse A und B der allgemeinen Verwaltungsvorschrift zum Gesetz über technische Arbeitsmittel – Januar 1980 (BArbBl. Nr. 2/1980 S. 71);
VO über Prüfstellen nach dem Gerätesicherheitsgesetz (Gerätesicherheits-PrüfstellenV) vom 2. Januar 1980 (BGBl. I, S. 1) in der Fassung vom 1. Januar 1982;
Erste VO zum Gesetz über technische Arbeitsmittel (Gerätesicherheitsgesetz) vom 11. Juni 1979 (BGBl. I S. 629);
Zweite VO zum Gerätesicherheitsgesetz vom 26. November 1980 (BGBl. I S. 2195)

Immissionsschutz, Gesetz zum Schutz vor schädlichen Umwelteinwirkungen durch Luftverunreinigungen, Geräusche, Erschütterungen und ähnliche Vorgänge (Bundes-Immissionsschutzgesetz – BImSchG) vom 15. März 1974 (BGBl. I S. 721, 1193), zuletzt geändert am 13. August 1980 (BGBl. I S. 1310);
Erste VO zur Durchführung des Bundes- -gesetzes (VO über Feuerungsanlagen – 1. BImSchV) vom 5. Februar 1979 (BGBl. I S. 165);
Zweite VO zur Durchführung des Bundes- -gesetzes (VO über Chemischreinigungsanlagen – 2. BImSchV) vom 28. August 1974 (BGBl. I S. 2130);

Dritte VO zur Durchführung des Bundes- -gesetzes (VO über Schwefelgehalt von leichtem Heizöl und Dieselkraftstoff – 3. BImSchV) vom 15. Januar 1975 (BGBl. I S. 264);
Vierte VO zur Durchführung des Bundes- -gesetzes (VO über genehmigungsbedürftige Anlagen – 4. BImSchV) vom 14. Februar 1975 (BGBl. I S. 499);
Fünfte VO zur Durchführung des Bundes- -gesetzes (VO über Immissionsschutzbeauftragte – 5. BImSchV) vom 14. Februar 1975 (BGBl. I S. 504);
Sechste VO zur Durchführung des Bundes- -gesetzes (VO über die Fachkunde und Zuverlässigkeit der Immissionsschutzbeauftragten – 6. BImSchV) vom 12. April 1975 (BGBl. I S. 957);
Siebte VO zur Durchführung des Bundes- -gesetzes (VO zur Auswurfbegrenzung von Holzstaub – 7. BImSchV) vom 18. Dezember 1975 (BGBl. I S. 3133);
Achte VO zur Durchführung des Bundes- -gesetzes (Rasenmäherlärm – 8. BImSchV) vom 11. August 1980 (BGBl. I S. 1298);
Neunte VO zur Durchführung des Bundes- -gesetzes (Grundsätze des Genehmigungsverfahrens – 9. BImSchV) vom 27. Juni 1980 (BGBl. I S. 772);
Zehnte VO zur Durchführung des Bundes- -gesetzes (PCB, PCT und VC-Beschränkungen – 10. BImSchV) vom 26. Juli 1978 (BGBl. I S. 1138);
Elfte VO zur Durchführung des Bundes- -gesetzes (Emissionserklärungs-VO – 11. BImSchV) vom 20. Dezember 1978 (BGBl. I S. 2027);
Zwölfte VO zur Durchführung des Bundes- -gesetzes (Störfall-VO – 12. BImSchV) vom 27. Juni 1980 (BGBl. I S. 772)

Seeschiffahrt, Seemannsgesetz vom 26. Juli 1957 (BGBl. III 9513–1), zuletzt geändert durch Art. 4 des Gesetzes zur Änderung kostenrechtlicher Vorschriften auf dem Gebiet des Seeverkehrs vom 10. Mai 1978 (BGBl. I S. 613);
Allgemeine Verwaltungsvorschrift zur Aufsicht über die Durchführung der Arbeitsschutzvorschriften des Seemannsgesetzes vom 28. Dezember 1962 (BAnz. 1963 Nr. 4);
VO über die Seediensttauglichkeit vom 19. August 1970 (BGBl. I S. 1241), geändert durch VO vom 9. September 1975 (BGBl. I S. 2507);
VO über die Unterbringung der Besatzungsmitglieder an Bord von Kauffahrteischiffen vom 8. Februar 1973 (BGBl. I S. 66), geändert durch VO vom 23. August 1976 (BGBl. S. 2443)

Sprengstoff, Gesetz über explosionsgefährliche Stoffe (-gesetz) vom 13. September 1976 (BGBl. I S. 2737);
1. VO zum Sprengstoffgesetz (1. SprengV) vom 23. November 1977 (BGBl. I S. 2141);
2. VO zum Sprengstoffgesetz (2. SprengV) vom 23. November 1977 (BGBl. I S. 2189);
3. VO zum Sprengstoffgesetz (3. SprengV) vom 23. Juni 1978 (BGBl. I S. 783);

4. VO zum Sprengstoffgesetz (4.SprengV) vom
14.April 1978 (BGBl. I S.503);
Allg. Verwaltungsvorschrift zum Sprengstoffgesetz
(SprengVwV) vom 18.Juli 1978 (BAnz. 15/78)

Von Bedeutung sind auch *DIN-Normen,* wie
für den

– Kraftwagen-Verbandskasten A (schwer),
  DIN 13163,
– Rettungsring, EN 15,

– für die
  T 1 Brillen für Fahrzeugführer, DIN 58216
  T 2 Brillen für Fahrzeuglenker, DIN 58216,
– oder für
  Atemschutz, Feuerlöscher, Kennzeichnun-
  gen, Schilder (Allgemein), Signale, Lärm,
  Lastaufnahmeeinrichtungen, Stetigförderer,
  Flurförderzeuge, Hebezeuge, Geländer, Lei-
  tern, gasförmige und brennbare Brennstoffe
  u. a.

18. Umweltschutz bei Gefahrguttransporten

Die Vielseitigkeit der Umweltverschmutzung, des Umweltschutzes und der Umweltgestaltung berührt auch die Beförderung gefährlicher Güter. Im Teil I wurden typische Unfälle mit ihren Folgen auf die Bevölkerung, Industrie und Wohngebiete erörtert. Es sei an die Langzeitfolgen beim Stranden von Öltankern erinnert.

Das deutsche Umweltbundesamt verfolgt derartige Ereignisse und erarbeitete u. a. Übersichten über die einzelnen Transportträger und über die Mineralöltransportaufkommen. Tabelle 88 zeigt die Schadensfälle von 1969–1978. Für Unfälle bei Lagerung und Transport wassergefährdender Flüssigkeiten wurden Erhebungen von 1975 und 1976 ausgewertet, die, wie die anderen in diesem Kapitel angeführten, durch den Bundesminister des Innern im Rahmen des Umweltstatistikgesetzes (§ 9 u. 10) veröffentlicht wurden (herausgegeben vom Umweltbundesamt).

Die Tabellen 89 (ausgelaufene Mengen nach Stoffarten), 90 (prozentuale Verteilung der Unfälle auf die verschiedenen Transportmittel) und 91 (ausgelaufene Flüssigkeitsmengen bei Transport- und Lager-Unfällen) sollen die Darlegungen vertiefen, auch in Bezug auf die in Mitleidenschaft gezogene Wasserversorgung (Tabelle 92). Für die Jahre 1978 und 1979 gab es eine ähnliche Entwicklung, deren Analyse allerdings differenzierter ist. Interessant sind in diesem Zusammenhang die Unfälle in ihrer Unterscheidung nach Stoffarten insgesamt und nach die Allgemeinheit bedrohendes gefährliches Gut im Sinne der einschlägigen Verkehrsvorschriften (Tabelle 93). Die Tabelle 94 wiederum zeigt die Unfallart und die Tabelle 95 die Unfallursache des Beförderungsmittels, während die Tabelle 96 menschliche und technische Fehler analysiert. Die Tabelle 97 behandelt menschliches Versagen. Die Tabellen 98

und 99 registrieren die Folgen von Unfällen in, auf, oder am wasserwirtschaftlichen Gebiet. Derartige Vorkommnisse sind allerdings immer akute Ereignisse, die mit einem unvorhergesehenen Transportablauf verbunden sind. Für eine normal verlaufende Beförderung von Gefahrgut sind die Transportmittel, Behälter, Verpackungen etc. so konstruiert, hergestellt, verwendet und gewartet, daß ein gefährliches Freiwerden dieser Stoffe unwahrscheinlich ist. Ein vergleichbarer Verkehrsablauf ist die jahrelange, ohne Komplikationen ablaufende, Benutzung eines Pkws.

Der normale Verkehr verursacht Lärm und eine Verunreinigung der Luft. Hier greift regulierend das *„Bundes-Immissionsschutzgesetz"* (BImSchG) ein. Seine volle Bezeichnung lautet:

Gesetz zum Schutze vor schädlichen Umwelteinwirkungen durch Luftverunreinigungen, Geräusche, Erschütterungen und ähnliche Vorgänge.

Es wurde am 21.3. 1974 BGBl. (I, S.721, 1193) verkündet. Seine Durchführungsverordnungen bedürfen einer ständigen Entwicklung und Anpassung. Der Geltungsbereich des Gesetzes bezieht sich u. a.

– auf die Beschaffenheit, die Ausrüstung, den Betrieb und die Prüfung von Kraftfahrzeugen und ihren Anhängern und von Schienen-, Luft- und Wasserfahrzeugen nach Maßgabe der §§ 38 bis 40 (§ 2, Abs. 3) und
– auf den Bau öffentlicher Straßen sowie von Eisenbahnen und Straßenbahnen nach Maßgabe der §§ 41 bis 43 (§ 2, Abs. 4).

Im Verkehrsbereich können u. a. bei austauscharmen Wetterlagen einschneidende Maßnahmen für den Kraftfahrzeug-Verkehr erlassen werden.

(Fortsetzung s. S. 216)

Tabelle 88. Anhang A: Anzahl der Schadensfälle, ausgelaufene Mengen, Schäden und Gefährdungen 1969–1978

		1969	1970	1971	1972	1973	1975[b]	1976	1977	1978
1.	Zahl der Schadensfälle	1874 = 100%	1761 = 100%	1856 = 100%	1852 = 100%	2074 = 100%	1090 = 100%	1462 = 100%	1683 = 100%	1690 = 100%
1.1	beim Transport	561 = 30%	580 = 33%	580 = 31%	674 = 36%	671 = 32%	307 = 28%	440[a] = 31%	629 = 37%	489 = 28,9%
1.2	bei Lagerung	1313 = 70%	1181 = 67%	1276 = 69%	1178 = 64%	1403 = 68%	783 = 72%	1022[a] = 69%	1054 = 63%	1201 = 71,1%
2.	Art der ausgelaufenen Flüssigkeiten (Anzahl d. Unfälle)	1894 = 100%	1761 = 100%	1857 = 100%	1852 = 100%	2074 = 100%	1090 = 100%	1862[a] = 100%	1683 = 100%	1690 = 100%
2.1	Leichtes Heizöl u. Dieselöl	1482 = 79%	1415 = 80%	1440 = 78%	1484 = 80%	1548 = 75%	820 = 75%		1152 = 68%	1230 = 72,8%
2.2	Sonstiges Öl	193 = 9%	157 = 9%	205 = 11%	204 = 11%	282 = 14%	153 = 14%	1327 = 92%	–	–
2.3	Benzin	142 = 8%	101 = 6%	114 = 6%	84 = 5%	114 = 5%	51 = 5%		–	
2.4	Sonstiges	77 = 4%	88 = 5%	98 = 5%	80 = 4%	130 = 6%	66 = 6%	135 = 9%	531 = 32%	460 = 27,2%
3.	Menge der ausgelaufenen Flüssigkeit	6710,05 m³ = 100%	3029,12 m³ = 100%	2850,24 m³ = 100%	4807,9 m³ = 100%	3267,5 m³ = 100%	2316,5 m³ = 100%	3575,5 m³ = 100%	3659,51 m³ = 100%	3583,46 m³ = 100%
3.1	Leichtes Heizöl u. Dieselöl	1990,80 m³ = 30%	2050,19 m³ = 68%	2177,25 m³ = 75%	2935,5 m³ = 61%	2200,2 m³ = 67%	1750,9 m³ = 76%		1655,15 m³ = 45%	1103,07 = 30,8%
3.2	Sonstiges Öl	1072,94 m³ = 17%	227,44 m³ = 7%	284,47 m³ = 10%	1473,4 m³ = 31%	458,3 m³ = 14%	364,0 m³ = 16%	3131,6 m³ = 88%[b]	–	–
3.3	Benzin	582,52 m³ = 8%	522,58 m³ = 17%	204,23 m³ = 7,5%	226,2 m³ = 5%	306,7 m³ = 10%	86,7 m³ = 3%		–	
3.4	Sonstiges	3054,79 m³ = 45%	228,91 m³ = 8%	184,29 m³ = 6,5%	172,8 m³ = 3%	302,3 m³ = 9%	114,9 m³ = 5%	443,7 m³ = 12%	2004,39 m³ = 55%	2480,39 = 69,2%
4.	Schäden und Gefährdungen	1329 = 100%	1300 = 100%	1363 = 100%	1339 = 100%	1595 = 100%	1895 = 100%	2398 = 100%	2562 = 100%	2641 = 100%
4.1	an Wassergewinnungsanlagen	188 = 14%	156 = 12%	124 = 9%	112 = 8%	119 = 8%	34 = 2%	75 = 3%	120 = 4,68%	71 = 2,7%
4.2	an sonstigen Wassernutzungen	105 = 8%	190 = 15%	94 = 7%	63 = 5%	70 = 4%	22 = 1%	30 = 1%	–	–
4.3	Berührungen mit Grundwasser	210 = 16%	151 = 12%	270 = 20%	271 = 20%	230 = 14%	–	–	148 = 5,78%	168 = 6,4%
4.4	Berührung mit oberirdischen Gewässern	484 = 36%	433 = 33%	543 = 40%	581 = 44%	750 = 47%	479 = 25%	594 = 24%	665 = 26%	588 = 22,3%
4.5	Einlauf in die Kanalisation	342 = 26%	370 = 28%	332 = 24%	312 = 23%	426 = 27%	298 = 16%	390 = 16%	380 = 14,83%	473 = 17,9%
4.6	Verunreinigung des Erdreiches	–	–	–	–	–	913 = 48%	792 = 33%	909 = 35,48%	917 = 34,7%
4.7	Sekundärfolgen (Beeinträchtigung von Mensch und Tier u. Sonstiges)	–	–	–	–	–	72 = 4%	183 = 8%	322 = 12,57%	335 = 12,7%
4.8	Ohne Angaben	–	–	–	–	–	keine	168 = 7%	18 = 0,70%	–
4.9	Keine Schäden	–	–	–	–	–	77 = 4%	166 = 7%	–	–

[a] Vorläufige Angaben
[b] 1977 keine Erhebungen
[c] Summe 3.1, 3.2 und 3.3

Quelle: Statistisches Bundesamt
Zahlen von 1975 ohne Schleswig-Holstein

Tabelle 89. Ausgelaufene Mengen nach Stoffarten

Ausgelaufene Menge / Stoffart	1975				1976			
	bei Lagerung		beim Transport mit Fahrzeugen		bei Lagerung		beim Transport mit Fahrzeugen	
	m^3	in % der gelagerten Menge	m^3	in % der beförderten Menge	m^3	in % der gelagerten Menge	m^3	in % der beförderten Menge
Insgesamt	1791,1	6,7	516,1	4,5	2016,7	0,9	1071,6	12,9
davon:								
anorganische Stoffe	7,0	5,0	19,5	21,9	27,6	50	43,6	26,6
Organische Stoffe	1784,1	6,7	496,6	4,3	1984,8	0,9	1024,3	12,6
und zwar:								
– Mineralölprodukte	1735,0	6,5	460,8	4,7	1633,6	0,7	1012,5	12,6
– Benzol und sonstige Aromaten	37,6	23,2	5,0	beförderte Menge unbekannt	–	–	6,8	14,8
– Sonstige organische Verbindungen	11,5	52,3	30,8	1,9	351,2	19,0	5,0	23,3
Unbekannt bzw. ohne Angabe	–	–	–	–	4,3		3,7	

Quelle: Statistisches Bundesamt

Tabelle 90. Prozentuale Verteilung der Unfälle auf die verschiedenen Transportmittel

	Straßenfahrzeuge	Eisenbahn	Binnen- und Seeschiffe	Rohrleitung
Prozent an gesamten Unfällen	72	5	20	3
Prozent an Gesamtfracht	62	6	18	14

Quelle: Statistisches Bundesamt

Tabelle 91. Ausgelaufene Flüssigkeitsmengen bei Transport- und Lagerungsunfällen

	1972[a]	1973[a]	Jahr		1976
			1974[a]	1975	
Transportunfälle (ausgelaufene Menge in m^3)	674 (2918)	671 (1391)		307 (516,1)	439 (1071,7)
Lagerunfälle (ausgelaufene Menge in m^3)	1178 (1890)	1403 (1876)		783 (1791,1)	1018 (2016,7[b])
Insgesamt Unfälle ausgelaufene Menge in m^3)	1852 (4808)	1074 (3267)		1090 (2307,2)	1457 (3088,4)

[a] Angaben der LAWA
[b] *Hamburg:* Korrektur der ausgelaufenen Menge 22.11.77
Quelle: Statistisches Bundesamt

Tabelle 92. Unfallfolgen[a]

	Lagerung		Transport		Insgesamt	
	1975	1976	1975	1976	1975	1976
Unfälle	782	983	307	380	1089	1363
Unfallfolgen	1392	1851	492	679	1884	2530
davon für:						
Erde	703	603	210	189	913	792
Kanalnetz	176	234	63	77	239	311
Kläranlage	47	64	12	14	59	78
Gewässer	353	358	126	199	479	557
Wasserversorgung	25	30	9	25	34	55
Sekundärfolgen	22	10	72	173	94	183
Keine Folgen	66	25	11	29	77	54

[a] Summendifferenzen durch fehlende Angaben
Quelle: Statistisches Bundesamt

Tabelle 93. Statistik der Unfälle beim Transport wassergefährdender Stoffe (§ 10 UStatG) 1979. Unfälle nach Stoffart und gefährlichem Gut, Anzahl

Unfälle Stoffart		Insgesamt 1	Darunter mit gefährlichem Gut im Sinne der Verkehrsvorschrift[a] 2
Säure (anorganisch)	1	8	4
Mischsäure	2	–	–
Lauge	3	–	–
Beizlauge	4	1	1
sonstiger anorg. Stoff	5	12	3
Rohöl	6	30	20
Vergaserkraftstoff	7	51	37
Flugkraftstoff	8	9	7
leichtes Heizöl und Dieselkraftstoff	9	358	179
schweres Heizöl	10	81	17
Altöl	11	31	12
sonstiges Mineralölpr.	12	46	20
Säure (organisch)	13	3	2
Alkohol	14	–	–
Benzol und sonstige Aromaten	15	1	1
Phenol	16	–	–
sonstige org. Verbind.	17	19	4
ohne Angabe z. Stoffart	18	2	1
Summe	19	652	308

[a] Gefahrgut VStr., Anlage G zur EVO, RID, ADR, ADNR, GGV-See, IAIA
Quelle: Statistisches Bundesamt

Die Problematik der Beförderung gefährlicher Güter unterliegt demnach nur am Rande dem Text dieses Gesetzes, sie muß aus der weltweiten Verflechtung des Verkehrs und damit durch internationale Vereinbarungen und nationalen Gesetzen geregelt werden. Demzufolge gehören diese Probleme auch in den Bereich des Verkehrsrechts. So behandeln z. B. der IMDG-Code oder ADNR Umweltschutzfragen; das gilt auch für die Unfall-Merkblätter oder die „Richtlinien für die Anforderung an Anlagen zum Umschlag wassergefährdender flüssiger Stoffe im Bereich von Wasserstraßen", die 1976 vom Bundesverkehrsministerium und den Ländern eingeführt wurden. Dazu gehört auch die Einhaltung nationaler Vorschriften und internationaler Vereinbarungen für den Gefahrguttransport inclusive TUIS.

Neben einiger in der Industrie und in Instituten entwickelten Datenbanksystemen hat in der Bundesrepublik Deutschland die im Institut für Wasserforschung GmbH Dortmund (Dortmunder Stadtwerke AG) im Auftrag des Umweltbundesamtes entwickelte INFUCHS-Datenbank für wassergefährdende Stoffe (DABAWAS) eine große Bedeutung erlangt. So wurde sie auch in das Umweltplanungs-Informationssystem (UMPLIS) des Umweltbundesamtes integriert.

Neben den binnenländischen Aufgaben hat DABAWAS auch seine Bedeutung als Grundlagen-Datenbank für Seefahrt und Seehäfen. Die „Bremischen Häfen" gründeten auf dieser

Tabelle 94. Statistik der Unfälle beim Transport wassergefährdender Stoffe (§ 10 UStatG) 1979. Unfälle nach Unfallursache beim Fahrzeug, Anzahl

Unfallursache beim Fahrzeug	Insgesamt o. Rohrleitungen	Darunter[a]						
		Auffahren auf bzw. durch andere Fahrzeuge	Auffahren auf feste Gegenstände	Abkommen von der Straße	Umkippen	Entgleisung	Grundberührung (Schiffe)	Absturz (Luftfahrzeuge)
Unfallfahrzeug	1	2	3	4	5	6	7	8
Insgesamt	1 626	45	24	92	88	3	8	1
Darunter:								
fahrendes Fahrzeug 2	226	30	15	85	75	1	3	1
rangierendes Fahrzeug 3	41	8	7	5	11	2	1	–
ruhendes Fahrzeug 4	287	7	1	–	–	–	3	–

[a] Mehrfachnennungen
Quelle: Statistisches Bundesamt

Basis 1973 zusammen mit mehr als 100 Unternehmen der Branchen Spedition, Umschlag, Schiffs-Makler und -Agenten, Stauereien und Ladungskontrolleuren eine Datenbank, die sich mit der Beförderung gefährlicher Güter auf Schiffen und mit der Lagerei dieser Güter beschäftigt. Das mit Dialogprogrammen aufgebaute Hafeninformations- und Dokumentations-System COMPAS (*C*omputer-*o*rientierte *M*ethode für *P*lanung und *A*blaufsteuerung im *S*eehafen) ist branchenübergreifend konzipiert und entwickelt.

Ein von der Europäischen Gemeinschaft und der Europäischen Vereinigung für Hafeninformatik finanziertes Pilotprojekt (1979–82) führte zu einem Datenverbundnetz europäischer Häfen, dem u.a. die Häfen Antwerpen, Bremen/Bremerhaven, Genua, Brit. Port Association, Hamburg, Kopenhagen, Le Havre und Rotterdam angehörten. Es enthält Dateien für Schiffscharakteristiken und Schiffsbewegungen, wie Abfahrtszeiten, Abfahrtstiefgang, höchster Punkt über Wasser, schiffspezifische Ergänzungen (Art und Menge der Klasse gefährlicher Güter an Bord), Bestimmungshafen, hafenseitige Anforderungen bzgl. Laden und Löschen, Havarien oder Unfälle. Die festen Schiffsdaten werden durch Eingeben der Schiffsbewegungen ergänzt und dem Bestimmungshafen auf Anfrage übermittelt. Damit wird die Sicherheit für Schiff und Umwelt weiter verbessert. Es wurde 1 Jahr erprobt. Die Ergebnisse werden z.Zt. ausgewertet. Es ist zu hoffen, daß dieses System weltweit Anwendung findet.

Aber auch Reedereien beschäftigen sich mit diesen Problemen. Das Gefahrgutreferat von HAPAG-Lloyd hat ein spezielles Computer-Kommunikationsprogramm aufgebaut, das neben der Stauplanung für gefährliche Güter den Schiffen eine ständige Fachbetreuuung während der Fahrt bis zum Bestimmungshafen gewährleistet.

Wie schon berichtet (Abschnitt 11.3), beschloß die damalige IMCO (jetzt IMO) 1960 ein „Internationales Übereinkommen zum Schutz des menschlichen Lebens auf See" *(SOLAS)*. Nach der Strandung des liberianischen Tankers „Amoco Cadiz" am 1.3. 1978 bei Brest mit katastrophaler Ölverschmutzung der französischen Küste, änderte und ergänzte der Schiffssicherheitsausschuß der damaligen IMCO (MSC) einige technische Vorschriften in den Anhängen zum SOLAS-Protokoll. Danach müssen alle Tanker eine funktionsfähigere Ruderanlage (z.B. auch Fernbedienung ihres Antriebs) und zur Verbesserung der Navigation *alle* Schiffe mit 1600 BRT und mehr 1 RADAR-Gerät und sämtliche Schiffe von 10000 BRT und mehr 2 unabhängig voneinander arbeitende RADAR-Anlagen haben. U.a.

(Fortsetzung s. S.219)

Tabelle 95. Statistik der Unfälle beim Transport wassergewährender Stoffe (§ 10 UStatG) 1979. Unfälle nach Unfallursache beim Transportmittel, Anzahl

Unfälle nach Art des Transportmittels	Insgesamt (ohne Rohrleitungen)	Darunter[a]													
		Straßenfahrzeug					Eisenbahnwagen			Binnenschiff			Seeschiff		Luftfahrzeug
		davon					davon			und zwar			und zwar		
		Motorwagen allein	Anhänger allein	Sattelanhänger allein	Anhänger mit Motorwagen	Sattelanhänger mit Motorwagen	Normalwagen	besonderer Bauart		Tankschiff (mit eigener Triebkraft)	Tankschiff (ohne eigene Triebkraft)	sonstiges	Tanker	sonstiges	
								Kesselwagen	andere						
Ursache	1	2	3	4	5	6	7	8	9	10	11	12	13	14	15
Insgesamt 1	626	225	45	61	18	4	1	20	3	121	3	18	17	64	2
Darunter bei: Auffahren auf bzw. durch andere Fahrzeuge 2	45	16	3	6	3	–	–	8	1	5	–	–	2	–	–
Auffahren auf feste Gegenstände 3	24	10	1	1	–	–	–	–	1	8	1	–	–	–	–
Abkommen von der Straße 4	92	35	18	30	8	1	–	–	–	–	–	–	–	–	–
Umkippen 5	88	32	23	25	6	1	–	1	–	–	–	–	–	–	–
Entgleisung 6	3	–	–	–	–	–	–	2	1	–	–	–	–	–	–
Grundberührung (bei Schiffen) 7	8	–	–	–	–	–	–	–	–	5	–	–	3	–	–
Absturz (bei Luftfahrzeugen) 8	1	–	–	–	–	–	–	–	–	–	–	–	–	–	1

[a] Mehrfachnennungen

Quelle: Statistisches Bundesamt

Tabelle 96. Statistik der Unfälle beim Transport wassergefährdender Stoffe (§ 10 UStatG) 1979. Unfälle nach Unfallursachen beim Transport, Anzahl

Unfälle nach Unfallursachen			Insgesamt (o. Rohrleitung)	Darunter[a]:				
				beim Füllen durch zu hohen Druck	Fehler bei Anschl. der Füll-Leitung	Versagen der Überfüllsicherung	Versagen des Füllstandanzeigers	sonstige Ursache
Transportmittel			1	2	3	4	5	6
Straßenfahrzeug	Motorwagen	1	225	1	3	8	3	17
	Anhänger[b]	2	63	–	–	–	–	1
	Sattelanhänger[c]	3	65	–	2	1	–	1
Eisenbahnwagen	Normalwagen	4	1	–	–	–	–	–
	Kesselwagen	5	20	–	–	1	–	2
	andere Wagen	6	3	–	–	–	–	–
Binnenschiff	Tankschiff	7	124	1	1	3	–	4
	andere Schiffe	8	18	–	–	1	–	–
Seeschiff	Tankschiff	9	17	3	–	1	1	–
	andere Schiffe	10	64	1	1	–	2	5
Flugzeug		11	2	–	–	–	–	–
ohne Angabe		12	24	–	–	–	–	–
Unfälle insg.		13	626	6	7	15	6	30

[a] Mehrfachnennungen
[b] Anhänger u./o. Anhänger mit Motorwagen
[c] Sattelanhänger u./o. Motorwagen
Quelle: Statistisches Bundesamt

wurden auch die Feuerschutz-Bestimmungen verschärft.

Weiterhin beschloß man eine IMCO-Empfehlung, nach der in unübersichtlichen oder stark frequentierten Wasserstraßen zur Verhütung von Kollisionen Zwangswege festgelegt werden sollen. Die Folge ist eine Verbesserung der Verkehrstrennungsgebiete im Bereich des Englischen Kanals vor Ushant (Brest) und den Casquets oder in dem Gebiet Terschelling/Deutsche Bucht bzw. in der Ansteuerung der Jade.

Unter dem Eindruck einiger Tanker- und Bohrinsel-Unfälle und daraus folgenden Ölverschmutzungen entstand in der Öffentlichkeit der Eindruck einer neuentstandenen Umweltproblematik. Mineralöl ist aber schon seit über 100 Jahren eine wichtige Grundlage des Weltenergieverbrauchs bzw. für die chemische Industrie. Auch der Schiffsantrieb basiert seit ca. 80 Jahren in immer steigendem Maße auf Dieselöl. Staaten, die diesen Rohstoff schon frühzeitig verwendeten, wie die USA oder Großbritannien, mußten sich mit der Ölverschmutzung auch viel früher beschäftigen. So erließ das Vereinigte Königreich schon 1922 den „*Oil in Navigable Waters Act*", der innerhalb der britischen Hoheitsgewässer das Ablassen von Ölrückständen verbot. Häfen mußten Öl-Auffang- und Verarbeitungs-Anlagen einrichten. 1924 wurde in den USA ein „*Oil Pollution Act*" mit ähnlichen Forderungen in Kraft gesetzt.

Keine Erfolge brachten internationale Bestrebungen, wie 1924 durch die britische „*Chamber of Shipping*", die weltweit Verbotszonen für das Ablassen von Ölrückständen vorschlug. Auch eine Konferenz „Oil Pollution of Navigable Waters" im Jahre 1926 in Washington war ebenso erfolglos wie 1934 der Versuch der britischen Regierung über den Völkerbund.

Tabelle 97. Statistik der Unfälle beim Transport wassergefährdender Stoffe (§ 10 UStatG) 1979. Unfälle nach Transportmittel und menschliches Versagen als Ursache, Anzahl

Unfälle durch menschliches Versagen		Ins-ges.	Darunter[a]					
			Führung des Trans-port-mittels	bei Wartung	bei Reini-gung	bei Repa-ratur	beim Füllen od. Verladen	von Dritten
Transportmittel		1	2	3	4	5	6	7
Straßen-fahrzeug	Motorwagen	1 225	63	3	1	1	55	4
	Anhänger[b]	2 63	38	–	–	–	2	3
	Sattel-anhänger[c]	3 65	33	1	–	–	11	–
Eisenbahn-wagen	Normalwagen	4 1	–	–	–	–	–	–
	Kesselwagen	5 20	3	–	–	–	–	–
	andere Wagen	6 3	–	–	–	–	–	–
Binnen-schiff	Tankschiff	7 124	28	2	8	4	44	–
	andere Schiffe	8 18	1	2	2	–	2	–
Seeschiff	Tankschiff	9 17	–	1	–	–	11	–
	andere Schiffe	10 64	2	2	–	1	32	–
Flugzeug		11 2	1	–	–	–	–	–
Rohrleitung		12 26	–	–	–	–	–	–
Ohne Angabe		13 24	1	–	–	–	–	–
Unfälle insg.		14 652	170	11	11	6	157	7

[a] Mehrfachnennungen
[b] Anhänger u./o. Anhänger mit Motorwagen
[c] Sattelanhänger u./o. Motorwagen
Quelle: Statistisches Bundesamt

1954 kam es dann vom 26.4.–12.5. in London zu einer internationalen Konferenz von 32 Ländern, auf der diese Probleme erörtert wurden und die zu dem *Internationalen Übereinkommen zur Verhütung der Verschmutzung der See durch Öl (International Convention for the Prevention of Pollution of the Sea by Oil)* führte. Das Übereinkommen trat am 26.7. 1958 in Kraft. In der Bundesrepublik Deutschland entwickelte sich daraus das *„Gesetz über das Internationale Übereinkommen zur Verhütung der Verschmutzung der See durch Öl"* vom 21. März 1956 (BGBl. II, S.379) mit weiteren Ergänzungen (BGBl. II/1961, S.1595; BGBl. II/1964, S.749; BGBl. II/1964, S.909; BGBl. II/1974, S.469).
Die IMCO hat auf ihrer 1. Sitzung im Januar 1959 die Aufgaben der UNO bzgl. dieser „Convention" übernommen. In einer weiteren Konferenz der IMCO im März/April 1962 in London beschlossen 40 teilnehmende und 14 Beob-

achter-Staaten weitere Zusatzartikel (Amendments) zu der „Convention":

1. Auch Tanker von 150–500 BRT sollen die Vorschriften beachten. Die Tonnagegrenze für Trockenfrachter von 500 BRT wurde nicht herabgesetzt.
2. Die gesamte Nordsee und Ostsee wird zur Verbotszone (Ölablassen) erklärt. Ein völliges Verbot des Ablassens von Öl ist für das Schwarze und Asowsche Meer vorgesehen, sobald das Übereinkommen für die UdSSR und Rumänien in Kraft getreten ist. Die Verbotszonen für das Ablassen von Öl werden auf 50 sm bzw. 100 sm von der Küste festgelegt.
3. Es sollen Auffanganlagen in den Seehäfen geschaffen werden.
4. Es soll ein Öltagebuch geführt und bei Kontrollen im Hafen vorgelegt werden.
5. Verstöße sollen geahndet, der IMCO hierüber berichtet werden.

Tabelle 98. Statistik der Unfälle beim Transport wassergefährdender Stoffe (§ 10 UStatG) 1979. Unfälle nach Stoffart und wasserwirtschaftlicher Bedeutsamkeit des Gebietes, Anzahl

Unfälle in, auf oder am wasserwirtschaftlichen Gebiet		Unfälle insgesamt	Darunter[a] Unfälle auf, in oder an einem					
			Fluß	schiffbaren Kanal	anderen Wasserlauf	See	Küstengewässer	Hafen
Stoffart		1	2	3	4	5	6	7
Säure (anorganisch)	1	8	1	–	1	–	–	–
Mischsäure	2	–	–	–	–	–	–	–
Lauge	3	–	–	–	–	–	–	–
Beizlauge	4	1	–	–	–	–	–	–
sonstiger anorg. Stoff	5	12	1	–	2	–	–	1
Rohöl	6	30	4	–	1	–	1	4
Vergaserkraftstoff	7	51	2	2	7	–	–	3
Flugkraftstoff	8	9	1	–	–	–	–	–
leichtes Heizöl und Dieselkraftstoff	9	358	39	16	18	5	4	58
schweres Heizöl	10	81	4	9	–	–	3	37
Altöl	11	31	4	5	–	–	–	13
sonstiges Mineralölpr.	12	46	4	9	5	–	–	14
Säure (organisch)	13	3	1	–	–	–	–	–
Alkohol	14	–	–	–	–	–	–	–
Benzol und sonstige Aromaten	15	1	–	–	–	–	–	–
Phenol	16	–	–	–	–	–	–	–
sonstige org. Verbind.	17	19	3	–	3	–	–	5
o. Angabe z. Stoffart	18	2	–	–	–	–	–	–
Summe	19	652	64	41	37	5	8	135

[a] Mehrfachnennungen
Quelle: Statistisches Bundesamt

Das entsprechende Deutsche Gesetz ist am 31. Dezember 1978 (BGBl. 1978 II, S. 1493) in Kraft getreten.

Im Folgenden wurden immer mehr internationale Vereinbarungen auf dieser Grundlage getroffen:

1. *Übereinkommen zur Zusammenarbeit bei der Bekämpfung von Ölverschmutzung in der Nordsee* vom 9.6. 1969 (BGBl. 1970 II, S. 2073), Vertragspartner sind: Belgien, Dänemark, Bundesrepublik Deutschland, Frankreich, Niederlande, Norwegen, Schweden und Großbritannien.
2. *Convention on the Prevention of Marine Pollution by Dumping of Wastes and other Matter*, in Kraft getreten am 30.8. 1975. Das entsprechende deutsche Gesetz ist vom 11.2. 1977 (BGBl. II, S. 165) und lautet: Verhütung der Meeresverschmutzung durch das Einbringen von Abfällen durch Schiffe und Luftfahrzeuge.

Dazu kamen eine Reihe internationaler Übereinkommen über zivilrechtliche Haftung für Ölverschmutzungsschäden, die auch in die deutsche Gesetzgebung Eingang genommen haben.

Als ab Ende der 60er Jahre der Suez-Kanal unpassierbar wurde und das Öl mit immer größeren Schiffs-Einheiten und -Mengen befördert wurde und andererseits der Chemikalien-Transport oder die „Verklappung" von Chemikalien ins Meer immer mehr zunahm und damit der Grad der Wasserverschmutzung weiter anstieg, stellte man fest, daß die bisherigen Regelungen an eine Grenze stießen. Die Folge war ein neues IMCO-Übereinkommen vom 2.11. 1973. Es ist eine *„International Convention for the Prevention of Pollution from Ships, 1973"* (Internationales Übereinkommen zur Verhütung von Meeresverschmutzung durch Schiffe) mit der Kurzbezeichnung *MARPOL 73 (Marine Pollution)*. Es soll die Abkommen von 1954 und 1962 ersetzen. Es mußten dazu

Tabelle 99. Statistik der Unfälle beim Transport wassergefährdender Stoffe (§ 10 UStatG), 1979. Unfälle nach Stoffart und Unfallfolgen, Anzahl

Folgen aus Unfällen	Darunter[a]								
	Sekundärfolgen			sonstige Folgeschäden					
	und zwar								
	Beeinträcht. bei Mensch oder Tier	Ausfall einer Wasserversorgung	Beeinträcht. von Wasserbauwerken	Brand	Gasbildung	Explosion	Behinderung des öffentl. Verkehrs	Beeinträcht. von Erholungsgebieten	Sonstiges
Stoffart	19	20	21	22	23	24	25	26	27
Säure (anorganisch)	1 1	1	–	–	1	–	2	–	1
Mischsäure	2 –	–	–	–	–	–	–	–	–
Lauge	3 –	–	–	–	–	–	–	–	–
Beizlauge	4 –	–	–	–	–	–	–	–	–
Sonstiger anorg. Stoff	5 1	–	–	–	–	–	–	–	–
Rohöl	6 –	–	–	–	–	–	1	–	1
Vergaserkraftstoff	7 2	–	–	2	3	1	20	–	3
Flugkraftstoff	8 –	–	–	–	–	–	3	–	1
Leichtes Heizöl und Dieselkraftstoff	9 11	–	10	2	1	–	55	1	–
Schweres Heizöl	10 1	–	12	–	–	–	5	1	9
Altöl	11 1	–	2	–	1	–	2	–	1
Sonstiges Mineralölpr.	12 1	–	5	–	1	–	11	–	2
Säure (organisch)	13 –	–	–	–	–	–	–	–	–
Alkohol	14 –	–	–	–	–	–	–	–	–
Benzol und sonstige Aromaten	15 1	–	–	–	–	–	1	–	–
Phenol	16 –	–	–	–	–	–	–	–	–
Sonstige org. Verbind.	17 2	–	1	–	–	–	3	–	–
ohne Angabe z. Stoffart	18 –	–	1	–	–	–	–	–	–
Summe	19 21	1	31	4	7	1	103	2	18

[a] Mehrfachnennungen

Quelle: Statistisches Bundesamt

mindestens 15 Staaten, die mehr als 50% der Welthandelsflotte repräsentieren, dieses Abkommen ratifizieren. Wegen einiger harten Bedingungen, die sich besonders auf Chemikalienschiffe und spezielle Seegebiete beziehen, kam es damals nicht zu einer erfolgreichen Ratifizierung. Einige Details aus den fünf Anlagen sind aus den folgenden Positionen zu ersehen:

1. *Prevention of Pollution by Oil (Annex I):* Verhütung der Ölverschmutzung.
Ölwassergemische dürfen nur über Bord gepumpt werden, wenn das Schiff in Fahrt ist und die Gesamtmenge kleiner als 1/30 000 (nach Convention 54 = 1/15 000) der Tragfähigkeit ist. In bestimmten Gebieten, wie Mittelmeer, Schwarzes Meer, Ostsee, soll das Ablassen vollkommen verboten werden. Schiffe über 70 000 BRT müssen separate Ballasttanks haben. Alle Öltanker sollen so eingerichtet sein, daß Ölrückstände an Bord bleiben (load on top system) – die neue Ladung soll dann „oben auf" die gesammelten Ölreste zugeladen oder sie müssen an Auffanganlagen (slopstations) an Land abgegeben werden.

2. *Control of Pollution by Noxious Liquid Substances (Annex II):* Kontrolle der Verschmutzung durch schädliche Flüssigkeiten
Dieser Anhang bezieht sich auf die Chemikalientanker usw.

3. *Prevention of Pollution by Harmful Substances Carried in Packaged Form, or in Freight Containers or Portable Tanks or Road and Rail Tank Wagons (Annex III):* Verhütung der Verschmutzung durch schädliche Substanzen, befördert in verpackter Form, in Frachtcontainern, in transportablen Tanks oder Straßen- und Eisenbahn-Tankwagen.

Wie aus der Überschrift zu ersehen ist, werden in diesem Annex die schädlichen Stoffe in ihrer speziellen Verpackung behandelt.

4. *Prevention of Pollution by Sewage or Garbage (Annex IV und V):* Verhütung der Verschmutzung durch Abwasser und Abfall.
Es wird festgelegt, in welchem Abstand von Land Fäkalien und Müll ins Meer gelassen werden dürfen.

Da aber auch nach einigen Jahren MARPOL 73 immer noch nicht ausreichend ratifiziert worden war, versuchte man in der Februar-Konferenz 1978 bei der IMCO in London die bestehenden Hindernisse zu beseitigen und zwischenzeitlich gemachte Erfahrungen einzubauen. Das Ergebnis war das „*Protocol of 1978 Relating to the International Convention for the Prevention of Pollution of Ships, 1973*" = Protokoll 1978 in Bezug zu dem Internationalen Übereinkommen zur Verhütung von Meeresverschmutzung durch Schiffe, d. h. zu MARPOL 73. Von besonderer Bedeutung sind nunmehr:

1. *Verbote und technische Maßnahmen,* nach denen die Verschmutzung der See im Schiffsbetrieb verhindert und kontrolliert werden soll. Jedes Einleiten von Öl oder ölhaltigen Gemischen ins Meer ist danach grundsätzlich verboten.

2. *Vorschriften über die Verhütung der Ölverschmutzung in Sondergebieten,* wie die Ostsee, das Schwarze Meer, das Rote Meer und die zwischen Iran und der arabischen Halbinsel gelegenen Golfe.

3. Die Errichtung von *Ölauffanganlagen,* wo die Schiffe ölhaltige Rückstände oder Gemische abzugeben haben.

4. *Ausrüstungsvorschriften,* durch die der Meeresverschmutzung entgegengewirkt werden soll. Danach sind für jeden Neubau ab 1.7. 79 drei verschiedene Ausstattungssysteme für Schiffe einzurichten:
a) Tanks für getrennten Ballast = *SBT* (Segregated Ballast Tanks)
b) Tanks für sauberen Ballast = *CBT* (Clean Ballast Tanks)
c) Tankwaschverfahren mit Rohöl = *COW* (Crude Oil Washing)

Die Tabelle 100 gibt einen Überblick über die einzelnen Bestimmungen.

BRT: Bruttorauminhalt eines Schiffes in *Bruttoregistertonnen* (1 Registertonne RT = 2,83 m³) bezeichnet den Gesamtinhalt des seefest abgeschlossenen Innenraums einschließlich Aufbauten mit Ausnahme der Räume für Teile der Antriebsanlage, Hilfsmaschinen, Küchen, Sanitärzellen, Licht- und Luftzufuhr, Niedergänge u. ä.
tdw: *tons deadweight* bezeichnet die Nutzladefähigkeit, d. h. die Differenz zwischen der Gesamttragfähigkeit und der Masse der Brenn-, Schmier- und Verbrauchsstoffe, Vorräte, Proviant, Besatzung mit Effekten u. ä.

Tabelle 100. Ausrüstungsvorschriften für Tankschiffe

Neue *Mineralöltanker* von 20000 tdw und mehr	SBT – COW
In Betrieb befindliche *Mineralöltanker* von 40000–70000 tdw (Übergangsfrist 4 Jahre)	SBT o. CTB o. COW
Mineralöltanker über 70000 tdw (Übergangsfrist 2 Jahre)	SBT o. CBT o. COW
Mineralöltanker über 40000 tdw (nach Ablauf der Übergangsfristen)	SBT oder COW
Neue *Chemikalientanker* von über 30000 tdw	SBT – –
In Betrieb befindliche *Chemikalientanker* von 40000 und mehr tdw	SBT o. CBT –

Bis Ende 1981 hatten 10 Staaten mit einem Anteil von 38% Welthandelstonnage MARPOL 73 ratifiziert. Die Situation der Ostsee und des Mittelmeeres erforderte beschleunigtes Handeln. Nach der Ratifizierung von 15 Ländern ist MARPOL 73 dann am 2.10. 1983 in Kraft getreten.

Selbstverständlich konnten die in diesem Kapitel behandelten Probleme des Umweltschutzes im Zusammehang mit der Beförderung gefährlicher Güter nicht umfassend erörtert werden. Deutlich ging aber daraus hervor, daß der Gesetzgeber, die chemische Industrie und das Transportgewerbe die Sachfragen erfaßt haben und zu lösen versuchen. Wegen der weltweiten Verflechtung des Verkehrs müssen auch auf diesem Gebiet internationale Regelungen gefunden und durchgesetzt werden. Trotz aller Eigeninteressen wird zuletzt der Erfolg nicht ausbleiben. Abhängig ist das aber von der Kontrolle, der Größe des zu überwachenden Gebietes, von dem technischen und personellen Einsatz.

Eine vergleichbare Situation war der Beginn der Bekämpfung des Sklavenhandels. Die damaligen Überwachungsmöglichkeiten waren ein Nichts gegen die heutige kombinierte Technik, wie Flugzeuge, moderne Schiffe, mit Elektronik ausgerüstete Ortungsanlagen usw. Die gemeinsame Anstrengung vieler Staaten führte schließlich zum Erfolg. So wird es auch beim Umweltschutz sein.

19. Ausblick

Die Herstellung und damit die Beförderung gefährlicher Güter unterliegt seit Anfang des 19. Jahrhunderts einer atemberaubend steigenden Tendenz. Parallel dazu und schon relativ frühzeitig beschäftigte sich der Gesetzgeber aus Gründen der Sicherheit für die Bevölkerung mit der Reglementierung dieser Transporte. Dieses erfolgte zunächst auf nationaler und seit der Jahrhundertwende auf internationaler Ebene. Dabei entwickelten sich zunächst Vorschriften für begrenzte Handelsräume, wie Europa, Nordamerika oder Ostasien.

Erst durch die Organisation der Vereinten Nationen (UNO) mit ihren speziellen Gremien ist man in der Lage, diese Sicherheitsvorschriften auf einen weltweiten Maßstab auszubauen. Wenn man überlegt, daß die erste Phase ca. 100 Jahre gedauert und die UNO bemerkbare Aktivitäten erst vor ca. 20 Jahren begonnen hat, so sollte man trotz einiger Rückschläge und Verzögerungen in der internationalen Arbeit nicht zu pessimistisch sein; denn schon große Erfolge sind zu registrieren und weitere zeichnen sich ab:

1. Die UN-Recommendations „Transport of Dangerous Goods" sind als Grundlage für alle internationalen und nationalen Verkehrsreglements anerkannt. Allerdings bringt der Einbau dieser Empfehlungen, wie des Systems, der Definitionen und Kriterien noch erhebliche Schwierigkeiten mit sich, die auf die Philosophie der regionalen und nationalen Vorschriften zurückzuführen sind und deren Überwindung Konzilianz der Verhandlungspartner und Zeit erfordern. Beispielhaft ist das Kapitel 9 (Verpackungen). Es wird nunmehr für alle Verkehrsvorschriften weltweit verbindlich, auch wenn sie in ihrem historisch begründeten Aufbau noch voneinander abweichen. Das aber bringt erhebliche Einsparungen durch Normierung der Packmittel und wesentliche Vereinfachungen beim grenzüberschreitenden Verkehr.

2. Zwei internationale Verkehrsvereinbarungen, – nämlich der IMDG-Code und die ICAO-Regulations –, konnten auf Grund ihrer erst in den letzten 20 Jahren erfolgten Erarbeitung voll auf der Grundlage der UN-Recommendations aufgebaut werden.

3. Die kanadischen Vorschriften für den Transport gefährlicher Güter (Transportation of Dangerous Goods Regulations), die in den letzten Jahren entwickelt wurden, sind vollkommen auf UN-Basis aufgebaut worden.

4. Unter dem Einfluß der UN laufen seit einigen Jahren im europäischen Bereich Entwicklungen zum Zwecke der Harmonisierung der europäischen Eisenbahn- (RID) und Straßen- (ADR) Beförderungsvorschriften, die nunmehr in erster Stufe das Kapitel 9 der UN-Recommendations als verbindlich erklärt haben. Es ist ein bedeutender Schritt, der trotz aller Schwierigkeiten zum Optimismus verleitet, daß diese internationalen Vereinbarungen noch bis zum Ende dieses Jahrhunderts den Weg der weltweiten Harmonisierung gehen.

5. In den USA ist man ebenfalls dabei, das o. a. Kapitel 9 in den für den interkontinentalen und den Welt-Verkehr so bedeutenden DOT-Regulations als Vorschrift für Verpackungen verbindlich einzuführen. Auch das ist eine erste Stufe, die zu einer globalen Regelung führen wird.

Die in diesem Buch geschilderten Bestrebungen für höchstmögliche Sicherheit bei der Beförderung gefährlicher Güter sind das Ergebnis vielseitiger Bemühungen von Gesetzgeber und gewerblicher Wirtschaft über eine lange Zeit hinweg. Die maximale Sicherheit ist das Ziel. Bei allem Mut zum Risiko sei das die Zukunft und damit der Ausblick.

Anschriften nationaler und internationaler Verbände, Behörden und Organisationen

1. Bundesbehörden

1.1 Bundesministerien

Bundesministerium für Arbeit und Sozialordnung
Postfach, Rochusstr. 1, 5300 Bonn-Duisdorf
Telefon 0228/74-1

Bundesministerium des Innern
Postfach, 5300 Bonn 7
Telefon 0228/781, Telex 8-86664, 8-86896

Der Bundesminister für Verkehr
Kennedyallee 72, Postfach 200100, 5300 Bonn 2
Telefon 0228/3001, Telex 885700

Abteilung Seeverkehr
Bernhard-Nocht-Str. 78, 2000 Hamburg 4
Telefon 040/311121, Telex 0211138

Referat A13 „Gefährliche Transportgüter"
Dienstgebäude:
Godesberger Allee 185, Bonn-Bad Godesberg
Telefon 0228/300/2490–96, 2608
Sekretariat: Telefon 300/2491

1.2 Bundesanstalten/-institute (Ausschüsse)

Ausschuß für gefährliche Arbeitsstoffe (AgA)
Anschrift s. Bundesministerium für Arbeit und Sozialordnung

Bundesanstalt für Arbeitsschutz und Unfallforschung (BAU)
Vogelpothsweg 50, Postfach 170202,
4600 Dortmund-Dorstfeld 17
Telefon 0231/17631

Bundesanstalt für Materialprüfung (BAM)
Unter den Eichen 87, 1000 Berlin-Dahlem 45
Telefon 030/8104-1, Telex 183261

Bundesbahn-Zentralamt Minden (Westf.) (Prüfinstitut)
Pionierstr. 10, 4950 Minden
Telefon 0571/393-1, Telex 97861

Bundesgesundheitsamt (BGA)
Postfach 330013, 1000 Berlin 33
Telefon 030/83080. Telex 0184016 bgesa d.
Telefax 0308308 2741

Bundesinstitut für chemisch-technische Untersuchungen (BICT)
5357 Swisttal-Heimerzheim
Postanschrift: Postfach 7260, 5300 Bonn 7
Telefon 02222/60081, Telex 8869315

Bundeszentrum Humanisierung des Arbeitslebens
bei der Bundesanstalt für Arbeitsschutz und Unfallforschung
Vogelpothsweg 50–52, Postfach 170202,
4600 Dortmund 17
Telefon 0231/1763-306, 125031–34

DABAWAS
Institut für Wasserforschung GmbH, Dortmund
Zum Kellerbach, 5840 Schwerte-Geisecke
Telefon 02304/107350, Telex 8229659 dabad

Deutscher Ausschuß für brennbare Flüssigkeiten
Sekretariat: Bundesanstalt für Arbeitsschutz und Unfallforschung
Vogelpothsweg 50–52, Postfach 170202,
4600 Dortmund 17
Telefon 0231/17631

Deutscher Druckbehälterausschuß
Sekretariat:
Bundesanstalt für Arbeitsschutz und Unfallforschung
Vogelpothsweg 50–52, Postfach 170202,
4600 Dortmund 17
Telefon 0231/17631

Physikalisch-Technische Bundesanstalt (PTB)
Bundesallee 100, Postfach 3345,
3300 Braunschweig
Telefon 592-1, Telex 952822

Umweltbundesamt
Bismarckplatz 1, 1000 Berlin 33
Telefon 030/89031, Telex 183756

Arbeitgeberverband der deutschen Binnenschiffahrt e.V.
Dammstraße 15–17, Postfach 130960,
4100 Duisburg 13
Telefon 0203/82001

Arbeitgeberverband Deutscher Eisenbahnen e.V.
Eisenbahnen, Berg- und Seilbahnen, Kraftverkehrsbetriebe
Volksgartenstraße 54A, 5000 Köln 1
Telefon 0221/313980

Arbeitsring der Arbeitgeberverbände der Deutschen Chemischen Industrie e. V.
Abraham-Lincoln-Straße 24, Postfach 1280,
6200 Wiesbaden
Telefon 06121/79016, Telex 04186646

Bundesvereinigung der Deutschen Arbeitgeberverbände e. V.
Gustav-Heinemann-Ufer 72, Postfach 510508,
5000 Köln 51
Telefon 0221/3795-0, Telex 8881466 bav d

Deutscher Feuerwehrverband
Bundesgeschäftsführer: Reinhard Voßmeier
Koblenzer Straße 133, 5300 Bonn 2
Telefon 0228/311093

Deutscher Industrie- und Handelstag
Adenauerallee 148, Postfach 1446, 5300 Bonn 1
Telefon 0228/1040, Telex 886805 diht d

Deutscher Industrie- und Handelstag und Handelskammern Bremen und Hamburg
Vertretung bei den Europäischen Gemeinschaften
36, Avenue de Tervueren BT E 4, B-1040 Bruxelles
Telefon (00322) 7/342715, Telex 61626 chamal-b

DIN Deutsches Institut für Normung e. V
Geschäftsstelle: Burggrafenstraße 4–10, 1000 Berlin 30, Telefon (030) 2601-1
Zweigstelle Köln: Kamekestraße 2–8, 5000 Köln 1,
Telefon (0221) 5713-1

Verband Deutscher Reeder e. V.
Esplanade 6, Postfach 305840, 2000 Hamburg 36
Telefon 040/351661

Zentralarbeitsgemeinschaft des Straßenverkehrsgewerbes e. V. (ZAV)
Breitenbachstraße 1, 6000 Frankfurt/M. 93
Telefon 0611/775719

Seeschiffahrt

Germanischer Lloyd, Hauptverwaltung –
Vorsetzen 32, 2000 Hamburg 11

1.3 Arbeitsministerien und der Länder Staatliche Gewerbeaufsichtsämter und Gewerbeärzte

1. Nordrhein-Westfalen:

Der Minister für Arbeit, Gesundheit und Soziales des Landes Nordrhein-Westfalen
Landeshaus, Horionplatz 1, Postfach 1134,
4000 Düsseldorf 1
Telefon 0211/835-1

Staatliche Gewerbeaufsichtsämter

4000 Düsseldorf 1, Grupellostraße 22, Telefon
0211/365061

4100 Duisburg 1, Beekstraße 48–50, Telefon
0203/25541

4300 Essen, Ruhrallee 55, Telefon 0201/10021

4150 Krefeld, de-Greiff-Straße 199 (Behördenhaus), Telefon 02151/8971

4050 Mönchengladbach 1, Viktoriastraße 52,
Telefon 02161/17081

5650 Solingen, Wupperstr. 1 (Behördenhaus),
Postfach 100468, Telefon 02122/22091

5000 Köln 1, Blumenthalstr. 33 (Behördenhaus),
Postfach 140149, Telefon 0221/7740-1

5300 Bonn 1, Friedr.-Ebert-Allee 144 (Landesbehördenhaus), Telefon 0228/536-1

5100 Aachen, Franzstraße 49 (Landesbehördenhaus), Telefon 0241/457-1

4400 Münster, Kaiser-Wilhelm-Ring 28, Telefon
0251/30011

5600 Wuppertal 2, Am Clef 58, Telefon 0202/
596088

4420 Coesfeld, Leisweg 12, Postfach 1320, Telefon 02541/70016

4350 Recklinghausen, Hubertusstraße 13, Postfach 560, Telefon 02361/25035

5760 Arnsberg 2, Johanna-Baltz-Straße 28 (Behördenhaus), Telefon 02931/1738

4600 Dortmund 1, Ruhrallee 3 (Behördenhaus),
Telefon 0231/5415-1

5800 Hagen 1, Hoheleye 3, Telefon 02331/8021

5900 Siegen 1, Unteres Schloß (Behördenhaus),
Telefon 0271/585-1

4770 Soest, Am Soestbach 9, Postfach 184, Telefon 02921/16081

4930 Detmold, Richthofenstraße 3 (Behördenhaus), Telefon 05231/704-0

4950 Minden, Büntestraße 1, Postfach 3107,
Telefon 0571/808-1

4800 Bielefeld 1, Karolinenstraße 1–3, Postfach
229, Telefon 0521/70091

4790 Paderborn, Am Turnplatz 31, Postfach
2440, Telefon 05251/25011

Staatliche Gewerbeärzte

4000 Düsseldorf 1, Gurlittstraße 55, Telefon
0211/344031

4630 Bochum, Marienplatz 2 (Behördenhaus),
Telefon 0234/60577

Zentralstelle für Sicherheitstechnik, Strahlenschutz und Kerntechnik der Gewerbeaufsicht des Landes Nordrhein-Westfalen

4000 Düsseldorf 1, Gurlittstraße 53a, Telefon
0211/343003

Nachrichten- und Bereitschaftszentrale der Gewerbeaufsicht

4300 Essen, Wallneyer Straße 6, Telefon 0201/
716813

2. Niedersachsen:

Der Niedersächsische Sozialminster,
Hinrich-Wilhelm-Kopf-Platz 2, Postf. 141,
   3000 Hannover, Telefon 0511/190-1

Staatliche Gewerbeaufsichtsämter

3300 Braunschweig, Lilienthalplatz 5 (Flugha-
   fen), Telefon 0531/353071

3100 Celle, Georg-Wilhelm-Straße 1–3, Telefon
   05141/31035

2190 Cuxhaven, Holstenstraße 4, Telefon
   04721/38041

2970 Emden, Am Delft 29, Postfach 2205, Telefon 04921/20423, 24466

3400 Göttingen, Nikolaistraße 29, Postfach
   3855, Telefon 0551/54074

3000 Hannover 91, Deisterstraße 17A, Telefon
   0511/455086

3200 Hildesheim, Braunschweiger Straße 54, Telefon 05121/31051

2120 Lüneburg, Thorner Straße 35, Telefon
   04131/31731, 31098

2900 Oldenburg, Würzburger Straße 3, Postfach
   4549, Telefon 0441/88044

4500 Osnabrück, Wachsbleiche 27 (Combau-
   Haus), Postfach 2003, Telefon 0541/311-
   5590

Niedersächsisches Landesverwaltungsamt
Institut für Arbeitsmedizin, Immissions- und
Strahlenschutz
Postfach 107, 3000 Hannover 1
Diensträume für Bereich Arbeitsmedizin: Bertas-
straße 4, Hannover 1, Telefon 0511/1673-1
Diensträume für Bereich Immissions- und Strah-
lenschutz: Davenstedter Straße 109, Hannover
91, Telefon 0511/44 39-1

3. Schleswig-Holstein:

Der Sozialminister des Landes Schleswig-Holstein,
Brunswiker Straße 16/22, Postfach 1121, 2300
Kiel 1, Telefon 0431/596-1

Staatliche Gewerbeaufsichtsämter

2210 Itzehoe, Gr. Paaschburg 66, Telefon 04821/
   66-0

2300 Kiel 1, Sophienblatt 50b, Postfach 2240,
   Telefon 0431/608-1

2400 Lübeck 1, Glashüttenweg 44–48, Telefon
   0451/32072

2380 Schleswig, Gottorfstraße 3, Postfach 1327,
   Telefon 04621/34033

Staatlicher Landesgewerbearzt

2300 Kiel 1, Brunswiker Straße 16/22, Telefon
   0431/596-5036, -5361, -5362

4. Hamburg:

Behörde für Arbeit, Jugend und Soziales
Hamburger Straße 47, Postfach 760106,
2000 Hamburg 76, Telefon 040/29188-1

Amt für Arbeitsschutz mit den Abteilungen
Gewerbeaufsicht – Technische Aufsicht –
Staatlicher Gewerbearzt
Adolph-Schönfelder-Straße 5, 2000 Hamburg 76,
Telefon 040/29188-1

Dienststelle Bremen – Technische Aufsicht
Obernstraße 34, 2800 Bremen 1, Telefon 0421/
325691

5. Bremen:

Der Senator für Arbeit
Contrescarpe 73, Postfach 101527, 2800 Bremen
1, Telefon 0421/361-1

Gewerbeaufsichtsämter

2800 Bremen, Parkstraße 58/60, Telefon 0421/
   361-6260

2850 Bremerhaven-Lehe, Lange Straße 119,
   Postfach 0471/53071

Landesgewerbearzt

2800 Bremen 1, Friedrich-Rauers-Straße 26,
   Postfach 0421/3979525

6. Bayern:

Bayerisches Staatsministerium für Arbeit und
Sozialordnung,
Winzererstraße 9, Postfach 132, 8000 München
43, Telefon 089/1253-1

Abt. Arbeitsschutz, Sicherheitstechnik und
Technische Überwachung
Dienstgebäude Heßstraße 89, 8000 München 40,
Telefon 089/1255-1

Bayerisches Landesinstitut für Arbeitsschutz
Pfarrstraße 3, 8000 München 22, Telefon 089/
2184-1

Gewerbeaufsichtsämter

8900 Augsburg, Frohsinnstraße 21, Telefon
   0821/36111

8580 Bayreuth, Telemannstraße 2, Postfach
   110233, Telefon 0921/64068

8630 Coburg, Elsässer Straße 9, Telefon 09561/
   1288

8300 Landshut, Neustadt 480b, Postfach 2440,
   Telefon 0871/27091

8000 München-Stadt, Nymphenburger Straße
   124, 8000 München 19, Telefon 089/
   12704-0

8000 München-Land, Richelstraße 11, 8000
   München 19, Telefon 089/1301-1
   Außenstelle: Nymphenburger Straße 124,
   8000 München 19, Telefon 089/192071

8500 Nürnberg 80, Roonstraße 20, Telefon
   0911/274-1

8400 Regensburg, Bertoldstraße 2, Telefon
   0941/52039, 52162

8700 Würzburg 2, Ludwigstraße 33, Telefon
   0931/50871

Bayerisches Landesinstitut für Arbeitsmedizin
(Staatlicher Gewerbearzt)

8000 München 22, Pfarrstraße 3, Telefon 089/ 2184-1

8500 Nürnberg 80, Roonstraße 20, Postfach 180480, Telefon 0911/274-1

7. Hessen:

Der Hessische Sozialminister
Dostojewskistraße 4, Postfach 3140, 6200 Wiesbaden 1, Telex 04186935 sum, Telefon 06121/ 817-1
Abteilung I: Arbeits- und Sozialpolitik, Sozialversicherung, Arbeitsschutz
Gruppe I C: Arbeitsschutz
Referat I A 7: Arbeitsmedizin und Industriehygiene (Landesgewerbearzt)

Leitende Gewerbeaufsichtsbeamte bei den Regierungspräsidenten:

6100 Darmstadt, Luisenplatz 2, Telefon 06151/ 12-1

6300 Gießen, Landgraf-Philipp-Platz 1, Postfach 111060, Telefon 0641/303-1

3500 Kassel, Steinweg 6, Telefon 0561/1061

Staatliche Gewerbeaufsichtsämter

6100 Darmstadt, Holzhofallee 17a, Postfach 06151/33401

6000 Frankfurt/M., Untermainkai 27/28, Telefon 0611/27140
Außenstelle: . Wilhelm-Leuschner-Straße 9–11, Telefon 0611/27140

6400 Fulda, Bahnhofstraße 15, Telefon 0661/ 72018

6300 Gießen 11, Südanlage 17, Postfach 111146, Telefon 0641/74077

3500 Kassel, Knorrstraße 34, Telefon 0561/ 2011

6250 Limburg 1, Am Kissel 1a, Telefon 06431/ 41077

3550 Marburg, Universitätsstraße 62, Postfach 641, Telefon 06421/22007

6200 Wiesbaden 1, Holzstraße 11b, Telefon 06121/421077

Hessische Zentralstelle für Gewerbeaufsicht ZfG
Adolfsallee 53, 6200 Wiesbaden

Meß- und Prüfstelle für die Gewerbeaufsichtsverwaltung des Landes Hessen; Arbeits-, Strahlen- und anlagenbezogener Immissionsschutz; zugleich für den Bereich des Landes: Sammelstelle für radioaktive Abfälle
3500 Kassel, Ludwig-Mond-Straße 33b, Telefon 0561/2931

Entgeltüberwachungsstelle beim Gewerbeaufsichtsamt
6000 Frankfurt/M., Untermainkai 27/28, Telefon 0611/236154

8. Baden-Württemberg:

Ministerium für Arbeit, Gesundheit und Sozialordnung Baden-Württemberg
Rotebühlplatz 30, Postfach 1250, 7000 Stuttgart 1, Telefon 0711/6673-0

Gewerbeaufsichtsämter

7800 Freiburg, Elsässer Straße 2, Telefon 0761/ 84041

7100 Heilbronn, Paulinenstraße 18, Postfach 1860, Telefon 07131/78011

7500 Karlsruhe, Hebelstraße 1–3, Telefon 0721/ 1351

6800 Mannheim 1, Augustaanlage 24, Postfach 2209, Telefon 0621/292-1

7480 Sigmaringen, Karlstraße 17, Postfach 520, Telefon 07571/104-1
Außenstelle: 7400 Tübingen, Bismarckstraße 92, Telefon 07071/3055

7000 Stuttgart 1, Breitscheidstraße 48, Postfach 703, Telefon 0711/2050-1

Gewerbeärztliche Dienste

7800 Freiburg, Elsässer Straße 2, Telefon 0761/ 84041
Nebenstelle:
7500 Karlsruhe 21, Hertzstraße 173, Telefon 0721/75031

7000 Stuttgart 1, Rötestraße 16, Telefon 0711/ 2050-1
Nebenstelle:
7480 Sigmaringen, Karlstraße 17, Postfach 520, Telefon 07571/104-1

Landesanstalt für Umweltschutz (LfU), Institut für Immissions-, Arbeits- und Strahlenschutz zugleich für den Bereich des Landes: Sammelstelle für radioaktive Abfälle, Strahlenschutz-Personendosimeter-Meßstelle und Meßstelle für die Umweltradioaktivitätsüberwachung bei kerntechnischen Anlagen

7500 Karlsruhe 21, Hertzstraße 173, Postfach 210752, Telefon 0721/75031

9. Rheinland-Pfalz:

Ministerium für Soziales, Gesundheit und Umwelt
Abteilung 6: Gewerbeaufsicht, Arbeitsschutz, Immissions- und Strahlenschutz, Arbeitsmedizin, Ludwigstraße 9, Postfach 3180, 6500 Mainz, Telefon 06131/16-1

Landesgewerbeaufsichtsamt für Rheinland-Pfalz

mit den Abteilungen
1 – Zentralabteilung;
2 – Fachabteilung für Arbeits-, Immissions- und Strahlenschutz;
3 – Meßinstitut für Immissions-, Arbeits- und Strahlenschutz;
4 – Staatlicher Gewerbearzt

Diensträume:
Abteilungen 1, 3 und Ref. 22, Rheinallee 97–101, Postfach 3026, 6500 Mainz, Telefon 06131/608-1
Abteilung 2, Rheinallee 79–81, 6500 Mainz, Telefon 06131/608-1
Abteilung 4, Rheinstraße 4, 6500 Mainz, Telefon 06131/14091

Staatliche Gewerbeaufsichtsämter

-6580 Idar-Oberstein 2, Layenstraße 37, Telefon 06781/43091
5400 Koblenz, Schloßstraße 43–47, Postfach 828, Telefon 0261/12476
6500 Mainz für Rheinhessen, Kaiserstr. 31, Postfach 3865, Telefon 06131/676081
6730 Neustadt a. d. Weinstraße für die Pfalz, Karl-Helfferich-Straße 2, Telefon 06321/7596
5500 Trier, Ostallee 31, Postfach 3430, Telefon 0651/75247, 41214
Entgeltüberwachungsstelle
   beim Staatlichen Gewerbeaufsichtsamt
6580 Idar-Oberstein 2, Layenstraße 37, Telefon 06781/43091
Entgeltüberwachungsstelle
   beim Staatlichen Gewerbeaufsichtsamt
   Neustadt a. d. Weinstraße
6780 Pirmasens, Bahnhofstraße 19, Telefon 06331/3193

10. Berlin:

Der Senator für Arbeit und Soziales
Abteilung V: Arbeitsschutz, Gewerbeaufsicht, Strahlenschutz
An der Urania 4–10, 1000 Berlin 30, Telefon 030/2122-1

Landesamt für Arbeitsschutz und technische Sicherheit
An der Urania 4–10, 1000 Berlin 30, Telefon 030/2122-1

Landesinstitut für Arbeitsmedizin
(Landesgewerbearzt)
Soorstraße 83, 1000 Berlin 19, Telefon 030/3025026

11. Saarland:

Der Minister für Umwelt, Raumordnung und Bauwesen
Abteilung Arbeitsschutz, Immissionsschutz, Wasserwirtschaft, Abfallbeseitigung, Hardenberg-
straße 8 und Preußenstraße 19, Postfach 1010, 6600 Saarbrücken 1, Telefon 0681/604-1

Gewerbeaufsichtsamt des Saarlandes
6600 Saarbrücken 3, Brauerstraße 25, Telefon 0681/39329

Staatlicher Gewerbearzt des Saarlandes
6600 Saarbrücken 1, Malstatter Straße 17 (Haus der Gesundheit), Telefon 0681/5965

1.4 Gewerbliche Berufsgenossenschaften

Hauptverband der gewerblichen Berufsgenossenschaften
Langwartweg 103, 5300 Bonn 5, Telefon 02221/5491, Telex 8/86628

Zentralstelle für Unfallverhütung und Arbeitsmedizin
Langwartweg 103, 5300 Bonn 5, Telefon 02221/5491, Telex 8/86628

Staubforschungsinstitut
Langwartweg 103, 5300 Bonn 5, Telefon 02221/5491, Telex 8/86628

Hauptgeschäftsstellen:

1. Bergbau-BG, Hunscheidtstr. 18, 4630 Bochum 1, Telefon 0234/3161
2. Steinbruchs-BG, Walderseestr. 5, 3000 Hannover 1, Telefon 0511/628151
3. BG der keramischen und Glas-Industrie, Röntgenring 2, 8700 Würzburg 1, Telefon 0931/500011
4. BG der Gas- und Wasserwerke, Georg-Glock-Str. 10, 4000 Düsseldorf 30, Telefon 0211/434825
5. Hütten- u. Walzwerks-BG, Hoffnungstr. 2, 4300 Essen 1, Telefon 0201/221176
6. Maschinenbau- und Kleineisenindustrie-BG, Kreuzstr. 45, 4000 Düsseldorf 1, Telefon 0211/82241
7. Nordwestliche Eisen- u. Stahl-BG, Hans-Böckler-Allee 26, 3000 Hannover 1, Telefon 0511/81181, Telex 09/23357
8. Süddeutsche Eisen- und Stahl-BG, Wilhelm-Theodor-Römheld-Str. 15, 6500 Mainz-Weisenau, Telefon 06131/8021, Telex 4/187433
9. Süddeutsche Edel- und Unedelmetall-BG, Haussmannstraße 6, 7000 Stuttgart 1, Telefon 0711/247394
10. BG der Feinmechanik und Elektrotechnik, Oberländer Ufer 130, 5000 Köln 51, Telefon 0221/380501, Telex 08/881887
11. BG der chemischen Industrie, Gaisbergstr. 11, 6900 Heidelberg 1, Telefon 06221/5231, Telex 04/6808
12./13. Holz-BG, Am Knie 6, 8000 München 60, Telefon 089/8897-1
14. Papiermacher-BG, Lortzingstr. 2, 6500 Mainz 31, Telefon 06131/785-1
15. BG Druck und Papierverarbeitung, Rheinstr. 6–8, 6200 Wiesbaden 1, Telefon 06121/131-1
16. Lederindustrie-BG, Lortzingstr. 2, 6500 Mainz 31, Telefon 06131/785-1
17. Textil- und Bekleidungs-BG, Oblatterwallstraße 18, 8900 Augsburg 1, Telefon 0821/31591
18. BG Nahrungsmittel und Gaststätten, Steubenstr. 46, 6800 Mannheim 1, Telefon 0621/81031
19. Fleischerei-BG, Lortzingstr. 2, Postfach 310120, 6500 Mainz 31, Telefon 06131/785-1
20. Zucker-BG, Mittelallee 11, 3200 Hildesheim, Telefon 05121/41086
21. Bau-BG Hamburg, Holstenwall 8, 2000 Hamburg 36, Telefon 040/341737

22. Bau-BG Hannover, Hildesheimer Straße 309, 3000 Hannover 81, Telefon 0511/8380-1
23. Bau-BG Wuppertal, Viktoriastr. 21, 5600 Wuppertal 1, Telefon 0202/398-1
24. Bau-BG Frankfurt (Main), An der Festeburg 27–29, 6000 Frankfurt 60, Telefon 0611/1520-1
25. Südwestliche Bau-BG, Steinhäuser Straße 10, 7500 Karlsruhe 1, Telefon 0721/81021
26. Württ. Bau-BG, Werastr. 23, 7000 Stuttgart 1, Telefon 0711/249911
27. Bayerische Bau-BG, Loristr. 8, 8000 München 2, Telefon 089/120730
28. Tiefbau-BG, Am Knie 6, 8000 München 60, Telefon 089/88971
29. Großhandels- und Lagerei-BG, M5, 7, 6800 Mannheim 1, Telefon 0621/23846
30. BG für den Einzelhandel, Niebuhrstr. 5, 5300 Bonn 1, Telefon 02221/5041
31. Verwaltungs-BG, Überseering 8, 2000 Hamburg 60, Telefon 040/63711
32. BG der Straßen-, U-Bahnen und Eisenbahnen, Fontenay 1a, 2000 Hamburg 36, Telefon 040/445444, -454288, -459711
33. BG für Fahrzeughaltungen, Max-Brauer-Allee 44, 2000 Hamburg 50, Telefon 040/381371
34. See-BG, Reimerstwiete 2, 2000 Hamburg 11, Telefon 040/361371
35. Binnenschiffahrts-BG, Düsseldorfer Straße 193, 4100 Duisburg 1, Telefon 0203/26681/85
36. BG für Gesundheitsdienst und Wohlfahrtspflege, Schäferkampsallee 24, 2000 Hamburg 6, Telefon 040/441571

1.5 Technische Überwachungs-Organisationen

1.5.1 Technische Überwachungs-Vereine (TÜV)

Vereinigung der technischen Überwachungs-Vereine e. V. (VdTÜV)

Kurfürstenstraße 56, Postfach 1790, 4300 Essen, Telefon 0201/274091
Übergebietliche Bearbeitung aller TÜV-Angelegenheiten

Die Technischen Überwachungs-Vereine

TÜV Baden

Dudenstraße 28, Postfach 2420, 6800 Mannheim 1, Telefon 0621/395-1

mit folgenden Dienststellen:

6800 Mannheim, Dudenstraße 28, Postfach 2420, Telefon 0621/393-1
7800 Freiburg, Robert-Bunsen-Straße 1, Telefon 0761/50586
7500 Karlsruhe, Durmersheimer Str. 145, Telefon 0721/554991
7850 Lörrach, Gewerbestraße 9, Telefon 07621/2446

7600 Offenburg, Wasserstraße 28, Telefon 0781/2022/24
7700 Stuttgart, Laubwaldstraße 11, Telefon 07731/62712/13 und 61960

TÜV Bayern

Kaiserstraße 14/16, 8000 München 40, Telefon 089/3872-1

mit folgenden Dienststellen:

8000 München 40, Kaiserstraße 14/16, Telefon 089/3872-1
8000 München 21, Eichstätter Straße 5, Telefon 089/5791-1
8000 München 21, Landsberger Straße 183, Telefon 089/571094
8025 Unterhaching, Von-Stauffenberg-Straße 37, Postfach 1460, Telefon 089 / 619081
8046 Garching, Daimlerstraße 11, Postfach 2040, Telefon 089/3291001
8900 Augsburg 22, Oskar-von-Miller-Straße 17, Telefon 0821/577051
8580 Bayreuth 23, Ludwig-Thoma-Straße 6a, Telefon 0921/69006
8670 Hof 1, Erlhoferstraße 75, Telefon 09281/5046
8300 Landshut, Feuerbachstraße 1, Telefon 0871/6043
8500 Nürnberg, Edisonstraße 15, Telefon 0911/6557-1
8400 Regensburg 1, Friedenstraße 6, Telefon 0941/97044
8700 Würzburg 2, Petrinistraße 33a, Telefon 0931/23093

TÜV Berlin

Alboinstraße 56, 1000 Berlin 42 (Tempelhof), Telefon 030/753021

mit folgenden Dienststellen:

1000 Berlin 42, Alboinstraße 56, Telefon 030/753021
1000 Berlin 20, Pichelswerderstraße 9–11, Telefon 030/331031

TÜV Hannover

Loccumer Straße 63, Postfach 810740, 3000 Hannover 81, Telefon 0511/83391

mit folgenden Dienststellen:

3000 Hannover 81, Loccumer Straße 63, Telefon 0511/83391
4800 Bielefeld, Böttcherstraße 11, Telefon 0521/38021
3300 Braunschweig, Porschestraße, Telefon 0531/32795
3400 Göttingen-Weende, Rudolf-Diesel-Straße 5, Telefon 0551/325 07-09
4500 Osnabrück, Mindener Straße 108, Telefon 0541/73091
4790 Paderborn, An der Talle 7, Telefon 05221/48181

TÜV Hessen
Frankfurter Allee 27, 6236 Eschborn b. Frankfurt/
Main, Telefon 06196/48076
mit folgenden Dienststellen:
6236 Eschborn b. Frankfurt/Main, Frankfurter
Allee 27, Telefon 06196/48076
3500 Kassel, Harleshauser Straße 26, Telefon
0561/36077/78

TÜV Norddeutschland
Gr. Bahnstraße 31, Postfach, 2000 Hamburg 54,
Telefon 040/8557-1
mit folgenden Dienststellen:
2000 Hamburg 54, Gr. Bahnstraße 31, Telefon
040/8557-1
2800 Bremen 11, bei den drei Pfählen 41, Telefon
0421/444021
2300 Kiel 14, Werftstraße 217, Telefon 0431/
76011

TÜV Pfalz
Merkurstraße 45, Postfach 1360, 6750 Kaiserslautern, Telefon 0631/52041
mit folgenden Dienststellen:
6750 Kaiserslautern, Merkurstraße 45, Telefon
0631/52041
6740 Landau, Horstschanze 46, Telefon 06341/
4059
6700 Ludwigshafen, Achtmorgenstraße 5, Telefon
0621/573158 und 574477

Rheinisch-Westfälischer TÜV
Steubenstraße 53, Postfach 7041, 4300 Essen 1,
Telefon 0201/1951
mit folgenden Dienststellen:
4300 Essen 1, Steubenstraße 53, Postfach 7041,
Telefon 0201/1951
4600 Dortmund, Berliner Straße 2, Telefon 0231/
51861
4100 Duisburg, Meidericher Straße 16, Telefon
0203/3041
5800 Hagen, Feithstraße 188, Telefon 02331/
8031
5900 Siegen, Leimbachstr. 227, Postfach 101069,
Telefon 0271/334051

TÜV Rheinland
Am Grauen Stein/Konstantin-Wille-Straße 1,
Postfach 101750, 5000 Köln 91, Telefon 0221/
8393-1
mit folgenden Dienststellen:
5000 Köln 91, Am Grauen Stein/Konstantin-Wil-
le-Straße 1, Telefon 0221/8393-1
5300 Bonn-Bad Godesberg, Kölner Straße 128,
Telefon 02221/301-1
5100 Aachen, Krefelder Straße 225, Telefon
0241/23545
4000 Düsseldorf, Vogelsanger Weg 6, Telefon
0211/626444
5400 Koblenz, Hans-Böckler-Straße, Telefon
0261/81011

5240 Betzdorf/Sieg (Nebenstelle Betzdorf), Bahnhofstraße 12–14
6500 Mainz-Gonsenheim, An der Krimm 23, Telefon 06131/46212
4050 Mönchengladbach, Theodor-Heuss-Straße
93/95, Telefon 02161/14061
4150 Krefeld (Nebenstelle Krefeld), Uerdinger
Straße 421, Telefon 02151/590368/9,
500360
5500 Trier, Bahnhofsplatz 8, Telefon 0651/45003
5600 Wuppertal-Barmen, Friedrich-Engels-Allee
346, Telefon 0202/596051

TÜV Saarland
Saarbrücker Straße 8, Postfach 16, 6603 Sulzbach
(Stadtverband Saarbrücken), Telefon 06897/
4011-15
mit folgenden Dienststellen:
6603 Sulzbach (Stadtverband Saarbrücken), Saarbrücker Straße 8, Telefon 06897/4011
6600 Saarbrücken (nur MPI), Sulzbachstraße 20,
Telefon 0681/37121

TÜV Stuttgart
Bebelstraße 48, Postfach 2614, 7000 Stuttgart 1,
Telefon 0711/638141/49
mit folgenden Dienststellen:
7000 Stuttgart 1, Bebelstraße 48, Postfach 2614,
Telefon 0711/638141/49
7024 Filderstadt-Bernhausen, Gottl.-Daimler-
Straße 7, Telefon 0711/7005-1
7100 Heilbronn a.N., Salzstraße 133, Telefon
07131/86541
7900 Ulm/Donau, Karlstraße 17, Telefon 0731/
63111

1.5.2 Technische Überwachungsämter
(Staatliche technische Überwachung)

A. Freie und Hansestadt Hamburg

Amt für Arbeitsschutz – Abt. Technische Aufsicht
Adolph-Schönfelder-Straße 5, 2000 Hamburg 76,
Telefon 040/291881
Dienststelle Bremen, Obernstraße 34, 2800 Bre-
men, Telefon 0421/325691

B. Hessen

TÜA Darmstadt
Rüdesheimer Straße 119, Postfach 11-1063,
6100 Darmstadt 11, Telefon 06151/12920/21
TÜA Frankfurt am Main
Theodor-Heuss-Allee 108, Postfach, 6000 Frank-
furt/M. 90, Telefon 0611/770197
TÜA Kassel
Knorrstraße 36, Postfach 103707, 3500 Kassel,
Telefon 0561/2011

1.6 DEKRA-Prüfstellen

Deutscher Kraftfahrzeug-Überwachungsverein
Hauptsitz:
7000 Stuttgart 81, Schulze-Delitzsch-Str. 49,
Telefon 0711/78611

DEKRA-Prüfstellen:

5100 Aachen, Rottstr. 41, Telefon 0241/164061
7080 Aalen, Stuttgarter Str. 80, Telefon 07361/6351
8900 Augsburg, Robert-Bosch-Straße 3, Telefon 0821/76001
2960 Aurich, Im Hammrich, Telefon 04941/4338
8581 Bayreuth-Bindlach, St. Georgenstr. 27, Telefon 09208/711
1000 Berlin 42, Ulsteinstraße 86–94, Telefon 030/706031

1.7 Arbeitnehmer-Organisationen

Deutscher Gewerkschaftsbund – Bundesvorstand –
Hans-Böckler-Straße 39, Postfach 2601, 4000 Düsseldorf 30, Hans-Böckler-Haus, Telefon 0211/43011

Industriegewerkschaft Chemie-Papier-Keramik
Königsworther Platz 6, Postfach 3047, 3000 Hannover, Telefon 0511/76311

Gewerkschaft der Eisenbahner Deutschlands
Beethovenstraße 12–16, Postfach 174098, 6000 Frankfurt/Main 17, Telefon 0611/7536-0

Gewerkschaft Öffentliche Dienste, Transport und Verkehr – Hauptvorstand –
Theodor-Heuss-Straße 2, 7000 Stuttgart 1, Telefon 0711/20971

Gewerkschaft der Polizei im Gebiet der Bundesrepublik Deutschland einschließlich des Landes Berlin
Forststraße 3a, 4010 Hilden, Telefon 0211/71040

Deutsche Postgewerkschaft
Rhonestraße 2, Postfach 710101, 6000 Frankfurt/M. 71, Telefon 0611/6695-1

Deutsche Angestellten-Gewerkschaft – Bundesvorstand
Karl-Muck-Platz 1, 2000 Hamburg 36, Telefon 040/349151, Telex 0211642

Christliche Gewerkschaft Bergbau – Chemie – Energie – CGBCE –
Maxstraße 66, 4300 Essen, Telefon 0201/221065

Verband Deutscher Techniker – VDT –
Selmastraße 2, 4300 Essen, Telefon 0201/226319

Deutscher Beamtenbund (Bund der Gewerkschaften des öffentlichen Dienstes)
Dreizehnmorgenweg 36, Postfach 205005, 5300 Bonn 2, Telefon 0228/811-0, Telex 885457

GdS – Gewerkschaft der Sozialversicherung
Müldorfer Straße 23, 5300 Bonn 3, Telefon 0228/480011/13

Verbände leitender Angestellter
Union der Leitenden Angestellten (ULA)
Spitzenverband der Führungskräfte in der deutschen Wirtschaft, Alfredstraße 77–79, 4300 Essen 1, Telefon 0201/782036/37, Telex 8759090 vdf d

1.8 Bundesanstalt für den Güterfernverkehr (BAG)

Sitz: Cäcilienstr., 5000 Köln 1

Die Außenstellen der Bundesanstalt für den Güterfernverkehr (BAG)

Baden-Württemberg:
Augustenstraße 2, Postfach 1065, 7000 Stuttgart 1, Telefon 0711/612076

Bayern:
Herzog-Rudolf-Str. 1–5, Postfach 460, 8000 München 22, Telefon 089/229177

Berlin:
Heerstraße 16, 1000 Berlin 19, Telefon 030/3045581

Bremen:
Am Dobben 14–16, Postfach 106849, 2800 Bremen 1, Telefon 0421/321153

Hamburg:
Schloßstraße 2–6, Postfach 700245, 2000 Hamburg 70, Telefon 040/681252

Hessen:
Biebricher Allee 36, Postfach 1849, 6200 Wiesbaden 1, Telefon 06121/88025

Niedersachsen:
Goseriede 6, Postfach 1146, 3000 Hannover, Telefon 0511/12343

Rheinland:
Luisenstraße 86, Postfach 2020, 4000 Düsseldorf, Telefon 0211/370618

Rheinland-Pfalz:
Augustinerstr. 64–66, Postfach 1548, 6500 Mainz, Telefon 06131/26141

Saarland:
Talstraße 15, 6600 Saarbrücken, Telefon 0681/56061

Schleswig-Holstein:
Willestraße 5–7, Postfach 1640, 2300 Kiel, Telefon 0431/91241

Westfalen-Lippe:
Mauritzstraße 4–6, Postfach 1920, 4400 Münster/Westf., Telefon 0251/40424

1.9 Internationale Stellen für den Arbeitsschutz

Internationales Arbeitsamt (IAA)
Zweigamt Bonn, Hohenzollernstraße 21,
5300 Bonn 2, Telefon 0228/362322

Internationale Vereinigung für Soziale Sicherheit (IVSS)
Case postale 1, CH-1211 Genf 22, Telefon 0041 22/99 61 11

International Organization for Standardization (ISO)
Central Secretariat, 1, Rue de Varembé,
CH-1211 Genf, Telefon 0041 22/34 12 40

Europäische Gemeinschaften
Presse- und Informationsbüro in der Bundesrepublik, Zitelmannstraße 22, 5300 Bonn 1, Telefon 0228/238041

Föderation der Europäischen Vereinigung der Sicherheitsingenieure, Sicherheitsdienste und Betriebsärzte (FAS)
222 Uppinghamroad, GB-Leicester, Telefon 0044 53/76 84 24

Belgien:

Association Nationale pour la Prévention des Accidents du Travail – (A. N. P. A. T.)
Rue Gachard Straat 88, Bte-Bus 4, B-1050 Bruxelles, Telefon 0032 2/6 48 03 37

Dänemark:

Direktoratet for Arbejdstilsynet
Rosenvängets Allé 16–18, DK-2100 Kopenhagen Ö, Telefon 0045 1/38 28 00

England:

Health and Safety Executive
HM Factory Inspectorate (Engineering Branch)
HM Alkali Inspectorate
Employment Medical Advisory Service, Baynards House, Chepstow Place, GB-London W.2.4 TF, Telefon 0044 1/01-229 34 56

Finnland:

Työterveysiaitos (Institute of Occupational Health)
Haartmaninkatu 1, SF-00290 Helsinki 29, Telefon 0035 80/4 74 71
Työsuojeluhallitus (National Board of Labour Protection), PI 536, 33 101 Tampere 10, Telefon 0035 80/31 60 81 11

Frankreich:

INRS, Institut national de recherche et de sécurité pour la prévention des accidents du travail et des maladies professionnelles
siège social: 30, Rue Olivier-Noyer, F-75 680 Paris, Cedex 14, Telefon 0033 1/5 45-67-67
centre de recherche: Avenue de Bourgogne, F-54 501 Vandœuvre, Cedex, Telefon 0033 8/3 51 07 75

Holland:

Ministerie van Sociale Zaken en Werkgelegenheid
Directoraat-Generaal van de Arbeid, Balen van Andelplein 2, NL-Voorburg 2273 KH, Telefon 0031 70/69 40 01

Veiligheidsinstituut
Hobbemastraat 22, NL-Amsterdam 1071 ZC, Telefon 0031 20/73 64 14

Nederlands Normalisatie Instituut (NNI)
Postbus 5095, NL-2600 GB-Delft, Telefon 0031 15/61 10 61

Israel:

Institute for Occupational safety and Hygiene, 22 Maze Street, Tel Aviv 65 213, Telefon 0097 23/29 73 11

Italien:

E. N. P. I. Ente Nazionale Prevenzione Infortuni
Via Allessandria 220, I-00198 Roma

Jugoslawien:

Zavod SR Slovenije, za varstvo pri delu
(Institut für Arbeitssicherheit der Sozialistischen Republik Slowenien) Bohovićeva 22 a, 61001 Ljubljana, p. p. 597, Telefon 0038 61/32 08 53

Luxemburg:

Association d'Assurance contre les accidents – section industrielle
(Gewerbliche Unfallversicherung), L-2970 Luxemburg, Telefon 0035 2/47 74-1

Norwegen:

Direktorate for arbeitstilsynet
Fr. Nansens vei 14, Majorstua Postboks 8103, Dep., Oslo 1, Telefon 0047 2/46 98 20

Österreich:

Bundesministerium für soziale Verwaltung, Zentral-Arbeitsinspektorat
Kundmanngasse 21, A-1030 Wien, Telefon 0043 222/75 76 11

Allgemeine Unfallversicherungsanstalt, Forschungs- und Verwaltungszentrum, Abteilung für Unfallverhütung und Berufskrankheitenbekämpfung, Adalbert-Stifter-Straße 65, A-1200 Wien XX, Telefon 0043 222/33 01-0

Polen:

Centralny Instytut Ochrony Pracy (Zentralinstitut für Arbeitsschutz), Ul. Tamka 1, PL-00349 Warszawa, Telefon 0048 22/26 34 21

Schweden:

Arbetarskyddsstyrelsen (Reichsamt für Arbeitsschutz und Arbeitshygiene), S-17184 Solna, Telefon 0046 8/7 30 90 00

Schweiz:

Schweizerische Unfallversicherungsanstalt, Abt. Unfallverhütung, Fluhmattstraße 1, CH-6002 Luzern, Telefon 0041 41/21 51 11

Spanien:

Ministerio de Trabajo, y Seguridad Social, Instituto Nacional de Seguridad e Higiene en el Trabajo, Torrelaguna N.73, Madrid-27 (España), Zentralbehörde, Telefon 00341/4048000

Centro de Investigación y Asesoramiento Técnico, Telefon 00341/4037000

Tschechoslowakei:

Výzkumný ústav bezpečnosti práce (Forschungsinstitut für Arbeitssicherheit), 88535 Bratislava Obrancov mieru 47, Telefon 00427/48826

Ungarn:

Szakszervezetek Országos Tanácsa
Munkavédelmi Tudományos Kutató Intézet (Wissenschaftliches Forschungsinstitut für Arbeitsschutz des Landesgewerkschaftsrates), H-1281 Budapest 27, Postafiók 7, Telefon 00361/365–387, 164–440, 364–797

USA:

U.S. Department of Labor
Occupational Safety and Health Administration, 200 Constitution ave, Washington, D.C. 20210, Telefon 001202/202523–7216

National Safety Council
444 North Michigan Avenue, Chicago, Illinois 60611, Telefon 001312/312527–4800

American National Standards Institute (ANSI) 1430 Broadway, New York, NY 10018, USA, Telefon 001212/354–3300, Telex 424296 ANSJ UJ

2. Internationale Organisationen

2.1 Internationale Organisationen

United Nations (UNO)
New York, N.Y. 10017, USA

United Nations (UNO)
Economic Commission for Europe (ECE), Palais des Nations, CH-1211 Geneve 10, Telefon 346011/310211

International Atomic Energy Agency (IAEA)
Wagramer Str. 5, P.O.Box 100, A-1400 Vienna, Austria, Telefon 2360, Telex 1-12645

International Maritime Organization (IMO)
4 Albert Embankment, GB-London, SE1 7SR, Telefon 01-735-7611 X 3112, Telex 23588

Zentralamt für den internationalen Eisenbahnverkehr
Gryphenhübeliweg 30, CH-3006 Bern, Schweiz

International Civil Aviation Organization (ICAO)
Place de l'Aviation Internationale P.O.Box 400, 1000 Sherbrooke Street West, Montreal, Quebec, Canada H3A 2R2

International Air Transport Association (IATA)
26, Chemin de Joinville, CH-1216 Cointrin-Geneva, Switzerland, Telefon 022/983366
2000 Peel Street, Montreal, Quebec, Canada H3A 2R4

2.2 Internationale Prüfanstalten

Genehmigungsgesuche für RID-Transporte nach Großbritannien und Irland

British Rail, Shipping and International Services Division, Room 249, Eversholt Hous, Euston, GB-London NW 1 1 BG

Schiffahrtsgesellschaft N.V. Maatschappiy Zeevaart, Willemskade 23, NL-Rotterdam

USA

Department of Transportation – Materials Transportation Bureau –, Washington, D.C. 20590

Schweiz

Eidgenössische Materialprüfungs- und Versuchsanstalt (EMPA)
Ueberlandstr. 129, CH-8600 Dübendorf, Telefon 01/82 + 8131, Telex 53817, Kirschsieper

Frankreich

Centre National de l'Emballage et du Conditionnement (CNEC)
Avenue Georges-Politzer, 78190 Trappes, Telefon 46290-00

Belgien

Institute Belge de l'emballage (I.B.E.)
Belgisch Instituut voor Verpakking (B.V.I.)
B-1020 Brüssel

Niederlande

Institut TNO voor verpakking
Schoemakerstraat 97, NL-Delft

Österreich

Österreichische Bundesbahnen, Materialprüfungsanstalt
Landgutgasse 28, A-1100 Wien

Österreichisches Kunststoffinstitut
Arsenal Obj. 213, A-1030 Wien

Schweden

Statens Provningsanstalt
Mekaniska Laboratoriet, S-11486 Stockholm

3. Nationale Behörden

3.1 ADNR – Vertragsstaaten

Deutschland
Bundesministerium für Verkehr
Postfach 200100, 5300 Bonn 2
Telefon 3001 oder 3004205, Telex 885700

Belgien

Ministère des Travaux Publics
Service d'exploitation des voies navigables, Rue de la Loi 155, Bruxelles, Telefon 733986 0/17 92

Frankreich

Service de la navigation de Strasbourg
Cité administrative, 2, rue de l'Hôpital militaire, 67000 Strasbourg, Telefon 88/362571

Niederlande

Ministerie van Verkeer
en Waterstaat, Plesmanweg 1–6, Den Haag, Telefon 747018, Telex 32562

Schweiz

Rheinschiffahrtsdirektion
Postfach, CH-4019 Basel, Telefon 061/654545

Großbritannien

Großbritannien erteilt keine Sondergenehmigungen. Es ist in der ZKR-Arbeitsgruppe vertreten durch:
A. Schreuder
Lloyds Register, Postbus 701, NL-3000 AD Rotterdam, Telefon 145088

3.2 RID-Behörden

Société Nationale des Chemins de fer Belges, Direction Commerciate
Rue de France 85, Bruxelles
Direction du Transport SNCF, Département TM (TMC 4)
20, rue de Rome, 75008 Paris
Société Nationale des Chemins de fer Luxembourgeois
Place de la Gare, 9, Luxemburg
N. V. Nederlandse Spoorwegen, Centrum voor Technisch Onderzoek
Concordiastraat 67, NL-2506 Utrecht
Ministerium für Verkehrswesen der DDR
– Tarifamt –, Voßstraße 33, 1080 Berlin
British Railways
Shipping & International Services Division
50 Liverpool Street, London EC 2
Generaldirektion der Dänischen Staatsbahnen
Sølvgade 40, København K.
Statens Järnvägar
Centralförvaltningen, Driftavdelningen, Stockholm C.
Generaldirektion der Norwegischen Staatsbahnen, Oslo
Generaldirektion der Finnischen Staatsbahnen, Helsinki
Generaldirektion der Österreichischen Bundesbahnen, Gauermannsgasse 4, Wien I
Schweizerische Bundesbahnen, Kommerzieller Dienst für den Güterverkehr, Mittelstraße 43, Bern
Direzione Generale delle Ferrovie dello Stato, Istituto Sperimentale, Piazza Ippolito Nievo, 46, Roma

Red Nacional de los Ferrocarriles Españoles, Paseo del Rey, Madrid
Compagnie des Chemins de fer Portugais, Department Commerciale, Rua Vitor-Cordon, 45, Lisbonne-2-Portugal
Ministère des Transports de la République Socialiste Tchécoslovaque, Na prikope 33, Praha 1 Staré mesto
Communauté des Chemins de fer Yougoslaves, Nemarjina Ulica 6, Beograd
Magyar Allamyasutag Vezérigazgatósága, Népköztársaság Utja 73–75, Budapest VI
Ministère des Chemins der fer Direction Générale du Mouvement et Commercial, Boulevard Dinicu Golescu, 38, Bucuresti
Ministère des Transports et des Communications, Division pour les relations internationales 9, rue V Levski, Sofia
Ministère des Chemins der fer de la République Populaire de Pologne, Chalubińskiego 4, Warszawa 67
Direction générale des Chemins der fer de l'Etat Hellénique, 31, Rue El. Vcnizclou, Athènes
Exploitation des Chemins de fer de l'Etat de la République Turque, Ankara
Direction générale des Chemins de fer syriens, Boite postale 182, Alep
Deutsche Bundesbahn, Bundesbahndirektion Köln – Dezernat 54 –, Konrad-Adenauer-Ufer, 5000 Köln 1

3.3 ADR-Behörden

Vereinigtes Königreich Großbritannien und Nordirland

Department of the Environment, 2, Marsham Street, London SW 1 P 3 EB, Telex: 21352; Telegramm: A: Transminry London Telex, Telefon 01-928-7999 ext.

Spanien

Señor Subdirector General de Explotacion, Dirección General de Transportes Terrestres, Ministerio de Transportes, y Comunicaciones Po de la Castellana S/N, Madrid-3

Bundesrepublik Deutschland

Der Bundesminister für Verkehr
Postfach 200100, 5300 Bonn 2

Schweiz

Eidgenössisches Justiz- und Polizeidepartment – Polizeiabteilung –, CH-3003 Bern

Erlaubnisse und Genehmigungen für radioaktive Stoffe:
Office federale de l'ecconomic energetique, CH-3003 Bern

Portugal

Direcçao-General de Transportes Torrestres, AVa das Forças Armadas 40, Lisboa-Portugal

Luxemburg

Ministere des transports, Grand-Duché de Luxembourg, Boulevard F. D. Roosevelt, Luxemburg 4

Niederlande

Ministerie van Verkeer en, Waterstaat, Directoraat-General van het Verkeer, Plesmanweg 1–6, Den Haag, Telex: 31435, Telegramm: Transdirect, Telefon 070/624321

Jugoslawien

Savezni Sekretarijat za privredu, Prvi Bulevar 104, Belgrad, Telefon: 602555, 602777, 602888

Italien

Ministero dei Transporti e dell/ Avviazione Civile, Direzione Generale, MCTC, Via Nomentana, 591, Rome

Frankreich

Monsieur P. Marrec, Secrétariat d'Etat aux transports, Direction des transports terrestres, Transport des matières dangereuses, 35–37, rue Frémicourt, F-75775 Paris Cedex 16

Finnland

Liikenne ministeriö, Eteläesplanadi, SF-00130 Helsinki 13, Telefon: 003580-17361

Dänemark

Justitsministeriet, Slotsholmsgade 10, DK-1216 København K, Telefon: 00945-1120906, Telex: 15530

Belgien

Ministère des Communications, Administration des Transports, Monsieur P. Nicolas, Directeur, d'Administration, Cantersteen, 12, 1000 Bruxelles

Schweden

Statens Industrieverk, Industrieàvdelkingen, Box 16315, S-10326 Stockholm 16

Deutsche Demokratische Republik

Ministerium für Verkehrswesen der Deutschen Demokratischen Republik, – Tarifamt –, Voßstraße 33, DDR 108 Berlin

Österreich

Bundesministerium für Verkehr, Sektion IV, Karlsplatz 1, 1015 Wien, Telefon: 0222/658601

Polen

Verkehrsministerium der Volksrepublik Polen, Warschau

Norwegen

Norvegien Samferdselsdepartement, Postboks 8010 DEP, Oslo 1

Ungarn

Közlekedés-és, Postaügyi Ministerium, Dob-Utca 75–81, Budapest VII

3.4 IMO Nationale Behörden (Competant authorities)

Argentina

Prefectura Naval Argentina, Direccion de Policia de la Navegacion, Avda. Eduardo Madero Y Cangallo, RA-Capital Federal – Buenos Aires, Republica Argentina, Telefon 34/1633

Australia

First Assistant Secretary, Marine Standards Division, Department of Transport and Construction, Box 111, AUS-Dickson ACT 2602, Australia, Telefon 062 / 641177, Telex 61680

Belgium

Head Office:
Administration de la Marine et de la Navigation Intérieure, 104, Rue D'Arlon, B-Bruxelles, Belgique, Telefon 0223312 11
Antwerp Office:
Inspection Maritime, Quai Tavernier, 37, B-Anvers, Belgique, Telefon 031331275, Telex 35028 B

Canada

The Chairman, Board of Steamship Inspection, Canadian Coast Guard, Tower "A", CAN Ottawa KIA ON7, Canada, Telefon 613/992-0242, Telex 0533128

Chile

Dirección General del Territorio, Maritimo de Marine Mercante, Errázuriz 537, Correo Naval, RCH-Valparaiso, Chile, Telefon 58091-6, Telex DIRECTEMAR 03430443 CTCVCL

China

Ministry of Communications, Bureau of Water Transport, Fu Xing Men Wai, Yang Fang Dien, Beijing, China, Telefon 867470

Denmark

Government Ships, Inspection Service, Snorresgade 19, DK-2300 Copenhagen S, Denmark, Telefon 01/547131, Telex 31141

Finland

Board of Navigation, P.O. Box 158, SF-00141 Helsinki 14, Finland, Telefon 09/18081, Telex 12-1471

France

Bureau du Controle des Navires) Direction Générale de la Marine Marchande, 3 Place de Fontenoy, F-75700 Paris, France, Telefon 1-5675505, Telex MINIMAR 250823 F

German Democratic Republic

Board of Navigation and Maritime Affairs of the German Democratic Republic, Patriotischer Weg 120, DDR-25 Rostock, DDR, Telefon 383-2360

Germany, Federal Republic of

Ministry of Transport, Postfach 200100, D-5300 Bonn 2, Federal Republic of Germany, Telefon 0228/300-2492, -2495, Telex 885700

Greece

Ministry of Mercantile Marine, Direction General for Ships, Marine Safety Division, 150 Vas. Sophias Ave., GR-Piraeus, Greece, Telex 212022 YEN GR

India

The Directorate General of Shipping, Jahz Bhawan, Walchand Hirachand Marg, IND-Bombay – 400001, India, Telefon 263651, Telex DEGES-HIP-2813-BOMBAY

Ireland

The Chief Surveyor, Marine Survey Office, 27 Eden Quay, IR-Dublin 2, Telefon 744900, Telex 24651

Italy

Ministero della Marina Mercantile, Viale Asia-eur, I-00144 Roma, Italy, Telefon 5908, Telex 62153

Jamaica

Harbour Master, Harbour Master's Department, P.O. Box 116, Myers Wharf, JA-Kingston 15, Jamaica, Telefon 923-9774; 922-22222

Japan

Inspection and Measurement Division, Ship Bureau, Ministry of Transport, 2-1-3, Kasumigaseki, Chiyoda-ku, J-Tokyo, Japan, Telefon 03/580-3111

Korea, Republic of

Inspection and Measurement Division, Seafares and Ship Bureau, Korea Maritime and Port Administration, 263, Yeungi-dong, Jongro-Ku, ROK-Seoul/Korea, Telefon 763-8972, Telex KPA 26528

Liberia

National Port Authority, B-Monrovia, Liberia, Telefon 221306, Telex 4275

Netherlands

Directorate-General Shipping and Maritime Affairs, P.O. Box 5817, NL-2280 HV Rijswijk, Netherlands, Office: Bordewijk straat 4, NL-2288 EB Rijswijk, Netherlands, Telefon 070/949420, Telex 31040 DGSM NL

New Zealand

The Ministry of Transport, Marine Division, Private Bag, NZ-Wellington 1, New Zealand, Telefon 721-253, Telex NZ 31524, Telegram DIRMARINE

Norway

Maritime Directorate, P.O. Box 8123 Dept., N-Oslo 1, Norway, Telefon 02/350250, Telex 16997 SDIRN

Philippines

Philippine Ports Authority, Port of Manila, Safety Staff, P.A. 193, Port Area, RP-Manila, 2803, Philippines, Telefon 47-34-41 to 49

Poland

Office of Maritime Economy, ul. Hoza 20, PL-00-521 Warszawa, Poland, Telefon 284071, 284081, Telex 812681 GOMO PL, 813407, 817421

Singapore

Marine Department, Suite 866, 8th Floor, World Trade Square, 1 Maritime Square, SGP-Singapore 0409, Republic of Singapore, Telefon 2751611

Spain

Comisión Inter ministerialde, Coordinación del Transporte de Mercanías Peligrosas, Ministerio de Transporte, Turismo y comunicaciones, Instituto de Estudios de Transportes y Comunicaciones, Pabellón de clasificación postal, Avd. Pio XII, E-Madrid-16, Spain, Telefon 7335500

Sweden

Swedish Administration of Shipping and Navigation, Dangerous Goods Section, S-60178 Norrkoeping, Sweden, Telefon 011-191000, Telex 64380 SHIPADM S

Switzerland

Office suisse de la navigation maritime, Elisabethanstraße 31, CH-4002 Bâle, Suisse, Telefon 061/235333, Telex 62073 SSA

USSR

Department for Shipping and Port Operation, Ministry of Merchant Marine, Zhdanov Street, 1/4, SU-Moscow, USSR, Telex 7197 MORFLOT

United Kingdom

Department of Trade, Marine Division, Sunley House, 90/93 High Holborn, GB-London WC1V 6LP, United Kingdom, Telefon 405-6911, Telex 264084

United States

U.S. Coast Guard, USA-Washington, DC 20593, U.S.A., Telefon 202/426-1577, Telex 892427

Sachverzeichnis

Handbuch der gefährlichen Güter

"Hommel" um
201 Substanzen
erweitert
Deutsche chemische
Industrie arbeitet mit

Bearbeitet und gestaltet im Auftrag
der Wasserschutzpolizeidirektion
Baden-Württemberg von
G. Hommel

Unter Mitarbeit von
H.-J. Frost, O. Rommel,
G. Magnus, F. W. Brauss, H. Barth,
W. Heyne, O. Eichler, E. Weber

Verantwortliche
Bearbeiter sind für die Sachgebiete
Medizin und Toxikologie
O. Eichler, E. Weber

Springer-Verlag
Berlin
Heidelberg
New York
Tokyo

Merkblätter 602–802

1983. 226 Seiten Vorspann (mit revidiertem Vorspann für die Merkblätter 415–601), 16 Seiten Literaturnachweis, 201 neue Merkblätter. X, 658 Seiten. Loseblaftform DIN A4. DM 152,–
ISBN 3-540-11291-X

201 Substanzen, die sich bei Kontrollen an Ländergrenzen, in den
europäischen Häfen oder auf der Straße als gefährliches Ladegut
erwiesen haben, werden in der 5. Lieferung von *G. Hommels* **Handbuch der gefährlichen Güter** beschrieben. Auf besonderen Wunsch
von Polizei, Feuerwehr, Sicherheitsbehörden und Unfallzentralen
sind vor allem Substanzen erfaßt worden, die feuergefährlich sind,
insbesondere, wenn sie in größeren Mengen produziert, transportiert und gelagert werden. So sind u. a. technisch bedeutsame Alu-
minium-Alkyle erfaßt, die an der Luft selbstentzündlich sind, und
zahlreiche Silane bzw. Derivate.
Große Werke der deutschen chemischen Industrie haben ihre
Erfahrungen beigesteuert und Daten zur Verfügung gestellt.
Die Neufassung der UN-Liste ist berücksichtigt: Auf den „gelben
Seiten" sind alle Stoffe erfaßt, überprüft und ergänzt – und das sind
inzwischen mehr als 400 –, die bei der Kennzeichnung von Straßen-
tankzügen und Eisenbahnkesselwagen von den europäischen ADR-
Vertragsstaaten mit einer besonderen Gefahrennummer versehen
wurden. Damit werden die nationalen und internationalen Transportvorschriften auf den neuesten Stand gebracht. Der IMDG-Code
bzw. die GGV-See wurde national und international bis zur
19. Ergänzung eingearbeitet. Der umfangreiche einleitende Grund-
lagenteil ist ergänzt. Die Synonymliste wurde um 3 000 Eintragungen erweitert; sie enthält jetzt 15 000 Stichwörter und erlaubt das
leichte Auffinden aller bisher im „Hommel" behandelten Sub-
stazen.
Die Literatur entspricht dem Stand von Ende 1982.
Mit seinen nunmehr 802 dokumentierten Substanzen ist der
„Hommel" kompetenter denn je, den zunehmenden Transportrisi-
ken entgegenzutreten, die mit der wachsenden internationalen
Zusammenarbeit einhergehen.
Die Merkblätter Nr. 803–1000 sind in Vorbereitung.
Damit bleibt der „Hommel" **das** europäische Standardwerk.

Merkblätter 1–414

3., überarbeitete Auflage der Merkblätter 1–212 (1. Lieferung) und
2., überarbeitete Auflage der Merkblätter 213–414 (2. Lieferung).
1980. XI, 196 Seiten Vorspann (u. a. Synonymliste, Feuerbekämp-
fungsdaten, Transportvorschriften, Gefahren, Sicherheitsmaßnahmen, Erste Hilfe), 16 Seiten Literatur, 894 Seiten Merkblätter. Loseblattform DIN A4 im Plastikordner DM 246,–. ISBN 3-540-09352-4

Merkblätter 415–601

1978. XI, 174 Seiten Vorspann (u. a. Synonymliste, Feuerbekämp-
fungsdaten, Transportvorschriften, Gefahren, Sicherheitsmaßnahmen, Erste Hilfe), 16 Seiten Literatur, 374 Seiten Merkblätter. Loseblattform DIN A4 im Plastikordner DM 134,–. ISBN 3-540-08512-2

Merkblätter 602–802

5. Lieferung (Ergänzungslieferung)
1983. 226 Seiten Vorspann (mit revidiertem Vorspann für die Merkblätter 415–601), 16 Seiten Literaturnachweis, 201 neue Merkblätter. X, 658 Seiten. Loseblattform DIN A4
DM 152,–. ISBN 3-540-11291-X

W. Bartknecht

Explosionen

Ablauf und Schutzmaßnahmen

2., überarbeitete und ergänzte Auflage. 1980. 259 zum Teil
farbige Abbildungen, 34 Tabellen. XII, 264 Seiten
Gebunden DM 148,–. ISBN 3-540-09894-1

Inhaltsübersicht: Explosionsablauf: Einleitung. Explosionen
in geschlossenen Behältern. Explosionen – Detonationen in
Rohrstrecken. Literaturhinweise. – Schutzmaßnahmen
gegen das Entstehen von Explosionen und gegen Explo-
sionsauswirkungen: Vorbemerkungen. Sicherheitsmaßnahmen gegen das Entstehen von Explosionen. Sicherheitsmaßnahmen gegen die Auswirkungen von Explosionen in
Behältern und Räumen. Sicherheitsmaßnahmen gegen die
Auswirkungen von Explosionen in Rohrleitungen. Zusammenfassung. Literaturhinweise. – Anwendung von Schutzmaßnahmen an Apparaten und Apparaturen: Vorbemerkungen. Schutzmaßnahmen an Apparaten. Schutzmaßnahmen an Apparaturen. Schlußwort. – Literaturhinweise. –
Sachverzeichnis.

Dieses Buch, das den gegenwärtigen Stand der Erkenntnis
zur Frage des Ablaufs von Explosionen und der Wirksam-
keit von Schutzmaßnahmen gegen Explosionen allgemein
verständlich beschreibt, hat eine so große Resonanz erfahren, daß bereits nach knapp zwei Jahren eine neue Auflage
notwendig geworden ist.
In der neuen Auflage sind die Kapitel über den Explosionsablauf in brennbaren Stäuben und hybriden Gemischen
von Grund auf neu bearbeitet worden, neue Folgerungen
wurden aus den gegenwärtigen technischen und wissenschaftlichen Erkenntnissen gezogen, und auch die entsprechende Literatur auf den aktuellen Stand gebracht. – Eine
englische Ausgabe ist in Vorbereitung.

Aus den Besprechungen: „... Die sichere Handhabung der
Gemische aus staub- und gasförmigen Stoffen lehrt dieses
ausgezeichnete Handbuch, das damit eine Lücke im technischen Schrifttum schließt. Die Darstellung ist verständlich
geschrieben, die umfangreiche (teils farbige) Bebilderung
macht die vorgeschlagenen Lösungen deutlich, sicherheitstechnische Forderungen des Verfassers entstammen der Praxis des Verfassers, der sich seit 25 Jahren mit der Explo-
sionstechnik befaßt hat. Er zeigt in der Tat, daß man heute
einer Explosion nicht mehr schutzlos ausgeliefert ist, sondern sie beherrschen kann. Eine bemerkenswerte und
begrüßenswerte Neuerscheinung auf dem Gebiet der
Sicherheitstechnik." *Sicherheitsreport*

Springer-Verlag
Berlin
Heidelberg
New York
Tokyo